全国高职高专机电类专业规划教材

电力系统继电保护

主　编　陕春玲　黄少臣

副主编　徐海英　陈春海

　　　　杨堆元　武银龙

主　审　许建安

黄河水利出版社

·郑州·

内 容 提 要

本书是全国高职高专机电类专业规划教材，是根据教育部对高职高专教育的教学基本要求及中国水利教育协会全国水利水电高职教研会制定的电力系统继电保护课程标准编写完成的。本书阐述了继电保护的基本原理，序分量的获取方法及作用，微机保护原理，故障识别和处理，利用故障分量的保护原理，自适应保护的实现等内容。主要内容包括继电保护的基本元件、输电线路的电流电压保护、输电线路的距离保护、输电线路的全线速动保护、电力变压器的继电保护、发电机的继电保护、母线的继电保护等。书中内容反映了继电保护新技术与成果，文字符号和图形采用最新国家标准。

本书为高职高专机电类发电厂及电力系统等专业的教材，也可供相关专业的工程技术人员阅读参考。

图书在版编目(CIP)数据

电力系统继电保护/陕春玲，黄少臣主编. —郑州：黄河水利出版社，2013.1 (2018.3 修订重印)

全国高职高专机电类专业规划教材

ISBN 978 - 7 - 5509 - 0035 - 6

Ⅰ.①电… Ⅱ.①陕… ②黄… Ⅲ.①电力系统 - 继电保护 - 高等职业教育 - 教材 Ⅳ.①TM77

中国版本图书馆 CIP 数据核字(2013)第 002798 号

组稿编辑：王路平　电话：0371 - 66022212　E-mail：hhslwlp@126.com

简　群　66026749　w_jq001@163.com

出 版 社：黄河水利出版社

地址：河南省郑州市顺河路黄委会综合楼 14 层　邮政编码：450003

发行单位：黄河水利出版社

发行部电话：0371 - 66026940、66020550、66028024、66022620(传真)

E-mail：hhslcbs@126.com

承印单位：河南承创印务有限公司

开本：787 mm × 1 092 mm　1/16

印张：19.25

字数：450 千字　印数：8 101—12 100

版次：2013 年 1 月第 1 版　印次：2018 年 3 月第 3 次印刷

定价：39.00 元

前　言

本书是根据《教育部关于全面提高高等职业教育教学质量的若干意见》(教高[2006]16号)、《教育部关于推进高等职业教育改革创新引领职业教育科学发展的若干意见》(教职成[2011]12号)等文件精神,由全国水利水电高职教研会拟定的教材编写规划,在中国水利教育协会指导下,由全国水利水电高职教研会组织编写的机电类专业规划教材。该套规划教材是在近年来我国高职高专院校专业建设和课程建设不断深化改革与探索的基础上组织编写的,内容上力求体现高职教育理念,注重对学生应用能力和实践能力的培养;形式上力求做到基于工作任务和工作过程编写,便于"教、学、练、做"一体化。该套规划教材是一套理论联系实际、教学面向生产的高职高专教育精品规划教材。

本书阐述了电力系统继电保护的构成原理及微机继电保护技术的最新成果。微机技术、信息技术和通信技术的发展,使继电保护的原理和技术都发生了深刻变化。而且,微机继电保护已占据了主导地位,因此本书始终将微机保护原理贯穿本教材的所有内容。同时,力求重点突出,理论结合实际。图形、文字符号采用最新国家标准。本书重点介绍了继电保护基本概念和要求、保护的基础元件以及微机保护软硬件结构和原理、输电线路的电流电压保护、输电线路的距离保护、输电线路差动保护和高频保护、变压器保护、发电机保护以及母线保护,系统介绍了保护原理、性能分析和整定计算方法。

本书编写人员及编写分工如下:前言、第3章3.1~3.4节和第7章7.9节由三峡电力职业学院陕春玲编写;第1章、第9章由永安供电公司温一黄编写;第2章2.1~2.4节和第5章由沈阳农业大学高等职业技术学院武银龙编写;第2章2.5、2.6节和第8章由三峡电力职业学院陈春海编写;第3章3.5节由三峡电力职业学院王俊编写;第4章由福建水利电力职业技术学院徐海英编写;第6章由天津机电职业技术学院杨堆元编写;第7章7.1~7.8节由长江工程职业技术学院黄少臣编写。本书由陕春玲、黄少臣担任主编,陕春玲负责全书统稿;由徐海英、陈春海、杨堆元、武银龙担任副主编;由福建水利电力职业技术学院许建安教授担任主审。

本书在编撰过程中得到了许建安教授的大力帮助和指导,在此表示衷心的感谢!

由于作者水平有限,书中的错误和不足在所难免,请读者批评指正。

作　者

2012年10月

目 录

前 言
第1章 绪 论 …………………………………………………………………… (1)
1.1 电力系统继电保护的作用 ………………………………………… (1)
1.2 继电保护的基本原理和保护装置的组成 ……………………… (2)
1.3 对继电保护的基本要求 …………………………………………… (4)
1.4 继电器与继电特性 ………………………………………………… (6)
1.5 电力系统继电保护的发展 ………………………………………… (8)
小 结 ……………………………………………………………………… (9)
习 题 ……………………………………………………………………… (10)
第2章 继电保护的基本元件 …………………………………………… (11)
2.1 电流互感器 ………………………………………………………… (11)
2.2 变换器 ……………………………………………………………… (12)
2.3 对称分量滤过器 …………………………………………………… (15)
2.4 电磁型继电器 ……………………………………………………… (18)
2.5 微机保护装置硬件原理 …………………………………………… (21)
2.6 微机保护的软件系统配置 ………………………………………… (40)
小 结 ……………………………………………………………………… (46)
习 题 ……………………………………………………………………… (47)
第3章 输电线路的电流电压保护 ……………………………………… (48)
3.1 单侧电源输电线路相间短路的电流电压保护 ………………… (48)
3.2 双侧电源输电线路相间短路的方向电流保护 ………………… (62)
3.3 中性点非直接接地系统输电线路接地故障保护 ……………… (72)
3.4 中性点直接接地系统输电线路接地故障保护 ………………… (76)
3.5 自适应电流保护 …………………………………………………… (84)
小 结 ……………………………………………………………………… (87)
习 题 ……………………………………………………………………… (88)
第4章 输电线路的距离保护 …………………………………………… (91)
4.1 距离保护概述 ……………………………………………………… (91)
4.2 阻抗继电器 ………………………………………………………… (95)
4.3 阻抗继电器接线方式 ……………………………………………… (100)
4.4 选相原理 …………………………………………………………… (108)
4.5 距离保护启动元件 ………………………………………………… (114)
4.6 距离保护振荡闭锁 ………………………………………………… (121)

4.7 断线闭锁装置 …… (131)
4.8 影响距离保护正确工作因素 …… (134)
4.9 相间距离保护整定计算原则 …… (139)
4.10 工频故障分量距离保护 …… (142)
4.11 WXB－11 型线路保护装置 …… (147)
小 结 …… (154)
习 题 …… (155)
第5章 输电线路的全线速动保护 …… (158)
5.1 输电线路的纵联差动保护 …… (158)
5.2 平行线路差动保护 …… (164)
5.3 基于故障分量的分相阻抗差动保护 …… (166)
5.4 输电线路综合阻抗纵联差动保护新原理 …… (170)
5.5 高频保护 …… (174)
小 结 …… (181)
习 题 …… (181)
第6章 电力变压器的继电保护 …… (182)
6.1 电力变压器的故障类型及其保护措施 …… (182)
6.2 电力变压器的瓦斯保护 …… (183)
6.3 电力变压器的电流速断保护 …… (185)
6.4 电力变压器的纵差保护 …… (186)
6.5 变压器微机保护 …… (194)
6.6 电力变压器相间短路后备保护 …… (201)
6.7 电力变压器接地保护 …… (205)
6.8 电力变压器微机保护举例 …… (209)
小 结 …… (216)
习 题 …… (217)
第7章 发电机的继电保护 …… (218)
7.1 发电机故障和不正常工作状态及其保护 …… (218)
7.2 发电机的纵差保护 …… (219)
7.3 发电机的匝间短路保护 …… (223)
7.4 发电机定子绕组单相接地保护 …… (225)
7.5 发电机励磁回路接地保护 …… (228)
7.6 发电机的失磁保护 …… (231)
7.7 发电机负序电流保护 …… (234)
7.8 发电机微机保护 …… (236)
7.9 WFBZ－01 型微机保护装置简介 …… (239)
小 结 …… (252)

习　题 …………………………………………………………………… (252)
第8章　母线的继电保护 …………………………………………………… (254)
8.1　装设母线保护基本原则 ………………………………………… (254)
8.2　完全电流差动母线保护 ………………………………………… (256)
8.3　电流比相式母线保护 …………………………………………… (257)
8.4　微机母线保护 …………………………………………………… (258)
8.5　典型微机母线保护 ……………………………………………… (263)
小　结 …………………………………………………………………… (269)
习　题 …………………………………………………………………… (269)
第9章　继电保护整定计算实例 …………………………………………… (271)
9.1　电流电压保护计算实例 ………………………………………… (271)
9.2　距离保护计算实例 ……………………………………………… (279)
9.3　变压器保护计算实例 …………………………………………… (292)
9.4　发电机保护计算实例 …………………………………………… (295)
参考文献 …………………………………………………………………… (300)

第 1 章　绪　论

1.1　电力系统继电保护的作用

1.1.1　电力系统故障和异常运行

电力系统由发电机、变压器、母线、输配电线路及用电设备组成。各电气元件及系统整体通常处于正常运行状态,但也可能出现故障或异常运行状态。在三相交流系统中,最常见同时也是最危险的故障是各种形式的短路。直接连接(不考虑过渡电阻)的短路一般称为金属性短路。电力系统的正常工作遭到破坏,但未形成故障,称为异常工作状态。

与其他电气元件相比较,输电线路所处的条件决定了它是电力系统中最容易发生故障的一环。在输电线路上,还可能发生断线或几种故障同时发生的复杂故障。变压器和各种旋转电机所特有的一种故障形式是同一相绕组上的匝间短路。

短路总要产生很大的短路电流,同时使系统中电压大大降低。短路点的电流及短路电流的热效应和机械效应会直接损坏电气设备。电压下降影响用户的正常工作,影响产品质量。短路更严重的后果是因电压下降可能导致电力系统发电厂之间并列运行的稳定性遭受破坏,引起系统振荡,直至整个系统瓦解。

最常见的异常运行状态是电气元件的电流超过其额定值,即过负荷状态。长时间的过负荷会使电气元件的载流部分和绝缘材料的温度过高,从而加速设备的绝缘老化,或者损坏设备,甚至发展成事故。此外,由于电力系统出现功率缺额而引起的频率降低、水轮发电机组突然甩负荷引起的过电压以及电力系统振荡,都属于异常运行状态。

故障和异常运行状态都可能发展成系统中的事故。所谓事故,是指整个系统或其中一部分的正常工作遭到破坏,以致对用户少送电、停止送电或电能质量降低到不能容许的地步,甚至造成设备损坏和人身伤亡。

在电力系统中,为了提高供电可靠性,防止造成上述严重后果,要对电气设备进行正确的设计、制造、安装、维护和检修;对异常运行状态必须及时发现,并采取措施予以消除;一旦发生故障,必须迅速并有选择性地切除故障元件。

1.1.2　继电保护的任务

继电保护装置是一种能反映电力系统中电气元件发生的故障或异常运行状态,并动作于断路器跳闸或发出信号的一种自动装置。它的基本任务是:

(1) 当电力系统的被保护元件发生故障时,继电保护装置应能自动、迅速、有选择地将故障元件从电力系统中切除,并保证无故障部分迅速恢复正常运行。

(2) 当电力系统被保护元件出现异常运行状态时,继电保护应能及时反应,并根据运行维护条件,发出信号、减负荷或跳闸。此时,一般不要求保护迅速动作,而是根据对电力系统及其元件的危害程度规定一定的延时,以免不必要动作和由于干扰而引起的误动作。

1.2 继电保护的基本原理和保护装置的组成

1.2.1 继电保护的基本原理

继电保护的基本原理是以被保护线路或设备故障前后某些突变的物理量为信息量,当突变量达到一定值时,启动逻辑控制环节,发出相应的跳闸脉冲或信号。

1.2.1.1 利用基本电气参数量的区别

发生短路故障后,利用电流、电压、线路测量阻抗、电压电流间相位、负序和零序分量的出现等的变化,可构成过电流保护、低电压保护、距离(低阻抗)保护、功率方向保护、序分量保护等。

1. 过电流保护

反映电流增大而动作的保护称为过电流保护。如图 1-1 所示,若在 BC 线路上三相短路,则从电源到短路点 K 之间将流过短路电流$\dot{I}_K$,可以使保护 1 或 2 反映到这个电流,首先由保护 2 动作于断路器 QF2 跳闸。

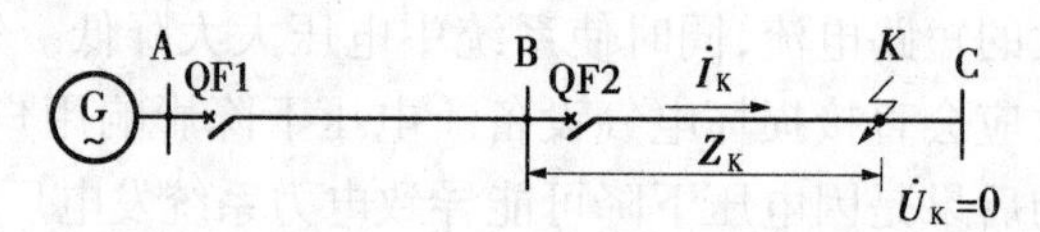

图 1-1 单侧电源线路

2. 低电压保护

反映电压降低而动作的保护称为低电压保护。如图 1-1 所示,BC 线路 K 点发生三相短路时,短路点电压降到零,各母线上的电压都有所下降,保护 1、2 都能反映到电压下降,首先由保护 2 动作于允许跳闸信号。

3. 距离保护

距离保护也称低阻抗保护,反映保护安装处到短路点之间的阻抗下降而动作的保护称为低阻抗保护。在图 1-1 中,若以 Z_K 表示保护 2 到短路点之间的阻抗,则母线 B 上残余电压 $\dot{U}_{res}=\dot{I}_K Z_K$,保护 2 的测量阻抗 $Z_m=\dot{U}_{res}/\dot{I}_K=Z_K$,它的大小等于保护安装处到短路点间的阻抗,正比于短路点到保护 2 之间的距离。

1.2.1.2 利用两侧电流相位(或功率方向)的比较

如图 1-2 所示的双侧电源网络,规定电流的正方向是从母线指向线路。正常运行时,线路 AB 两侧的电流大小相等,相位差为 180°;当在线路 BC 的 K_1 点发生短路故障时,线路 AB 两侧电流大小仍相等,相位差仍为 180°;当在线路 AB 内部的 K_2 点发生短路故障时,线路 AB 两侧短路电流大小一般不相等,相位相同(不计阻抗的电阻分量时)。从分析可知,若两侧电流相位(或功率方向)相同,则判为被保护线路内部故障;若两侧电流相位(或功率方向)相反,则判为区外短路故障。利用被保护线路两侧电流相位(或功率方向)，可构成纵联差动保护、相差高频保护、方向保护等。

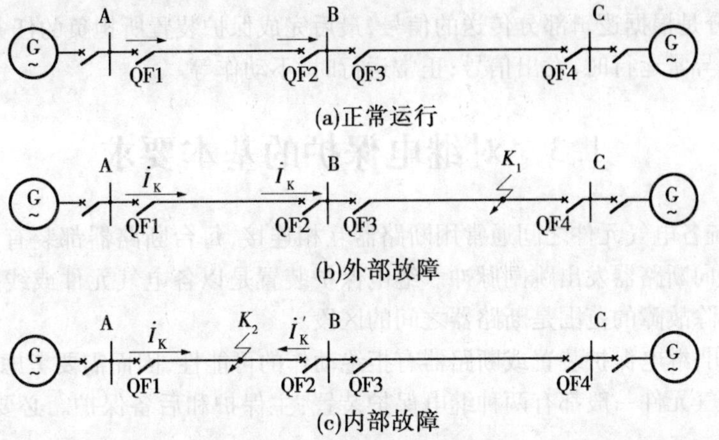

(a)正常运行

(b)外部故障

(c)内部故障

图 1-2　双侧电源网络

1.2.1.3　反映序分量或突变量是否出现

电力系统在对称运行时，不存在负序、零序分量；当发生不对称短路时，将出现负序、零序分量；无论是对称短路，还是不对称短路，正序分量都将发生突变。因此，可以根据是否出现负序、零序分量构成负序保护和零序保护；根据正序分量是否突变构成对称短路保护、不对称短路保护。

1.2.1.4　反映非电量保护

反映非电量保护有反映变压器油箱内部故障时所产生的瓦斯气体而构成的瓦斯保护，反映绕组温度升高而构成的过负荷保护等。

1.2.2　继电保护装置的组成

继电保护的构成原理虽然很多，但是在一般情况下，整套继电保护装置是由测量部分、逻辑部分和执行部分组成的，其原理结构如图 1-3 所示。

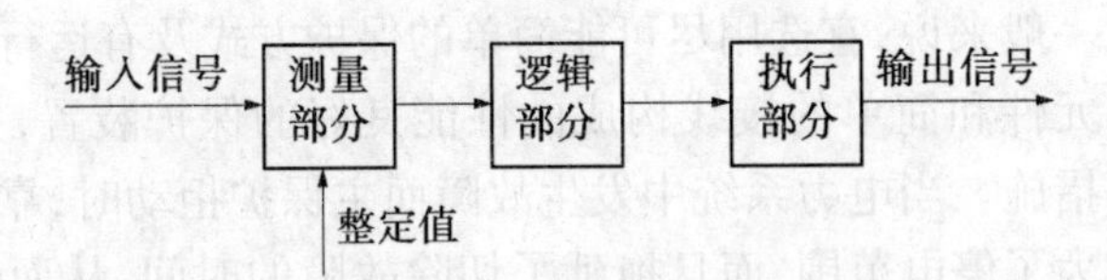

图 1-3　继电保护装置的原理方框图

1.2.2.1　测量部分

测量部分是测量从被保护对象输入的有关物理量，并与给定的整定值进行比较，根据比较的结果，给出“是”或“非”性质的一组逻辑信号，从而判断保护是否应该启动。

1.2.2.2　逻辑部分

逻辑部分是根据测量部分各输出量的大小、性质、输出的逻辑状态、出现的顺序或它们的组合，使保护装置按一定的逻辑关系工作，然后确定是否应该使断路器跳闸或发出信号，并将有关命令传给执行部分。继电保护中常用的逻辑回路有“或”、“与”、“否”、“延时启动”、“延时返回”以及“记忆”等回路。

1.2.2.3 执行部分

执行部分是根据逻辑部分传送的信号,最后完成保护装置所担负的任务。如故障时,动作于跳闸;异常运行时,发出信号;正常运行时,不动作等。

1.3 对继电保护的基本要求

电力系统各电气元件之间通常用断路器互相连接,每台断路器都装有相应的继电保护装置,可以向断路器发出跳闸脉冲。继电保护装置是以各电气元件或线路作为被保护对象的,其切除故障的范围是断路器之间的区段。

实践表明,继电保护装置或断路器有拒绝动作的可能性,因而需要考虑后备保护。实际上,每一电气元件一般都有两种继电保护装置:主保护和后备保护。必要时,还另外增设辅助保护。

反映整个被保护元件上的故障并能以最短的延时有选择性地切除故障的保护称为主保护。主保护或其断路器拒绝动作时,用来切除故障的保护称为后备保护。后备保护分近后备和远后备两种:主保护拒绝动作时,由本元件的另一套保护实现后备的,谓之近后备;当主保护或其断路器拒动时,由相邻元件或线路的保护实现后备的,谓之远后备。为补充主保护和后备保护的不足而增设的比较简单的保护称为辅助保护。

电力系统继电保护装置应满足可靠性、选择性、灵敏性和速动性的基本要求。这些要求之间,需要针对不同使用条件,分别进行综合考虑。

1.3.1 可靠性

保护装置的可靠性是指在规定的保护区内发生故障时,保护装置不应该拒绝动作,而在正常运行或保护区外发生故障时,则不应该误动作。

可靠性主要是针对保护装置本身的质量和运行维护水平而言。不可靠的保护本身就成了事故的根源。因此,可靠性是对继电保护装置的最根本要求。

为保证可靠性,一般来说,宜选用尽可能简单的保护方式及有运行经验的微机保护产品;应采用由可靠的元件和简单的接线构成的性能良好的保护装置,并应采取必要的检测、闭锁和双重化等措施。当电力系统中发生故障而主保护拒动时,靠后备保护的动作切除故障,有时不仅扩大了停电范围,而且拖延了切除故障的时间,从而给电力系统的稳定运行带来很大危害。此外,保护装置应便于整定、调试和运行维护,这对保证其可靠性也具有重要的作用。

1.3.2 选择性

保护装置的选择性是指保护装置动作时,仅将故障元件从电力系统中切除,使停电范围尽量缩小,以保证电力系统中的无故障部分仍能继续安全运行。在图 1-4 所示的网络中,当线路 L4 上 K_2 点发生短路时,保护 6 动作跳开断路器 QF6,将 L4 切除,继电保护的这种动作是有选择性的。K_2 点故障,若保护 5 动作于将 QF5 断开,则变电所 C 和 D 都将停电,继电保护的这种动作是无选择性的。同样,K_1 点故障时,保护 1 和保护 2 动作于断开 QF1 和 QF2，将故障线路 L1 切除，才是有选择性的。

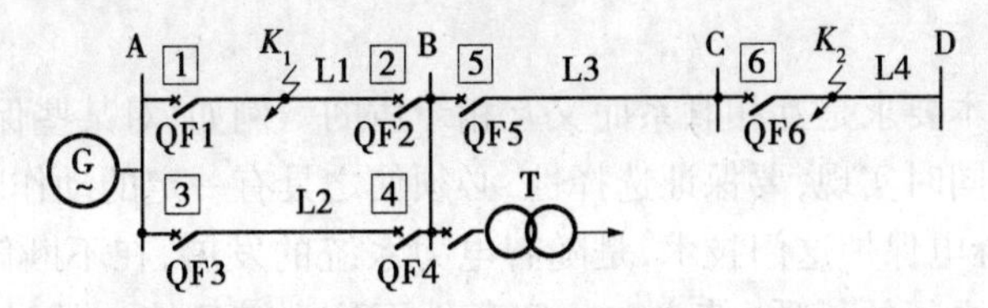

图 1-4　单侧电源网络中保护选择性动作说明图

如果 K_2 点故障，而保护 6 或断路器 QF6 拒动，保护 5 将断路器 QF5 断开，故障切除，这种情况虽然是越级跳闸，但却是尽量缩小了停电范围，限制了故障的发展，因而也认为是有选择性动作。

运行经验表明，架空线路上发生的短路故障大多数是瞬时性的，线路上的电压消失后，短路会自行消除。因此，在某些条件下，为了加速切除短路，允许采用无选择性的保护，但必须采取相应措施，例如采用自动重合闸或备用电源自动投入装置予以补救。

为了保证选择性，对相邻元件有后备作用的保护装置，其灵敏性与动作时间必须与相邻元件的保护相配合。

1.3.3　灵敏性

保护装置的灵敏性是指保护装置对其保护区内发生故障或异常运行状态的反应能力。满足灵敏性要求的保护装置应该是在规定的保护区内短路时，不论短路点的位置、短路形式及系统的运行方式如何，都能灵敏反应。保护装置的灵敏性一般用灵敏系数 K_{sen} 来衡量。

对于反映故障时参数增大而动作的保护装置，其灵敏系数是

$$K_{sen} = \frac{\text{保护区末端金属性短路时保护安装处测量到的故障参数的最小计算值}}{\text{保护整定值}}$$

对于反映故障时参数降低而动作的保护装置，其灵敏系数是

$$K_{sen} = \frac{\text{保护整定值}}{\text{保护区末端金属性短路故障时保护安装处测量到的故障参数的最大计算值}}$$

实际上，短路大多情况是非金属性的，而且故障参数在计算时会有一定误差，因此必须要求 $K_{sen} > 1$。在部颁的《继电保护和安全自动装置技术规程》中，对各类短路保护装置的灵敏系数最小值都作了具体规定。对于各种保护装置灵敏系数的校验方法，将在各保护的整定计算中分别讨论。

1.3.4　速动性

快速地切除故障可以提高电力系统并列运行的稳定性，减少用户在电压降低情况下的工作时间，限制故障元件的损坏程度，缩小故障的影响范围以及提高自动重合闸装置和备用电源自动投入装置的动作成功率等。因此，在发生故障时，应力求保护装置能迅速动作切除故障。

上述对作用于跳闸的保护装置的基本要求，一般也适用于反映异常运行状态的保护

装置。只是对作用于信号的保护装置不要求快速动作,而是按照选择性要求延时发出信号。

继电保护的基本要求是互相联系而又互相矛盾的。例如,对某些保护装置来说,选择性和速动性不可能同时实现,要保证选择性,必须使之具有一定的动作时间。

可以这样说,继电保护这门技术,是随着电力系统的发展,在不断解决保护装置应用中出现的基本要求之间的矛盾,使之在一定条件下达到辩证统一的过程中发展起来的。因此,继电保护的基本要求是分析研究各种继电保护装置的基础,是贯穿本课程的一条基本线索。在本课程的学习过程中,应该注意学会按保护基本要求的观点,去分析每种保护装置的性能。

1.4 继电器与继电特性

继电器是各种继电保护装置的基本组成元件。一般来说,按预先整定的输入量动作,并具有电路控制功能的元件称为继电器。继电器的工作特点是,用来表征外界现象的输入量达到整定值时,其输出电路中的被控电气量将发生预定的阶跃变化。

继电器的输入量和输出量之间的关系如图 1-5 所示。图中 X 是加于继电器线圈的输入量,Y 是继电器触点电路中的输出量。当输入量 X 从零开始增加时,在 $X < X_{op}$ 的过程中,输出量 $Y = Y_{min}$ 保持不变($Y_{min} \approx 0$);当输入量等于启动量时,输出量突然由最小 Y_{min} 变到最大 Y_{max},称为继电器动作;当输入量减小时,在 $X > X_{re}$ 的过程中,输出量保持不变。当输入量减小到 X_{re} 值时,称为继电器返回。返回值与动作值之比称为继电器的返回系数,以 K_{re} 表示,即

$$K_{re} = \frac{X_{re}}{X_{op}} \tag{1-1}$$

图 1-5 所示的这种输入量连续变化,而输出量总是跃变的特性,称为继电特性。

通常,继电器在没有输入量(或输入量未达到整定值)的状态下,断开着的触点称为常开触点,闭合着的触点称为常闭触点。常开触点也称动合触点,常闭触点又称动断触点。

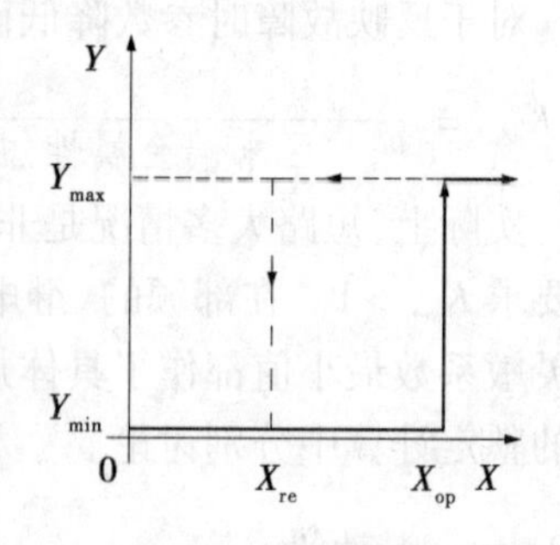

图 1-5 继电特性

使继电器的正常位置时的功能产生变化,称为启动。继电器完成所规定的任务,称为动作。继电器从动作状态回到初始位置,称为复归。继电器失去动作状态下的功能,称为返回。电力系统继电保护装置用的继电器,称为保护继电器,按输入物理量的不同分为电气继电器与非电气继电器两类;按功能可分为测量继电器与逻辑继电器。

国产的保护继电器,一般用汉语拼音字母表示出它的型号。型号中第一个字母表示继电器的工作原理。第二(或第三)个字母表示继电器的用途。例如,DL 代表“电”磁型电“流”继电器,LCD 代表整“流”型“差动”继电器。常用继电器线圈及触点的表示方法如表 1-1 所示,常用测量继电器和保护装置示例如表 1-2 所示。

表 1-1　常用继电器线圈及触点的表示方法

名称	图形符号	说明	名称	图形符号	说明
继电器线圈	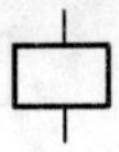	=IEC	机械保持继电器的线圈	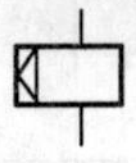	=IEC
具有两个线圈的继电器	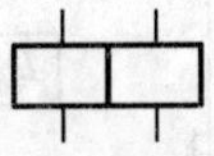	=IEC 组合表示法	极化继电器的线圈		=IEC
	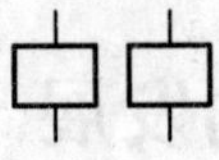	=IEC 分离表示法	动合(常开)触点		=IEC
缓慢释放继电器的线圈	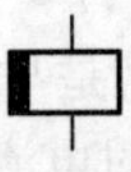	=IEC	动断(常闭)触点		=IEC
缓慢吸合继电器的线圈	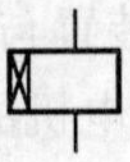	=IEC	先合后断的转换触点		=IEC
快速继电器的线圈	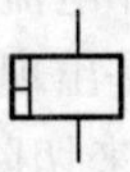	=IEC	被吸合时延时闭合的动合触点	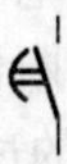	=IEC

表 1-2　常用测量继电器和保护装置示例

名称	图形符号	说明	名称	图形符号	说明
低电压继电器	$U<$	=IEC	瞬时过电流保护	$I>$	
过电压继电器	$U>$	=IEC	延时过电流保护	$I>$	
低功率继电器	$P<$	=IEC	低电压启动的过电流保护	$I>$ $U<$	
低阻抗继电器	$Z<$	=IEC	复合电压启动的过电流保护	$I>$ $U_1<+U_2>$	
功率方向继电器	P		线路纵联差动保护	PP	
接地距离保护	Z		距离保护	Z	

续表 1-2

名称	图形符号	说明	名称	图形符号	说明
定子接地保护	S⏚		差动保护	I_d	
转子接地保护	R⏚		零序电流差动保护	I_{d0}	

1.5 电力系统继电保护的发展

电力系统继电保护技术是随着电力系统的发展而发展的,是与电力系统对运行可靠性要求的不断提高密切相关的。熔断器就是最初出现的简单过电流保护。这种保护至今仍广泛应用于低压线路和用电设备。熔断器的特点是融保护装置与切断电流的装置于一体,因而最为简单。由于电力系统的发展,用电设备的功率、发电机的容量不断增大,发电厂、变电所和供电电网的结线不断复杂化,电力系统中正常工作电流和短路电流都不断增大,单纯采用熔断器保护就难以实现选择性和快速性要求,于是出现了作用于专门的断流装置(断路器)的过电流继电器,利用继电器和断路器的配合来切除故障设备。19 世纪 90 年代出现了装于断路器上并直接作用于断路器的一次式的电磁型过电流继电器。20 世纪初,随着电力系统的发展,继电器开始广泛应用于电力系统的保护。这个时期可认为是继电保护技术发展的开端。

1901 年出现了感应型过电流继电器,1908 年提出了比较被保护元件两端电流的电流差动保护原理。1910 年方向性电流保护开始得到应用,在此时期也出现了将电压与电流相比较的保护原理,并导致了 20 世纪 20 年代初距离保护装置的出现。随着电力系统的载波通信的发展,在 1927 年前后,出现了利用高压输电线路上高频载波电流传送和比较输电线路两端功率方向或电流相位的高频保护装置。在 20 世纪 50 年代,微波中继通信开始应用于电力系统,从而出现了利用微波传送和比较输电线路两端故障电气量的微波保护。利用故障点产生的行波实现快速继电保护的设想,经过 20 余年的研究,20 世纪 70 年代诞生了行波保护装置。显然,随着光纤通信在电力系统中的大量采用,利用光纤通道的微机继电保护也将得到更为广泛的应用。

20 世纪 50 年代以前的继电保护装置都是由电磁型、感应型或电动型继电器组成的。这些继电器都具有机械转动部件,统称为机电式继电器。由这些继电器组成的继电保护装置称为机电式保护装置。机电式继电器所采用的元件、材料、结构型式和制造工艺在近 30 余年来,经历了重大的改进,积累了丰富的运行经验,工作比较可靠,因而目前仍是电力系统中应用的保护装置。

20 世纪 50 年代,由于半导体晶体管的发展,开始出现了晶体管式继电保护装置。这种保护装置体积小,功率消耗小,动作速度快,无机械转动部分,称为电子式静态保护装置。

由于集成电路技术的发展,可以将数十个或更多的晶体管集成在一个半导体芯片上,从而出现了体积更小、工作更加可靠的集成运算放大器和集成电路元件。20 世纪 80 年代后期,标志着静态继电保护从第一代(晶体管式)向第二代(集成电路式)的过渡。

在 20 世纪 60 年代末,就提出了用小型计算机实现继电保护的设想。因为当时小型计算机价格昂贵,难以实际采用。但由此开始了对继电保护计算机算法的大量研究,这对后来微型计算机式继电保护的发展奠定了理论基础。随着微处理器技术的迅速发展及其价格急剧下降,在 20 世纪 70 年代后半期,出现了比较完善的微型计算机保护样机,并投入到电力系统中试运行。20 世纪 80 年代微型计算机保护在硬件结构和软件技术方面已趋成熟,并已在一些国家推广应用,这就是第三代的静态继电保护装置。微型计算机保护具有巨大的计算、分析和逻辑判断能力,有存储记忆功能,因而可用以实现任何性能完善且复杂的保护。微型计算机保护可连续不断地对本身的工作情况进行自检,其工作可靠性很高。此外,微型计算机保护可用同一个硬件实现不同的保护原理,这使保护装置的制造大为简化,也容易实行保护装置的标准化。微型计算机保护除保护功能外,还有故障录波、故障测距、事故顺序记录和调度计算机交换信息等辅助功能,这对简化保护的调试、事故分析和事故后的处理等都有重大意义。由于微型计算机保护装置的巨大优越性和潜力,因而受到运行人员的欢迎,进入 20 世纪 90 年代以来,在我国得到大量应用,将成为继电保护装置的主要型式。可以说,微型计算机保护代表着电力系统继电保护的未来,将成为未来电力系统保护、控制、运行调度及事故处理的统一计算机系统的组成部分。

小　结

电力系统虽然经常是处于正常运行状态,但一旦发生故障,电力系统的正常运行就被破坏,将对正常供电、人身安全和设备造成危害。因此,要求电力系统一旦发生短路故障,应将故障部分切除,以保证正常部分恢复正常运行。发生异常运行状态一般动作于信号,以便分析处理。

短路故障最明显的特征是电流增大、电压降低,因此可以通过电流或电压的变化构成电流保护、电压保护。在发生不对称短路故障时,将出现负序分量;发生接地短路故障时,将出现零序分量。可利用负序、零序分量构成反映序分量原理的保护;根据被保护线路阻抗的变化可构成距离保护;线路内部和外部短路故障时,被保护线路两端电流的相位不同,可构成差动保护;利用故障分量的特点,可构成各种利用分量原理的继电保护。

继电保护的基本要求是衡量继电保护装置性能的重要指标,也是评价各种原理构成的继电保护装置的主要依据。简单地说,可靠性就是在保护区内发生短路故障时,保护不拒动;在正常运行或保护区外发生短路故障时,保护不误动。灵敏性是判别保护装置反映故障能力的重要指标,不满足灵敏性要求的保护装置,是不允许装设的。继电保护的基本要求是互相联系而又互相矛盾的,继电保护技术是在不断解决保护装置应用中出现的基本要求之间的矛盾,使之在一定条件下达到辩证统一的过程中发展起来的。因此,继电保护的基本要求是分析研究各种继电保护装置的基础,是贯穿本课程的一条基本线索。

习 题

1. 何谓电力系统的“故障”、“异常运行状态”与“事故”？
2. 何谓继电保护装置？它的作用是什么？
3. 何谓主保护、后备保护及辅助保护？何谓近后备和远后备？
4. 何谓继电器与继电特性？为什么要求保护继电器必须具有继电特性？
5. 继电器的常开触点与常闭触点如何区分？
6. 继电保护装置一般有哪些组成部分？各部分有何作用？
7. 说明“继电器”、“继电保护装置”和“继电保护”的含义与区别。

第2章　继电保护的基本元件

2.1　电流互感器

2.1.1　电流互感器的极性

电流互感器(TA)能按一定比例将电力系统一次电流变成二次电流以满足保护的需要。利用电流互感器取得保护装置所必需的相电流的各种组合。工作时一次绕组串联在供电系统的一次电路中,而二次绕组则与仪表、继电器的电流线圈串联形成一个闭合回路。二次绕组的额定电流一般为5 A或1 A。为了防止其一、二次绕组绝缘击穿时危及人身和设备的安全,电流互感器二次侧有一端必须接地。

为了简便、直观地分析继电保护的工作,判别电流互感器一次电流与二次电流间的相位关系,电流互感器一次和二次绕组的绕向用极性符号表示。常用的电流互感器极性都按减极性原则标注,即当系统一次电流从极性端流入时,电流互感器的二次电流从极性端流出。常用的一次绕组端子注有L1、L2,二次绕阻端子注有K1、K2,其中L1和K1为同极性端子。同极性端注以符号“*”,如图2-1所示。

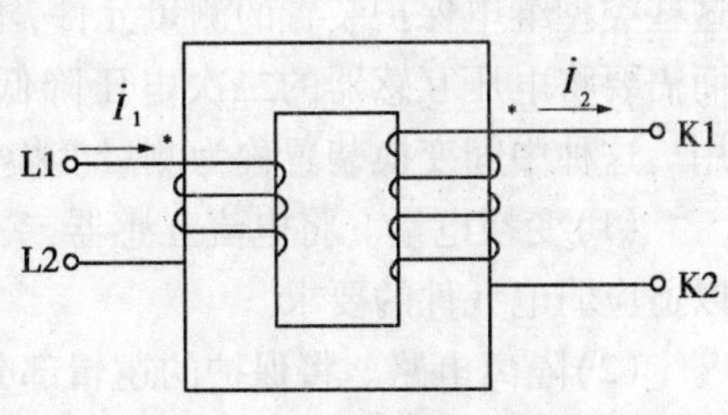

图2-1　电流互感器极性标注

2.1.2　电流互感器的10%误差曲线

电流互感器的磁势平衡方程为

$$N_1\dot{I}'_1 - N_2\dot{I}_2 = N_1\dot{I}_0 \tag{2-1}$$

由式(2-1)可见,由于励磁电流的存在,电流互感器的一次折算后的电流和二次电流大小不相等,相位不相同,说明电流转换中将出现数值和相位误差。

变比误差用f_{er}表示,定义为二次侧电流与一次折算后的电流的算术差与一次折算后的电流之比的百分数,即

$$f_{er} = [(I_2 - I'_1)/I'_1] \times 100\% \tag{2-2}$$

角度误差指电流$\dot{I}'_1$与$\dot{I}_2$的相位差。

当一次侧发生短路故障时,流入电流互感器的一次电流远大于其额定值,因铁芯饱和电流互感器会产生较大误差。为了控制误差在一定的范围,对一次电流倍数及二次侧的负载阻抗有一定的限制。

生产厂按照试验所绘制的10%误差曲线是指一次电流倍数 m 与最大允许负载阻抗 Z_{en} 的关系曲线，称为10%误差曲线。10%误差曲线允许变比误差为10%，角度误差为7°，如图2-2所示。可见，对于同一个电流互感器来说，在保证其误差不超过允许值的前提下，如果二次负荷阻抗较大，则允许的一次电流倍数 m 就较小；如果二次负荷阻抗较小，则允许的一次电流倍数 m 就较大。

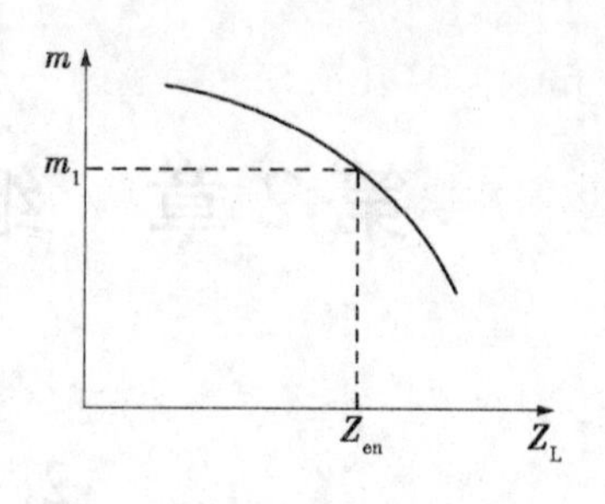

图2-2 电流互感器的10%误差曲线

选定保护用的电流互感器时，都要按电流互感器10%误差曲线校验。如果已知电流互感器的一次电流倍数，就可从对应的10%误差曲线查到允许的二次负荷阻抗 Z_{en}。只要实际的二次负荷阻抗 $Z_L \leqslant Z_{en}$，就满足要求。

2.2 变换器

继电保护用的测量变换器主要用于整流型、静态型及数字型继电保护装置中。因为这些类型继电保护装置的测量元件，不能直接接入电流互感器或电压互感器的二次线圈，而需要将电压互感器的二次电压降低，或将电流互感器的二次电流变为电压后，才能应用。这种中间变换装置称为测量变换器，其作用有：

(1)变换电量。将电流互感器二次侧的强电压(100 V)、强电流(5 A)转换成弱电压，以适应弱电元件的要求。

(2)隔离电路。将保护的逻辑部分与电气设备的二次回路隔离。因为从安全方面考虑，电流、电压互感器二次侧必须接地，而弱电元件往往与直流电源连接，但直流回路又不允许直接接地，故需要经变换器将交直流电隔离。另外，弱电元件易受干扰，借助变换器屏蔽层可以减少来自高压设备的干扰。

(3)用于定值调整。借助于变换器一次绕组或二次绕组抽头的改变可以方便地实现继电器定值的调整或扩大定值的范围。

(4)用于电量的综合处理。通过变换器将多个电量综合成单一电量有利于简化保护。

常用的测量变换器有电压变换器、电流变换器、电抗变换器三种。它们的接线原理如图2-3所示，虚线表示屏蔽接地。

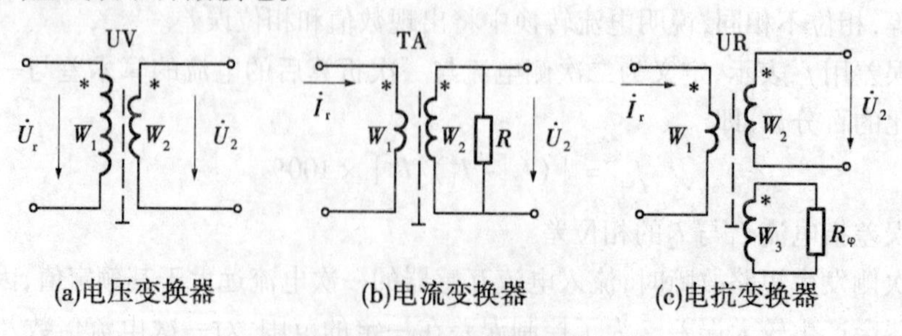

图2-3 测量变换器原理图

2.2.1 电压变换器(UV)

电压变换器结构原理与电压互感器、变压器相同。一般用来把输入电压降低或使之可以调节,如图 2-3(a)所示。

电压变换器只要一、二次侧存在漏阻抗,负载电流和励磁电流就会通过漏阻抗产生压降使变换器产生电压误差和角度误差。因此,为了减小误差,要求励磁电流小(励磁阻抗大)、连接负载 Z_L 要大、漏抗要小,使铁芯工作在磁化曲线的直线部分。电压变换器二次侧电压 $\dot{U}_2$ 与一次侧电压 $\dot{U}_r$ 的关系可近似表示为

$$\dot{U}_2 = K_{uv}\dot{U}_r \tag{2-3}$$

式中 K_{uv}——电压变换器的变换系数。

2.2.2 电流变换器(TA)

电流变换器的主要作用是将一次侧电流 $\dot{I}_r$ 变换为一个与之成正比的二次侧电压 $\dot{U}_2$。它由一台小型电流互感器和并联在二次侧的小负载电阻 R 所组成,如图 2-3(b)所示。中间变流器漏抗很小,接近于零。在二次侧并联一个小电阻 R 的目的是保证等效负载阻抗小于 R,且远远小于励磁阻抗使得励磁电流可忽略,这样二次电压可近似表示为

$$\dot{U}_2 = \dot{I}_2 R = \frac{R}{n}\dot{I}_r = K_L\dot{I}_r \tag{2-4}$$

式中 K_L——电流变换器的变换系数。

当铁芯不饱和时,输出电压波形基本保持一次侧电流的波形。如严格要求 $\dot{I}_r$ 与 $\dot{U}_2$ 同相位,可在 R 上并联一小电容 C,其容抗等于励磁电抗,以使励磁电流被电容电流所补偿。

2.2.3 电抗变换器(UR)

电抗变换器是把输入电流直接转换成与电流成正比的电压的一种电量变换装置。二次侧 W_3 和调相电阻 R_φ 用于改变输入电流与输出电压之间的相角差,如图 2-3(c)所示。

为了使问题简化,先不考虑 W_3 的作用而将其开路。由于铁芯有气隙,励磁阻抗很小,在工作电流范围内铁芯不会饱和,从而使电抗变换器的二次输出电压与一次输入电流保持线性比例关系的范围加大。在使用中,因二次负载阻抗 Z_L 很大,接近开路运行,所以 $Z'_e \ll Z_L$。因铁芯损耗和一、二次绕组的漏抗都很小,所以一次电流 $\dot{I}'_r$ 全部作为励磁电流 $\dot{I}'_e$ 流入励磁回路,其等效电路如图 2-4(a)所示,可见,二次侧的电压 $\dot{U}_2$ 为

$$\dot{U}_2 = \dot{I}'_r Z'_e = \dot{K}_{ur}\dot{I}_r \tag{2-5}$$

式中 $\dot{K}_{ur}$——带有阻抗量纲的复常数;

$\dot{I}'_r$——一次折算至二次侧电流。

根据图 2-4(a)所示的各相量的假定正方向,其相量图如图 2-4(b)所示。二次电势 $\dot{E}_2 = \dot{U}_2$ 超前磁通 $\dot{\Phi}$ 的相位为 90°。励磁电流由两部分组成,即有功分量电流 $\dot{I}'_{ea}$,无功分量电流 $\dot{I}'_{er}$。无功分量电流 $\dot{I}'_{er}$ 与磁通 $\dot{\Phi}$ 同相位,用于在铁芯中建立磁通;而有功分量电流

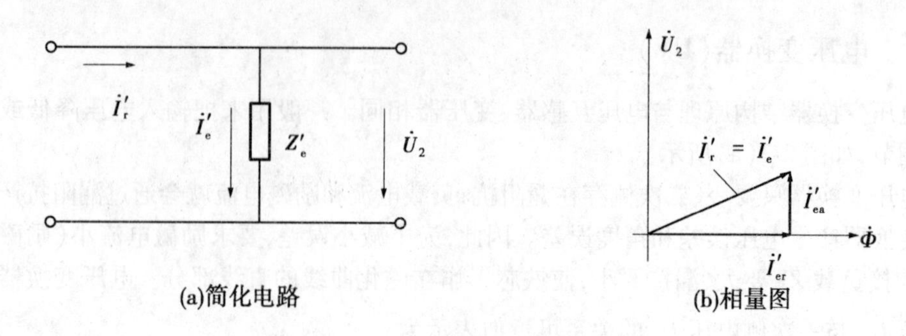

图 2-4　电抗变换器简化电路及相量图

$\dot{I}_{ea}'$超前磁通 $\dot{\Phi}$ 的相位为90°，与 $\dot{U}_2$ 同相位，用于铁芯损耗。若忽略铜损、铁损耗时，$\dot{U}_2$ 将超前一次电流 90°（实际上略小于 90°）。

为了满足保护要求，需要根据被保护线路阻抗角的不同调整 $\dot{K}_{ur}$的相位，所以要引入 W_3，接入调相电阻 R_φ 来实现。由等值电路图 2-5（a）可见，在 W_3 回路中出现电流 $\dot{I}_\varphi'$，电流 $\dot{I}_\varphi'$与 $\dot{U}_2$ 间的相位差决定于绕组 W_3 和 R_φ 回路的阻抗角。由相量图可见，$\dot{U}_2$ 超前 $\dot{I}_r'$的角度比不接入调相电阻时小，也就是 $\dot{K}_{ur}$的阻抗角减小。所以，只要适当选择调相电阻，即可调节 $\dot{K}_{ur}$的阻抗角，见图 2-5（b）。

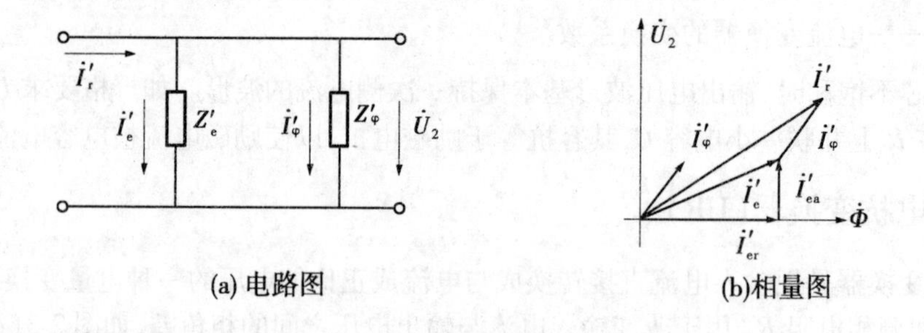

图 2-5　接入调相电阻时电抗变换器及相量图

电抗变换器具有电感的性质，有放大高频谐波的作用；有较强的抑制非周期分量的作用；有较大的线性工作范围。电流变换器对高次谐波和非周期分量的反应与负载的性质有关，当负载为电容性时反而能抑制一次电流中的高次谐波，其抑制非周期分量性能不如电抗变压器，其铁芯的线性范围也不如电抗变换器宽。

为使继电保护能准确工作，要求电抗变换器的输出电压与输入电流间呈线性关系，即要求其转移阻抗是常数。当电流足够大时，铁芯呈现饱和，导磁系数又下降。可见，随着一次电流变化，二次输出电压并非线性关系，即转移阻抗不是常数。为了消除大电流时铁芯饱和的影响，可以选取适当长度的空气隙，使在实际可能出现的最大电流出现时，铁芯不会饱和。

2.3 对称分量滤过器

系统正常运行时，没有负序和零序分量；不对称相间短路时，三相电流、电压中分别存在正序对称分量和负序对称分量；接地短路时，三相电流和电压中分别存在正序、负序与零序三组对称分量。可以利用故障时出现负序和零序分量构成保护，提高保护的灵敏度。为了使保护装置能够反映对称分量而动作，有时需要采用对称分量滤过器取出有关相序的电流、电压分量或它们的组合。因此，对称分量滤过器已经成为继电保护装置中的重要组成元件。

某一相序分量滤过器是指在其输入端加以三相的电流或电压，其中可能含有正序、负序、零序分量，而在其输出端只输出与某一分量成正比的电压或电流，如果只输出零序电压则称为零序电压滤过器，如果只输出负序电压则称为负序电压滤过器。有时，根据需要按预定复合方式输出复合的相序分量则称为复合对称分量滤过器。

2.3.1 零序分量滤过器

2.3.1.1 零序电流滤过器

将三相电流互感器极性相同的二次端子分别接在一起，将电流继电器接于两个连接端之间即组成零序电流滤过器，如图 2-6 所示。此时，流入继电器回路中的电流为三相电流之和。若三相中包含有正序、负序、零序分量电流时，由于正序、负序三相电流之和为零，故只有零序输出

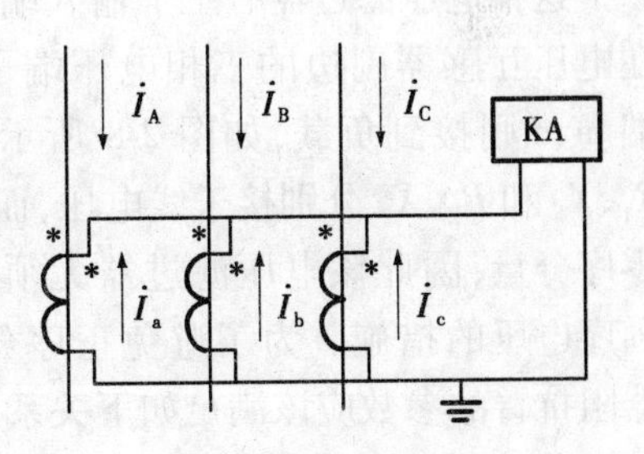

图 2-6 零序电流滤过器接线原理

$$\dot{I}_{\mathrm{r}} = \dot{I}_{\mathrm{a}} + \dot{I}_{\mathrm{b}} + \dot{I}_{\mathrm{c}} = 3\dot{I}_0 \tag{2-6}$$

若考虑每相电流互感器的励磁电流后，则零序电流滤过器输出电流为

$$\begin{aligned}\dot{I}_{\mathrm{r}} = \dot{I}_{\mathrm{a}} + \dot{I}_{\mathrm{b}} + \dot{I}_{\mathrm{c}} &= \frac{1}{n_i}[(\dot{I}_{\mathrm{A}} - \dot{I}_{\mathrm{e \cdot A}}) + (\dot{I}_{\mathrm{B}} - \dot{I}_{\mathrm{e \cdot B}}) + (\dot{I}_{\mathrm{C}} - \dot{I}_{\mathrm{e \cdot C}})] \\ &= -\frac{1}{n_i}(\dot{I}_{\mathrm{eA}} + \dot{I}_{\mathrm{eB}} + \dot{I}_{\mathrm{eC}}) = -\dot{I}_{\mathrm{unb}}\end{aligned} \tag{2-7}$$

$\dot{I}_{\mathrm{unb}}$称为不平衡电流，它是由三相励磁电流的不对称所造成的。当发生不接地的相间短路时，此时一次电流中虽不含有零序电流，但由于电流互感器的一次电流增大，而且含有非周期性分量导致铁芯严重饱和，三相励磁电流的不对称情况将更为显著，因此不平衡电流比正常运行时大得多。当发生接地性短路时，三相电流中存在零序分量电流 $3\dot{I}_0$，此时的不平衡电流 $\dot{I}_{\mathrm{unb}}$会比 $3\dot{I}_0$小得多，可以忽略。

2.3.1.2 零序电压滤过器

为了取得零序电压，需采用零序电压滤过器。构成零序电压滤过器时，必须考虑零序

磁通的铁芯路径，所以采用的电压互感器铁芯型式只能是三个单相的或三相五柱式的。三相五柱式电压互感器二次绕组顺极性接成开口三角形，如图 2-7 所示，以获得零序电压。

$$\dot{U}_{out} = \dot{U}_a + \dot{U}_b + \dot{U}_c = 3\dot{U}_0 \tag{2-8}$$

实际上，在正常运行和电网相间短路时，由于电压互感器的误差及三相系统对地电压不平衡，在开口三角形侧会有数值不大的电压输出，此电压称为不平衡电压，零序电压保护应躲过其影响。

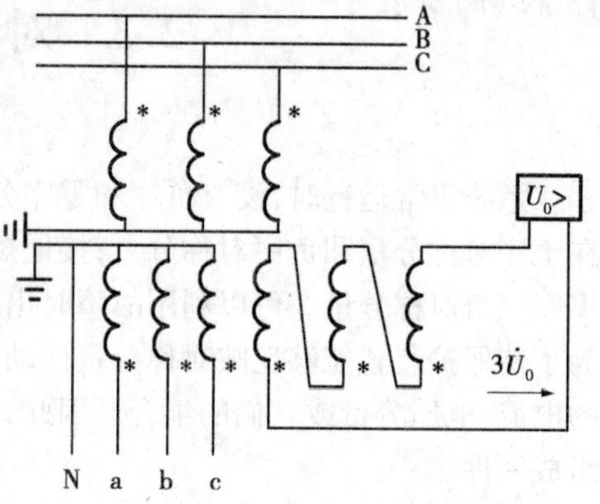

图 2-7　零序电压滤过器接线图

2.3.2　负序滤过器

2.3.2.1　负序电压滤过器

负序电压滤过器是从三相全电压中滤出负序电压分量的滤过器，用于反映不对称短路的故障。下面介绍单相式负序电压滤过器。

这种电压滤过器有三个输入端 a、b、c，分别接在电压互感器副边的三相电压端子上，两个输出端 m、n 则接到负载，如图 2-8 所示。两个阻容臂 R_1、X_1 和 R_2、X_2 分别接于线电压，而线电压不存在零序分量，因此该电压滤过器无须采用其他消除零序电压的措施。为了避免正序分量通过，滤过器阻抗臂的参数应该满足如下关系

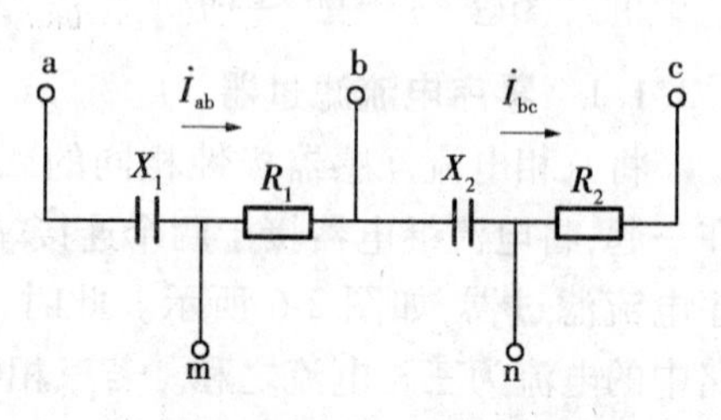

图 2-8　负序电压滤过器

$$R_1 = \sqrt{3}X_1, X_2 = \sqrt{3}R_2 \tag{2-9}$$

当输入正序电压时，因 $R_1 = \sqrt{3}X_1$，故电流 $\dot{I}_{ab1}$ 超前电压 $\dot{U}_{ab1}$ 30°；又因为 $X_2 = \sqrt{3}R_2$，故电流 $\dot{I}_{bc1}$ 超前电压 $\dot{U}_{bc1}$ 60°。各相量关系如图 2-9(a)所示，图中电压三角形 anb 和电压三角形 bmc，两顶点 m、n 重合，即输出电压 $\dot{U}_{mn1} = 0$，故滤过器的输出电压为零。

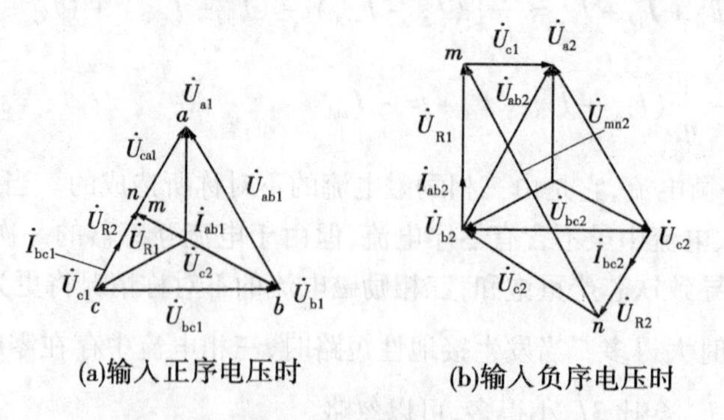

图 2-9　相量图

当输入负序电压时，负序电压相序与正序相反，此时负序电压滤过器的相量关系如

图 2-9(b)所示。电流 $\dot{I}_{ab2}$ 超前电压 $\dot{U}_{ab2}$30°,而电流 $\dot{I}_{bc2}$ 超前电压 $\dot{U}_{bc2}$60°,输出电压为

$$U_{mn2} = \sqrt{3}U_{R1} = 1.5U_{ab2} \tag{2-10}$$

式(2-10)表明,当输入三相负序电压时,滤过器的输出电压为输入电压的 1.5 倍,而其相位超前输入电压 $\dot{U}_{ab2}$60°。

负序电压滤过器只有在满足式(2-9)的条件下,对正序电压才无输出。实际上,由于元件参数不准确,阻抗值随环境温度及系统频率变化等原因,使加入正序电压时,有不平衡电压输出,使用中应予注意。

若输入电压中存在五次谐波分量,则由于五次谐波分量的相序与基波负序相同,输出端也会有输出。为了消除五次谐波的影响,可以在输出端加装五次谐波滤波器。

如果将负序电压滤过器任意两个输入端互相换接,则滤过器就会变为正序电压滤过器。

2.3.2.2 **负序电流滤过器**

负序电流滤过器输入的是三相或两相全电流,输出的是与输入电流负序分量成比例的单相电压,并从原理接线上应保证正序电流和零序电流不能通过滤过器。常用的负序电流滤过器有感抗移相式负序电流滤过器和电容移相式电流滤过器两类。感抗移相式负序电流滤过器如图 2-10 所示。

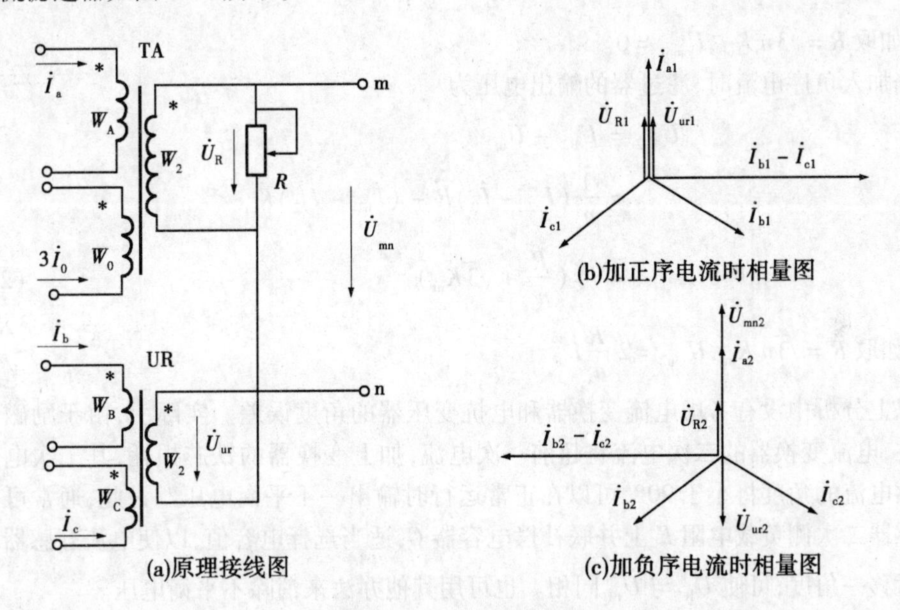

图 2-10 负序电流滤过器

电抗变压器的一次侧有两个匝数相同的线圈,即 $W_B = W_C$,分别通入 $\dot{I}_b$ 和 $-\dot{I}_c$,其二次侧输出电压

$$\dot{U}_{ur} = (\dot{I}_b - \dot{I}_c)\dot{K}_{ur} \tag{2-11}$$

式中 $\dot{K}_{ur}$——电抗变换器的转移电抗。

TA 有两个一次线圈 W_A 和 W_0,并且 $W_A = 3W_0$,正常运行时零序磁势平衡,即

$$\dot{I}_a W_A = -3\dot{I}_0 W_0 = \dot{I}_a W_2 \tag{2-12}$$

设 TA 的变比 $n_i = W_2/W_A$,则二次输出电流为$(\dot{I}_a - \dot{I}_0)/n_i$,故 TA 二次输出电压为

$$\dot{U}_R = \frac{1}{n_i}(\dot{I}_a - \dot{I}_0)R \tag{2-13}$$

负序电流滤过器输出电压为 $\dot{U}_R$ 与 $\dot{U}_{ur}$的相量差,即

$$\begin{aligned}\dot{U}_{mn} &= \dot{U}_R - \dot{U}_{ur}\\ &= \frac{1}{n_i}(\dot{I}_a - \dot{I}_0)R - (\dot{I}_b - \dot{I}_c)\dot{K}_{ur}\end{aligned} \tag{2-14}$$

当加入零序电流时 $\dot{I}_a = \dot{I}_b = \dot{I}_c = \dot{I}_0$,由于 $W_A = 3W_0$, $W_B = W_C$,所以电流变换器与电抗变压器一次磁势互相抵消,或从式(2-14)也可得到 $\dot{U}_{mn} = 0$,故不反映零序分量。

当加入正序电流时,滤过器的输出电压为

$$\begin{aligned}\dot{U}_{mn1} &= \dot{U}_{R1} - \dot{U}_{bc1}\\ &= \frac{1}{n_i}\dot{I}_{a1}R - (\dot{I}_{b1} - \dot{I}_{c1})\dot{K}_{ur}\\ &= \dot{I}_{a1}\left(\frac{R}{n_i} - \sqrt{3}\dot{K}_{ur}\right)\end{aligned} \tag{2-15}$$

可见,如取 $R = \sqrt{3}n_i K_{ur}$,$\dot{U}_{mn1} = 0$。

当加入负序电流时,滤过器的输出电压为

$$\begin{aligned}\dot{U}_{mn2} &= \dot{U}_{R2} - \dot{U}_{ur2}\\ &= \frac{1}{n_i}(\dot{I}_{a2} - \dot{I}_0)R - (\dot{I}_{b2} - \dot{I}_{c2})\dot{K}_{ur}\\ &= \dot{I}_{a2}\left(\frac{R}{n_i} + \sqrt{3}\dot{K}_{ur}\right)\end{aligned} \tag{2-16}$$

可见,如取 $R = \sqrt{3}n_i K_{ur}$,$\dot{U}_{mn2} = 2\frac{R}{n_i}\dot{I}_{a2}$

以上分析中没有考虑电流变换器和电抗变压器的角度误差。实际上,由于励磁电流的存在,电流变换器的二次电流将超前一次电流,加上变换器的铁芯损耗,其二次电压超前一次电流的角度将小于 90°,可以在正常运行时输出一不平衡电压。为此,通常可在电流互感器二次侧负载电阻 R 上并联补偿电容器 C,适当选择电容值,以使电流互感器二次电流后移一角度,可使 $\dot{U}_R$ 与 $\dot{U}_{BC}$同相。也可用其他办法来消除不平衡电压。

2.4 电磁型继电器

保护继电器按其在继电保护装置电路中的功能可分测量继电器(又称量度继电器)和有或无继电器两大类。测量继电器装设在继电保护装置的第一级,用来反映被保护元件的特性量变化,如电流保护中的电流继电器,当其特性量达到动作值时即行动作,它属于主继电器或启动继电器。有或无继电器(辅助继电器)是一种只按电气量是否在其工

作范围内或者为零时而动作的电气继电器，包括时间继电器、中间继电器、信号继电器等。在继电保护装置中用来实现特定的逻辑功能的继电器属辅助继电器，过去亦称逻辑继电器。

2.4.1 电磁式电流继电器和电压继电器

电磁式继电器的结构型式主要有三种：螺管线圈式、吸引衔铁式及转动舌片式，如图 2-11 所示。

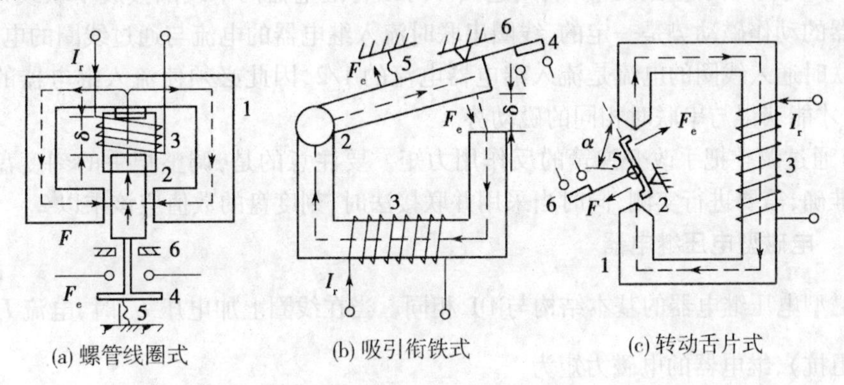

1—电磁铁；2—可动衔铁；3—线圈；4—触点；5—反作用弹簧；6—止挡

图 2-11 电磁式继电器三种基本结构型式

电磁型电流继电器和电压继电器在继电保护装置中均为启动元件，属于测量继电器。电流继电器的文字符号为 KA，电压继电器的文字符号为 KV。

2.4.1.1 电磁型电流继电器

常用的 DL 系列电磁型电流继电器的基本结构如图 2-11（c）所示。

由图 2-11（c）可知，当继电器线圈 3 通过电流 I_r 时，电磁铁 1 中产生磁通 Φ，磁通经铁芯、可动舌片和气隙形成回路，使舌片磁化，与铁芯的磁极产生电磁力，使 Z 形舌片向磁极偏转。电磁转矩 M_e 可以表示为

$$M_e = K_1\Phi^2 = K_2\frac{I_r^2}{\delta^2} \tag{2-17}$$

式中 K_1、K_2——比例系数；

δ——电磁铁与可动铁芯之间的气隙。

当铁芯未饱和且气隙不变时，K_1、K_2 为常数。实际上，继电器衔铁运动时，气隙在发生变化。如果舌片转动时保持线圈中的电流不变，则气隙的减小将引起磁通 Φ 的增加，从而使电磁转矩增大，有利于继电器动作。

轴上的弹簧反作用力矩力图阻止舌片偏转。当继电器线圈中的电流增大到使舌片所受的转矩大于弹簧的反作用力矩和摩擦力矩之和时，舌片便被吸近磁极使常开触点闭合、常闭触点断开，称继电器动作。过电流继电器动作后减小线圈电流到一定值，弹簧的作用力矩大于电磁力矩及摩擦力矩时，舌片会返回到起始位置，称继电器返回。

过电流继电器线圈中使继电器动作的最小电流，称为继电器的动作电流，用 I_{op} 表示；

使继电器由动作状态返回到起始位置的最大电流,称为继电器的返回电流,用 I_{re} 表示。继电器的返回电流与动作电流的比值称为继电器的返回系数,用 K_{re} 表示,即

$$K_{re} = \frac{I_{re}}{I_{op}} \tag{2-18}$$

对于过量继电器(例如过电流继电器) K_{re} 总小于 1。

电磁型电流继电器动作电流的调整可采用以下两种办法:

(1)改变线圈的连接方式。利用连接片可以将继电器两个线圈接成串联或并联。由于继电器的动作磁动势是一定的,线圈串联时流入继电器的电流与通过线圈的电流相等;改为并联时通入线圈的电流是流入继电器电流的 1/2,因此必须使流入继电器的电流增加一倍,才能获得与串联时相同的磁动势。

(2)通过调整把手改变弹簧的反作用力矩。要注意的是,调整把手的刻度盘的标度不一定准确,需要进行实测,同时当采用并联接法时,刻度盘的数值应该乘以 2。

2.4.1.2 电磁型电压继电器

电磁型电压继电器的基本结构与 DL 相同。当在线圈上加电压 U_r 时,电流 $I_r = \frac{U_r}{Z}$(Z 是线圈阻抗),继电器的电磁力矩为

$$M = K_1 I_r^2 = K_1 \left(\frac{U_r}{Z}\right)^2 = K_2 U_r^2 \tag{2-19}$$

即在线圈阻抗不变的情况下 M 与 U_r^2 成正比。当 U_r 足够大,达到过电压继电器启动所需的最小动作电压时,继电器动作。

电压继电器分为低电压继电器和过电压继电器两种。

(1)过电压继电器。过电压继电器的动作电压、返回电压和返回系数的概念及表达式与过电流继电器相似。

(2)低电压继电器。低电压继电器是一种欠量继电器,它与过电流继电器及过电压继电器等过量继电器在许多方面不同。典型的低电压继电器具有一对常闭触点,正常情况下,继电器加的是电网的工作电压(电压互感器二次电压),触点断开;当电压降低到"动作电压"时,继电器动作,触点闭合。这个使继电器动作的最大电压,称为继电器的动作电压。当电压再继续增高时,使继电器触点重新打开的最小电压,称为继电器的返回电压,显然此时低电压继电器的返回系数大于 1。

2.4.2 电磁式时间继电器

电磁式时间继电器在继电保护装置中用来使保护装置获得所要求的延时(时限)。时间继电器的文字符号为 KT。

电力系统中常用 DS－110、DS－120 系列电磁式时间继电器,DS－110 系列用于直流,DS－120系列用于交流。电磁式时间继电器的基本结构如图 2-12 所示,主要由电磁部分、时钟部分和触点组成。当继电器的线圈 1 通电时,衔铁在磁场作用下向下运动,时钟部分开始计时,动触点随时钟机构而旋转,延时的长短取决于动触点旋转至静触点接通所需转过的角度,这一延时从刻度盘上可粗略地估计。当线圈失压时,时钟机构在返回弹簧

的作用下返回。有的继电器还有滑动延时触点,即当动触点在静触点上滑过时才闭合为触点。

2.4.3 电磁式信号继电器

信号继电器作为装置动作的信号指示,标示装置所处的状态或接通灯光信号(音响)回路。信号继电器触点为自保持触点,应由值班人员手动复归或电动复归。信号继电器的文字符号为 KS。

供电系统常用的 DX－11 型电磁式信号继电器有电流型和电压型两种:电流型(串联型)信号继电器的线圈为电流线圈,阻抗小,串联在二次回路内不影响其他二次元件的动作;电压型信号继电器的线圈为电压线圈,阻抗大,必须并联使用。DX－11 型信号继电器的结构如图 2-13 所示。当线圈加入的电流大于继电器动作值时,衔铁被吸起,信号牌失去支持,靠自身重量落下,且保持于垂直位置,通过窗口可以看到掉牌。与此同时,常开触点闭合,接通光信号和声信号回路。

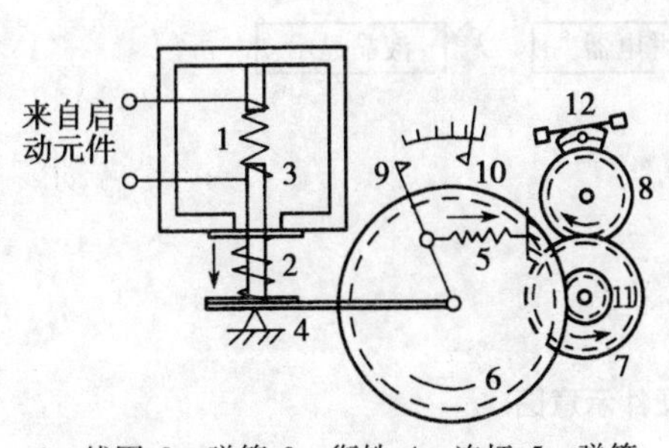

1—线圈;2—弹簧;3—衔铁;4—连杆;5—弹簧;
6—传动齿轮;7—主传动齿轮;8—钟表延时机构;
9、10—动、静触点;11—刺轮;12—摆卡摆锤

图 2-12 时间继电器结构

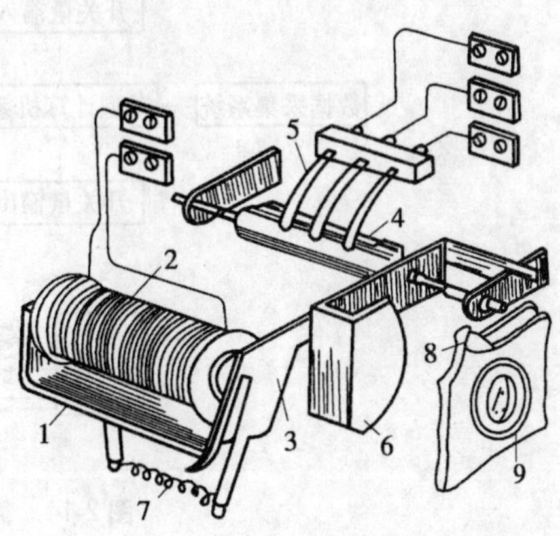

1—铁芯;2—线圈;3—衔铁;4、5—动、静触点;
6—信号掉牌;7—弹簧;8—复归把手;9—观察孔

图 2-13 DX－11 型信号继电器的结构

2.4.4 电磁式中间继电器

中间继电器是保护装置中不可少的辅助继电器,与电磁型电流、电压继电器相比具有如下特点:触点容量大,可直接作用于断路器跳闸;触点数目多,可同时接通或断开几个不同的回路;可实现时间继电器难以实现的延时。通常中间继电器采用吸引衔铁式结构,电力系统中常用 DZ－10 系列中间继电器,一般采用吸引衔铁结构,其工作原理与电流继电器基本相同,不作介绍。

2.5 微机保护装置硬件原理

微机保护与传统继电保护的最大区别就在于:前者不仅有实现继电保护功能的硬件电路,而且还必须有保护和管理功能的软件——程序,而后者则只有硬件电路,如定时限过电流保护是由电流继电器、时间继电器、信号继电器等组成。

目前,微机保护在电力系统中得到广泛的应用,主要在于它与传统保护相比有明显的优越性,如灵活性强,易于解决常规保护装置难以解决的问题,使保护功能得到改善;综合判断能力强;性能稳定,可靠性高;体积小、功能全;运行维护工作量小,现场调试方便等。

2.5.1 微机保护装置硬件结构

微机继电保护的主要部分是微机,因此除微机本体外,还必须配备自电力系统向计算机输入有关信息的输入接口和计算机向电力系统输出控制信息的输出接口。此外,计算机还要输入有关计算和操作程序,输出记录的信息,以供运行人员进行事故分析,即计算机还必须有人机联系部分。

微机继电保护装置硬件系统如图 2-14 所示,一般包括以下几部分。

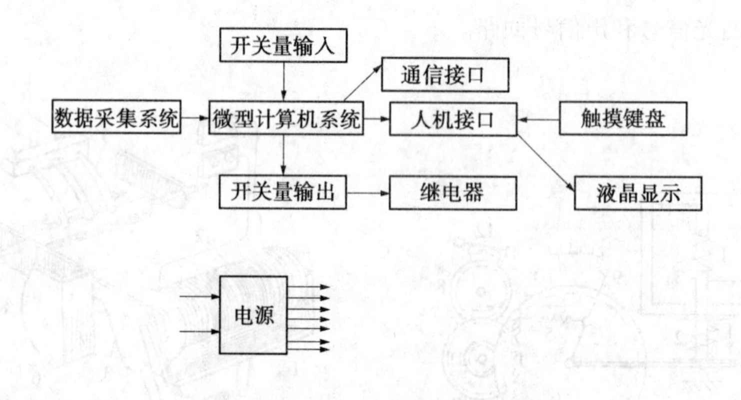

图 2-14 微机保护硬件示意图

2.5.1.1 模拟量输入系统(或称数据采样系统)

模拟量输入系统包括电压形成、模拟低通滤波器(ALF)、采样保持(S/H)、多路转换(MPX)以及模数转换(A/D)等功能块,将模拟输入量准确地转换为所需的数据量。

根据模数转换的原理不同,微机保护模拟量输入回路有两种方式,一是基于逐次逼近型 A/D 转换的方式;二是利用电压/频率变换(VFC)原理进行 A/D 转换的方式。逐次逼近方式主要包括电压形成回路、模拟低通滤波器(ALF)、采样保持(S/H)、多路转换开关(MPX)及模数转换(A/D)回路等功能块;利用电压/频率变换方式主要包括电压形成、VFC 回路、计数器等环节,如图 2-15 所示。

2.5.1.2 数据处理系统(CPU 主系统)

微机保护装置以中央处理器(CPU)为核心,根据数据采集系统采集到的电力系统实时数据,按照给定算法来检测电力系统是否发生故障以及故障性质、范围等。微机保护原理由计算程序来实现,CPU 系统主要包括微处理器(MPU)、只读存储器(一般用 EPROM)、随机存取存储器(RAM)以及定时器等,MPU 执行存放在 EPROM 中的程序,将数据采集系统得到信息输入至 RAM 区的原始数据进行分析处理,以完成各种继电保护的功能。

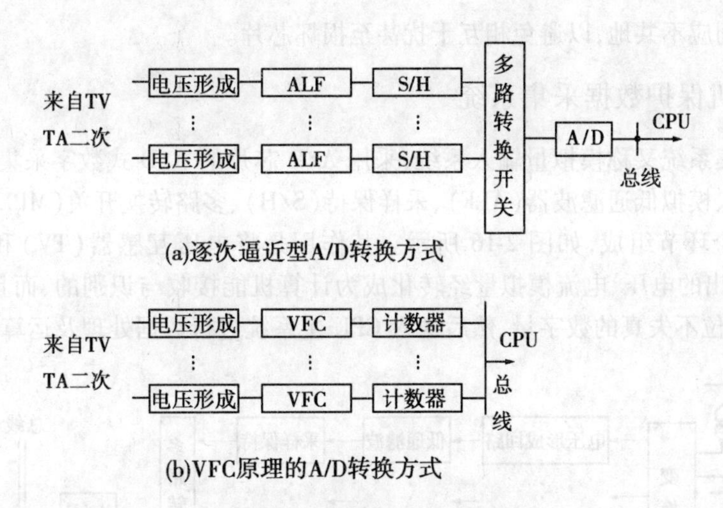

图 2-15　模拟量输入回路框图

2.5.1.3　开关量(或数据量)输入/输出系统

输入/输出接口是微机保护与外部设备的联系部分,因为输入信号、输出信号都是开关量信号(即触点的通、断),所以又称为开关量输入、开关量输出电路。

开关量输入/输出系统由若干个并行接口适配器、光电隔离器件及有接点的中间继电器等组成,以完成各种保护的出口跳闸、信号警报、外部接点输入及人机对话等功能。

2.5.1.4　人机对话接口回路

人机对话接口回路主要用于人机对话,如调试、定值整定、工作方式设定、动作行为记录、与系统通信等。人机对话接口回路主要包括打印、显示、键盘及信号灯、音响或语言告警等。按键作为人机联系的输入手段,可输入命令、地址、数据。而打印机和液晶显示器,则作为人机联系的输出设备,可打印和显示调试结果及进行故障后的报告。在多微机系统中,人机接口部分一般由一个单独的微机系统或单片机实现。

2.5.1.5　通信接口

外部通信接口的作用是提供与计算机通信网络以及远程通信。可分为两大类:一类为实现特殊保护功能的专用通信接口,如输电线路纵联保护要求位于输电线路两端的保护交换信息和相互配合,共同完成保护功能,这时需要为不同类型的纵联保护提供载波、微波或光纤等通信接口;另一类为通用计算机网络,可与电站计算机局域网以及电力系统远程通信网相连,实现更高一级的信息管理和控制功能,如信息交换、数据共享、远方操作及远方维护等。

2.5.1.6　电源

微机保护的电源是一套微机保护装置的重要组成部分。电源工作的可靠性直接影响着微机保护装置的可靠性。微机保护装置不仅要求电源的电压等级多,而且要求电源特性好,且具有强的抗干扰能力。

微机保护的电源通常采用逆变稳压电源,一般集成电路芯片的工作电压为 5 V,而数据采集系统的芯片通常需要双极性的 ±15 V 或 ±12 V 的工作电压,继电器回路则需要 24 V 电压。因此,微机保护装置的电源至少要提供 5 V、±15 V、24 V 几个电压等级,而且各级电压之间应不共地,以避免相互干扰甚至损坏芯片。

2.5.2 微机保护数据采集系统

数据采集系统又称模拟量输入系统,采用 A/D 芯片的 A/D 式数字采集系统,由变换器、电压形成、模拟低通滤波器(ALF)、采样保持(S/H)、多路转换开关(MPX)与模数转化器(ADC)几个环节组成,如图 2-16 所示。其作用是将电压互感器(TV)和电流互感器(TA)二次输出的电压、电流模拟量经转化成为计算机能接收与识别的、而且大小与输入量成比例、相位不失真的数字量,然后送入 CPU 主系统进行数据处理及运算。

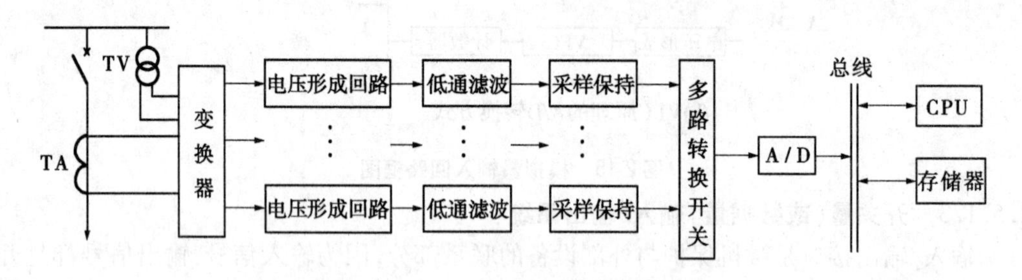

图 2-16 A/D 式数据采集系统图

2.5.2.1 输入变换及电压形成回路

输入变换及电压形成回路完成输入信号的标度变换与隔离。交流信号输入变换由输入变换器来实现,接收来自电力互感器二次侧的电压、电流信号。其作用是通过装置内的输入变压器、变流器将二次电压、电流进一步变小,以适应弱电电子元件的要求;同时,使二次回路与保护装置内部电路之间实现电气隔离和电磁屏蔽,以保障保护装置内部弱电元件的安全,减少来自高压设备对弱电元件的干扰。

在微机继电保护中通常要求输入信号为 ±5 V 或 ±10 V 的电压信号,具体取决于所用的模数转换器。交流电压变换可直接采用电压变换器,而对于交流电流,由于通常使用的弱电电子器件为电压输入型器件,因此还需要将电流信号转换为电压信号。这个转换过程称为电压形成。电压形成的方式与微机保护装置所采用的变换器的形式有关。交流电压的变换一般采用电压变换器;交流电流的变换一般采用电流变换器,也有采用电抗变换器的。

2.5.2.2 保持电路与模拟低通滤波器

1. 采样基本原理

时间取量化的过程称为采样。采样过程是将模拟信号 $f(t)$ 首先通过采样保持器,每隔 T_s 秒采样一次(定时采样)输入信号的即时幅度,并把它存放在保持电路里供 A/D 转换器使用。经过采样以后的信号称为离散时间信号,它只表达时间轴上一些离散点(0, T_s,$2T_s$,…,nT_s,…)上的信号值 $f(0)$,$f(T_s)$,…,$f(nT_s)$,…,从而得到一组特定时间下表达数值的序列。

采样电路的工作原理可由图 2-17 来说明。它由电子模拟开关 AS、电容 C_h 以及两个阻抗变换器组成。开关 AS 受逻辑输入端电平控制。在高电平时 AS 闭合,此时,电路处于采样状态。电容 C_h 迅速充电或放电到 u_{in} 在采样时刻的电压值。电子模拟开关 AS 每隔 T_s 短暂闭合一次，将输入信号接通，实现一次采样。如果开关每次闭合的时间为 T_c，那么采样器的输出将是一串重复周期为 T_s、宽度为 T_c 的脉冲，而脉冲的幅度则是重复着的在这段 T_c 时间内的信号幅度。

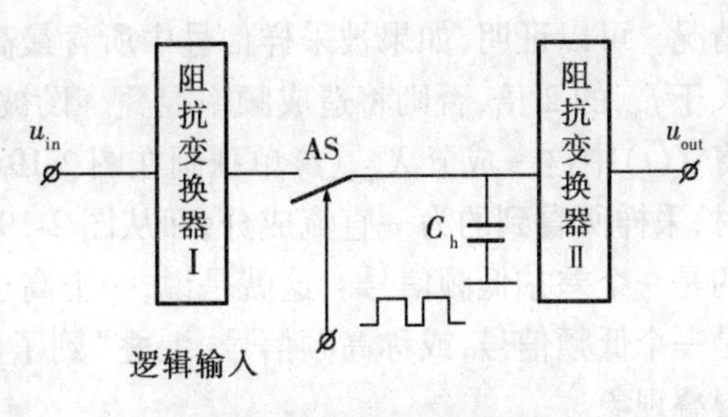

图 2-17　采样保持电路原理

电子模拟开关 AS 的闭合时间应满足使 C_h 有足够的充电或放电时间即采样时间。显然，采样时间越短越好，因而应用阻抗变换器Ⅰ，它在输入端呈高阻抗，而输出阻抗很低，使 C_h 上的电压能迅速跟踪 u_{in} 值。电子模拟开关 AS 打开时，电容 C_h 上保持着 AS 打开瞬间的电压值，电路处于保持状态。同样，为了提高保持能力，电路中应用了另一个阻抗变换器，它对 C_h 呈现高阻抗。而输出阻抗很低，以增强带负载能力。阻抗变换器可由运算放大器构成。

采样保持过程如图 2-18 所示。T_c 为采样脉冲宽度，T_s 为采样周期（或称采样间隔）。

2. 对采样保持电路的要求

高质量的采样保持电路应满足以下几点：

（1）使电容 C_h 上电压按一定的精度跟踪上 u_{in} 所需的最小采样宽度 T_c（或称截获时间），对快速变化的信号采样时，要求 T_c 尽量短，以便可用很窄的采样脉冲，这样才能准确地反映某一时刻的 u_{in} 值。

（2）保持时间要长。

（3）模拟开关的动作延时、闭合电阻和开断时的漏电流要小。

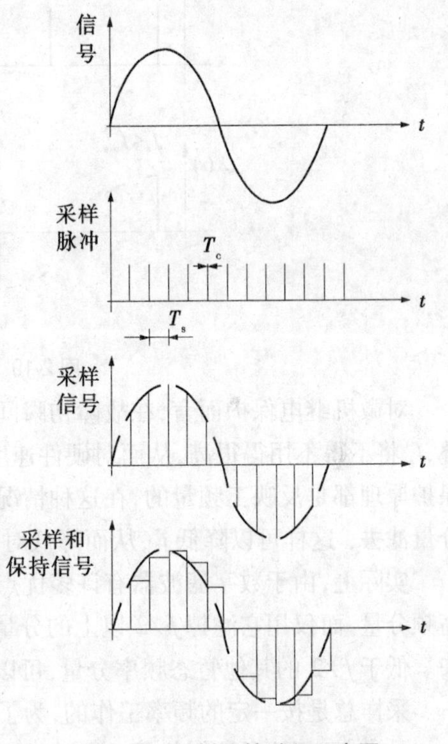

图 2-18　采样保持过程示意图

上述（1）和（2）两个指标一方面取决于所用阻抗变换器的质量，另一方面也和电容器 C_h 的质量有关，就截获时间而言，希望 C_h 越小越好，但就保持时间而言，C_h 则越大越好。因此，应根据使用场合的特点，在二者之间权衡后选择合适的 C_h 值。

3. 采样频率的选择

图 2-18 中所示采样间隔 T_s 的倒数称为采样频率 f_s。采样频率的选择是微机继电保护硬件设计中的一个关键问题，为此要综合考虑很多因素，并从中作出权衡。采样频率越高，要求 CPU 的速度越高。因为微机继电保护是个实时系统，数据采集系统以采样频率不断地向 CPU 输入数据，CPU 必须要来得及在两个相邻采样间隔时间 T_s 内处理完对每一组采样值所必须做的各种操作和运算，否则 CPU 将跟不上实时节拍而无法工作。相反，采样频率过低将不能真实地反映被采样信号

情况。可以证明，如果被采样信号中所含最高频率成分的频率为f_{max}，则采样频率f_s必须大于f_{max}的2倍，否则将造成频率混叠。设被采样信号$X(t)$中含有的最高频率为f_{max}，若将$X(t)$中这一成分$X_{max}(t)$单独画在图2-19(a)中，从图2-19(b)中可以看出，当$f_s=f_{max}$时，采样所看到的为一直流成分，而从图2-19(c)中看出，当f_s略大于f_{max}时，采样所看到的是一个差拍低频信号。这就是说，一个高于$f_s/2$的频率成分在采样后将被错误地认为是一个低频信号，或称高频信号“混叠”到了低频段，显然，在$f_s>f_{max}$后，将不会出现这种混叠现象。

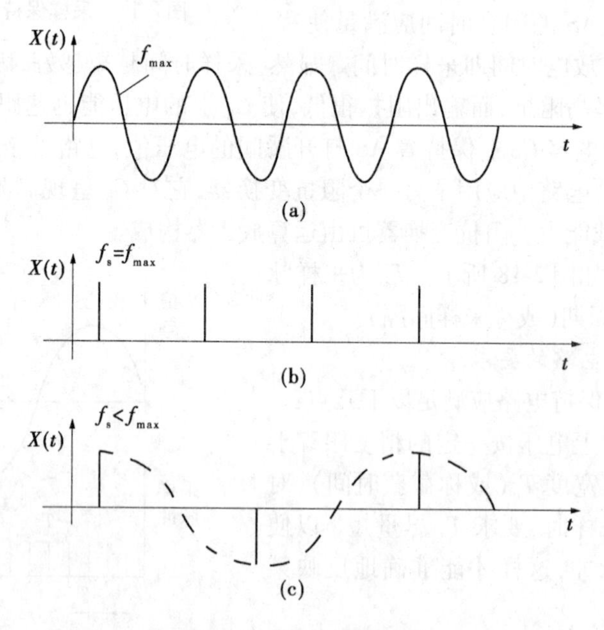

图2-19　频率混叠示意图

对微机继电保护而言，在故障初瞬间，电压、电流中含有相当高的频率分量，为防止混叠，f_s将不得不用得很高，从而对硬件速度提出过高的要求。但实际上目前大多数的微机保护原理都是反映工频量的，在这种情况下可以在采样前用一个低通模拟滤波器将高频分量滤去，这样可以降低f_s，从而降低对硬件提出的要求。

实际上，由于数字滤波器有许多优点，因而通常并不要求低通模拟滤波器滤掉所有的高频分量，而仅用它滤掉$f_s/2$以上的分量，以消除频率混叠，防止高频分量混到工频附近来。低于$f_s/2$的其他暂态频率分量，可以通过数字滤波来消除。

采样总是按一定的频率工作的，为了满足采样定理，必须限制输入信号的最高频率，也就是说，必须给予输入信号一定的带限，前置低通模拟滤波器的主要作用便在于此。

采用低通模拟滤波消除频率混叠问题后，采样频率的选择很大程度上取决于保护原理和算法的要求，同时还要考虑硬件速度的问题。

2.5.2.3　多路转换开关

在实际的数据采集模块中，被测量或被控制量往往可能是几路或几十路。例如，阻抗、功率方向等都要求对各个模拟量同时采样，以准确地获得各个量之间的相位关系，以进行保护计算。对这些回路的模拟量进行采样和A/D转换时，为了满足计算的要求或节省硬件,可以利用多路开关轮流切换各通路,达到分时转换、共用 A/D 转换器的目的。

多路转换开关包括选择接通路数的二进制译码电路和由它控制的各路电子开关,它们被集成在一个集成电路芯片中。图 2-20 为 16 路多路转换芯片 AD7506 的内部结构图。

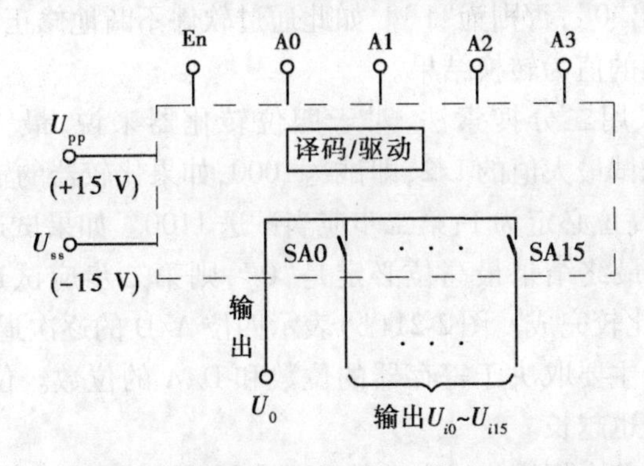

图 2-20　多路转换开关芯片 AD7506 内部结构

A0、A1、A2、A3 是四个路数选择线,CPU 通过并行接口芯片或其他硬件电路给它们赋以不同的二进制码,选通 SA0 ~ SA15 中相应的一路电子开关,将此路接通到输出端。

En(Enable):使能端,只有在 En 端为高电平时多路开关才工作,否则不论 A0 ~ A3 在什么状态,SA0 ~ SA15 均处于断开状态。设置该端是为了可以用两片(或更多片)AD7506,将其输出端并联以扩充多路转换开关的路数。

2.5.2.4　模数转换器(ADC)

模数转换器是一种能把输入模拟电压或电流变成与它成正比的数字量,以便计算机进行处理、存储、控制和显示。A/D 转换器的种类很多,但从原理上可以分为以下四种:计数器式 A/D 转化器,双积分式 A/D 转换器,逐次逼近式 A/D 转换器,并行 A/D 转换器。

由于多路转换器对 A/D 转换器的变换速度提出了较高的要求,因此微机保护用的模数转换器绝大多数都是应用逐次逼近法实现的。图 2-21 为模数转换器基本原理框图及逐次逼近过程。

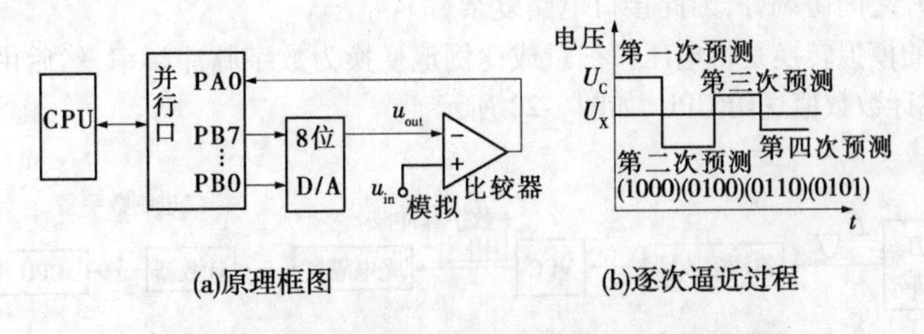

图 2-21　模数转换器基本原理框图及逐次逼近过程

该图是在 CPU 控制下由软件来实现逐位逼近的,因而转换速度较慢,实用价值并不大。微机保护应用的 A/D 转换都是由硬件控制电路自动进行逐次逼近的,并且整个电路都集成在一块芯片上。但从图 2-21 中可以清楚地理解逐次逼近法 A/D 转换的基本原理。

并行接口的 B 口 PB0 ~ PB7 用做输出，由 CPU 通过该口往 8 位 D/A 转换器试探性地送数。每送一个数，CPU 通过读取并行口的 PA0 的状态（"1"或"0"）来试探试送的 8 位数相对于模拟量是偏大还是偏小。如果偏大，即 D/A 的输出 u_{out} 大于待转换的模拟输入电压 u_{in}，则比较器输出"0"，否则为"1"。如此通过软件不断地修正送往 D/A 的 8 位二进制数，直到找到最相近的值为转换结果。

例如，逼近步骤采用二分搜索法，对于四位转化器来说，最大可能的转换输出为 1111，第一步试探可先试最大值的 1/2，即试送 1000，如果比较器的输出为"1"，即偏小，则可以肯定最终结果最高位必定为 1；第二步应当试送 1100。如果试送 1000 后比较器的输出为"0"，则可以肯定最终结果最高位必定是"0"，则第二步应试送 0100。如此逐位确定，直到最低位，全部比较完成。图 2-21(b)表示四位 A/D 的逐次逼近过程。转换结果能否准确逼近模拟信号，主要取决于寄存器的位数和 D/A 的位数。位数越多，越能准确逼近模拟量，但转换时间也越长。

值得注意的是，随着大规模集成电路技术的发展，生产集成电路产品的公司将采样保持器和 A/D 转换器或多路开关和 A/D 转换器集成在一个芯片上。例如，常用的 ADC0809 是带 8 路多路开关的 8 位 A/D 转换芯片，不加任何扩展，ADC0809 本身可以具有 8 路模拟量的输入通道；又如 AD1674 是与 AD574A 管脚兼容的 12 位 A/D 转换芯片，但 AD1674 与 AD574A 不同之处主要在于 AD1674 内部有采样保持器，且转化速度只需 10 μs，因此 AD1674 的性价比更高，可以是 AD574A 的替换产品。

美国 Maxim Integrated Products 公司更进一步提高集成度，把多路开关、采样保持器和 A/D 转换器这三大环节集成在一个芯片中，并把这种高集成度的芯片称为数据采集系统（DAS），例如 MAX197 是多量程的 12 位 DAS（数据采集系统），只需要一个 +5 V 的单一电源供电，片内包括 8 路的模拟输入通道和一个 5 MHz 宽频带的采样跟踪/保持器与 12 位的 A/D 转换器。它可应用于工业控制系统、数据采集系统和自动测试系统。

2.5.2.5 电压—频率（VFC）式数据采集系统

除应用 A/D 式数据采集系统外，有的微机保护装置中还采用电压—频率（VFC）式数据采集系统。前者在 A/D 变换过程中，CPU 要使保持电路、模拟量多路转换开关 MPX、A/D 三个芯片之间协调好，因此接口电路复杂。

VFC 式的模拟转换是将电压模拟量成比例地变换为数字脉冲频率，然后由计算器对脉冲计数，将计数数值送给 CPU，如图 2-22 所示。

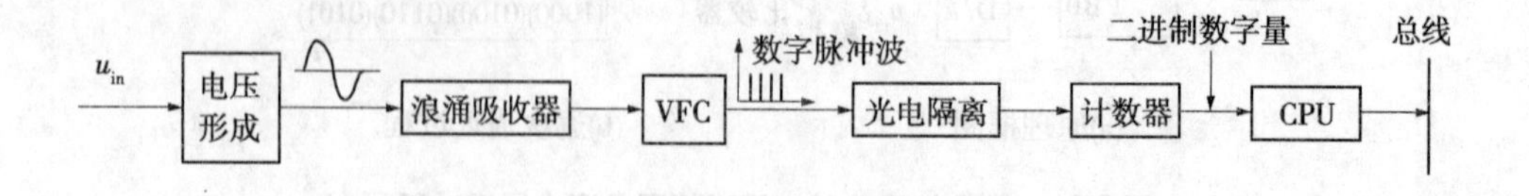

图 2-22　VFC 数据采集系统框图

图 2-22 中电压形成回路的作用与逐位逼近 A/D 式数据采集系统一样，浪涌吸收器是为抗干扰而设计的阻容吸收电路。VFC 芯片是该系统的核心芯片，其作用是把输入的模拟信号转换成重复频率，正比于输入电压瞬时值的一串等幅脉冲，由计数器记录在一采

样间隔内的脉冲个数，CPU 每隔一个采样间隔时间 T_s，读取计数器的脉冲计数值，并根据比例关系算出输入电压 u_{in} 对应的数字量，从而完成模数变换。

VFC 型的 A/D 变换方式及与 CPU 的接口，要比 ADC 型变换方式简单得多，CPU 几乎不需对 VFC 芯片进行控制。保护装置采用 VFC 型的 A/D 变换，建立了一种新的变换方式，为微机型保护带来了很多好处。

(1) VFC 芯片 AD654 的结构。AD654 芯片是一个单片 VFC 变换芯片，最高输出频率为 500 kHz，中心频率为 250 kHz。它是由阻抗变换器 A、压控振荡器和驱动输出回路构成。压控振荡器是一种由外加电压控制振荡频率的电子振荡器件，芯片只需外接一个简单 RC 网络，经阻抗变换器 A 变换，输入阻抗可达到 250 MΩ。振荡脉冲经驱动级输出可带 12 个负荷或光电耦合器件。要求光隔器件具有高速光隔性能。

AD654 芯片的工作方式可以有两种，即正端输入和负端输入方式。在保护装置上大多采用负端输入方式，因此 4 端接地，3 端输入信号，见图 2-23(b)。由于 AD654 芯片只能转换单极性信号，所以对于交流电压的信号输入，必须有个负的偏置电压，它在 3 端输入。此偏置电压为 -5 V。输出频率与输入电压 U_{in} 呈线性关系。

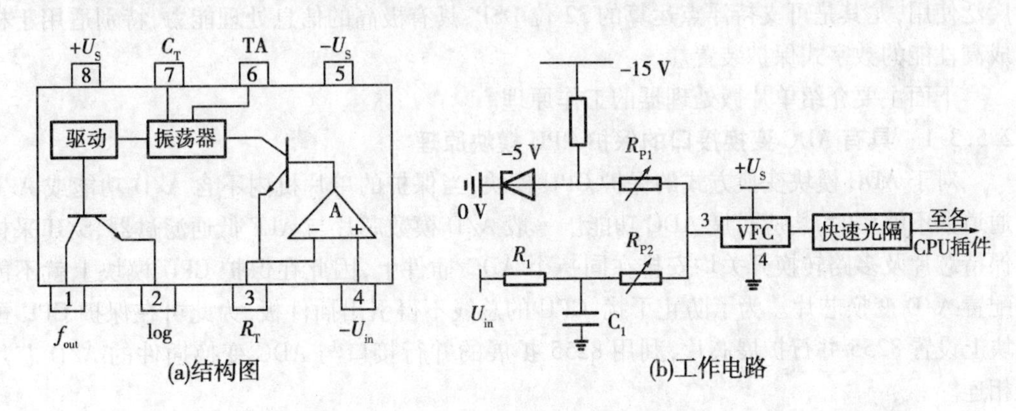

图 2-23　AD654 芯片结构及电路图

计数器对 VFC 输出的数字脉冲计算值是脉冲计数的累计值，在需要进行计数时，取相邻 N 个采样间隔的计数器值相减，其差值为 NT_s 期间的脉冲数，此脉冲数与 NT_s 期间内模拟信号的积分值具有对应关系。

(2) 采用 A/D 芯片的数据采集系统与 VFC 式数据采集系统的比较。其中：①经过 A/D 芯片的转换结果可直接用于保护的有关算法。而电压—频率转换芯片每个 T_s 时间读得的计数值不能直接用于算法，必须取相隔 NT_s 的计数值相减后才能用于各种算法。②A/D 芯片选定后，其数字输出位数不可改变，即分辨率不可改变。而 VFC 系统中，可通过增大计算间隔提高分辨率。③对 A/D 式数据采集系统，A/D 芯片的转换时间必须小于 T_s/n（n 为通道数）。而 VFC 数据采集系统是对输入脉冲不断计数，不存在转换速度问题。但应注意到 8253 芯片的脉冲频率不能超过 8253 芯片的极限计数频率。④A/D 式数据采集系统中需要由定时器按规定的采样间隔给采样/保持芯片发出采样脉冲，而 VFC 式数据采集系统只需要按采样间隔读取计数器的值即可。

2.5.3 CPU 模块工作原理

CPU 是数字核心部件以及整个数字保护装置的指挥中枢,计算机程序的运行依赖于 CPU 来实现。因此,CPU 在很大程度上决定了数字保护装置的技术水平。CPU 的主要技术指标包括字长(用二进制位数表示)、指令的丰富性、运行速度(用典型指令执行时间表示)等。当前应用于数字式保护装置的 CPU 主要有以下几种类型:

(1)单片微处理器,其特点是将 CPU 与定时器/计数器及某些输入/输出接口器件集成在一起,特别适于构成紧凑的测量、控制及保护装置,如 Intel 公司的 8031 系列及其兼容产品(字长 8 位)、8098 以及 80C196(字长 16 位)等。目前多采用 16 位单片微处理器构成中、低压或中小型电力设备的数字式保护装置。

(2)通用微处理器,如 Intel 公司的 80X86 系列、Motorola 公司的 MC863XX 系列等。其中的 32 位 CPU 具有很高的性能,适用于各种复杂的数字式保护装置。

(3)数字信号处理器(DSP),其主要特点是运算速度高、可靠性高、功耗低,以及可由硬件完成某些数字信号处理算法并包含相关指令等,目前已在各类数字保护装置中得到广泛使用,尤其是可支持浮点运算的 32 位 DSP,具有极高的信息处理能力,特别适用于构成高性能的数字式保护装置。

下面主要介绍单片微处理器的工作原理。

2.5.3.1 具有 ADC 变换接口的保护 CPU 模块原理

对于 ADC 模块变换方式的保护 CPU 模块,当保护的单片机内不含 A/D 功能或 A/D 通道数不够用时,均应扩展 ADC 功能。一般 A/D 模数芯片与 ALF 低通滤过器、S/H 采样保持芯片及多路转换开关均安排在同一个 ADC 插件上,因此在保护 CPU 模块上就不能配置 A/D 变换芯片。为了防止干扰,CPU 的总线不得引出插件板,为此可在保护 CPU 模块上设置 8255 并行扩展芯片,利用 8255 扩展的并行接口与 ADC 变换插件的 A/D 芯片相连。

如图 2-24 所示,CPU 是采用 8098 芯片,而 8098 芯片内已含有四个 A/D 模数转换通道,如果这四个通道保护不能够用,则利用 8255 扩展并行口与 ADC 变换插件板相连。框图中模拟量输入是指四个 A/D 通道的模拟量输入电路。该图为单 CPU 保护模块,所以总线上还挂有时钟芯片 MC146818 和人机接口扩展芯片 8279。

2.5.3.2 具有 VFC 接口的保护 CPU 模块框图原理

图 2-25 为具有 VFC 变换接口的保护 CPU 模块框图原理图。保护 CPU 插件采用 8031 单片微机,VFC 变换接口芯片为 8253。

8031 内部包括由 CPU、21 个特殊功能的寄存器、四个并行 I/O 口、一个全双工串行口、两个定时器/计数器、128 字节的 RAM。芯片内部无 ROM。

当保护插件采用 8031 单机片时,一般 CPU 插件上进行如下扩展。

扩展有紫外线可擦除的只读存储器 EPROM,用以存储保护装置的程序。

扩展有电可擦除的存储器 E^2PROM,如 $2864E^2PROM$ 芯片,存放保护装置的整定值(数值型定值)和保护功能投入退出控制字(开关型定值,即软压板),这些数值可根据需要由调度人员远方整定或继电保护检修人员就地调整修改。

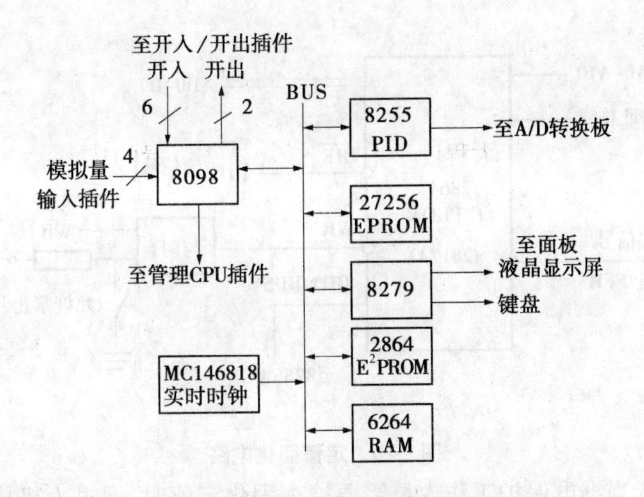

图 2-24 保护 CPU 插件原理框图

扩展有高速静态存储器 6264RAM 芯片。该芯片容量达 8 K×8,用于存放数值计算及逻辑运算过程的中间数据及其结果。

当保护装置所需的开关量输入或输出较多,CPU 芯片的并行 I/O 端口不能满足要求,必须扩展并行 I/O 端口。8255 是可编程并行接口芯片,用于该保护插件 I/O 扩展。输入和输出的开关量必须经光隔处理后才能进入保护的 CPU 插件。

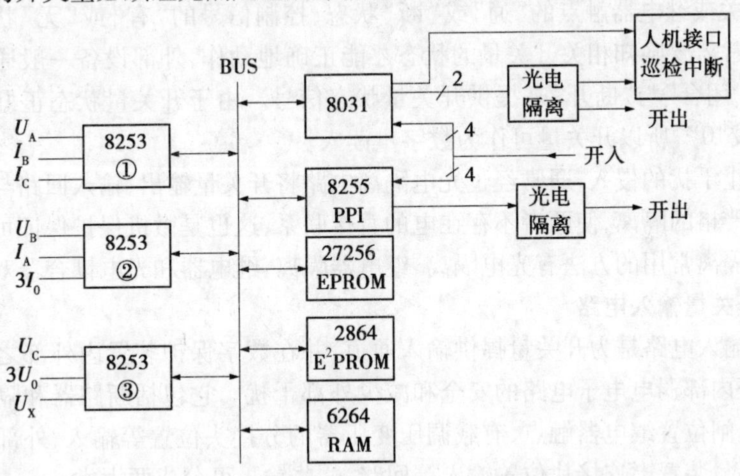

图 2-25 VFC 变换方式的保护 CPU 插件原理框图

2.5.3.3 定值固化

定值固化电路由一片 E²PROM 芯片 2817 和相应的控制电路构成,如图 2-26 所示。在片选信号有效时,该 E²PROM 被选中,地址总线 AB(A0 ~ A10)就指向 EPROM 里某个存储单元。在 RD 或 WR 控制线有效时,通过数据总线(D0 ~ D7)DB 对 AB 指定存储单元内的内容进行读或写操作。

(1)定值固化。CPU 来的写信号 WR 与固化开关 S 组成与门 1 电路才输出低电平,允许对 2817A 进行改写。在写过程中,由 BUSY 端给出一个低电平,通知 CPU 还没写完成,以免造成数据改写出错。

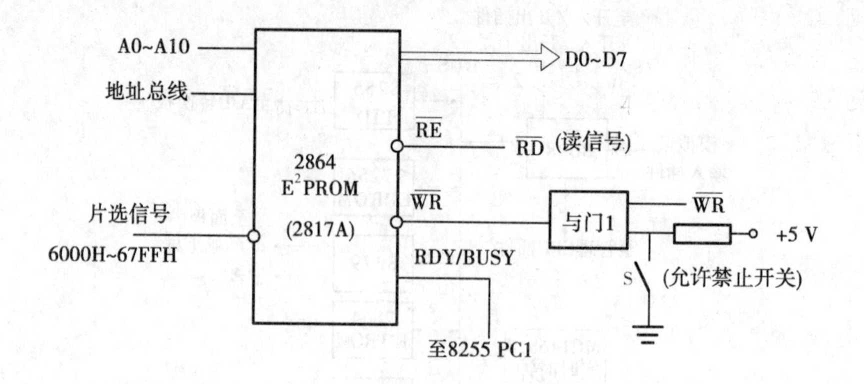

图 2-26　定值固化电路

(2)读操作。当继电保护工作人员需要检查固化定值时,通过人机接口面板的键盘,下发查询命令,在 RD 读信号有效时(RD 低电平),软件将根据定值区号,查 E^2PROM 对应的定值表,它通过数据总线 D0 ~ D7 传送,把所读定值在液晶显示器上显示出来。

2.5.4　开关量输入/输出回路

开关量泛指那些反映“是”或“非”两种状态的逻辑变量,如断路器的“合闸”或“跳闸”状态、开关或继电器触点的“通”或“断”状态、控制信号的“有”或“无”状态等。继电保护装置常常需要确知相关开关量的状态才能正确地动作,外部设备一般通过其辅助继电器触点的“闭合”与“断开”来提供开关量状态信号。由于开关量状态正好对应二进制数字的“1”或“0”,所以开关量可作为数字量读入。

为了防止干扰的侵入,通常经过光电隔离电路将开关量输出、输入回路与微机保护的主系统进行严格的隔离,使两者不存在电的直接联系,这也是微机保护保证可靠性的重要措施之一。隔离常用的方法有光电隔离、继电器隔离、继电器和光电耦合器双重隔离。

2.5.4.1　开关量输入电路

开关量输入电路是为开关量提供输入通道,并在数字保护装置内外部之间实现电气隔离,以保证内部弱电电子电路的安全和减少外部干扰。它包括断路器和隔离开关的辅助触点、跳合闸位置继电器触点、有载调压变压器的分接头位置等输入、外部装置闭锁重合闸触点输入、装置上连接片位置输入等回路,这些输入可分成两大类:

(1)安装在装置面板上的触点。这类触点包括在装置调试时用的或运行中定期检查装置用的键盘触点以及切换装置工作方式用的转换开关等。

(2)从装置外部经过端子排引入装置的触点。例如,需要由运行人员不打开装置外盖而在运行中切换的各种压板、连接片、转换开关以及其他装置和操作继电器等。

对于装在装置面板上的触点,可直接接触至微机的并行口,如图 2-27 所示。只要在可初始化时规定图中可编程的并行口的 PA0 为输入端,则 CPU 就可以通过软件查询,随时知道图 2-27(a)外部触点 K_1 的状态。

对于从装置外部引入的触点,应经光电隔离,以防止外部干扰传入对微机系统造成影响。如图 2-27(b)所示,图中虚线框内是一个光电耦合器件,内部由发光二极管和光敏晶体管组成，集成在一个芯片内。当外部触点 K_1 接通时，有电流通过光电器件的发光二极管回路，使光敏三极管导通，其输出端呈现低电平"0"；反之，当外部触点 K_1 断开时，无电流流过发光二极管，光敏晶体管无光照射而截止，其输出端呈现高电平"1"。该"0"、"1"状态可作为数字量由 CPU 直接读入，也可以控制中断控制器向 CPU 发出中断请求。

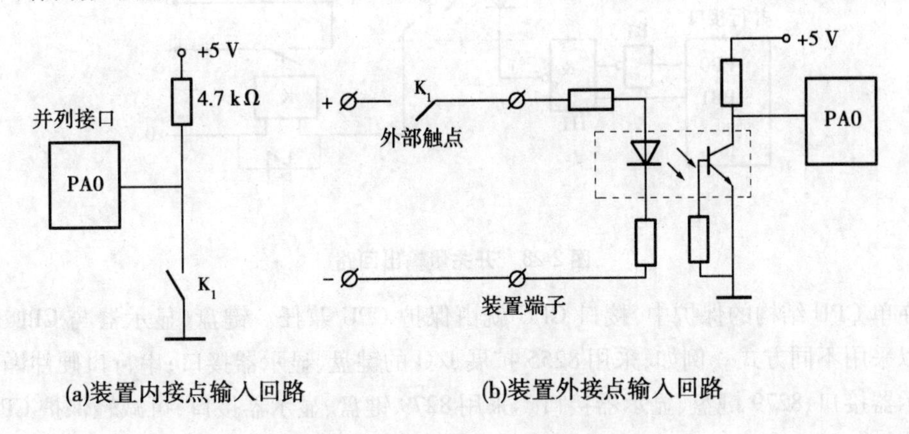

图 2-27　开关量输入电路原理图

2.5.4.2　**开关量输出回路**

开关量输出回路是为正确地发出开关量操作命令提供输出通道，并在数字保护装置内外部之间实现电气隔离，以保证内部弱电电子电路的安全和减少外部干扰。在变电站中，计算机对断路器、隔离开关的分、合闸控制和对主变压器分接开关位置的调节命令，以及告警及巡检中断都是通过开关量输出接口电路去驱动继电器，再由继电器的辅助触点接通跳、合闸回路或主变压器分接开关控制回路而实现的。不同的开关量输出驱动电路可能不同。

如图 2-28 所示为开关量输出回路，一般都采用并行接口的输出来控制有触点继电器（干簧或密封小中间继电器）的方法，但为提高抗干扰能力，最好也经过一级光电隔离，只要通过软件使并行口的 PB0 输出"0"，PB1 输出"1"，便可使与非门 H1 输出低电平，光敏三极管导通，继电器 K 被吸合。在初始化和需要继电器 K 返回时，应使 PB0 输出"1"，PB1 输出"0"。继电器线圈两端并联的二极管称为续流二极管。它在 CPU 输出由"0"变为"1"，光敏晶体管突然由"导通"变为"截止"时，为继电器线圈释放储存的能量提供电流通路，这样一方面加快继电器的返回，另一方面避免电流突变产生较高的反向电压而引起相关元件的损坏和产生强烈的干扰信号。

2.5.5　人机接口回路原理

2.5.5.1　人机接口原理

人机接口回路的主要作用是建立起数字保护装置与使用者之间的信息联系，通过键盘和显示器完成人机对话任务、时钟校对及各保护 CPU 插件通信和巡检任务，以便对保护装置进行人工调试和得到反馈信息。微机保护的人机接口回路包括键盘、显示器及接口 CPU 插件电路。

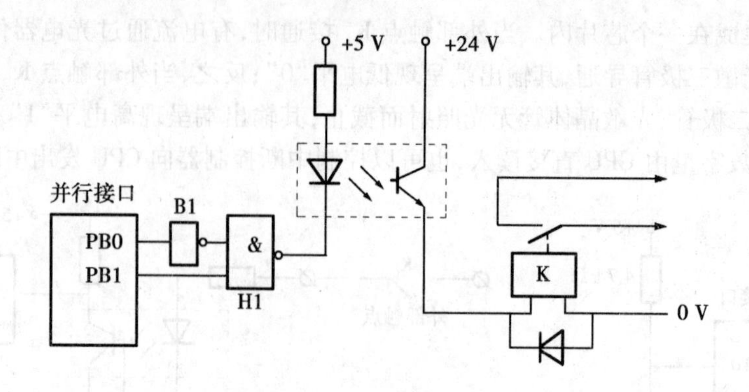

图 2-28　开关量输出回路

在单 CPU 结构的保护中,接口 CPU 就由保护 CPU 兼任。键盘、显示器与 CPU 的连接可以采用不同方式。例如,采用 8255 扩展 I/O 的键盘、显示器接口;串行口硬件译码键盘显示器接口;8279 键盘、显示器接口。采用 8279 键盘、显示器接口,可减轻保护 CPU 的负担,完成键盘、显示器与保护 CPU 的接口任务,时钟校对由 MC146818 独立完成,如图 2-29 所示。

在多 CPU 结构的保护中,另设有专用的人机接口 CPU 插件,该 CPU 除要完成人机接口(键盘、显示器)的任务外,还要完成与各 CPU 通信管理、巡检及时间校对、程序出格自复位等多项任务。人机接口 CPU 插件框图如图 2-30 所示。与保护 CPU 类似,在接口 CPU 插件上除 8031CPU 外,还扩展有 EPROM、RAM,串行及并行扩展芯片 8256,时钟电路 MC146818 芯片及自复显示位用的计数器 74LS393。

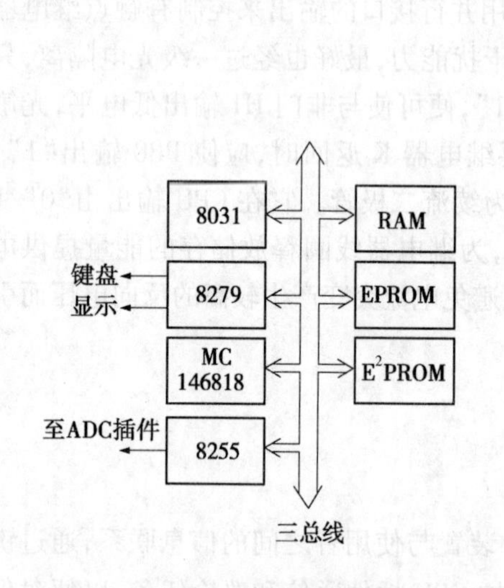

图 2-29　单 CPU 结构保护的人机接口芯片与保护 CPU 的连接

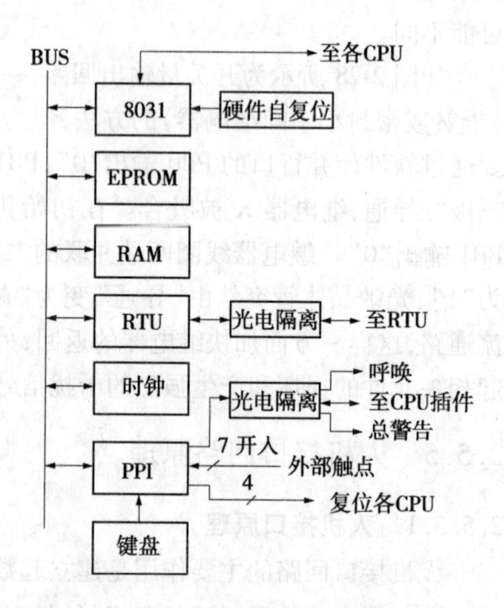

图 2-30　多 CPU 结构保护的人机接口插件框图

2.5.5.2　键盘、显示器接口

1.键盘输入电路

键盘输入电路应能可靠而快速实现键盘输入任务，为此应具有以下键输入接口功能。

1)键开关状态的可靠输入

按键或键盘大都是利用机械触点的合断作用来实现的。一个电压信号通过机械触点的闭合、断开过程，均要伴随一个抖动过程，会出现一系列脉冲，其抖动时间为5～10 ms。为了电路的简单起见，一般采用软件去抖动，即在检测到有键按下时，执行一个10 ms的延时程序再通过该键是否保持闭合状态电平，如保持闭合状态电平，则确认为该键已真正按下。

2)按键编码

为了识别按键，通常都对每个键进行编码，即给定键值，不同的键盘结构采用不同的编码方法。软件中根据键值安排执行程序的地址，按键值执行不同的功能程序。

3)键盘检测功能

对是否有键按下的监测方式，通过有中断和查询两种方式。中断方式是在键盘按下时，通过按键信息传送至CPU的中断请求输入端口，CPU响应中断请求后即转入中断服务程序，做键盘输入的处理工作。查询方式的键盘监测较为简单，通常是采用查询键盘的办法判断是否有按键，没有按键时输入的码值与有按键时是不同的。通过查询键值，然后执行键功能程序转移，完成键功能的处理工作。

4)键盘输入电路

为了简便操作，单片机键盘不必像PC机那么繁杂，保护装置键盘键的数量应尽可能减少。人机接口的面板上键盘只有七个键："↑"、"↓"、"←"、"→"(上下左右键)、"Q"返回键、复位和确认键。复位和确认键用于装置复位和操作确认。这样可以使得电路十分简单，操作也很方便。键盘输入电路有两种，一种是独立式键盘电路，另一种是行列式按键电路。

(1)独立式键盘电路。

当只需少量键时，可采用最简单的独立式键盘电路，如图2-31所示，而不必采用行列式按键电路，从而大大简化了电路，也使键盘程序简单。

在监控程序安排下，接口CPU对74LS245输出不停地检测。由于每一个按键都有特定键值，例如AN1的键值为11111100即FCH，AN2为11111010即为FAH。输入CPU后，根据该键特定键值就可以转向执行该键的功能程序，例如按下"↑"键，就转入执行将光标移上一行的程序。当键均未被按下时，74LS245接口芯片的输入数码为1111110即FEH，接口CPU就认为无键输入。

(2)行列式按键电路。

当键的数量较多时，采用行列式按键电路，可节省I/O口线，如图2-32所示。CPU依次给列线P2.4～P2.7扫描输出"0"，然后从行线P1.6、P1.7读入按键输入数码。在没有键按下时行线输入均为"1"，当某个键按下，该键对应的行线输入就变为"0"，此时行线的数码与列线的数码可以转向执行该键的功能程序。

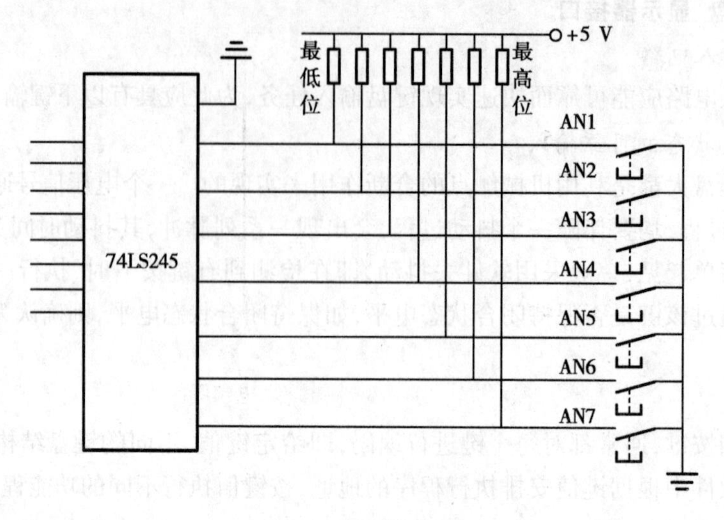

图 2-31 独立式键盘电路

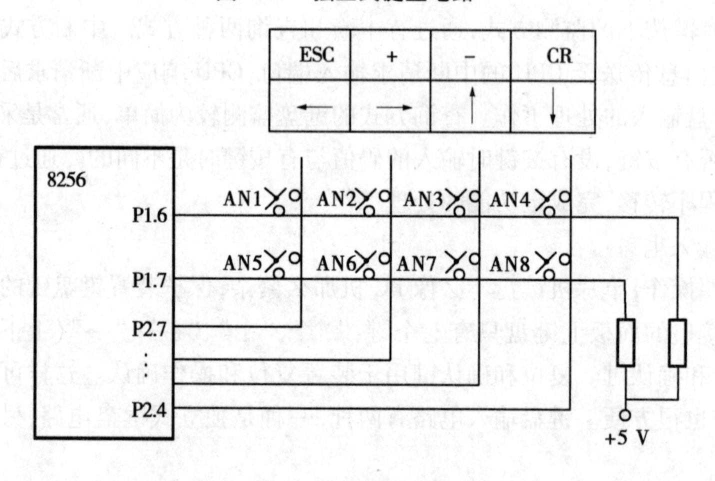

图 2-32 行列式按键电路

2. 液晶显示电路

液晶显示器也叫做 LCD 显示器。一般在保护装置的人机对话面板上设有液晶显示模块,同时保留打印机接口。液晶显示电路以菜单的形式显示出各个键盘操作及执行的结果,给用户调试和检修微型机装置提供方便,使人机联系更加直观。

液晶显示电路如图 2-33 所示。该电路主要由多功能异步通信接收发送器 8256 芯片的两个并行口控制。图中并行口 8256 芯片的 P1 口工作在输出方式,P2.0 ~ P2.7 提供液晶显示器的数据,而 P1 口的 P1.4、P1.5、P1.6 三条线作为液晶显示器的控制线。

点阵式液晶显示器体积小、功耗小、接口简单,微机保护中,采用字符型液晶显示模块,依照显示字符的行数及每行显示字符的个数不同分为多种型号。在液晶显示屏上可并列排放若干点阵的字符显示位,每一位显示一个字符。根据需要将要输出的数据或信息转换成显示符代码后,再通过 8256 芯片的 P2 口将需要显示的数据输送到不同的显示位上。

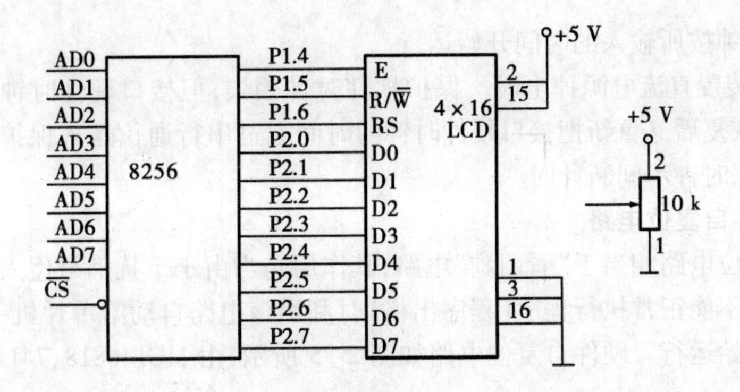

图 2-33　液晶显示模块硬件电路图

2.5.5.3　硬件时钟电路

接口插件设置了一个硬件时钟电路，由一片 MC146818 时钟芯片及辅助元器件组成，如图 2-34 所示。

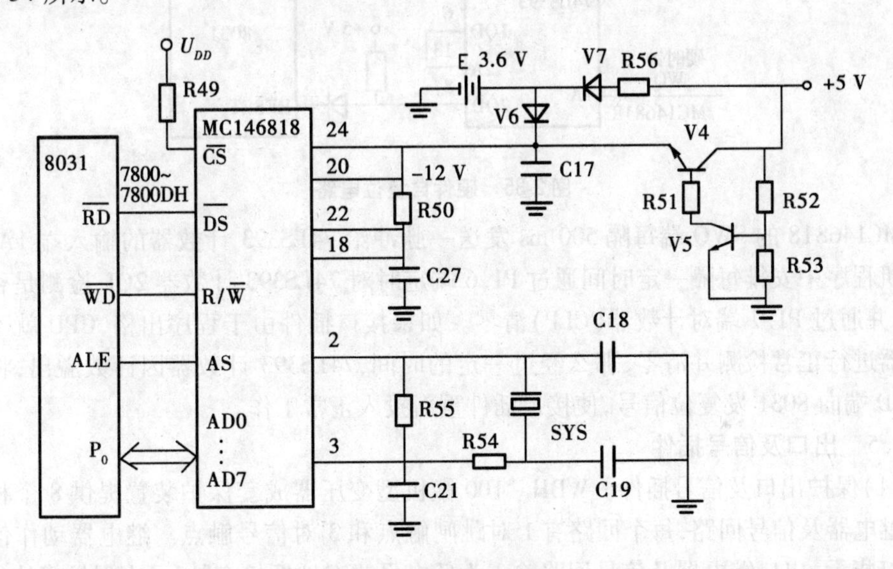

图 2-34　硬件时钟电路

MC1416818 芯片是智能式硬件时钟，其内部由电子钟和存储器两部分组成。可计年、月、日、时、分、秒、星期；能处理闰年闰月；可将当前时间实时存储，以便人机接口 CPU 随时读取。该接口电源正常时，由装置 +5 V 电源供电，V4 导通，V6 截止，5 V 通过 V7 对电池充电。当直流 5 V 消失时 V6 导通，自动由电池对 MC146818 供电，以保证硬件时钟继续运行。

芯片时钟的工作方式分述如下：

(1) 正常运行方式。当接口 CPU 复位重新开始执行程序初始化工作完成后，从硬件时钟取时间值通过 CPU 串行通信口送到保护 CPU 插件内部时钟存储单元，去校对保护 CPU 的软件时钟。此外，每隔一段时间，该硬件时钟对保护内部时钟的存储单元同步校正一次，实现了对各 CPU 软件时钟的同步校对。

(2) 修改时间。运行人员欲修改时间，可在运行方式下按提示的格式输入正确时间，确认后硬件时钟按所输入的时间开始运行。

(3)保护装置直流电源掉电时。保护软件时钟丢失,但接口硬件时钟由电池供电继续运行,直流恢复后又重新把接口硬件时钟的时间通过串行通信送入保护内部软件时钟存储单元,确保时钟不间断计时。

2.5.5.4 硬件自复位电路

硬件自复位电路相当于“看门狗”电路,其作用是当由于干扰信号侵入地址或数据总线造成单片机不能正常执行程序(程序出格)时利用该电路自动给单片机一个复位脉冲,使程序从头开始运行。硬件自复位电路如图 2-35 所示,由 MC146818、74LS393 计数器和 8031CPU 组成。

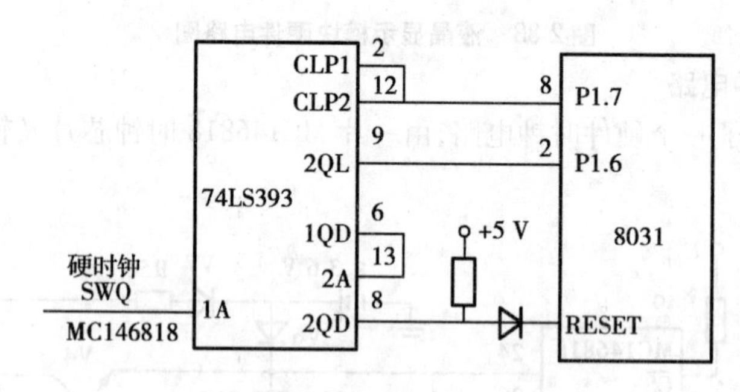

图 2-35 硬件自复位电路

MC146818 的 SWQ 端每隔 500 ms 发送一脉冲给 74LS393 计数器的输入端 1A,8031 单片机程序中安排每隔一定时间通过 P1.6 端定时对 74LS393 计数器 2QL 检测是否计数已满,并通过 P1.7 端对计数器(CLP)清零。如果接口插件由于程序出格,CPU 就不能对计数器进行正常检测并清零,那么经过一定的时间,74LS393 计数器因计数溢出,将通过其 2QD 端向 8031 发复位信号,使接口插件重新投入正常工作。

2.5.5.5 出口及信号插件

(1)保护出口及信号插件。WBH－100 微机型变压器成套保护装置提供 8 个相同的出口继电器及信号回路,每个回路有 1 对跳闸触点和 3 对信号触点。继电器动作信号有 LED 灯指示,出口继电器及信号回路输入为低电平或对地短接有效,可由保护模块的 8 个开关输出回路驱动。其中一个回路的原理图如图 2-36 所示。

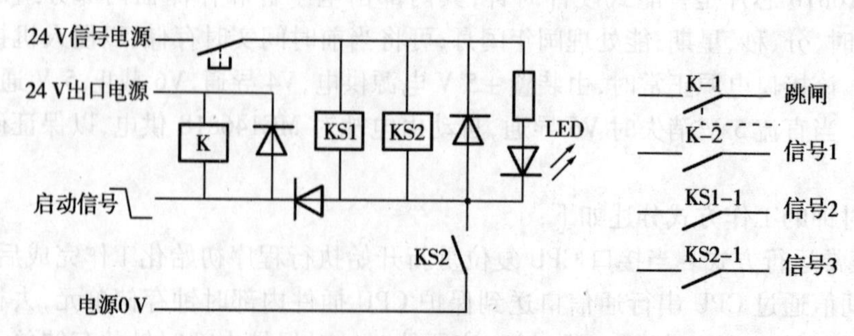

图 2-36 保护出口及信号插件原理图

(2)非电量保护信号转换插件。每个插件提供 8 个相同的开关信号转换回路,每个回路提供 3 对信号触点。动作信号有 LED 灯指示,信号回路输入为 DC220 V(110 V)有效,可作为变压器瓦斯、温度等非电量类保护转换与触点重动。其中 1 个回路的原理图如图 2-37 所示。

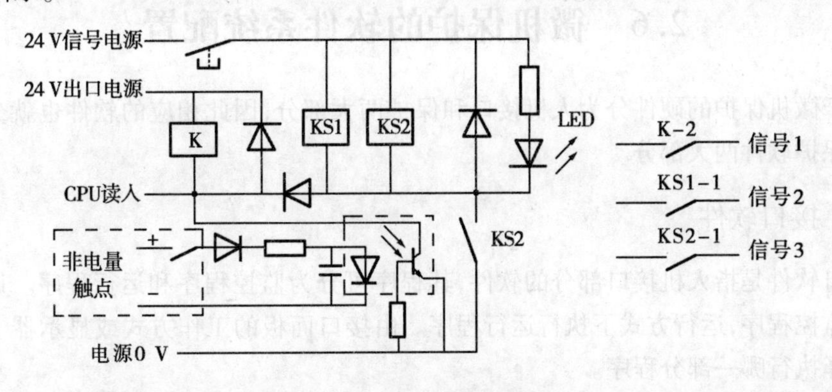

图 2-37　辅助信号插件原理图

(3)通信管理接口插件。通信接口插件主要功能是:对保护运行状态进行监视;统一 CPU 时钟,完成保护定值管理。

通信接口插件由 CPU 及存储器、实时时钟等外围芯片组成。插件面板上设有 4 行×16 列液晶显示器和 1 个 9 键触摸键盘,为就地操作提供人机接口,还提供标准的并行打印机;接口和串行通信接口(RS232/RS485)。通过串行通信接口,可实现远方监控保护系统。通信接口还提供 3 对独立的继电器触点,分别用于报警、控制打印机和监视遥控复归保护动作信号,原理框图如图 2-38 所示。

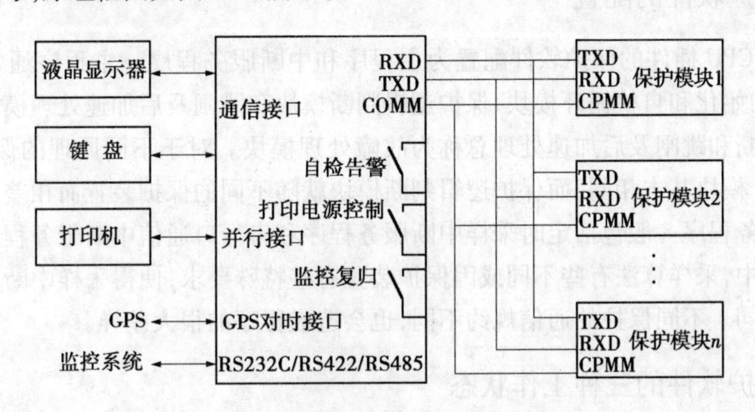

图 2-38　通信接口插件框图

实际运用中,一台完整的微机继电保护装置硬件系统要比图 2-14 所示内容丰富和复杂得多,要考虑很多工业应用中的技术问题和系统设计问题,主要包括装置结构设计、工作电源选择、各项硬件功能如何在插件上分配,抗干扰技术和装置自身故障诊断等可靠性措施。另外,现代数字式保护装置内部通常采用分层多微机系统模式,其特点是由多个独立并行的下层 CPU 子系统分担保护功能;由一个上层 CPU 管理系统通过内部通信网对各个下层 CPU 子系统进行管理和数据交换,同时担负对外部通信网络接口、人机对话接口的控制。这种结构可有效提高数字保护装置的处理能力、可靠性及硬件模块化、标准化水平。

2.6 微机保护的软件系统配置

由于微机保护的硬件分为人机接口和保护两大部分,因此相应的软件也就分为接口软件和保护软件两大部分。

2.6.1 接口软件

接口软件是指人机接口部分的软件,其程序可分为监控程序和运行程序。调试方式下执行监控程序,运行方式下执行运行程序。由接口面板的工作方式或显示器上显示的菜单选择执行哪一部分程序。

监控程序主要是键盘命令处理程序,是为接口插件(或电路)及各 CPU 保护插件(或采样电路)进行调节和整定而设置的程序。

接口的运行程序由主程序和定时中断服务程序构成。主程序主要完成巡检(各 CPU 保护插件)、键盘扫描和处理,以及故障信息的排列和打印。定时中断服务程序包括软件时钟程序、以硬件时钟控制并同步各 CPU 插件的软时钟、检测各 CPU 插件启动元件是否动作的检测启动程序。软件时钟就是每经 1.66 ms 产生一次定时中断,在中断服务程序中软件计数器加 1,当软计数器加到 600 时,秒计数器加到 1。

2.6.2 保护软件的配置

各保护 CPU 插件的保护软件配置为主程序和中断服务程序。主程序通常都有三个基本模块:初始化和自检循环模块、保护逻辑判断模块和跳闸及后加速处理模块。通常把保护逻辑判断和跳闸及后加速处理总称为故障处理模块。对于不同原理的保护,一般而言,前后两个模块基本相同,而保护逻辑判断模块就随不同的保护装置而相差甚远。

中断服务程序一般包括定时采样中断服务程序和串行口通信中断服务程序。在不同的保护装置中,采样算法有些不同或因保护装置有些特殊要求,使得采样中断服务程序部分也不尽相同。不同保护的通信规约不同,也会造成程序的很大差异。

2.6.3 保护软件的三种工作状态

保护软件有三种工作状态:运行、调试和不对应状态。不同状态时,程序流程也就不相同。有的保护没有不对应状态,只有运行和调试两种工作状态。

当保护插件面板的方式开关或显示器菜单选择为“运行”时,则该保护就处于运行状态,执行相应的保护主程序和中断服务程序。当选择为“调试”时,复位 CPU 后就工作在调试状态。当选择“调试”但不复位 CPU 并且接口插件工作在运行状态时,就处于不对应状态。也就是说,保护 CPU 插件与接口插件状态不对应。设置不对应状态是为了对模数插件进行调整,防止在调试过程中保护频繁动作及告警。

2.6.4 中断服务程序及其配置

2.6.4.1 "中断"的作用

"中断"是指 CPU 暂时停止原程序执行转为外部设备服务(执行中断服务程序),并在服务完成后自动返回原程序的执行过程。采用"中断"方式可以提高 CPU 的工作效率,提高实时数据的处理时效。保护执行运行程序时,需要在限定的极短时间内完成数据采样,在限定时间内完成分析判断并发出跳闸合闸命令或警告信号等,当产生外部随机事件(主要是指电力系统状态、人机对话、系统机的串行通信要求)时,凡需要 CPU 立即响应并及时处理的事件,就要求保护中断自己正在执行的程序,而去执行中断服务程序。

2.6.4.2 保护的中断服务程序配置

根据中断服务程序基本概念的分析,一般保护装置总是配有定时采样中断服务程序和串行通信中断服务程序。对单 CPU 保护,CPU 除保护任务外,还有人机接口任务,因此还可以配置有键盘中断服务程序。

对保护装置而言,其外部事件主要是指电力网系统状态、人机对话、系统机的串行通信要求。电力网系统状态是保护最关心的外部事件,保护装置必须每时每刻掌握保护对象的系统状态。因此,要求保护定时采样系统状态时,一般采用定时器中断方式的采样服务程序,称为定时采样中断服务程序。即每经 1.66 ms 中断原程序的运行,转去执行采样计算的服务程序,采样结束后通过存储器中的特定存储单元将采样计算结果传送给原程序,然后再回去执行原被中断了的程序。在采样中断服务程序中,除有采样和计算外,通常还含有保护的启动元件程序及保护某些重要程序。如高频保护在采样中断服务程序中安排检查收发信机的收信情况;距离保护中还设有两健全相电流差突变元件,用以检测发展性故障;零序保护中设有 $3U_0$ 突变量元件等,因此保护的采样中断服务程序是微机保护的重要软件组成部分。

串行口通信中断服务程序,是为了满足系统机与保护的通信要求而设置的。这种通信常采用主从式串行口通信来实现。当系统主机对保护装置有通信要求时,或者接口 CPU 对保护 CPU 提出巡检要求时,保护串行通信口就提出中断请求,在中断响应时,就转去执行串行口通信的中断服务程序。串行通信是按一定的通信规约进行的,其通信数字帧常有地址帧和命令帧两种。系统机或接口 CPU(主机)通过地址帧呼唤通信对象,被呼唤的通信对象(主机)就执行命令帧中的操作任务。从机中的串行口中断服务程序就是按照一定规约,鉴别通信地址和执行主机的操作命令的程序。

保护装置还应随时接受工作人员的干预,即改变保护装置的工作状态、查询系统运行参数、调试保护装置,这就是利用人机对话方式来干预保护工作。这种人机对话是通过键盘方式进行的,常用键盘中断服务程序来完成。有的保护装置不采用键盘中断方式,而采用查询方式。当按下键盘时,通过硬件产生了中断要求,中断响应时就转去执行中断服务程序。键盘中断服务程序或键盘处理程序常属于监控程序的一部分,它把被按的键符及其含义翻译出来并传递给原程序。

2.6.5 微机保护的算法

2.6.5.1 概述

微机继电保护是用数学运算方法来实现故障量的测量、分析和判断。而运算的基础是若干个离散的、量化了的数字采样序列。因此,微机继电保护的一个基本问题是寻找适当的离散运算方法,使运算结果的精确度能满足工程要求。微机保护装置根据模数转换器提供的输入电气量的采样数据进行分析、运算和判断,以实现各种继电保护的功能的方法称为算法。按算法的目标可分为两大类:一类是根据输入电气量的若干点采样值通过数学式或方程式计算出保护所反映的量值,然后与给定值进行比较。例如,为实现距离保护,可根据电压和电流的采样值计算出复阻抗的模和幅角或阻抗的电阻和电抗分量,然后同给定的阻抗动作区进行比较。这一类算法利用了微机能进行数值计算的特点,从而实现许多常规保护无法实现的功能。另一类算法是直接模仿模拟性保护的实现方法,根据动作方程来判断是否在动作区内,而不计算出具体的数值。虽然这一类算法所依循的原理和常规的模拟型保护相同,但通过计算机所特有的数学处理和逻辑运算,可以使某些保护的性能有明显提高。继电保护的类型很多,然而不论哪一类保护的算法,其核心问题归根结底是算出可表征被保护对象运行特点的物理量。如电流和电压的有效值、相位、阻抗等,或者算出他们的序分量、基波分量和某次谐波分量的大小和相位等。利用这些基本的电气量的计算值,就可以很容易地构成各种不同原理的保护。

算法是研究微机继电保护的重点之一。分析和评价各种不同算法优劣的标准是精度和速度。速度包括两个方面的内容:一是算法所要求的数据窗长度(或称采样点数);二是算法运算工作量。精度和速度又总是互相矛盾的。若要计算精确,则往往要利用更多的采样点和进行更多的计算工作量。

研究算法的实质是如何在速度和精度两方面进行权衡。所以,有的快速保护选择的采样点数较少,而后备保护不要求很高的计算速度,但对计算精度要求就提高了,选择采样点数就较多。对算法除有精度和速度要求外,还要考虑算法的数字滤波功能,有的算法本身就具有数字滤波功能,所以评价算法时要考虑对数字滤波的要求。没有数字滤波功能的算法,其保护装置采样电路部分就要考虑装设模拟滤波器。微机保护的数字滤波用程序实现,因此不受温度影响,也不存在元件老化和负载阻抗匹配等问题。模拟滤波器还会因元件差异而影响滤波效果,可靠性较低。

2.6.5.2 正弦函数模型的算法

假设被采样的电压、电流信号都是纯正弦特性,既不含有非周期分量,也不含有高频分量。这样可以利用正弦函数一系列特性,从若干个采样值中计算出电压、电流的幅值、相位,以及功率和测量阻抗的量值。

正弦量的算法是基于提供给算法的原始数据为纯正弦量的理想采样值。以电流为例,可表示为

$$i(nT_s) = \sqrt{2}I\sin(\omega nT_s + \alpha_{0I}) \tag{2-20}$$

式中 ω——角频率;

I——电流有效值;

T_s——采样间隔；

α_{0I}——$n=0$ 时的电流相角。

实际上，故障后电流、电压都含有各种暂时分量，而且数据采集系统还会引入各种误差，所以这一类算法要获得精确的结果，必须和数字滤波器配合使用。也就是说，式(2-20)中的 $i(nT_s)$ 应是数字滤波器的输出，而不是直接应用模数转换器提供的原始采样值。

1. 两点乘积算法

采样值算法是利用采样值的乘积来计算电流、电压、阻抗的幅值和相角等电气参数的方法，由于这种方法是利用 2~3 个采样值推算出整个曲线情况，所以属于曲线拟合法。其特点是计算的判定时间较短。

以电流为例，设 i_1 和 i_2 分别为两个相隔为$\frac{\pi}{2}$的采样时刻 n_1 和 n_2 的采样值，如图 2-39 所示，即

$$\omega(n_2T_s - n_1T_s) = \frac{\pi}{2}$$

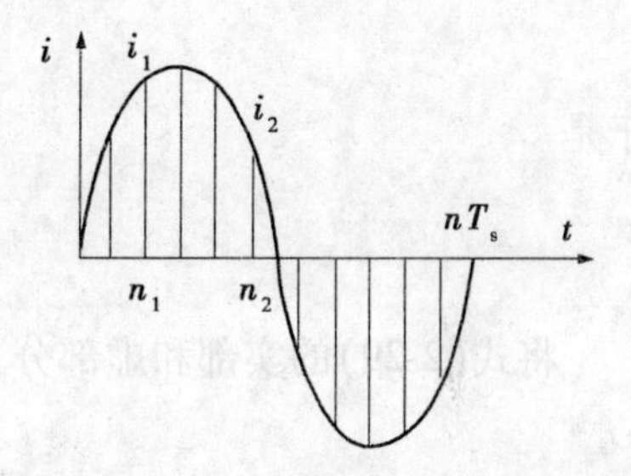

图 2-39　两点乘积算法采样示意图

根据式(2-20)有

$$i_1(n_1T_s) = \sqrt{2}I\sin(\omega n_1T_s + \alpha_{0I}) = \sqrt{2}I\sin\alpha_{1I} \tag{2-21}$$

$$i_2(n_2T_s) = \sqrt{2}I\sin(\omega n_2T_s + \alpha_{0I} + \frac{\pi}{2}) = \sqrt{2}I\cos\alpha_{1I} \tag{2-22}$$

式中　$\omega n_1T_s + \alpha_{0I}$——$n_1$ 采样时刻电流的相角，可能为任意值。

将式(2-21)和式(2-22)平方后相加，即得

$$2I^2 = i_1^2 + i_2^2 \tag{2-23}$$

再将式(2-21)和式(2-22)相除，得

$$\tan\alpha_{1I} = \frac{i_1}{i_2} \tag{2-24}$$

式(2-23)和式(2-24)表明，只要知道任意两个相隔$\frac{\pi}{2}$的正弦量的瞬时值，就可以计算出该正弦量的有效值和相位。

如欲构成距离保护，只要同时测出 n_1 和 n_2 时刻的电流和电压 u_1、i_1 和 u_2、i_2，类似用式(2-23)和式(2-24)即可求得电压的有效值 U 及在 n_1 时刻的相角 α_{1U}，即

$$2U^2 = u_1^2 + u_2^2 \tag{2-25}$$

$$\tan\alpha_{1U} = \frac{u_1}{u_2} \tag{2-26}$$

从而可求出复阻抗的模量 Z 和幅角 α_Z 为

$$Z = \frac{U}{I} = \frac{\sqrt{u_1^2 + u_2^2}}{\sqrt{i_1^2 + i_2^2}} \tag{2-27}$$

$$\alpha_Z = \alpha_{1U} - \alpha_{1I} = \arctan(\frac{u_1}{u_2}) - \arctan(\frac{i_1}{i_2}) \tag{2-28}$$

实际应用中,更方便的算法是求出复阻抗的电阻分量 R 和电抗分量 X。

将电流和电压写成复数形式

$$\dot{U} = U\cos\alpha_{1U} + jU\sin\alpha_{1U}$$

$$\dot{I} = I\cos\alpha_{1I} + jI\sin\alpha_{1I}$$

参照式(2-21)和式(2-22),可得

$$\dot{U} = \frac{u_2 + ju_1}{\sqrt{2}}$$

$$\dot{I} = \frac{i_2 + ji_1}{\sqrt{2}}$$

于是

$$\frac{\dot{U}}{\dot{I}} = \frac{u_2 + ju_1}{i_2 + ji_1} \tag{2-29}$$

将式(2-29)的实部和虚部分开,其实部为 R,虚部则为 X,因此

$$R = \frac{u_1 i_1 + u_2 i_2}{i_1^2 + i_2^2} \tag{2-30}$$

$$X = \frac{u_1 i_2 - u_2 i_1}{i_1^2 + i_2^2} \tag{2-31}$$

由于式(2-30)和式(2-31)中用到了两个采样值的乘积,因此称为两点乘积法。

U、I 之间的相角差可由下式计算

$$\tan\theta = \frac{u_1 i_2 - u_2 i_1}{u_1 i_1 + u_2 i_2} \tag{2-32}$$

事实上,两点乘积法从原理上并不是必须用相隔$\frac{\pi}{2}$的两个采样值,用正弦量任何两点相邻的采样值都可以算出有效值和相角。

2. 导数算法

导数算法只需知道输入正弦量在某一个时刻 t_1 的采样值及在该时刻采样值的导数,即可算出有效值和相位。设 i_1 为 t_1 时刻的电流瞬时值,表达式为

$$i_1 = \sqrt{2}I\sin(\omega t_1 + \alpha_{0I}) = \sqrt{2}I\sin\alpha_{1I} \tag{2-33}$$

则 t_1 时刻电流导数为

$$i_1' = \omega\sqrt{2}I\cos\alpha_{1I} \tag{2-34}$$

将式(2-33)、式(2-34)和式(2-21)、式(2-22)对比,可得

$$2I^2 = i_1^2 + (\frac{i_1'}{\omega})^2 \tag{2-35}$$

$$\tan\alpha_{1I} = \frac{i_1}{i_1'}\omega \tag{2-36}$$

$$R = \frac{\omega^2 u_1 i_1 + u_1' i_1'}{(\omega i_1)^2 + (i_1')^2} \tag{2-37}$$

$$X = \frac{\omega^2 (u_1 i_1' - u_1' i_1)}{(\omega i_1)^2 + (i_1')^2} \tag{2-38}$$

为求导数,可取 t_1 为两个相邻采样时刻 n 和 $n+1$ 的中点,如图 2-40(a)所示,然后用分差近似求导,如图 2-40(b)所示,则有

$$i_1' = \frac{i_{n+1} - i_n}{T_s}; u_1' = \frac{u_{n+1} - u_n}{T_s} \tag{2-39}$$

而 t_1 时刻的电流、电压瞬时值则用平均值

$$i = \frac{i_{n+1} + i_n}{2}; u = \frac{u_{n+1} + u_n}{2} \tag{2-40}$$

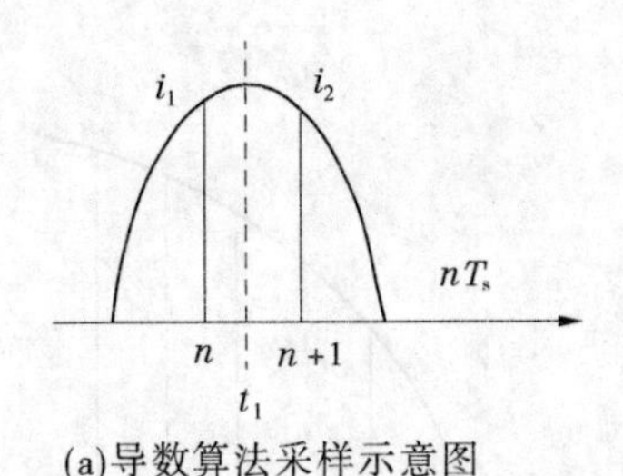

(a)导数算法采样示意图

(b)差分方程近似求导示意图

图 2-40 导数算法

可见,导数算法需要的数据窗较短,仅为一个采样间隔,算式也不复杂,与乘积法相似。采用导数算法,要求数字滤波器有良好的滤去高频分量的能力(求导数将放大高频分量),要求较高的采样率。

3. 解微分方程算法

解微分方程算法仅用于计算阻抗,以应用于线路距离保护为例,假设被保护线路的分布电容可以忽略,因而从故障点到保护安装处线路的阻抗可用一电阻和电感串联电路来表示。于是,在短路时下列微分方程成立,即

$$u = R_1 i + L_1 \frac{\mathrm{d}i}{\mathrm{d}t} \tag{2-41}$$

式中 R_1、L_1——故障点至保护安装处线路段的正序电阻和电感;

u、i——保护安装处的电压、电流。

若用于反映线路相同短路保护,则方程中电压、电流的组合与常规保护相同;若用于反映线路接地短路保护,则方程中的电压用相电压、电流用相电流加零序补偿电流。

式(2-41)中的 u、i 和 $\frac{\mathrm{d}i}{\mathrm{d}t}$ 都是可以测量、计算的,未知数为 R_1 和 L_1。如果在两个不同的时刻 t_1 和 t_2 分别测量 u、i 和 $\frac{\mathrm{d}i}{\mathrm{d}t}$,就可以得到两个独立方程

$$u_1 = R_1 i_1 + L_1 D_1$$
$$u_2 = R_1 i_2 + L_1 D_2$$

式中 D 代表$\frac{di}{dt}$,下标“1”和“2”分别表示测量时刻为 t_1 和 t_2。

联立求解上述两个方程可求得两个未知数 R_1 和 L_1。

$$L_1 = \frac{u_1 i_2 - u_2 i_1}{i_2 D_1 - i_1 D_2} \tag{2-42}$$

$$R_1 = \frac{u_2 D_1 - u_1 D_2}{i_2 D_1 - i_1 D_2} \tag{2-43}$$

在用计算机处理时,电流的导数可用差分来近似计算,最简单的方法是取 t_1 和 t_2 分别为两个相邻的采样瞬间的中间值,如图 2-41 所示。于是近似有

$$D_1 = \frac{i_{n+1} - i_n}{T_s}$$

$$D_2 = \frac{i_{n+2} - i_{n+1}}{T_s}$$

电流、电压取相邻采样的平均值,有

$$i_1 = \frac{i_n + i_{n+1}}{2}$$

$$i_2 = \frac{i_{n+1} + i_{n+2}}{2}$$

$$u_1 = \frac{u_n + u_{n+1}}{2}$$

$$u_2 = \frac{u_{n+1} + u_{n+2}}{2}$$

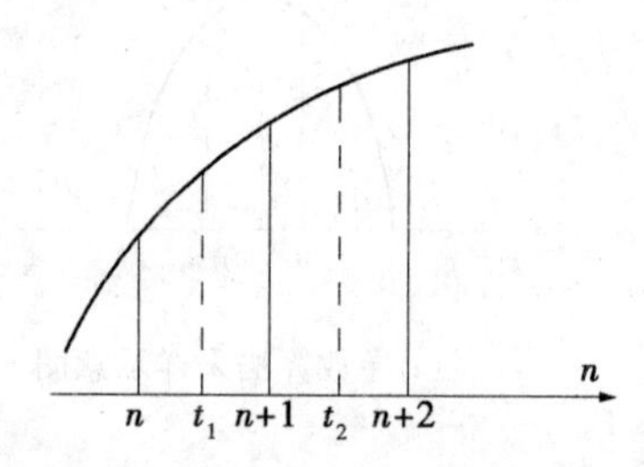

图 2-41 应差分近似求导数法

从上述的方程可以看出,解微分方程法实际上解的是一组二元一次代数方程,带微分符号的量 D_1 和 D_2 是测量计算得到的已知数。

小 结

电流互感器的极性标注方法是采用减极性标注法,一、二次电流同相位;电流互感器10%误差曲线是用于检验保护用的电流互感器的准确性,10%误差曲线是反映了一次电流倍数与二次负载允许值之间的关系曲线。

在微机保护中,常常要将电流互感器二次电流、电压互感器的二次侧电压按一定比例变换成电压。为实现这种变换要求,保护中常采用电流、电压和电抗变换器。虽然变换器的工作原理与互感器有相近之处,但变换器是二次设备。

负序、零序分量是电力系统发生不对称短路故障的特征,它只在不对称短路故障时出现。正常运行时虽然有不对称分量存在,但其数值很小,而发生不对称短路故障时,负序、零序分量有较大数值。为了提高保护的灵敏度,采用反映负序、零序分量构成的保护被广泛应用。零序电流、电压滤过器及负序电流、电压滤过器是获得零序分量及负序分量的工具。正序分量滤过器的工作原理与负序分量滤过器相同,仅是相序不同而已。

继电器的动作值、返回值及返回系数是表征基本参数。但反映过量继电器与反映欠

量继电器动作、返回的定义是不相同的。

介绍了微机保护的硬件结构及各部分的组成、微机保护数字采集系统的各部分组成、采样保持电路、多路转换开关、模数转换器、数据采集系统的结构原理;CPU 模块的工作原理及其接口、具有 ADC 变换接口的保护 CPU 模块原理、具有 VFC 接口的保护 CPU 模块原理框图。定值固化电路的原理;开关量输入及输出回路的电路原理;人机接口回路的原理,键盘输入电路、显示电路、时钟电路、自复位电路、出口及信号插件的原理。

微机保护的软件系统配置,了解接口软件,保护软件配置,保护软件工作状态,中断服务程序及其配置。

微机继电保护是用数学运算方法实现故障量的测量、分析和判断的。而运算的基础是若干个离散的、量化了的数字采样序列。因此,微机继电保护的一个基本问题是寻找适当的离散运算方法。本章主要介绍了两点乘积算法、导数算法和解微分方程算法。

习　题

1. 微机保护与传统继电保护的主要区别是什么?

2. 微机保护的硬件由哪几部分组成? 各部分的作用是什么?

3. 微机保护数据采集系统由哪几部分组成? 各部分的工作是什么?

4. 开关量输入电路中,装置内触点输入电路与装置外触点输入电路有何不同? 为什么? 开关量输出电路接线有何特点?

5. 微机保护装置的人机接口部分由哪些东西组成,主要有什么作用?

6. 微机保护装置一般有几种工作状态?

7. 分析键盘输入电路、时钟电路、自复位电路、保护出口及信号插件的原理。

8. 微机保护的软件是怎样构成的? 各有什么作用?

第3章 输电线路的电流电压保护

3.1 单侧电源输电线路相间短路的电流电压保护

输电线路发生短路时，电流突然增大，电压降低。利用电流增加的特点，可以构成反映电流增大而动作的电流保护；利用短路时电压下降的特征，在电流保护的基础上加装低电压元件，可构成低压过电流保护。

通常输电线路电流保护采用阶段式电流保护，采用三套电流保护共同构成三段式电流保护。可以根据具体的情况，只采用速断加过流保护或限时速断加过流保护，也可以三段同时采用。

3.1.1 无时限电流速断保护

无时限电流速断保护又称Ⅰ段电流保护，它是反映电流增大而能瞬时动作切除故障的电流保护。

3.1.1.1 无时限电流速断保护的工作原理和整定计算

当系统电源电势一定，线路上任一点发生短路故障时，短路电流的大小与短路点至电源之间的电抗（忽略电阻）及短路类型有关，三相短路和两相短路时，流过保护安装地点的短路电流可用下式表示

$$I_{K}^{(3)} = \frac{E_{s}}{X_{s} + X_{1}l} \tag{3-1}$$

$$I_{K}^{(2)} = \frac{\sqrt{3}}{2} \times \frac{E_{s}}{X_{s} + X_{1}l} \tag{3-2}$$

式中 E_s——系统等效电源相电势；

X_s——系统等效电源到保护安装处之间的电抗；

X_1——线路单位千米长度的正序电抗；

l——短路点至保护安装处的距离。

由式(3-1)、式(3-2)可见，当系统运行方式一定时，E_s 和 X_s 是常数，流过保护安装处的短路电流，是短路点至保护安装处间距离 l 的函数。短路点距离电源越远（l 越大），短路电流值越小。

当系统运行方式改变及故障类型变化时，即使是同一点短路，短路电流的大小也会发生变化。在继电保护装置的整定计算中，一般考虑两种极端的运行方式，即最大运行方式和最小运行方式。流过保护安装处的短路电流最大时的运行方式称为系统最大运行方式，此时系统的阻抗 X_s 为最小；反之，流过保护安装处的短路电流最小的运行方式称为系统最小运行方式，此时系统阻抗 X_s 最大。图3-1中曲线1表示最大运行方式下三相短路

电流随 l 的变化曲线，曲线 2 表示最小运行方式下两相短路电流随 l 的变化曲线。

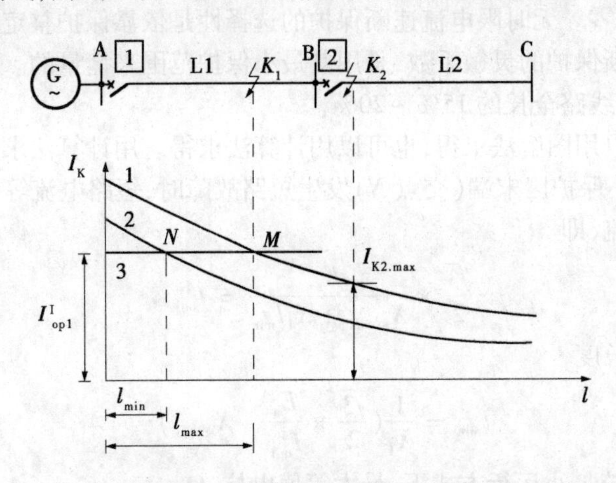

曲线 1—最大三相短路电流；曲线 2—最小两相短路电流

3-1　单侧电源辐射形电网的无时限电流速断保护的工作

设保护 1、2 分别为线路 L1 和 L2 的无时限电流速断保护。在线路 AB 无时限电流速断保护区内发生故障时，保护 1 应瞬时动作；在线路 BC 无时限保护的保护区内发生故障时，保护 2 应瞬时动作。

为保证选择性，对保护 1 而言，本线路末端短路时应瞬时动作切除故障；在相邻线路 L2 首端 K_2 点短路时，不应动作，而应由保护 2 动作跳开断路器切除故障，但由于被保护线路末端短路与相邻线路出口处 K_2 短路的短路电流几乎相等，保护 1 无法区别被保护线路末端短路故障和 K_2 点的短路故障。

因此，无时限电流速断保护 1 的动作电流应按大于本线路末端短路时流过保护安装处的最大短路电流来整定，即

$$I_{op1}^{I} = K_{rel}^{I} I_{KB.max}^{(3)} \tag{3-3}$$

式中　I_{op1}^{I}——保护 1 无时限电流速断保护的动作电流，又称一次动作电流；

K_{rel}^{I}——可靠系数，考虑到继电器的整定误差、短路电流计算误差和非周期分量的影响等而引入的大于 1 的系数，一般取 1.2～1.3。

$I_{KB.max}^{(3)}$——被保护线路末端 B 母线上三相短路时保护安装处测量到的最大短路电流，一般取次暂态短路电流周期分量的有效值。

无时限电流速断保护按式(3-3)确定整定值时，保证了在相邻线路上发生短路故障保护 1 不会误动作。当然，这样选择保护动作电流之后，无时限电流速断保护必然不能保护线路的全长。

在图 3-1 中，以动作电流 I_{op1}^{I} 作一平行于横坐标的直线 3，其与曲线 1 和曲线 2 分别相交于 M 和 N 两点，在交点到保护安装处的一段线路上发生短路故障时，$I_K > I_{op1}^{I}$，保护 1 会动作。在交点以后的线路上发生短路故障时，$I_K < I_{op1}^{I}$，保护 1 不会动作。同时，从图 3-1 中还可看出，无时限电流速断保护范围随系统运行方式和短路类型而变。在最大运行方式下三相短路时，保护范围最大，为 l_{max}；在最小运行方式下两相短路时，保护范围最小，

为 l_{min}。对于短线路，由于线路首末端短路时，短路电流数值相差不大，在最小运行方式下，保护范围可能为零。无时限电流速断保护的选择性是依靠保护整定值保证的。

无时限电流速断保护的灵敏系数，是用其最小保护范围来衡量的。规程规定，最小保护范围 l_{min} 不应小于线路全长的 15% ~20%。

保护范围既可以用图解法求得，也可以用计算法求得。用计算法求解的方法如下：

图 3-1 中在最小保护区末端（交点 N）发生短路故障时，短路电流等于由式(3-3)所决定的保护的动作电流，即

$$\frac{\sqrt{3}}{2} \times \frac{E_s}{X_{s.max} + X_1 l_{min}} = I_{op1}^{I} \tag{3-4}$$

解上式得最小保护长度

$$l_{min} = \frac{1}{X_1}\left(\frac{\sqrt{3}}{2} \times \frac{E_s}{I_{op1}^{I}} - X_{s.max}\right) \tag{3-5}$$

式中 $X_{s.max}$——系统最小运行方式下，最大等值电抗，Ω；

X_1——输电线路单位千米正序电抗，Ω/km。

同理，最大保护区末端短路时

$$\frac{E_s}{X_{s.min} + X_1 l_{max}} = I_{op1}^{I} \tag{3-6}$$

解得最大保护长度

$$l_{max} = \frac{1}{X_1}\left(\frac{E_s}{I_{op1}^{I}} - X_{s.min}\right) \tag{3-7}$$

式中 $X_{s.min}$——系统最大运行方式下，最小等值电抗，Ω。

通常规定，最大保护范围 $l_{max} \geqslant 50\% l$（l 为被保护线路长度），最小保护范围 $l_{min} \geqslant (15\% \sim 20\%) l$ 时，才能装设无时限电流速断保护。

3.1.1.2 **线路—变压器组瞬时电流速断保护**

无时限电流速断保护一般只能保护线路的一部分，但在某些特殊情况下，如电网的终端线路上采用线路—变压器组的接线方式时，如图 3-2 所示，无时限电流速断保护的保护范围可以延伸到被保护线路以外，使全线路都能瞬时切除故障。因为线路—变压器组可以看成一个整体，当变压器内部故障时，切除变压器和切除线路的对供电的影响是一样的，所以当变压器内部故障时，由线路的无时限电流速断保护切除故障是允许的，因此线路的无时限电流速断保护的动作电流可以按躲过变压器二次侧母线上短路流过保护安装处最大短路电流来整定，从而使无时限电流速断保护可以保护线路的全长。

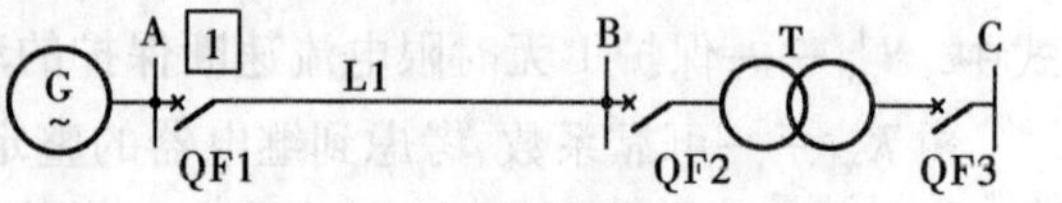

图 3-2 线路—变压器组的瞬时电流保护

无时限电流速断保护动作电流为

$$I_{op1}^{I} = K_{co} I_{KC.max} \tag{3-8}$$

式中 K_{co}——配合系数，取 1.3；

$I_{KC.max}$——变压器低压母线 C 短路，流过保护安装处测量到的最大短路电流。

3.1.1.3 原理接线

无时限电流速断保护单相原理接线如图 3-3 所示，它是由电流继电器 KA（测量元件）、中间继电器 KM、信号继电器 KS 组成。

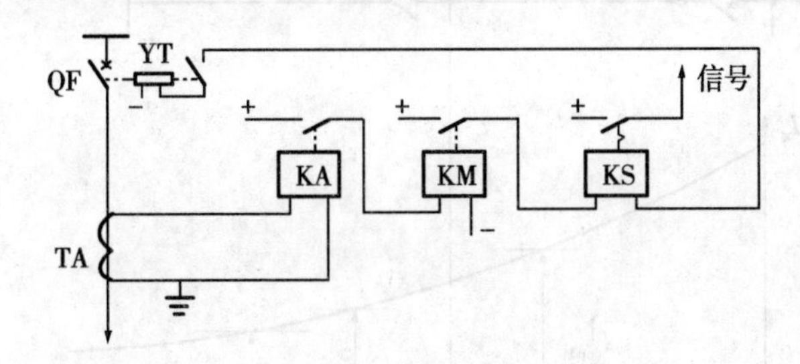

图 3-3 无时限电流速断保护原理接线图

正常运行时，流过线路的电流是负荷电流，其值小于其动作电流，保护不动作。当在被保护线路的速断保护范围内发生短路故障时，短路电流大于保护的动作值，KA 常开触点闭合，启动中间继电器 KM，KM 触点闭合，启动信号继电器 KS，并通过断路器的常开辅助触点，接到跳闸线圈 YT 构成通路，断路器跳闸切除故障线路。

因电流继电器的触点容量比较小，若直接接通跳闸回路，会被损坏，而 KM 的触点容量较大，可直接接通跳闸回路。另外，考虑当线路上装有管型避雷器时，当雷击线路使避雷器放电时，避雷器放电的时间约为 0.01 s，相当于线路发生瞬时短路，避雷器放电完毕，线路即恢复正常工作。在这个过程中，瞬时电流速断保护不应误动作，因此可利用带延时 0.06 ~ 0.08 s 的中间继电器来增大保护装置固有动作时间，以防止管型避雷器放电引起瞬时电流速断保护的误动作。信号继电器 KS 的作用是指示保护动作，以便运行人员处理和分析故障。

3.1.2 限时电流速断保护

3.1.2.1 限时电流速断保护的工作原理和整定计算

由于无时限电流速断保护不能保护线路的全长，当被保护线路末端附近短路时，必须由其他的保护来切除。为了满足速动性的要求，保护的动作时间应尽可能短。为此，可增加一套带时限的电流速断保护，用以切除无时限电流速断保护范围以外的短路故障，这种带时限的电流速断保护，称为限时电流速断保护。要求限时电流速断保护应能保护被保护线路的全长。

限时电流速断保护的工作原理可用图 3-4 说明。线路 L1 和 L2 上分别装有无时限电流速断保护，其动作电流分别为 I_{op1}^{I}、I_{op2}^{I}，保护范围如图 3-4 所示。设在线路 L1 和 L2 的保护装置还装有限时电流速断保护，以保护 1 的限时电流速断保护为例，要使其能保护 L1 的全长，即线路 L1 末端短路时应可靠地动作，则其动作电流 I_{op1}^{II} 必须小于线路末端短路时的最小短路电流。

由以上分析可知，若要限时电流速断保护能够保护线路全长，其保护范围必然要延伸到相邻线路一部分。为满足选择性，必须给限时电流速断保护增加一定的时限，此时限既

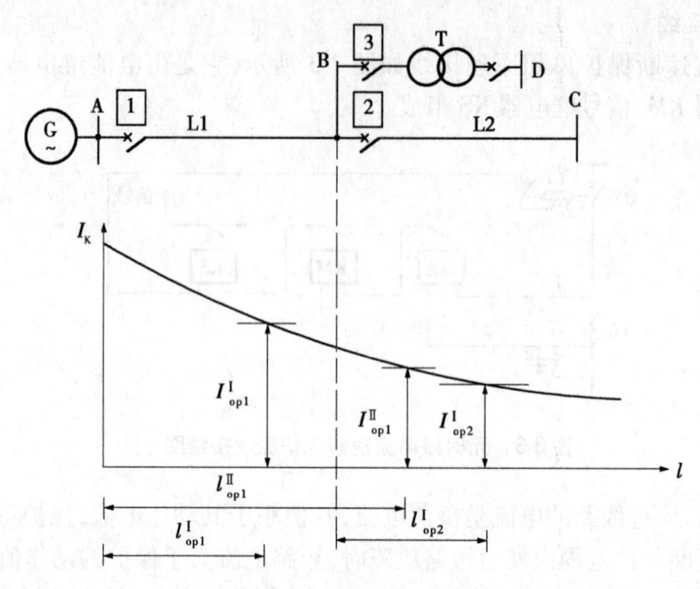

图3-4　限时电流速断保护的工作原理

能保证选择性又能满足速动性的要求，即尽可能短。鉴于此，可首先考虑使它的保护范围不超出相邻线路无时限电流速断保护的保护范围，而动作时限则比相邻线路的无时限电流速断保护长一个时限级差，用 Δt 表示。可见，限时电流速断保护是通过动作值和动作时限来保证选择性的。

为了满足选择性，保护 1 限时电流速断保护的动作电流 I^{II}_{op1} 应大于保护 2 的无时限电流速断保护的动作电流 I^{I}_{op2}，即

$$I^{II}_{op1} > I^{I}_{op2}$$

写成等式为

$$I^{II}_{op1} = K^{II}_{rel} I^{I}_{op2} \tag{3-9}$$

式中　K^{II}_{rel}——可靠系数，考虑到短路电流中的非周期分量已经衰减，一般取 1.1～1.2。

同时，I^{II}_{op1} 也不应超出相邻变压器速断保护区，即

$$I^{II}_{op1} = K_{co} I_{KD.max} \tag{3-10}$$

式中　K_{co}——配合系数，取 1.3；

$I_{KD.max}$——变压器低压母线 D 点发生短路故障时，流过保护安装处最大短路电流。

为了保证选择性，保护 1 的限时电流速断保护的动作时限 t^{II}_1，还要与保护 2 的瞬时电流速断保护、保护 3 的差动保护（或瞬时电流速断保护）动作时限 t^{I}_2、t^{I}_3 相配合，即

$$\begin{cases} t^{II}_1 = t^{I}_2 + \Delta t \\ t^{II}_1 = t^{I}_3 + \Delta t \end{cases} \tag{3-11}$$

式中　Δt——时限级差。

对于不同型式的断路器及保护装置，Δt 为 0.3～0.6 s。

确定了保护的动作电流后，还要验算保护的灵敏系数 K_{sen} 是否满足要求。为了达到保护线路全长的目的，限时电流速断保护必须在最不利的情况下，即系统在最小运行方式

下，线路末端两相短路时具有足够的反应能力。对于图 3-4 中线路 L1 的限时电流速断保护，其灵敏系数可按下式校验

$$K_{sen} = \frac{I_{K.min}}{I_{op1}^{II}} \geqslant 1.3 \sim 1.5 \tag{3-12}$$

式中 $I_{K.min}$——系统在最小运行方式时，被保护线路末端两相短路时，保护安装处测量到的最小短路电流；

I_{op1}^{II}——限时电流速断保护的动作电流。

对灵敏系数的要求：50 km 以上的线路不小于 1.3；20～50 km 的线路不小于 1.4；20 km以下的线路不小于 1.5。

灵敏系数的数值之所以要满足以上要求，是考虑到当线路末端短路时，可能会出现一些不利于保护启动的因素，如短路点存在过渡电阻、实际的短路电流可能小于计算值、保护装置及电流互感器具有一定的误差等。

灵敏系数不能满足要求时，一般可用降低保护动作电流的方法来解决，即本线路限时电流速断保护的启动电流与相邻线路的限时速断相配合，即

$$\begin{cases} I_{op1}^{II} = K_{rel}^{II} I_{op2}^{II} \\ t_1^{II} = t_2^{II} + \Delta t \end{cases} \tag{3-13}$$

3.1.2.2 限时电流速断保护的单相原理接线

限时电流速断保护的单相原理接线如图 3-5 所示。它与无时限电流速断保护相似，只是时间继电器 KT 代替了图 3-3 中的中间继电器 KM。当保护范围内发生短路故障时，电流继电器 KA 动作后，必须经时间继电器的延时，启动信号继电器，动作于断开断路器。

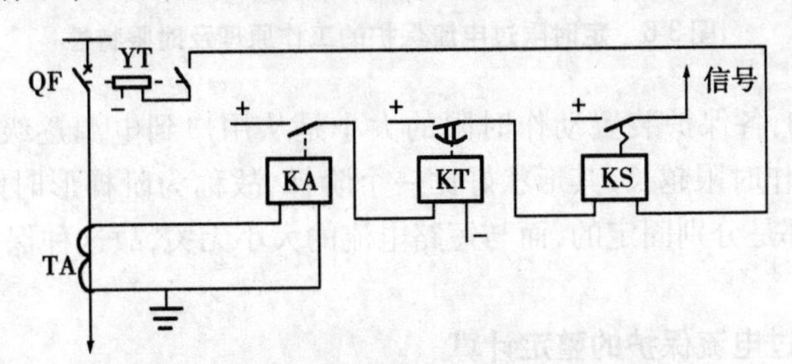

图 3-5 限时电流速断保护单相原理接线图

限时电流速断保护灵敏性较高，能保护线路的全长，并且还可作为本线路无时限电流速断保护的后备保护。这样，无时限电流速断保护和限时电流速断保护配合使用，可以使全线路范围内的短路故障都能在 0.5 s 内动作于跳闸，切除故障。所以，这两种保护可组合构成线路的主保护。

3.1.3 定时限过电流保护

3.1.3.1 定时限过电流保护的工作原理

定时限过电流保护是指按躲过最大负荷电流整定，并以动作时限保证其选择性的一种保护。输电线路正常运行时它不应启动，发生短路且短路电流大于其动作电流时，保护启动经延时动作于断路器跳闸。过电流保护不仅能保护本线路的全长，也能保护相邻线

路的全长，是本线路的近后备和相邻线路的远后备保护。

以图 3-6 为例分析过电流保护的工作原理。图 3-6 为单侧电源辐射形电网，图中线路保护 1、保护 2、保护 3 装有定时限过电流保护。当线路 L3 上 K_1 点发生短路时，短路电流 I_K 将流过保护 1、2、3，一般 I_K 均大于保护装置 1、2、3 的动作电流。所以，保护 1、2、3 均将同时启动。但根据选择性的要求，应该由距离故障点最近的保护 3 动作，使断路器 QF3 跳闸，切除故障，而保护 1、2 则在故障切除后立即返回。显然，要满足故障切除后，保护 1、2 立即返回的要求，必须依靠各保护装置具有不同的动作时限来保证。用 t_1、t_2、t_3 分别表示保护装置 1、2、3 的动作时限，则有

$$t_1 > t_2 > t_3$$

写成等式

$$\begin{cases} t_1 = t_2 + \Delta t \\ t_2 = t_3 + \Delta t \end{cases} \tag{3-14}$$

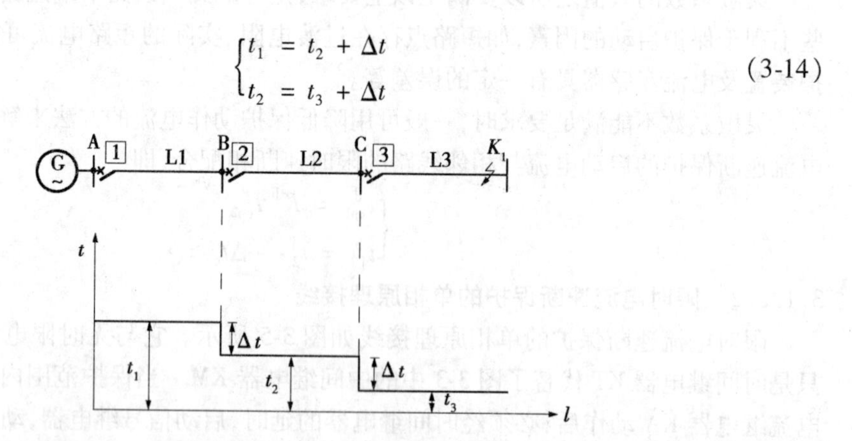

图 3-6　定时限过电流保护的工作原理及时限特性

由图 3-6 可知，各保护装置动作时限的大小是从用户到电源逐级增加的，越靠近电源，过电流保护动作时限越长，其形状好比一个阶梯，故称为阶梯形时限特性。由于各保护装置动作时限都是分别固定的，而与短路电流的大小无关，故这种保护称为定时限过电流保护。

3.1.3.2　定时限过电流保护的整定计算

定时限过电流保护的动作电流需按以下两个原则整定：

(1)电网正常运行时，过电流保护不应该动作。所以，其启动电流必须大于正常运行时被保护线路上流过的最大负荷电流 $I_{L.max}$，即

$$I_{op}^{\mathrm{III}} > I_{L.max}$$

式中　I_{op}^{III}——定时限过电流保护的动作电流。

(2)为保证在外部故障切除后，保护能可靠地返回，保护装置的返回电流 I_{re} 应大于故障切除后流过保护装置的最大自启动电流 $I_{s.max}$，即

$$I_{re} > I_{s.max} = K_{ss} I_{L.max}$$

则过电流保护的动作电流为

$$I_{op}^{\mathrm{III}} = \frac{K_{rel}^{\mathrm{III}} K_{ss}}{K_{re}} I_{L.max} \tag{3-15}$$

式中 $I_{L.max}$——正常运行时被保护线路的最大负荷电流；

$K_{rel}^{Ⅲ}$——可靠系数，一般取 1.15～1.25；

K_{ss}——电动机的自启动系数，其值由电网的接线和负荷的性质决定，一般取 1.5～3；

K_{re}——返回系数，一般取 0.85～0.95。

由前面分析可知，为保证选择性，过电流保护的动作时限应比相邻下一线路的过电流保护动作时限长出一个 Δt，如图 3-6 的时限特性所示。即

$$t_1^{Ⅲ} = t_2^{Ⅲ} + \Delta t \tag{3-16}$$

式中 $t_1^{Ⅲ}$——本线路定时限过电流保护的动作时间；

$t_2^{Ⅲ}$——相邻线路的过电流保护的动作时间；

Δt——时限级差，取 0.5 s。

若本线路的下一级有多条线路时，则本级过电流保护的动作时间应比下级保护中动作时间最长的多出一个 Δt。

3.1.3.3 灵敏系数校验

灵敏系数校验按下式进行

$$K_{sen} = \frac{I_{K.min}}{I_{op}^{Ⅲ}} \tag{3-17}$$

式中 $I_{K.min}$——系统在最小运行方式下，本线路末端两相短路时，保护安装处测量到的最小短路电流。

定时限过电流保护应分别校验作本线路近后备保护和作相邻线路及元件远后备保护的灵敏系数。当定时限过电流保护作为本线路主保护的近后备保护时，要求 $K_{sen} \geqslant 1.3$～1.5；当定时限过电流保护作为相邻线路的远后备保护时，要求 $K_{sen} \geqslant 1.2$；作为 Y，d 连接的变压器远后备保护时，短路类型应根据过电流保护接线而定。

3.1.4 电流保护的接线方式

电流保护的接线方式，是指电流继电器线圈与电流互感器二次绕组之间的连接方式。正确地选择保护的接线方式，对保护的技术、经济性能都有很大的影响。对于相间短路的电流保护，常用的接线方式主要有两种：三相三继电器完全星形接线和两相两继电器不完全星形接线。

3.1.4.1 三相三继电器完全星形接线

三相三继电器完全星形接线如图 3-7 所示。三个电流互感器与三个电流继电器分别按相连接在一起，互感器和继电器均接成星形，中线上流回的电流为三相电流之和。图 3-7 中，三个继电器的触点并联连接，组成“或”门输出回路，当任意一个电流继电器的触点闭合后，均可启动时间继电器或中间继电器。这种接线方式除可反映各种相间短路外，还可反映单相接地短路。

在三相完全星形接线方式中，流入每个继电器线圈中的电流就是其所对应相电流互感器的二次电流，即 $\dot{I}_r = \dot{I}_2$。若用接线系数 K_{con} 表示 $\dot{I}_r$ 与 $\dot{I}_2$ 的比值，则三相完全星形接线系数 $K_{con} = 1$。

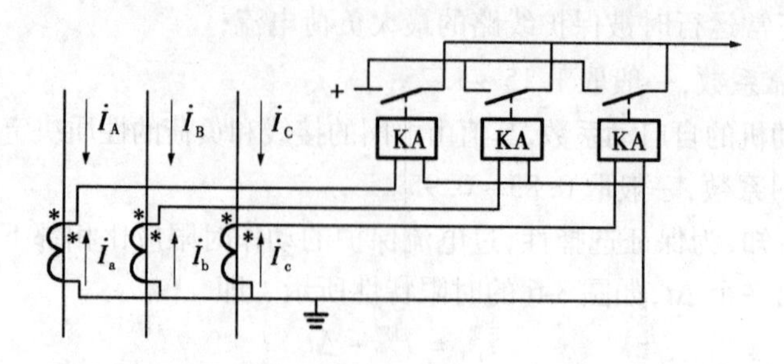

图 3-7 三相三继电器完全星形接线

3.1.4.2 两相两继电器不完全星形接线

两相两继电器不完全星形接线如图 3-8 所示。两个电流继电器和装设在 A、C 两相上的两个电流互感器分别按相连接，它和三相完全星形接线方式的主要区别是在 B 相上没有电流互感器和相应的电流继电器。

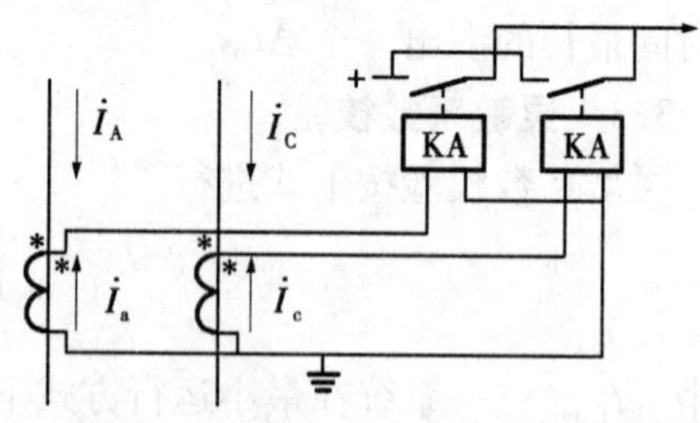

图 3-8 两相两继电器不完全星形接线

图 3-8 中的两个电流继电器的触点组成"或"门回路输出，任一继电器的触点闭合均可启动时间继电器或中间继电器。此接线方式也可反映各种相间短路，但不能反映 B 相上发生的单相接地短路。在两相不完全星形接线中，其接线系数与三相完全星形接线方式相同，即 $K_{con}=1$。

3.1.4.3 两种接线方式在各种故障时的性能分析比较

在中性点非直接接地电网中，允许输电线路在单相接地时继续短时运行，对于发生在不同线路上的两点接地短路，要求只切除一个故障点，以提高供电的可靠性。

在图 3-9 所示中性点不直接接地系统中，当输电线路 L1 和 L2 上发生两点接地短路时，只切除离电源较远的线路 L2，而不切除 L1，这样可以保证对变电所 B 的正常供电。如果输电线路 L1 和 L2 上的定时限过电流保护都采用三相三继电器完全星形接线，由于两条线路的保护在定值和动作时限上都是按照选择性原则配合整定的，即保护 1 的动作时限 t_1^{III} 大于保护 2 的动作时限 t_2^{III}，因此无论两点接地短路发生在 L1 和 L2 的任何相，都能保证 100% 地只切除线路 L2。

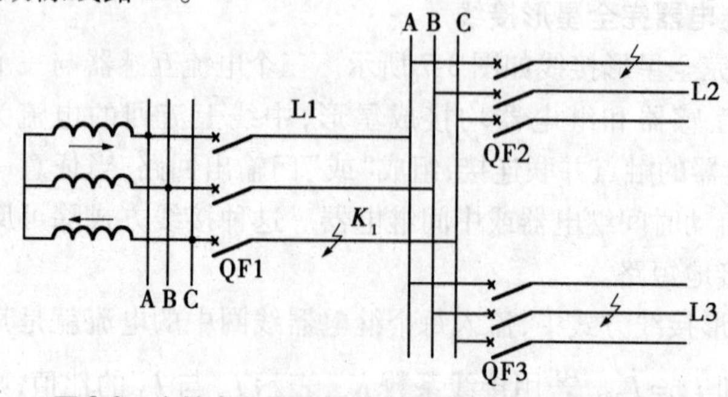

图 3-9 中性点非直接接地电网两点接地短路示意图

如果线路 L1 和 L2 上的定时限过电流保护均采用两相两继电器不完全星形接线，当其中一个接地故障点发生在 L2 的不同相别上时，保护动作跳闸的情况也不相同。例如，当线路 L1 的接地点在 B 相，L2 上的接地点在 A 相或 C 相时，保护 2 首先动作，有选择地切除了 L2 上的故障，能满足系统要求；但是，当 L2 上的接地点在 B 相时，由于 B 相没有互感器和继电器，保护 2 不会反映两点异地短路故障，这时必须由保护 1 动作切除故障，扩大了停电范围。

线路上发生两点接地短路的相别组合共有 6 种，表 3-1 为由同一变电所引出的放射形线路上的不同相别两点接地短路时不完全星形接线保护的动作情况。在采用不完全星形接线方式中，保护 2 和保护 3 的动作情况是：1/3 的概率切除两条线路，造成停电范围扩大；2/3 的概率切除一条线路。因此，中性点不直接接地系统广泛采用两相不完全星形接线。

表 3-1　由同一变电所引出的放射形线路上的不同相别两点接地短路时不完全星形接线保护的动作情况

线路 L2 接地相别	A	A	B	B	C	C
线路 L3 接地相别	B	C	A	C	A	B
保护 2 的动作情况	动作	动作	不动作	不动作	动作	动作
保护 3 的动作情况	不动作	动作	动作	动作	动作	不动作
停电线路数	1	2	1	1	2	1

3.1.4.4　两相三继电器接线

Y，d11 接线的变压器在电力系统中应用比较广泛。当 Y，d11 接线的变压器三角形侧发生两相短路而变压器本身的保护拒动时，作为其远后备保护的线路定时限过电流保护应动作，将故障切除。但是，如果线路定时限过电流保护采用两相不完全星形接线，作为 Y，d11 接线的变压器时，其灵敏度将受到影响。为了简化问题的讨论，假设变压器的变比 $n_T=1$，当变压器 d 侧 ab 两相发生短路故障时，根据短路相、序分量边界条件，可得 $\dot{I}_{cK}=0, \dot{I}_{c1}=-\dot{I}_{c2}$。画出相量图如图 3-10(b) 所示，经过转角得 Y 侧电流相量图，如图 3-10(c) 所示。由相量图及电流分布图可知，Y 侧三相均有短路电流存在，而 B 相短路电流是其余两相的 2 倍。但 B 相没装电流互感器，不能反映该相的电流，其灵敏系数是采用三相三继电器接线保护的一半。为克服这一缺点，可采用两相三继电器式接线，如图 3-11所示。第三个继电器接在中性线上，流过的是 A、C 两相电流互感器二次电流的和，等于 B 相电流的二次值，从而可将保护的灵敏系数提高 1 倍，与采用三相三继电器接线相同。

3.1.5　线路相间短路的三段式电流保护

无时限电流速断、限时电流速断和定时限过电流保护构成三段式电流保护，其原理接线如图 3-12 所示。由继电器 KA1、KA2、KCO 和 KS1 组成第 Ⅰ 段保护，由 KA3、KA4、KT1 和 KS2 组成第 Ⅱ 段保护，过电流部分则由 KA5、KA6、KA7、KT2 和 KS3 组成。由于三段电

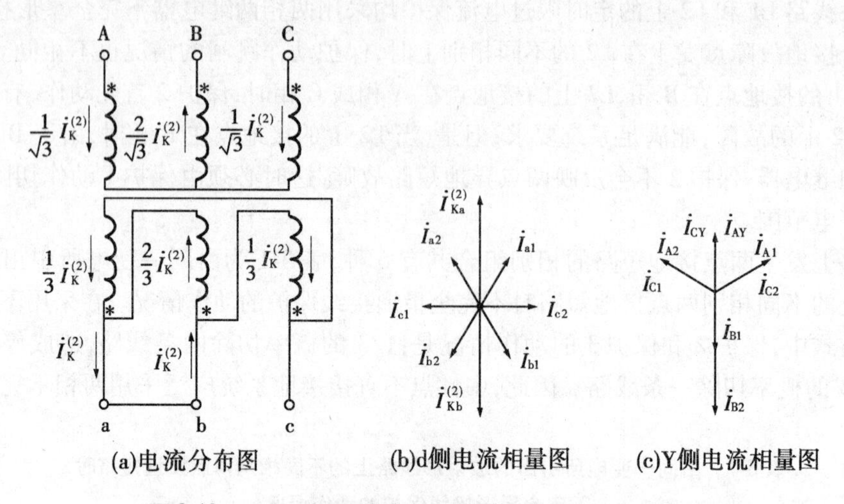

图 3-10 Y,d11 接线降压变压器两相短路时的电流分析

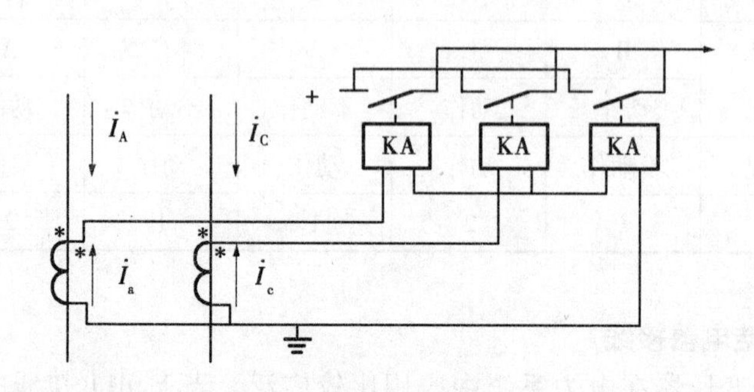

图 3-11 两相三继电器不完全星形接线

流保护的动作电流和动作时限整定均不相同,必须分别使用不同的电流继电器和时间继电器,而信号继电器 KS1、KS2 和 KS3 则分别用以发出Ⅰ、Ⅱ、Ⅲ段保护动作的信号。

图 3-12 中无时限电流速断保护、限时电流速断保护采用两相两继电器不完全星形接

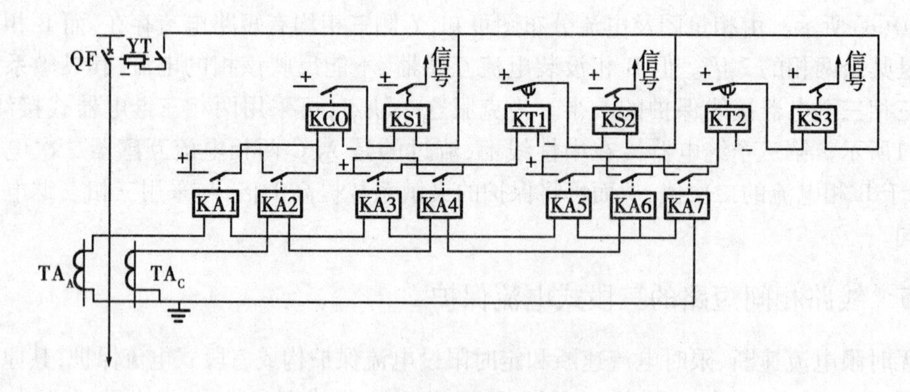

图 3-12 三段式电流保护原理接线图

线,定时限过电流保护采用两相三继电器不完全星形接线。

三段式电流保护的时限特性如图 3-13 所示。定时限过电流保护的动作时限按阶梯原则确定,即离电源最远的保护首先确定,越靠近电源,其定时限过电流保护的动作时限就越长,而且系统对其保护性能的要求也越高。

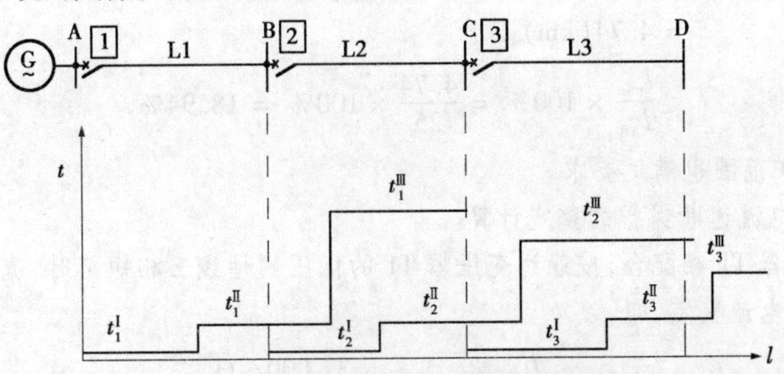

图 3-13 阶段式电流保护的配置示意图

【例 3-1】 35 kV 单侧电源辐射形网络如图 3-14 所示,试确定线路 AB 的保护方案。已知:

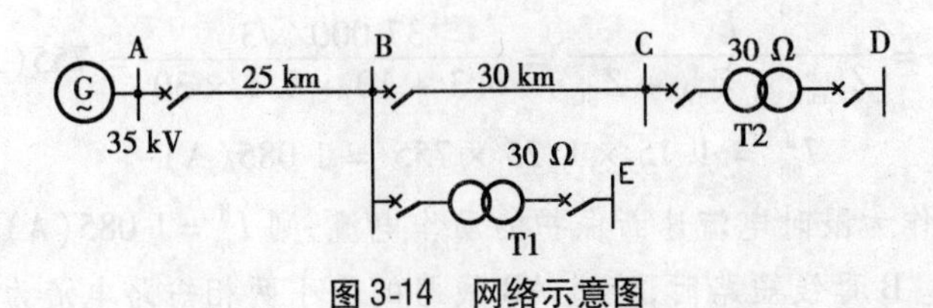

图 3-14 网络示意图

(1) 变电所 B、C 中变压器连接组别为 Y,d11,且在变压器上装设差动保护;

(2) 线路 AB 的最大传输动率 $P_{\max}=9$ MW,功率因数 $\cos\varphi=0.9$,系统中的发电机均装设了自动励磁调节器,自启动系数为 1.3;

(3) 图中电抗为归算至 37 kV 电压级的有名值,各线路正序电抗为 $X_1=0.4\ \Omega/\text{km}$;

(4) 系统等值阻抗 $Z_{\text{s. max}}=9.4\ \Omega$, $Z_{\text{s. min}}=6.3\ \Omega$。

解:暂选三段式电流保护作为线路 AB 的保护方案。

(1) 无时限电流速断保护的整定计算。

B 母线短路时流过线路 AB 的最大三相短路电流为

$$I_{\text{K. max}}^{(3)}=\frac{E_{\text{s}}}{Z_{\text{s. min}}+Z_{\text{AB}}}=\frac{37\times 1\,000/\sqrt{3}}{6.3+0.4\times 25}=1\,310(\text{A})$$

线路 AB 的无时限电流速断保护的动作电流为

$$I_{\text{op}}^{\text{I}}=K_{\text{rel}}^{\text{I}}I_{\text{K. max}}^{(3)}=1.25\times 1\,310=1\,638(\text{A})$$

其最大保护范围为

$$l_{\max}=\frac{1}{Z_1}\left(\frac{E_{\text{s}}}{I_{\text{op}}^{\text{I}}}-Z_{\text{s. min}}\right)=\frac{1}{0.4}\times\left(\frac{37\,000/\sqrt{3}}{1\,638}-6.3\right)=16.85(\text{km})$$

$$\frac{l_{\max}}{l_{\text{AB}}}\times 100\%=\frac{16.85}{25}\times 100\%=67.4\%>50\%$$

可见,最大保护范围满足要求。

线路 AB 的无时限电流速断保护的最小保护范围为

$$l_{\min}=\frac{1}{Z_1}\left(\frac{\sqrt{3}E_s}{2I_{op}^{1}}-Z_{s.\max}\right)=\frac{1}{0.4}\times\left(\frac{37\ 000}{2\times 1\ 638}-9.4\right)$$
$$=4.74(\text{km})$$
$$\frac{l_{\min}}{l_{AB}}\times 100\%=\frac{4.74}{25}\times 100\%=18.94\%$$

可见,最小保护范围也满足要求。

(2)限时电流速断保护的整定计算。

①与变压器 T1 相配合,按躲过变压器 T1 的低压侧母线三相短路时,流过线路 AB 的最大三相短路电流整定,即

$$I_{K.\max}^{(3)}=\frac{E_s}{Z_{s.\min}+Z_{AB}+Z_{T1}}=\frac{37\ 000/\sqrt{3}}{6.3+10+30}=461(\text{A})$$
$$I_{op}^{\text{II}}=K_{rel}^{\text{II}}I_{K.\max}^{(3)}=1.3\times 461=600(\text{A})$$

②与相邻线路的电流速断保护相配合,则

$$I_{K.\max}^{(3)}=\frac{E_s}{Z_{s.\min}+Z_{AB}+Z_{BC}}=\frac{37\ 000/\sqrt{3}}{6.3+10+0.4\times 30}=755(\text{A})$$
$$I_{op}^{\text{II}}=1.15\times 1.25\times 755=1\ 085(\text{A})$$

选以上较大者作为限时电流速断保护的动作电流,则 $I_{op}^{\text{II}}=1\ 085(\text{A})$。

③灵敏度校验。B 母线短路时,流过 AB 线路的最小两相短路电流为

$$I_{K.\min}^{(2)}=\frac{\sqrt{3}E_s}{2(Z_{s.\max}+Z_{AB})}=\frac{37\ 000}{2\times(9.4+10)}=954(\text{A})$$

其灵敏系数为

$$K_{sen}=\frac{I_{K.\min}^{(2)}}{I_{op}^{\text{II}}}=\frac{954}{1\ 085}=0.88<1.3$$

由于灵敏系数不满足要求,所以改用与 T1 低压侧母线配合,取 $I_{op}^{\text{II}}=600$ A,重新计算其灵敏系数为

$$K_{sen}=\frac{954}{600}=1.59>1.3$$

其动作时间为

$$t^{\text{II}}=1\text{ s}$$

(3)定时限过电流保护的整定计算。

根据已知条件,流过线路 AB 的最大负荷电流为

$$l_{L.\max}=\frac{9\times 10^3}{\sqrt{3}\times 0.95\times 35\times 0.9}=174(\text{A})$$

其中,系数 0.95 为考虑电压下降 5% 时,输出最大功率。

定时限过电流保护的动作电流为

$$I_{op}^{\mathrm{III}} = \frac{K_{rel}^{\mathrm{III}} K_{ss}}{K_{re}} I_{L.max} = \frac{1.2 \times 1.3}{0.85} \times 174 = 319(\mathrm{A})$$

灵敏系数校验:

①过电流保护作为本线路的近后备时,其灵敏系数为

$$K_{sen} = \frac{I_{K.min}^{(2)}}{I_{op}^{\mathrm{III}}} = \frac{954}{319} = 2.99 > 1.5$$

②过电流保护作为相邻元件的远后备时,其灵敏系数按相邻线路 BC 末端两相短路时流过线路 AB 的最小两相短路电流校验,计算如下

$$I_{K.min}^{(2)} = \frac{\sqrt{3}E_s}{2(Z_{s.max} + Z_{AB} + Z_{BC})} = \frac{37\ 000}{2 \times (9.4 + 10 + 12)} = 589(\mathrm{A})$$

$$K_{sen} = \frac{I_{K.min}^{(2)}}{I_{op}^{\mathrm{III}}} = \frac{589}{319} = 1.85 > 1.2$$

按变压器 T1 低压侧两相短路时流过 AB 的最小两相短路电流校验(保护采用二相三继电器接线)时,定时限过电流保护灵敏度为

$$I_{K.min}^{(3)} = \frac{2}{\sqrt{3}} \times \frac{\sqrt{3}E_s}{2(Z_{s.max} + Z_{AB} + X_{T1})} = \frac{37\ 000}{\sqrt{3} \times (9.4 + 10 + 30)} = 432(\mathrm{A})$$

$$K_{sen} = \frac{I_{K.min}^{(3)}}{I_{op}^{\mathrm{III}}} = \frac{432}{319} = 1.35 > 1.2$$

定时限过电流保护的灵敏系数均满足要求。

其动作时间按阶梯原则确定,即比相邻元件中最大的过电流保护动作时间大一个时间级差 Δt。

3.1.6 阶段式电流电压联锁保护

当系统运行方式变化比较大时,线路电流保护Ⅰ段可能没有保护区,Ⅱ段的灵敏系数难以满足要求。为了在不延长保护动作时限的前提下提高保护的灵敏性,可以采用电流电压联锁速断保护。

在线路上发生短路故障时,母线电压的变化一般比短路电流的变化大,因此按躲开线路末端短路时、保护安装处母线的残压来整定的电压速断保护在保护范围和灵敏性方面比电流速断保护性能要好。但只用电压元件来构成保护,当同一母线引出的其他线路上发生故障及电压互感器二次回路断线时也会动作,因此可以采用电流电压联锁速断保护。其测量元件由电流继电器和电压继电器组成,它们的触点构成"与"门回路输出,即只有当电流继电器和电压继电器的触点同时闭合时,保护才能启动跳闸。保护装置动作的选择性是由电压元件和电流元件相互配合整定得到。与三段式电流保护相似,电流电压联锁保护可分为:

(1)无时限电流电压联锁速断保护;

(2)限时电流电压联锁速断保护;

(3)低电压(复合电压)闭锁的过电流保护。

与电流保护相比,电流电压联锁配合较为复杂,所用元件较多,所以只有当电流保护

灵敏性不能满足要求时，才采用电流电压联锁保护。

3.2　双侧电源输电线路相间短路的方向电流保护

3.2.1　电流保护方向性的提出

在单电源网络中，阶段式电流保护是安装在被保护线路靠近电源的一侧。当网络中任一线路发生短路故障时，短路功率方向都是从母线指向被保护线路，各保护按照选择性的条件协调配合工作，总能保证离故障点最近的保护优先动作跳闸，使停电范围尽量缩小。

随着电力工业的发展和用户对供电可靠性要求的提高，现代电力系统大部分是由很多电源组成的复杂电网，如图 3-15 所示的双电源供电网络。以图 3-15 为例，当在线路 L2 的 K_2 点发生短路故障时，按照选择性的原则，保护 3 和保护 4 动作，将故障线路 L2 断开。故障切除后，母线 A、B 和 C、D 仍可由 A 侧电源和 D 侧电源供电。在双电源网络中，采用简单阶段式电流保护不能满足保护动作选择性的要求。

(a)K_1点短路时的电流分布

(b)K_2点短路时的电流分布

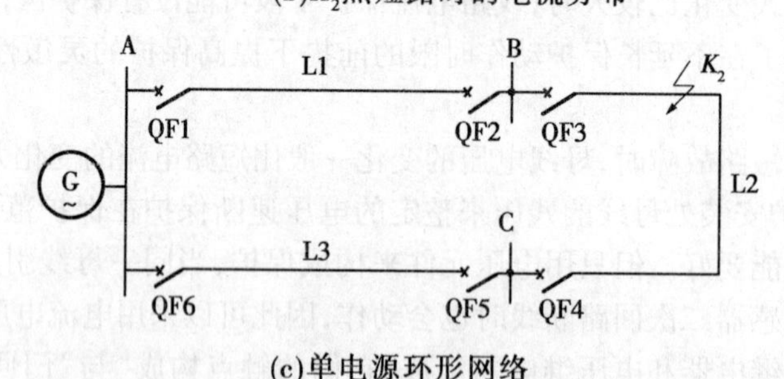

(c)单电源环形网络

图 3-15　双侧电源辐射形网络及保护动作方向的规定

由于网络两侧均有电源，所以在每条线路两侧均装设断路器及保护装置。设保护 1 ~ 6均为阶段式电流保护，若线路 L2 上 K_2 点短路电流分别从 L2 的两侧流向短路点，根据选择性的要求，应当是保护 3、保护 4 动作，切除故障。对于无时限电流速断保护，由于它没有方向性，只要短路电流大于其动作电流，就可能动作。因此，为了保证选择性，保护 1 的无时限电流速断动作电流应大于正向 B 母线短路时流过保护安装处的最大短路电流，同时也要大于反向 A 母线短路时流过无时限电流速断保护 1 最大短路电流。如果 A 母线短路电流大于 B 母线短路时的短路电流，显然，动作电流应按躲过 A 母线短路最大短路电流条件整定，才能保证保护选择性。很显然，这势必降低了保护的灵敏度，若按 B 母线短路电流整定，保护又会发生误动作。

对于过电流保护，若不采取措施，同样会发生无选择性误动作。在图 3-15 中，对 B 母线两侧的保护 2 和保护 3 而言，当 K_1 点短路时，为了保证选择性，要求 $t_2 < t_3$；而当 K_2 点短路时，又要求 $t_3 < t_2$。显然，这两个要求是相互矛盾的。分析位于其他母线两侧的保护，也可以得出同样的结果。这说明过电流保护在这种电网中无法满足选择性的要求。

从以上分析可见，为防止保护误动，第Ⅰ段电流保护的动作值不仅要躲过本线路末端短路时流过保护的最大短路电流，而且还要躲过背后故障（反方向短路）时流过保护的最大短路电流；第Ⅲ段定时限过电流保护的动作时间无法配合。

这也说明在图 3-15 所示的双电源供电网络和单侧电源环形网络中，采用阶段式电流保护方式时，在选择性方面无法满足要求。

为了解决上述问题，必须进一步分析在双侧电源供电线路上发生短路时电气量变化的特点，由此来提出新的保护方式。

由图 3-15(a) 中 K_1 点短路电流分布可见，通过保护 1、保护 2 的短路功率方向是由母线指向线路，而通过保护 3、保护 5 的短路功率方向是由线路指向母线。

由图 3-15(b) 中 K_2 短路电流可见，通过保护 1、保护 3 短路功率的方向是由母线指向线路，而通过保护 2 短路功率的方向是由线路指向母线。

无论是 K_1 点还是 K_2 点短路，使保护动作具有选择的短路功率的方向总是由母线指向线路，不具有选择性的保护短路功率的方向总是由线路指向母线。因此，可利用不同的短路功率方向构成具有选择性动作的保护方式。具体地说，就是在简单的电流保护装置中增加一个判别短路功率方向的元件，其触点与电流继电器触点组成“与”门回路启动时间继电器或中间继电器，该功率方向判别元件称为功率方向继电器。增加了功率方向继电器后，继电保护的动作便具有一定的方向性，这种保护装置称为方向电流保护。

3.2.2 方向过电流保护的工作原理

在过电流保护的基础上加装一个方向元件，就构成了方向过电流保护。下面以图 3-16 所示双侧电源辐射形电网为例，说明方向过电流保护的工作原理。

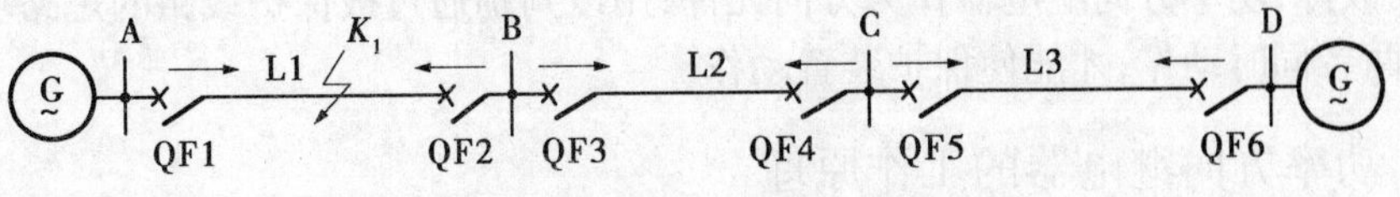

图 3-16 方向过电流保护工作原理

在图 3-16 所示的电网中，各断路器上均装设了方向过电流保护。图中所示的箭头方向即为各保护动作方向。当 K_1 点短路时，通过保护 2 的短路功率方向是从母线指向线路，符合规定的动作方向，保护 2 正确动作；而通过保护 3 的短路功率方向由线路指向母线，与规定的动作方向相反，保护 3 不动作。因此，保护 3 的动作时限不需要与保护 2 配合。同理，保护4和保护5的动作时限也不需要配合。而当 K_1 点短路时，通过保护4的短路功率的方向与保护2相同，与规定动作方向相同。为了保证选择性，保护4要与保护2的动作时限配合，这样，可将电网中各保护按其动作方向分为两组单电源网络，A侧电源、保护1、3、5为一组；D侧电源、保护2、4、6为一组。对各电源供电的网络，其过电流保护的动作时限仍按阶梯形原则进行配合，即A侧电源供电网络中，$t_1 > t_3 > t_5$；D侧电源供电网络中，$t_6 > t_4 > t_2$。

方向过电流保护单相原理接线如图3-17所示。它主要由启动元件（电流继电器KA）、方向元件（功率方向继电器KP）、时间元件（时间继电器KT）、信号元件（信号继电器KS）构成。其中，启动元件反映是否在保护区内发生短路故障，时间元件保证保护动作的选择性，信号元件用于记录故障，而方向元件则是用来判断短路功率方向的。由于在正常运行时，通过保护的功率也可能从母线指向线路，保护装置中的方向元件也可能动作，故在接线中，必须将电流继电器KA和功率方向继电器KP一起配合使用，将它们的触点串联后，再接入时间继电器KT的线圈。只有当正方向保护范围内故障时，电流继电器KA和功率方向继电器KP都动作时，整套保护才动作。

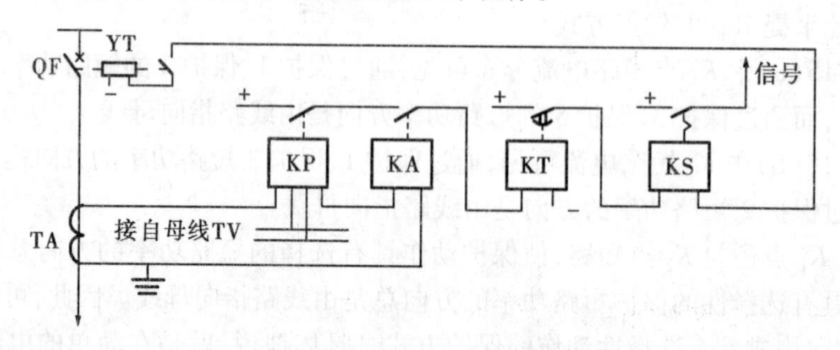

图3-17　方向过电流保护单相原理接线

需要指出的是，在双侧电源辐射形电网中，并不是所有的过电流保护都要装设功率方向元件才能保证选择性。一般来说，接入同一变电所母线上的双侧电源线路的过电流保护，动作时限长者可不装设方向元件，而动作时限短者和相等者则必须装方向元件。

由于在运行时，通过保护的负荷功率也可能从母线指向线路，保护中的功率方向元件也可能动作，所以在实际应用中，必须把电流继电器和功率方向继电器的触点串联后，再接入时间继电器的线圈回路。电流继电器是保护装置的启动元件，用以判别线路是否发生了短路故障；功率方向继电器作为方向元件，用以判别通过被保护线路的短路功率的方向，只有两者同时动作，才能使保护装置动作。

3.2.3　功率方向继电器的工作原理

功率方向继电器的作用是判别短路功率的方向，正方向故障，短路功率从母线流向线路时动作；反方向故障，短路功率从线路流向母线时不动作。

以图3-18（a）所示的网络接线来分析功率方向继电器的工作原理，若规定流过保护的电流由母线指向线路为正，当保护3的正方向 K_1 点短路时，流过保护3的短路 $\dot{I}_{K1}$ 的方向与规定的正方向一致，由于输电线路的短路阻抗呈感性，这时，接入功率方向继电器的

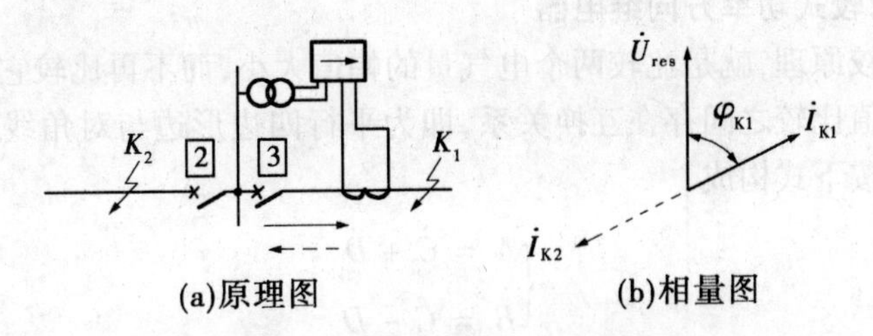

图 3-18　功率方向继电器的原理

一次短路电流 $\dot{I}_{K1}$ 滞后母线残余电压 $\dot{U}_{res}$ 的角度 φ_{K1} 为 0°~90°，以母线上的残压 $\dot{U}_{res}$ 为参考量，其相量图如图 3-18(b)所示，显然，通过保护 3 的短路功率为 $P_{K1}=U_{res}I_{K1}\cos\varphi_{K1}>0$；当反方向 K_2 点短路时，通过保护 3 的短路电流 $\dot{I}_{K2}$ 从线路指向母线，如果仍以母线上的残压 $\dot{U}_{res}$ 为参考量，则 $\dot{I}_{K2}$ 滞后 $\dot{U}_{res}$ 的角度 φ_{K2} 为 180°~270°，其相量图如图 3-18(b)所示，通过保护 3 的短路功率为 $P_{K2}=U_{res}I_{K2}\cos\varphi_{K2}=-U_{res}I_{K2}\cos\varphi_{K1}<0$。功率方向继电器可以做成当 $P_K>0$ 时动作，当 $P_K<0$ 时不动作，从而实现其方向性。

3.2.3.1　相位比较式功率方向继电器

功率方向继电器的工作原理，实质上就是判断母线电压和流入线路电流之间的相位角是否在 90°~-90°范围内。常用的表达式为

$$-90°\leqslant\arg\frac{\dot{U}_r}{\dot{I}_r}\leqslant 90° \tag{3-18}$$

式中　$\dot{U}_r$——加入功率方向继电器的电压；

$\dot{I}_r$——加入功率方向继电器的电流。

构成功率方向继电器，既可直接比较 $\dot{U}_r$ 和 $\dot{I}_r$ 间的夹角，也可间接比较电压 $\dot{C}$、$\dot{D}$ 之间的相角。

$$\dot{C}=\dot{K}_{uv}\dot{U}_r \tag{3-19}$$

$$\dot{D}=\dot{K}_{ur}\dot{I}_r \tag{3-20}$$

式中　$\dot{K}_{uv}$、$\dot{K}_{ur}$——变换系数，取决于继电器内部结构与参数。

$$-90°\leqslant\arg\frac{\dot{C}}{\dot{D}}\leqslant 90° \tag{3-21}$$

$$-90°-\alpha\leqslant\arg\frac{\dot{U}_r}{\dot{I}_r}\leqslant 90°-\alpha \tag{3-22}$$

式中　α——功率方向继电器内角，$\alpha=\arg\frac{\dot{K}_{uv}}{\dot{K}_{ur}}$。

功率方向继电器动作范围见图 3-19。

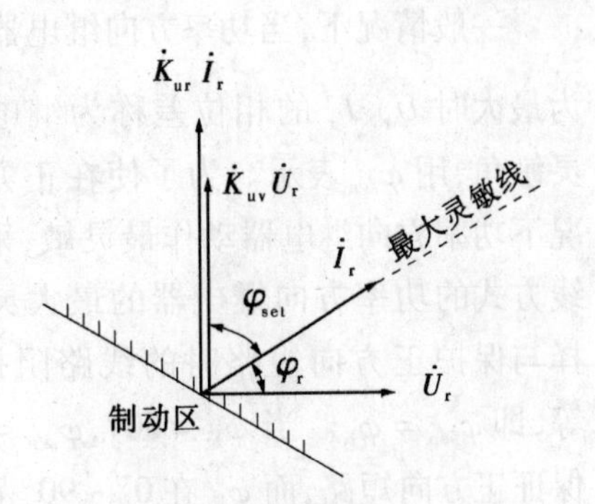

图 3-19　相间短路保护功率方向继电器的动作区

3.2.3.2 **幅值比较式功率方向继电器**

所谓幅值比较原理,就是比较两个电气量的幅值大小,而不再比较它们的相位关系,相位比较和绝对值比较之间存在互换关系,即为平行四边形边与对角线关系。比较幅值的两个电气量可按下式构成

$$\begin{cases}\dot{A} = \dot{C} + \dot{D} \\ \dot{B} = \dot{C} - \dot{D}\end{cases} \tag{3-23}$$

可以分析,当$|\dot{A}| > |\dot{B}|$时继电器动作,$|\dot{A}| < |\dot{B}|$继电器不动作。

3.2.4 功率方向继电器接线

所谓功率方向继电器的接线方式,是指在三相系统中继电器电压与电流的接入方式。即接入点电器的电压 $\dot{U}_r$ 和电流 $\dot{I}_r$ 的组合方式。对接线方式的要求是:

(1)应能正确反映故障的方向。即正方向短路时,继电器动作,反方向短路时应不动作。

(2)正方向故障时,加入继电器的电压电流尽量大,并尽可能使 $\dot{U}_r$ 和 $\dot{I}_r$ 之间的夹角 φ_r 尽量地接近最大灵敏角。

为了满足上述要求,在相间短路保护中,广泛采用 90°接线方式,如表 3-2 和图 3-20 所示。

表 3-2 功率方向继电器接入的电流与电压

功率方向继电器	电流 $\dot{I}_r$	电压 $\dot{U}_r$
KP1	$\dot{I}_A$	$\dot{U}_{BC}$
KP2	$\dot{I}_B$	$\dot{U}_{CA}$
KP3	$\dot{I}_C$	$\dot{U}_{AB}$

所谓90°接线方式,是指系统三相对称,且功率因数 $\cos\varphi = 1$ 的情况下,加入继电器的电流 $\dot{I}_r$ 超前电压 $\dot{U}_r$ 为 90°的接线方式。

一般情况下,当功率方向继电器的输入电压和电流的幅值不变时,使功率继电器输出为最大时 $\dot{U}_r$、$\dot{I}_r$ 的相位差称为继电器的最大灵敏角,用 φ_{sen} 表示。为了使在正方向短路情况下功率方向继电器动作最灵敏,采用上述接线方式的功率方向继电器的最大灵敏角应选择与保护正方向短路时的线路阻抗角 φ_K 相等,即 $\varphi_{sen} = \varphi_K$。当 $\varphi_K = 60°$, $\varphi_{sen} = 60°$,为了保证正方向短路,而 φ_K 在 0°~90°范围内变化时,继电器都能可靠动作,其动作的角度范围通常取为 $\varphi_{sen} \pm 90°$。

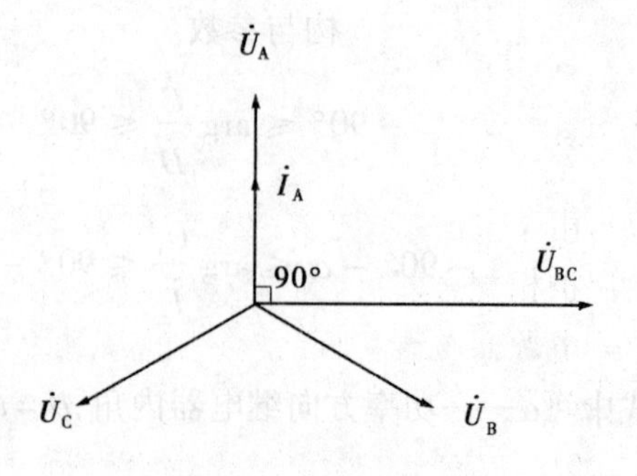

图 3-20 90°接线相量图

为使继电器在正方向短路时动作最灵敏，其内角应选择多大，通过对三相短路和任意两相短路的分析，可得出如下结论：当 $0° < \varphi_K < 90°$ 时，为使功率方向继电器在任何正方向故障时都能够动作，其内角 α 应选择为

$$30° < \alpha < 60° \tag{3-24}$$

通常功率方向继电器的内角为 $\alpha = 45°$ 和 $\alpha = 30°$，以满足上述要求。

3.2.5 非故障相电流的影响与按相启动

功率方向继电器采用90°接线，适当选择内角 α 后，在线路上发生任何正方向短路故障，均能正确动作。但当保护背后发生两相短路时，非故障相功率方向继电器就不能完全保证动作的选择性了。

设图 3-21(a)的 QF2 上装有方向电流保护，采用非按相启动接线，正常运行时的负荷电流 $\dot{I}_L$ 从母线流向线路，功率方向为正，在反向发生两相(如 BC 两相)故障，则故障相短路电流 $\dot{I}_K$ 的方向与负荷电流的方向相反，而非故障相电流依然从母线流向线路。QF2 处的 KP_A 在 $\dot{I}_L$ 作用下动作，KA_C 在 $\dot{I}_K$ 的作用下动作，KP_A 与 KA_C 接通，使保护误动。若采用按相启动，保护就不会误动了，所以方向电流保护必须采用按相启动接线。所谓“按相启动”接线，是指接入同名相电流的电流继电器和功率方向继电器的触点直接串联，分别组成独立的跳闸回路。

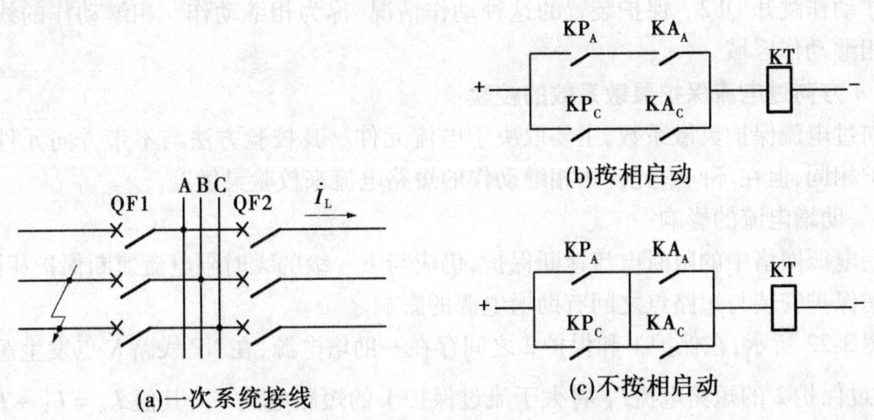

图 3-21 方向过电流保护的启动方式

3.2.6 方向电流保护的整定计算

由于方向电流保护加装了方向元件，因此它不必考虑反方向故障，只需考虑与同方向的保护相配合即可。同方向的阶段式方向电流保护的Ⅰ、Ⅱ、Ⅲ段的整定计算，可分别按单侧电源输电线路相间短路电流保护中所介绍的整定计算方法进行，但应注意以下一些特殊问题。

3.2.6.1 方向过电流保护动作电流的整定

方向过电流保护动作电流可按下列两条件整定：

(1)躲过被保护线路中的最大负荷电流。值得注意的是,在单侧电源环形电网中,不仅要考虑闭环时线路的最大负荷电流,还要考虑开环时负荷电流的突然增加。

(2)同方向的保护,它们的灵敏度应相互配合,即同方向保护的动作电流应从据电源远的保护开始,向着电源逐级增大。以图 3-15(b)中的保护 1、3、5 为例,即当在 K_2 点发生短路故障时,如果短路电流 I_K 介于 $I_{op1}^{Ⅲ}$ 和 $I_{op3}^{Ⅲ}$ 之间,即 $I_{op1}^{Ⅲ} < I_K < I_{op3}^{Ⅲ}$,保护 1 将发生误动。为了避免误动,则同方向保护的动作电流应满足

$$I_{op1}^{Ⅲ} > I_{op3}^{Ⅲ} > I_{op5}^{Ⅲ} \tag{3-25}$$

$$I_{op6}^{Ⅲ} > I_{op4}^{Ⅲ} > I_{op2}^{Ⅲ} \tag{3-26}$$

以保护 4 为例,其动作电流为

$$I_{op4}^{Ⅲ} = K_c I_{op2}^{Ⅲ} \tag{3-27}$$

式中 K_c——配合系数,一般取 1.1。

同方向保护应取上述结果中最大者作为方向过流保护的动作电流整定值。

3.2.6.2 **保护的相继动作**

在如图 3-15(c)所示的单电源环形网络中,当靠近变电所 A 母线近处短路时,由于短路电流在环网中的分配是与线路的阻抗成反比,所以由电源经 QF1 流向短路点的短路电流很大,而由电源经过环网流过保护 2 的短路电流几乎为零。因此,在短路刚开始时,保护 2 不能动作,只有保护 1 动作跳开 QF1 后,电网开环运行,通过保护 2 的短路电流增大,保护 2 才动作跳开 QF2。保护装置的这种动作情况,称为相继动作。相继动作的线路长度称为相继动作区域。

3.2.6.3 **方向过电流保护灵敏系数的校验**

方向过电流保护灵敏系数,主要取决于电流元件。其校验方法与不带方向元件的过电流保护相同,但在环网中允许用相继动作的短路电流来校验灵敏度。

3.2.6.4 **助增电流的影响**

双侧电源网络中的限时电流速断保护,仍应与下一级的无时限电流速断保护相配合,但需考虑保护安装与短路点之间有助增电源的影响。

如图 3-22 所示,在保护 1 和保护 2 之间存在一助增电源,在 NP 线路 K 点发生短路故障时,流过保护 2 的短路电流 $\dot{I}_K$ 将大于流过保护 1 的短路电流 $\dot{I}'_K$,其值 $\dot{I}_K = \dot{I}'_K + \dot{I}''_K$,这种使故障线路电流增大的现象,称为助增。

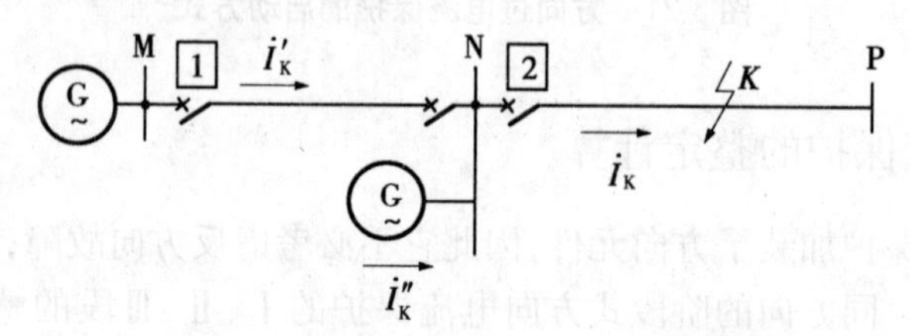

图 3-22 双侧电源辐射形有助增电源网络

若保护 2 无时限电流速断的动作电流为 $I_{op2}^{Ⅰ}$,保护 1 限时电流速断保护的动作电流应整定为

$$I_{\text{op1}}^{\text{II}} = \frac{K_{\text{rel}}^{\text{II}}}{K_{\text{b}}} I_{\text{op2}}^{\text{I}} \tag{3-28}$$

式中　K_b——分支系数,分支系数的定义为

$$K_{\text{b}} = \frac{I_{\text{K}}}{I'_{\text{K}}} \tag{3-29}$$

【例3-2】 在图3-23所示网络中,已知:

(1)线路MN和NP均装有三段式电流保护,其最大负荷电流分别为120 A和100 A,负荷电动机自启动系数均为1.8;

(2)可靠系数 $K_{\text{rel}}^{\text{I}} = 1.25$, $K_{\text{rel}}^{\text{II}} = 1.15$, $K_{\text{rel}}^{\text{III}} = 1.2$,返回系数 $K_{\text{r}} = 0.85$;

(3)电源 E_{M} 的阻抗 $Z_{\text{M1.min}} = 15\ \Omega$, $Z_{\text{M1.max}} = 20\ \Omega$;电源 E_{N} 的阻抗为 $Z_{\text{N.min}} = 20\ \Omega$, $Z_{\text{N.max}} = 25\ \Omega$;线路阻抗为 $Z_1 = 0.4\ \Omega/\text{km}$。

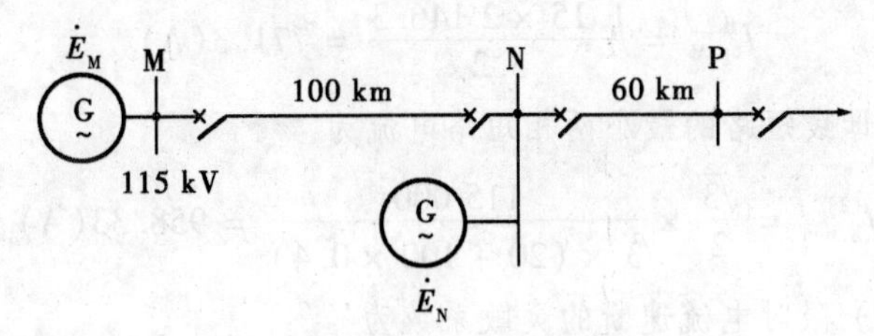

图3-23　网络接线

试计算线路MN(M侧)各段保护的动作电流及灵敏系数。

解:(1)无时限电流速断保护的动作电流及其保护范围的整定。

①电源 E_{M} 在最大运行方式下,N母线三相短路时流过线路MN的最大短路电流为

$$I_{\text{K.max}}^{(3)} = \frac{115 \times 1\,000}{\sqrt{3} \times (15 + 100 \times 0.4)} = 1\,207(\text{A})$$

②电源 E_{N} 在最大运行方式下,M母线三相短路时流过线路MN的最大短路电流为

$$I_{\text{K.max}}^{(3)} = \frac{115 \times 1\,000}{\sqrt{3} \times (20 + 100 \times 0.4)} = 1\,107(\text{A})$$

线路MN(M侧)无时限电流速断保护的动作电流为

$$I_{\text{op.M}}^{\text{I}} = 1.25 \times 1\,207 = 1\,508.8(\text{A})$$

其最大保护范围为

$$l_{\max} = \frac{1}{0.4} \times \left(\frac{115\,000}{\sqrt{3} \times 1\,508.8} - 15\right) = 72.5(\text{km})$$

$$\frac{l_{\max}}{L_{\text{MN}}} \times 100\% = 72.5\% > 50\%\text{,满足要求。}$$

其最小保护范围为

$$l_{\min} = \frac{1}{0.4} \times \left(\frac{115\,000}{2 \times 1\,508.8} - 20\right) = 45.27(\text{km})$$

$$\frac{l_{\min}}{L_{\text{MN}}} \times 100\% = 45.27\% > 20\%\text{,满足要求。}$$

(2)限时电流速断保护的动作电流及灵敏系数的整定。

P 母线短路的最大三相短路电流为

$$I_{\mathrm{K.max}}^{(3)} = \frac{115 \times 1\,000}{\sqrt{3} \times \left[\dfrac{(15 + 0.4 \times 100) \times 20}{(15 + 0.4 \times 100) + 20} + 0.4 \times 60\right]} = 1\,717(\mathrm{A})$$

线路 NP 的无时限速断动作电流为

$$I_{\mathrm{op.NP}}^{\mathrm{I}} = 1.25 \times 1\,717 = 2\,146.3(\mathrm{A})$$

最小分支系数为

$$K_{\mathrm{b.min}} = 1 + \frac{15 + 40}{25} = 3.2$$

线路 MN(M 侧)限时电流速断的动作电流为

$$I_{\mathrm{op.M}}^{\mathrm{II}} = \frac{1.15 \times 2\,146.3}{3.2} = 771.3(\mathrm{A})$$

线路 MN 的 N 母线短路的最小两相短路电流为

$$I_{\mathrm{K.min}}^{(2)} = \frac{\sqrt{3}}{2} \times \frac{115\,000}{\sqrt{3} \times (20 + 100 \times 0.4)} = 958.33(\mathrm{A})$$

线路 MN(M 侧) 限时电流速断的灵敏系数为

$$K_{\mathrm{sen}} = \frac{958.33}{771.3} = 1.24$$

(3)定时限过电流保护的动作电流及灵敏系数的整定。

其动作电流为

$$I_{\mathrm{op.M}}^{\mathrm{III}} = \frac{1.2 \times 1.8}{0.85} \times 120 = 305(\mathrm{A})$$

近后备时的灵敏系数为

$$K_{\mathrm{sen}} = \frac{958.33}{305} = 3.14(\mathrm{A})$$

远后备时的灵敏系数的最大分支系数为

$$K_{\mathrm{b.max}} = 1 + \frac{20 + 40}{20} = 4$$

P 母线两相短路考虑分支系数的影响后,流过线路 MN 的最小短路电流为

$$I_{\mathrm{K.min}}^{(2)} = \frac{\sqrt{3}}{2} \times \frac{115\,000}{\sqrt{3} \times \left[\dfrac{(20 + 0.4 \times 100) \times 20}{(20 + 0.4 \times 100) + 20} + 0.4 \times 60\right]} \times \frac{1}{4} = 368.59(\mathrm{A})$$

灵敏系数为

$$K_{\mathrm{sen}} = \frac{368.59}{305} = 1.21$$

【例 3-3】 单电源环形网络见图 3-24,在各断路器上装有过电流保护,已知时限级差为 0.5 s。为保证动作的选择性,确定各过电流保护的动作时间及哪些保护需要装设方向元件。

解:(1)首先在 1 处开环,如图 3-25 所示:

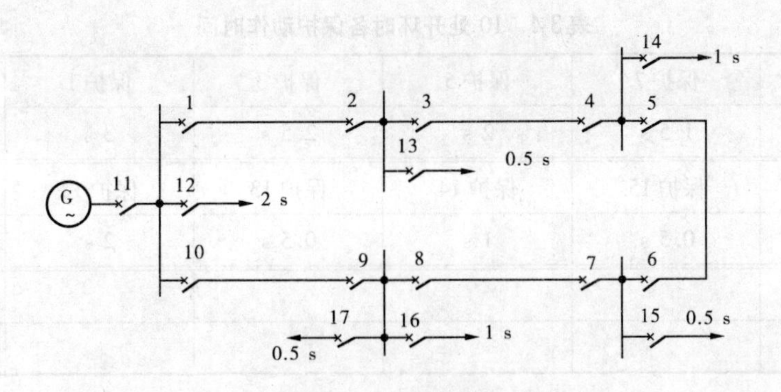

图 3-24 网络接线

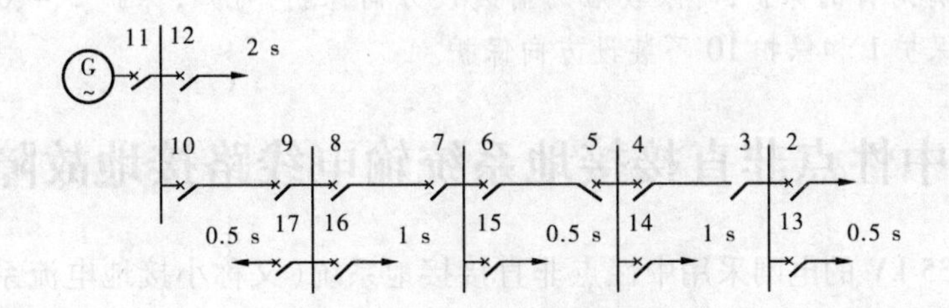

图 3-25 1 处开环的网络接线

这种情况下相当于单侧电源网络,各保护动作时间如表 3-3 所示:

表 3-3 1 处开环时各保护动作时间

保护 2	保护 4	保护 6	保护 8	保护 10	保护 11
0 s	1 s	1.5 s	2 s	2.5 s	3 s
保护 13	保护 14	保护 15	保护 16	保护 12	
0.5 s	1 s	1.5 s	1 s	2 s	
			保护 17		
			0.5 s		

(2)再在 10 处开环,如图 3-26 所示:

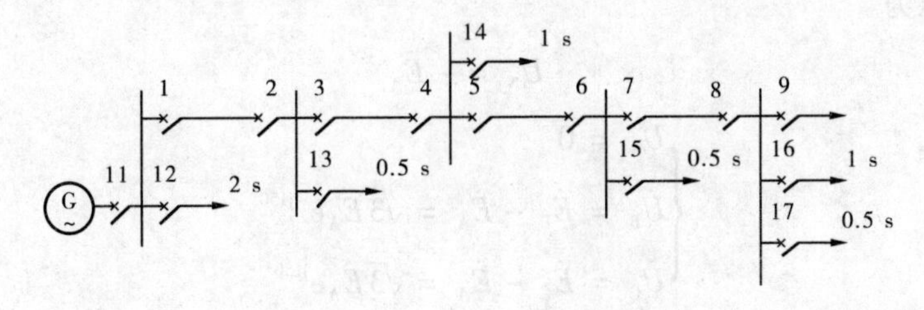

图 3-26 10 处开环的网络接线

各保护动作时间如表 3-4 所示:

表 3-4　10 处开环时各保护动作时间

保护 9	保护 7	保护 5	保护 3	保护 1	保护 11
0 s	1.5 s	2 s	2.5 s	3 s	3.5 s
保护 16	保护 15	保护 14	保护 13	保护 12	
1 s	0.5 s	1 s	0.5 s	2 s	
保护 17					
0.5 s					

(3)比较背对背的保护,时限较短的需装设方向保护,可知,保护 2、4、6、7、9 装设方向保护,注意保护 1 和保护 10 不装设方向保护。

3.3　中性点非直接接地系统输电线路接地故障保护

我国 3 ~ 35 kV 的电网采用中性点非直接接地系统(又称小接地电流系统),中性点非直接接地系统发生单相接地短路时,由于故障点电流很小,而且三相之间的线电压仍然保持对称,对负荷的供电没有影响,因此保护不必立即动作于断路器跳闸,可以继续运行 1 ~2 h。发生金属性单相接地以后,非故障相的对地电压要升高$\sqrt{3}$倍。为了防止故障进一步扩大,要求继电保护装置有选择性地发出信号,以便运行人员采取措施予以消除,当单相接地故障对人身和设备的安全有危险时,则应动作于跳闸。

3.3.1　中性点不接地电网发生单相接地故障时的特点

正常运行情况下,中性点不接地电网三相对地电压是对称的,中性点对地电压为零。由于三相对地的等值电容相同,故在相电压的作用下,各相对地电容电流相等。

图 3-27 为中性点不接地系统,各条线路对地均有对地电容存在,先分别以 C_{0L1}、C_{0L2}、C_{0L3} 等集中电容来表示(略去电源电容)。设线路 L2 上 A 相发生单相金属性接地,如果忽略负荷电流和电容电流在线路阻抗上的电压降,则全系统 A 相对地电压均为零,此时电网中性点的电位不再与地电位相等,B 相和 C 相的对地电压升高了$\sqrt{3}$倍。电网中性点和各相对地电压为

$$\dot{U}_N = -\dot{E}_A$$

$$\begin{cases} \dot{U}_A = 0 \\ \dot{U}_B = \dot{E}_B - \dot{E}_A = \sqrt{3}\dot{E}_A e^{-j150°} \\ \dot{U}_C = \dot{E}_C - \dot{E}_A = \sqrt{3}\dot{E}_A e^{j150°} \end{cases}$$

电网出现零序电压,且电网各处零序电压相等,零序电压为

$$\dot{U}_0 = \frac{1}{3}(\dot{U}_A + \dot{U}_B + \dot{U}_C) = -\dot{E}_A = \dot{U}_N \tag{3-30}$$

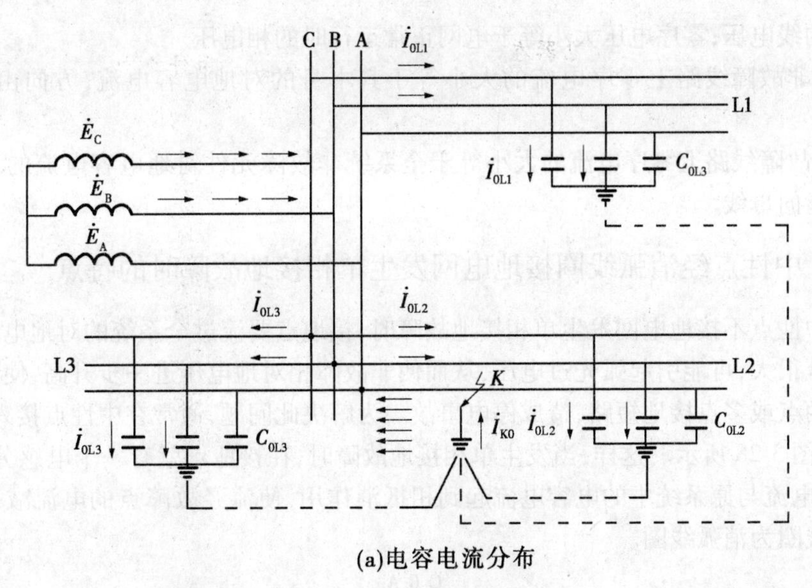

(a)电容电流分布

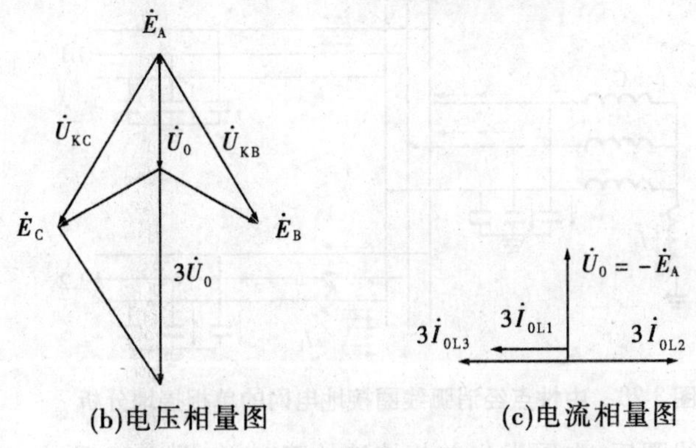

(b)电压相量图　　　　(c)电流相量图

图 3-27　中性点不接地电网的单相接地分析

故障点的零序电流由所有元件对地电容电流形成，$\dot{I}_{K0}$为

$$\dot{I}_{K0} = 3\dot{U}_0(j\omega C_{0L1} + j\omega C_{0L2} + j\omega C_{0L3}) = j3\omega C_{0\Sigma}\dot{U}_0$$

式中　$C_{0\Sigma}$——所有线路每相对地电容总和。

非故障元件保护安装处的零序电流为本身非故障相对地电容电流之和，为

$$3\dot{I}_{0L1} = j3\omega C_{0L1}\dot{U}_0$$

$$3\dot{I}_{0L3} = j3\omega C_{0L3}\dot{U}_0$$

非故障元件零序电流为电容电流，相位超前$\dot{U}_0 90°$，方向皆为母线指向线路。

故障线路 L2 保护安装处的零序电流为

$$3\dot{I}_{0L2} = -j3\omega(C_{0\Sigma} - C_{0L2})\dot{U}_0 \tag{3-31}$$

其方向由线路指向母线，相位上落后$\dot{U}_0 90°$。

根据上述分析的结果可知，中性点不接地电网的单相金属性接地故障具有如下特点：

(1)发生单相金属性接地时，电网各处故障相对地电压为零，非故障相对地电压升高

至电网的线电压;零序电压大小等于电网正常运行时的相电压。

(2)非故障线路上零序电流的大小等于其本身的对地电容电流,方向由母线指向线路。

(3)故障线路上零序电流的大小等于全系统非故障元件对地电容电流的总和,方向由线路指向母线。

3.3.2 中性点经消弧线圈接地电网发生单相接地故障时的特点

在中性点不接地电网发生单相接地故障时,接地点要流过全系统的对地电容电流,如果此电流很大,可能引起弧光过电压,从而使非故障相对地电压进一步升高,使绝缘损坏,发展为两点或多点接地短路,造成停电事故。为解决此问题,通常在中性点接入一个电感线圈,如图 3-28 所示。这样,当发生单相接地故障时,在接地点就有一个电感分量的电流通过,此电流与原系统中的电容电流起到相抵消作用,使流经故障点的电流减小,因此称此电感线圈为消弧线圈。

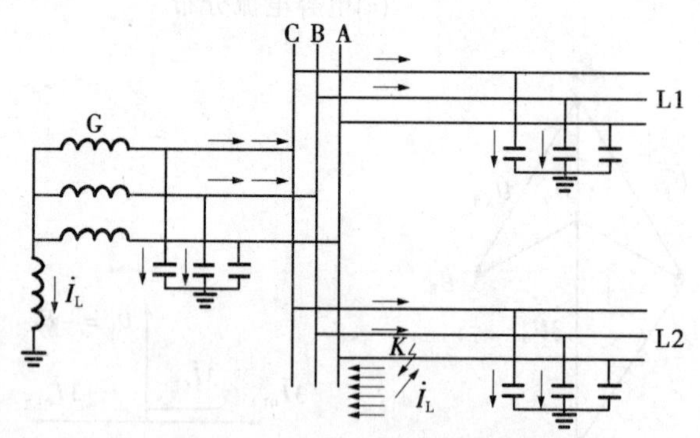

图 3-28 中性点经消弧线圈接地电网的单相接地分析

中性点接入消弧线圈后,电网发生单相接地故障时,如图 3-28 所示,电容电流的分布与不接消弧线圈时是一样的,不同之处是在接地点又增加了一个电感分量的电流 $\dot{I}_L$,因此从接地点流回的总电流为

$$\dot{I}_K = \dot{I}_L + \dot{I}_{0C\Sigma} \tag{3-32}$$

式中 $\dot{I}_L$——消弧线圈的电流;

$\dot{I}_{0C\Sigma}$——全系统的对地电容电流。

由于 $\dot{I}_{0C\Sigma}$ 和 $\dot{I}_L$ 的相位差约 180°,因此 $\dot{I}_K$ 将因消弧线圈的补偿而减小。根据对电容电流补偿程度的不同,消弧线圈的补偿方式可分为完全补偿、欠补偿和过补偿 3 种。

完全补偿就是使 $I_L = I_{0C\Sigma}$,接地点的电流近似为零。从消除故障点的电弧、避免出现弧光过电压的角度看,这种补偿方式是最好的。但完全补偿时要产生串联谐振,当电网正常运行情况下线路三相对地电容不完全相等时,电源中性点对地之间将产生一个电压偏移;此外,当断路器三相触点不同时合闸时,也会出现一个数值很大的零序电压分量,此电压作用于串联谐振回路,回路中将产生很大的电流,该电流在消弧线圈上产生很大的电压降,造成电源中性点对地电压严重升高,设备的绝缘遭到破坏,因此完全补偿方式不可取。

欠补偿就是使 $I_L < I_{0C\Sigma}$，采用这种补偿方式后，接地点的电流仍具有电容性质。当系统运行方式变化时，如某些线路因检修被切除或因短路跳闸，系统电容电流就会减小，有可能出现完全补偿的情况，又引起电源中性点对地电压升高，所以欠补偿方式也不可取。

过补偿就是使 $I_L > I_{0C\Sigma}$，采用这种补偿方式后，接地点的残余电流是电感性的，这时即使系统运行方式变化时，也不会出现串联谐振的现象，因此这种补偿方式得到广泛的应用。

3.3.3 中性点非直接接地系统的接地保护

在中性点非直接接地系统中，其单相接地的保护方式主要有以下几种。

3.3.3.1 无选择性绝缘监视装置

在中性点非直接接地电网中，任一点发生接地短路时，都会出现零序电压。根据这一特点构成的无选择性接地保护，称为绝缘监视装置。绝缘监视装置的原理如图 3-29 所示。电网中任一线路发生单相接地故障时，全系统出现零序电压。当零序电压值大于过电压继电器的启动电压时，继电器动作，发出接地故障信号。但由于该信号不能指明故障线路，所以必须由运行人员依次短时断开每条线路，再由自动重合闸将断开线路合上。当断开某条线路时，零序电压的信号消失，三只电压表指示相同，表明故障在该线路上。

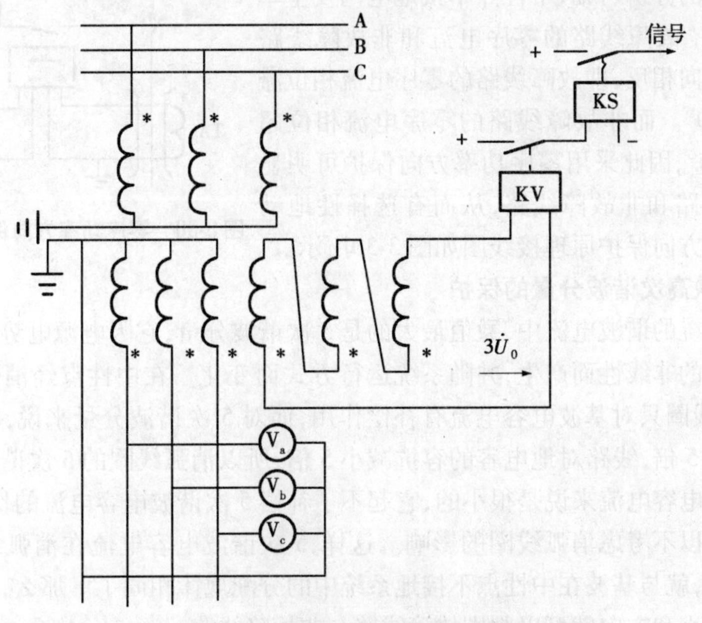

图 3-29 绝缘监视装置原理接线

3.3.3.2 零序电流保护

在中性点不接地电网中发生单相接地短路时，故障线路的零序电流大于非故障线路的零序电流，利用这一特点可构成零序电流保护。尤其在出线较多的电网中，故障线路的零序电流比非故障线路的零序电流大得多，保护动作更灵敏。

由于电网发生单相接地时，非故障线路上的零序电流为其本身的电容电流，为了保证

动作的选择性,零序电流保护的动作电流应大于本线路的电容电流,即

$$I_{op} = K_{rel}3U_p\omega C_{0L} \tag{3-33}$$

式中　U_p——电网正常运行时的相电压;

C_{0L}——被保护线路每相的对地电容;

K_{rel}——可靠系数,对瞬时动作的零序电流保护,取 4 ~ 5,对延时动作的零序电流保护,取 1.5 ~ 2。

保护装置的灵敏度的校验,按在被保护线路上发生单相接地短路时,流过保护的最小零序电流来进行,即

$$K_{sen} = \frac{3U_p\omega(C_{0\Sigma} - C_{0L})}{K_{rel}3U_p\omega C_{0L}} = \frac{C_{0\Sigma} - C_{0L}}{K_{rel}C_{0L}} \tag{3-34}$$

式中　$C_{0\Sigma}$——同一电压等级电网中,各元件每相对地电容之和。

显然,当出线回路数越多,保护灵敏度越高。

3.3.3.3　零序功率方向保护

在出线回路数较少的中性点不直接接地电网中,发生单相接地故障时,故障线路的零序电流与非故障线路的零序电流相关不大,因而采用零序电流保护往往不能满足灵敏度的要求。这时可以考虑采用零序功率方向保护。

根据前面的分析可知,中性点不接地电网发生单相接地故障时,故障线路的零序电流和非故障线路的零序电流方向相反,即故障线路的零序电流相位滞后零序电压 90°。而非故障线路的零序电流相位超前零序电压 90°,因此采用零序功率方向保护可明显地区分故障线路和非故障线路,从而有选择性地动作。零序功率方向保护原理接线图如图 3-30所示。

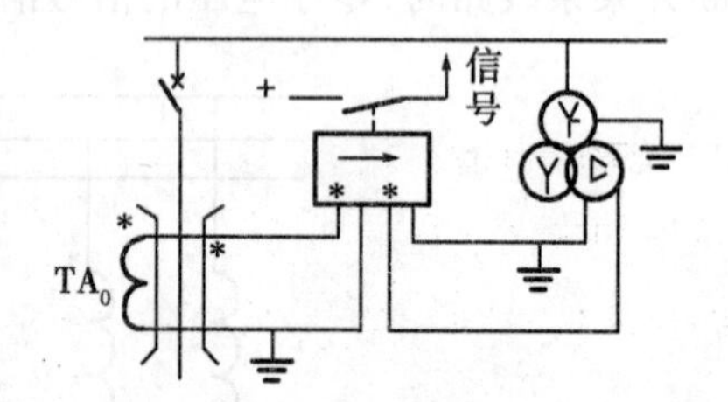

图 3-30　零序功率方向保护原理接线图

3.3.3.4　反映高次谐波分量的保护

在电力系统的谐波电流中,数值最大的是 5 次谐波分量,它因电源电势中存在高次谐波分量和负荷的非线性而产生,并随系统运行方式而变化。在中性点经消弧线圈接地的电网中,消弧线圈只对基波电容电流有补偿作用,而对 5 次谐波分量来说,消弧线圈所呈现的感抗增加 5 倍,线路对地电容的容抗减小 5 倍,所以消弧线圈的 5 次谐波电感电流相对于 5 次谐波电容电流来说是很小的,它起不了补偿 5 次谐波电容电流的作用,故在 5 次谐波分量中可以不考虑消弧线圈的影响。这样,5 次谐波电容电流在消弧线圈接地系统中的分配规律,就与基波在中性点不接地系统中的分配规律相同了。那么,根据 5 次谐波零序电流的大小和方向就可以判别故障线路与非故障线路。

3.4　中性点直接接地系统输电线路接地故障保护

在中性点直接接地电网中发生单相接地短路时,故障相流过很大的短路电流,所以这种系统又称为大接地电流系统。在这种系统中发生单相接地短路时,要求继电保护尽快动作切除故障,所以中性点直接接地系统广泛应用反映零序分量的接地保护。

3.4.1　中性点直接接地系统接地故障时零序分量的特点

在电力系统中发生单相接地短路时，如图 3-31(a)所示，可以利用对称分量的方法将电流和电压分解为正序、负序和零序分量，并可利用复合序网来表示它们之间的关系。短路计算的零序等效网络如图 3-31(b)所示。

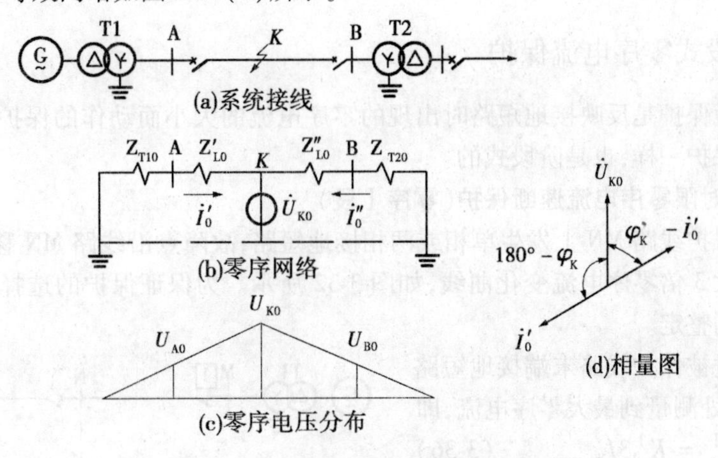

图 3-31　接地短路时的零序等效网络

零序电流可以看成是在故障点出现一个零序电压 $\dot{U}_{K0}$ 而产生的，它必须经过变压器接地的中性点构成回路。对零序电流的正方向，仍然采用流向故障点为正，而对零序电压的正方向，线路高于大地为正。由上述等效网络可见，零序分量具有如下特点：

(1)系统中任意一点发生接地短路时，都将出现零序电流和零序电压，在非全相运行或断路器三相触点不同时合闸时，系统中也会出现零序分量；而系统在正常运行、过负荷，振荡和不伴随接地短路的相间短路时，不会出现零序分量。

(2)故障点的零序电压最高，离故障点越远，零序电压越低，而变压器中性点零序电压为零。零序电压的分布如图 3-31(c)所示，图中 U_{A0}、U_{B0} 分别为变电所 A 母线和变电所 B 母线的零序电压。

(3)由于零序电流是由 $\dot{U}_{K0}$ 产生的，当忽略回路的电阻时，按照规定的正方向画出零序电流和零序电压的相量图，计及回路电阻时的相量图如图 3-31(d)所示。

(4)零序电流的大小和分布情况，主要取决于系统中的输电线路零序阻抗、中性点接地的变压器的零序阻抗以及中性点接地的变压器的数量和分布，而与电源数量和分布无直接关系。但当系统运行方式改变时，若线路和中性点接地的变压器数量分布不变，零序阻抗和零序网络就保持不变。由于系统的正序阻抗和负序阻抗随系统运行方式的改变而改变，这将引起故障点各序电压($\dot{U}_{K1}$、$\dot{U}_{K2}$、$\dot{U}_{K0}$)之间分布的改变，从而间接影响到零序电流的大小。

(5)保护安装处的零序电压和零序电流之间的关系，取决于保护背后的零序阻抗，与被保护线路的零序阻抗及故障点的位置无关。母线 A 上的零序电压 $\dot{U}_{A0}$ 实际上是从该点到零序网络中性点之间零序阻抗上的电压降，即

$$\dot{U}_{A0} = -\dot{I}'_0 Z_{T10} \quad (3\text{-}35)$$

式中　Z_{T10}——变压器 T1 的零序阻抗。

保护安装处的零序电流与零序电压之间的相位差将由 Z_{T10} 的阻抗角决定。

(6)在故障线路上,零序功率的方向是由线路指向母线的,与正序功率的方向(从母线指向线路)相反。

3.4.2　阶段式零序电流保护

零序电流保护是反映接地短路时出现的零序电流的大小而动作的保护装置,与相间短路的电流保护一样,也是阶段式的。

3.4.2.1　无时限零序电流速断保护(零序Ⅰ段)

当在被保护线路 MN 上发生单相或两相接地短路,故障点沿线路 MN 移动时,保护 1 测量到的最大 3 倍零序电流变化曲线,如图 3-32 所示。为保证保护的选择性,其动作电流按下述原则整定。

(1)躲过被保护线路末端接地短路时,保护安装处测量到最大零序电流,即

$$I_{op}^{I} = K_{rel}^{I} 3I_{N0.max} \quad (3\text{-}36)$$

式中　K_{rel}^{I}——可靠系数,取 1.2~1.3;

$3I_{N0.max}$——N 母线接地短路故障时保护安装处测量到的最大零序电流。

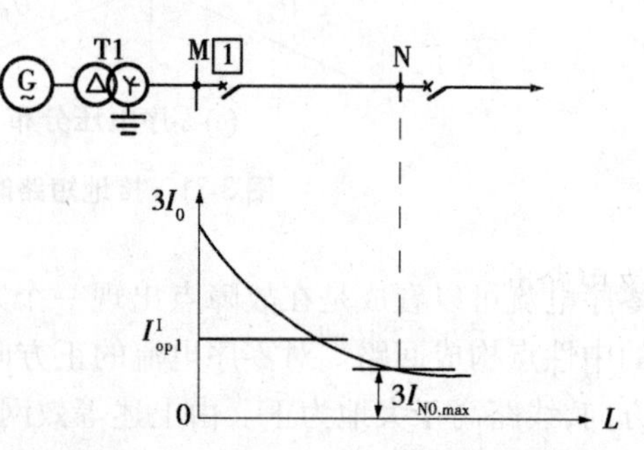

图 3-32　零序Ⅰ段动作电流的分析图

若网络的正序阻抗等于负序阻抗,即 $Z_1 = Z_2$,则单相接地短路零序电流 $3I_0^{(1)}$ 和两相接地短路零序电流 $3I_0^{(1.1)}$ 分别为

$$3I_0^{(1)} = \frac{3E_1}{2Z_{\Sigma1} + Z_{\Sigma0}} \quad (3\text{-}37)$$

$$3I_0^{(1.1)} = \frac{3E_1}{Z_{\Sigma1} + 2Z_{\Sigma0}} \quad (3\text{-}38)$$

当 $Z_{\Sigma0} > Z_{\Sigma1}$ 时,$3I_0^{(1)} > 3I_0^{(1.1)}$,保护动作按单相接地短路时的零序电流来整定;当 $Z_{\Sigma0} < Z_{\Sigma1}$ 时,$3I_0^{(1)} < 3I_0^{(1.1)}$,保护按两相接地短路时的零序电流来整定。

(2)躲过断路器三相触点不同时合闸所引起的最大零序电流 $3I_{0.ust}$,即

$$I_{op}^{I} = K_{rel}^{I} 3I_{0.ust} \quad (3\text{-}39)$$

式中　K_{rel}^{I}——可靠系数,一般取 1.1~1.2;

$3I_{0.ust}$——三相触点不同时合闸时,出现的最大零序电流。

$I_{0.ust}$ 的计算可按一相断线或两相断线的公式计算,若保护动作时间大于断路器三相不同期时间(快速开关),本条件可不考虑。

(3)在 220 kV 及以上电压等级的电网中,当采用单相或综合重合闸时,会出现非全相运行状态,若此时系统又发生振荡,将产生很大的零序电流。按原则(1)、(2)来整定的零序Ⅰ段可能误动作。如果使零序Ⅰ段的动作电流按躲开非全相运行系统振荡的零序电

流来整定，则整定值高，正常情况下发生接地故障时保护范围缩小。

为解决这个问题，通常设置两个零序Ⅰ段保护。一个是按整定原则(1)、(2)整定，由于其定值较小，保护范围较大，称为灵敏Ⅰ段，它用来保护在全相运行状态下出现的接地故障。在单相重合闸时，将灵敏零序Ⅰ段自动闭锁。按躲开非全相振荡的零序电流整定，其定值较大，灵敏系数较低，称为不灵敏Ⅰ段，用来保护在非全相运行状态下的接地故障。灵敏的零序Ⅰ段，其灵敏系数按保护范围的长度来校验，要求最小保护范围不小于线路全长的15%。

3.4.2.2 零序电流限时速断保护(零序Ⅱ段)

1. 动作电流的整定

零序Ⅱ段的工作原理与相间短路限时电流速断保护一样，其动作电流首先考虑与下一条线路的零序速断相配合，并带有 Δt 的延时，以保证动作的选择性。零序Ⅱ段的动作电流可按下式整定

$$I_{op1}^{\mathrm{II}} = K_{rel}^{\mathrm{II}} I_{op2}^{\mathrm{I}} \tag{3-40}$$

式中 I_{op1}^{II}——保护1的零序Ⅱ段的动作电流；

I_{op2}^{I}——与保护1相邻的保护2的零序Ⅰ段的动作电流；

K_{rel}^{II}——可靠系数，取1.1。

当两个保护之间的变电所母线上有中性点接地的变压器时，如图3-33所示，由于这一分支电路的影响，使零序电流的分布发生了变化。曲线1为在不同地点发生接地短路故障时，保护1测量到的最大零序电流，曲线2为在BC线路上不同地点发生接地短路故障时，保护2测量到最大零序电流。当线路BC上发生接地短路时，流过保护1和保护2的零序电流分别为 $\dot{I}'_{K0}$ 和 $\dot{I}_{K0\Sigma}$，两者之差就是从变压器T2的中性点流回的电流 $\dot{I}_{K0.T2}$。

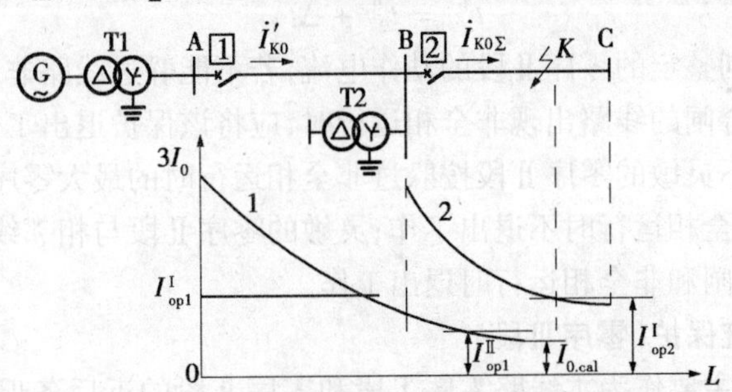

图3-33 有分支电路时，零序Ⅱ段的动作特性

显然，这种情况与有助增电流的情况相同，引入零序电流的分支系数 K_b 之后，零序Ⅱ段的动作电流应整定为

$$I_{op1}^{\mathrm{II}} = \frac{K_{rel}^{\mathrm{II}}}{K_b} I_{op2}^{\mathrm{I}} \tag{3-41}$$

当变压器切除或中性点改为不接地运行时，该支路从零序等效网络中断开，此时 $K_b = 1$。

2. 灵敏系数的校验

零序Ⅱ段的灵敏系数,应按照本线路末端接地短路时的保护 1 测量到最小零序电流校验,并应满足 $K_{sen} \geqslant 1.5$ 的要求,即

$$K_{sen} = \frac{3I_{0.min}}{I_{op1}^{\mathrm{II}}} \geqslant 1.5 \tag{3-42}$$

式中 $3I_{0.min}$——本线路末端接地短路保护安装处测量到最小零序电流。

当下一线路比较短或运行方式变化较大时,灵敏系数可能不满足要求,可考虑采用如下措施:

(1)本线路零序Ⅱ段保护与下一条线路的零序Ⅱ段相配合,动作时限也应与限时零序电流速断配合。此时,其动作电流的整定公式为

$$I_{op1}^{\mathrm{II}} = \frac{K_{rel}^{\mathrm{II}}}{K_b} I_{op2}^{\mathrm{II}} \tag{3-43}$$

式中 I_{op2}^{II}——相邻线路保护 2 的零序Ⅱ段的动作电流。

(2)保留 0.5 s 的零序Ⅱ段,同时再增加一个按式(3-42)整定的保护。这样,保护装置中便具有两个定值和时限均不相同的零序Ⅱ段,一个定值较大,能在正常运行方式或最大运行方式下,以较短的延时切除本线路所发生的接地故障;另一个则具有较长的延时,它能保证在系统最小运行方式下线路末端发生接地短路时,具有足够的灵敏度。

3. 动作时间的整定

(1)当零序Ⅱ段的定值按与相邻线路零序Ⅰ段配合时,其动作时限一般取 0.5 s。

(2)当零序Ⅱ段的定值与相邻线路的零序Ⅱ段配合时,其动作时限应比相邻线路Ⅱ段的动作高出一个阶梯时限,即

$$t_1^{\mathrm{II}} = t_2^{\mathrm{II}} + \Delta t \tag{3-44}$$

此外,按上述原则整定的零序Ⅱ段的动作电流,若不能躲过线路非全相运行时的零序电流,则在有综合重合闸的线路出现非全相运行时,应将该保护退出工作。或者装设两个零序Ⅱ段保护,其中不灵敏的零序Ⅱ段按躲过非全相运行时的最大零序电流整定,在线路单相自动重合闸和非全相运行时不退出工作;灵敏的零序Ⅱ段与相邻线路零序保护配合,在线路进行单相重合闸和非全相运行时退出工作。

3.4.2.3 零序过电流保护(零序Ⅲ段)

零序过电流保护主要作为本线路零序Ⅰ段和零序Ⅱ段的近后备保护和相邻线路、母线、变压器接地短路的远后备保护,在中性点直接接地电网的终端线路上,也可以作为接地短路的主保护。

1. 动作电流的整定

(1)躲过相邻线路始端三相短路时出现的最大不平衡电流,即

$$I_{op}^{\mathrm{III}} = K_{rel}^{\mathrm{III}} I_{unb.max} \tag{3-45}$$

式中 K_{rel}^{III}——可靠系数,取 1.2~1.3;

$I_{unb.max}$——相邻线路始端三相短路时,零序电流滤过器中出现的最大不平衡电流。

(2)与相邻线路零序Ⅲ段保护进行灵敏度配合,以保证动作的选择性,即本线路的零序Ⅲ段的保护范围不能超过相邻线路零序Ⅲ段的保护范围。因此,零序Ⅲ段的动作电流

必须进行逐级配合，如图 3-33 所示，保护 1 的零序Ⅲ段的动作电流整定必须与保护 2 的零序Ⅲ段配合，当两个保护之间有分支电路时，保护 1 的动作电流应整定为

$$I_{op1}^{Ⅲ} = \frac{K_{rel}^{Ⅲ}}{K_b} I_{op2}^{Ⅲ} \tag{3-46}$$

式中 $K_{rel}^{Ⅲ}$——可靠系数，取 1.1～1.2；

K_b——分支系数；

$I_{op2}^{Ⅲ}$——相邻线路保护 2 的零序Ⅲ段的动作电流。

2. 灵敏系数的校验

零序过电流保护的灵敏度的校验按式(3-47)进行

$$K_{sen} = \frac{3I_{0.min}}{I_{op1}^{Ⅲ}} \tag{3-47}$$

式中 $3I_{0.min}$——灵敏度校验点发生接地短路时，流过保护的最小零序电流。

当保护作为本线路的近后备时，校验点在本线路的末端，要求灵敏系数 $K_{sen} \geqslant 1.3 \sim 1.5$；当保护作相邻元件的远后备时，校验点在相邻线路的末端，要求灵敏系数 $K_{sen} \geqslant 1.2$。

3. 动作时间的整定

按上述原则整定的零序过电流保护，其动作电流一般都比较小，因此当本电压等级网络内发生接地短路时，凡零序电流流过的各个保护，都可能启动。为了保证动作的选择性，其动作时限应按阶梯原则选择，如图 3-34 所示。

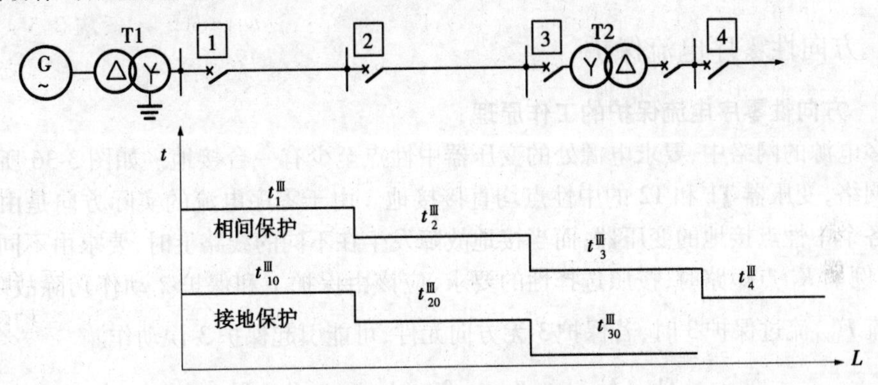

图 3-34 零序¢ 的时限特性

安装在受端变压器 T2 上的零序过电流保护 3 可以是瞬时动作的，因为在 Y，d 接线的变压器低压侧的任何故障都不能在高压侧引起零序电流，因此就无需考虑和保护 4 的配合关系。按照选择性的要求，保护 2 应比保护 3 高出一个时间阶段 Δt，保护 1 又应比保护 2 高出一个时间阶段 Δt。但是，对于相间短路保护而言，当相间短路无论发生在变压器 T2 的 Y 侧还是△侧，短路电流都是从电源流向故障点，所经过的保护相间Ⅲ段都可能启动，因此相间过电流保护的动作时限必须从离电源最远的保护 4 开始，按阶梯原则逐级配合。

为了便于比较，在图 3-34 中同时绘出了零序过电流保护和相间短路过电流保护的时限特性。显然，在同一线路上的零序过电流保护的动作时限要小于相间短路过电流保护

的动作时限,这也是零序Ⅲ段的一个优点。

3.4.3 三段式零序电流保护的原理接线

三段式零序电流保护的原理接线如图 3-35 所示。图中无时限零序电流速断的电流继电器 KA1、零序电流限时速断的电流继电器 KA2 和零序过电流保护的电流继电器 KA3 的电流线圈接入零序电流过滤器回路。零序Ⅰ段的电流继电器 KA1 动作之后经信号继电器 KS1、中间继电器 KCO 启动断路器的跳闸回路。KT1 和 KT2 分别为Ⅱ段和Ⅲ段的时间继电器,KS2 和 KS3 为Ⅱ段和Ⅲ段信号继电器。

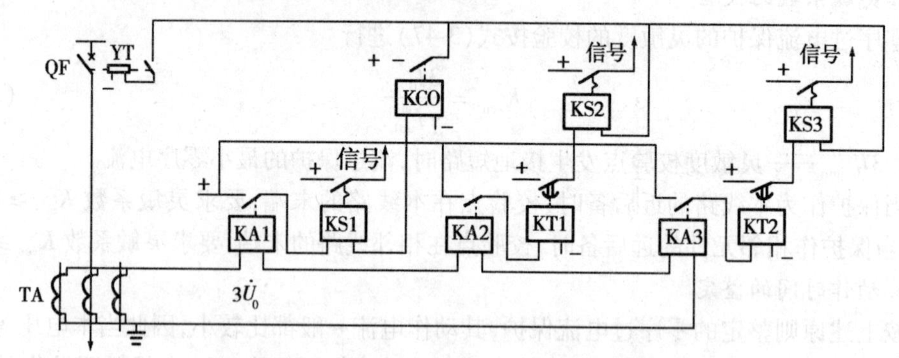

图 3-35 三段式零序电流保护的原理接线

3.4.4 方向性零序电流保护

3.4.4.1 方向性零序电流保护的工作原理

在多电源的网络中,要求电源处的变压器中性点至少有一台接地。如图 3-36 所示的双电源网络,变压器 T1 和 T2 的中性点均直接接地。由于零序电流的实际方向是由故障点流向各个中性点接地的变压器,而当接地故障发生在不同的线路上时,要求由不同的保护动作,例如 K_1 点短路时,按照选择性的要求,应该由保护 1 和保护 2 动作切除故障,但零序电流 $\dot{I}''_{0K1}$ 流过保护 3 时,若保护 3 无方向元件,可能引起保护 3 误动作。

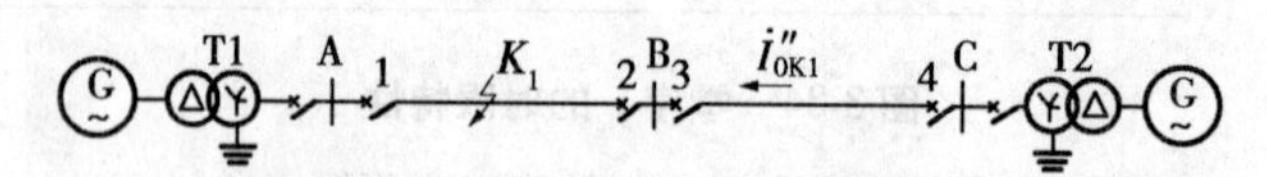

图 3-36 零序方向保护工作原理分析

3.4.4.2 零序功率方向继电器

与相间短路保护的功率方向继电器相似,零序功率方向继电器是通过比较接入继电器的零序电压 $3\dot{U}_0$ 和零序电流 $3\dot{I}_0$ 之间的相位差来判断零序功率方向的。现以图 3-36 中的保护 2 为例加以说明。设流过保护的零序电流以母线指向线路为正。当 K_1 点发生接地短路时,流过保护 2 的零序电流为 $\dot{I}''_{0K1}$,保护安装 B 点处的零序电压为

$$\dot{U}_{02} = -\dot{I}''_{0K1}(Z_{T2.0} + Z_{BC.0}) \tag{3-48}$$

式(3-48)表明,接入保护 2 零序功率方向继电器的零序电压和零序电流之间的相位差取

决于保护安装处背后的变压器 T2 和线路 BC 的零序阻抗角。$Z_{T2.0}$ 与 $Z_{BC.0}$ 的综合阻抗角为 70°~85°,所以零序电流超前零序电压的相角为 95°~110°。

根据零序分量的特点,零序功率方向继电器显然应该采用最大灵敏角 $\varphi_{sen}=-(95°\sim110°)$,当按规定极性对应加入 $3\dot{U}_0$ 和 $3\dot{I}_0$ 时,继电器正好工作在最灵敏的条件下,其接线如图 3-37(a)所示,简单清晰,易于理解。

但是目前在电力系统中广泛使用的整流型功率方向继电器,都是把最大灵敏角做成 $\varphi_{sen}=70°$,即要求加入继电器的 $\dot{U}_r$ 应超前 $\dot{I}_r$ 70°时动作最灵敏。为了适应这个要求,对此种零序功率方向继电器的接线应采用如图 3-37(b)所示的方式,将电流线圈与电流互感器二次绕组之间同极性相连,即 $\dot{I}_r=3\dot{I}_0$,将电压线圈与电压互感器二次绕组之间反极性相连,$\dot{U}_r=-3\dot{U}_0$,相量图如图 3-34(c)所示,刚好符合最灵敏的条件。

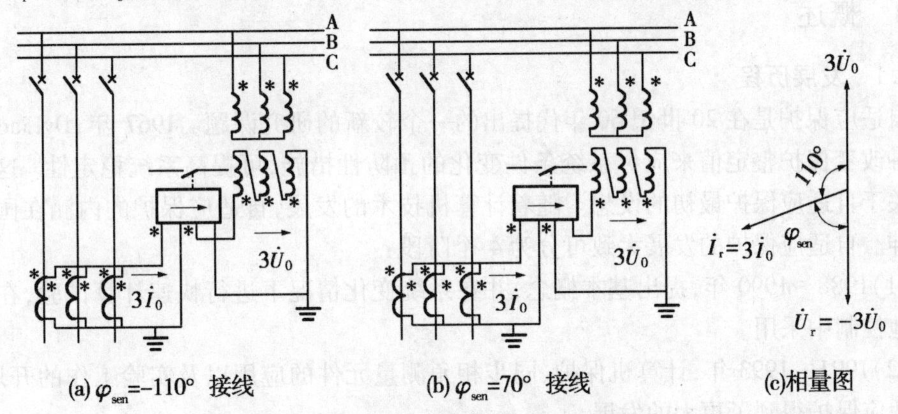

图 3-37 零序功率方向继电器的接线方式

图 3-37(a)和图 3-37(b)的接线实质上完全一样,只是继电器电压线圈的极性标注方法不同而已。由于在正常运行情况下,没有零序电流和电压,零序功率方向继电器的极性接线错误不易被发现,因此在实际工作中应给予特别注意。

三段式零序方向电流保护的原理接线如图 3-38 所示。与图 3-35 相比,增加了一个零序功率方向继电器 KP。它的触点控制了保护的操作电源,因而只有在零序功率方向元件动作后,零序电流保护才能动作于跳闸。所以,只要零序功率方向继电器的接线是正确的,则三段式零序电流保护就只能在正向接地故障时才动作。

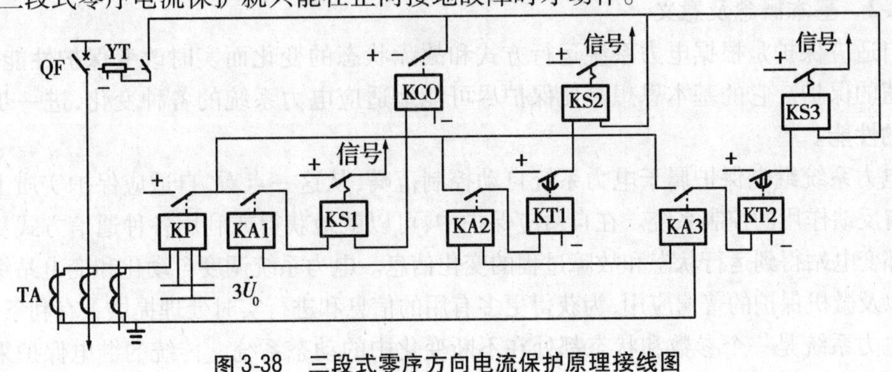

图 3-38 三段式零序方向电流保护原理接线图

在零序电流保护中加装方向元件后，只需同一方向的保护在保护范围和动作时限上进行配合。

3.5 自适应电流保护

传统的继电保护以“事先整定、实时动作、定期检验”为特征，系统整定值离线计算，而且在运行过程中很少改变。随着电力系统规模日益扩大，供电网络结构日趋复杂，传统的保护方式已越来越不能满足电力系统的要求。自适应保护的出现为解决这些问题提供了一条路径。它针对电力系统中拓扑结构变化频繁、运行状态不稳定的特点，能够自动改变保护特性，使其更好地适应系统的变化，达到保护的最佳性能。

3.5.1 概述

3.5.1.1 发展历程

自适应保护是在20世纪60年代提出的一个较新的研究课题。1967年，DyLiacco提出一种改变保护整定值来应付系统条件变化的预防性措施，可提高系统稳定性。这可以说是关于自适应保护最初的设想。随着计算机技术的发展，自适应保护的内涵在国外不断延伸。自适应保护的发展大致可分为4个阶段：

(1)1988~1990年，提出基本概念，并在系统变化情况下进行快速计算试验，在变电站当地控制中采用。

(2)1991~1993年，计算机保护、同步相角测量元件的应用以及实验工作的开展，使得自适应保护得到了更大的发展。

(3)1994~1996年，开始识别安全隐患以及在线调整。

(4)1997~1999年，开始应用于自动重合闸及变压器保护，并进行大区域试验。

在我国，20世纪80年代后期开始引入自适应保护的概念，各科研院所和高校开始了研究工作，并且取得了长足的发展。自适应保护逐渐应用于自适应重合闸、自适应馈线保护、对串补输电线路的自适应保护，以及自适应行波保护。随着电网调度自动化系统的建立和实用化，变电站自动化技术和无人值班运行方式的迅速普及，自适应保护有了大量的实践经验，使我国微机保护在进一步提高智能化水平方面取得了突破性进展。

3.5.1.2 基本概念及意义

自适应保护是根据电力系统运行方式和故障状态的变化而实时改变保护性能、特性或定值的保护。它的基本思想是使保护尽可能地适应电力系统的各种变化，进一步改善保护的性能。

电力系统继电保护属于电力系统自动控制范畴，从这一点看，自适应保护实质上是一个具有反馈作用的控制系统。在自适应保护中，可以就地获得或利用各种通信方式从调度或相邻变电站得到运行状态和故障过程的变化信息。电力系统调度自动化和变电站综合自动化以及微机保护的普遍应用，为获得更多有用的信息和进行实时处理提供了有利条件。

电力系统是一个参数和状态都处在不断变化中的动态系统。传统的继电保护采取了一定措施应对系统运行方式的变化和故障状态的发生，但它是以牺牲保护的灵敏性来保证保护动作的可靠性的。而自适应保护采用了自动识别系统参数变化并相应修改保护定值的措施,其保护范围不受故障状态的影响,降低了保护最低选用条件,且能保证保护区处于最佳状态。同时,自适应保护可以实现系统状态的自动识别,对系统的自检、远方监控、信息共享等都具有重要意义。它在复杂的电力网络中的应用,可以提高保护的灵敏度,保证系统中的各种保护装置在电网或设备状况变化时能相互协调和配合,这对整个网络的稳定运行具有重大意义。

3.5.2 自适应电流速断保护

3.5.2.1 传统电流速断保护

1. 构成原理及特点

电流速断是一种有效的保护方式,其定值按躲开在最大运行方式下,下一条线路出口三相短路时流过保护的电流 $I_{K.max}$ 整定。整定值表示为

$$I_{op}^{I} = K_{rel}^{I} I_{K.max} = \frac{K_{rel}^{I} E_s}{Z_{s.min} + Z_L} \tag{3-49}$$

式中 E_s——系统等效电源的相电势;

$Z_{s.min}$——系统电源侧的最小阻抗;

Z_L——被保护线路的阻抗;

K_{rel}^{I}——可靠系数,取 1.2 ~ 1.3。

动作条件为 $I_K \geqslant I_{op}^{I}$。

2. 保护范围

短路电流的大小与系统运行方式、短路类型和短路点在被保护线路上的位置有关。设在线路上 αZ_L 处短路,则短路电流为

$$I_K = \frac{K_K E_s}{Z_s + \alpha Z_L} \tag{3-50}$$

式中 Z_s——故障时保护安装处到等效电源之间的实际系统阻抗;

α——故障位置系数,以百分数表示,$\alpha = 0 \sim 1$;

K_K——故障类型系数,三相短路时 $K_K = 1$,两相短路时 $K_K = \frac{\sqrt{3}}{2}$。

令式(3-49)与式(3-50)相等,可得出在实际运行方式下电流速断保护的保护范围为

$$\alpha = \frac{K_K(Z_{s.min} + Z_L) - K_{rel}^{I} Z_s}{K_{rel}^{I} Z_L} \tag{3-51}$$

由式(3-51)可知,由于 $K_{rel}^{I} > 1, K_K \leqslant 1, Z_s \geqslant Z_{s.min}$,因此实际的保护范围 α 总是小于最大运行方式下的保护范围,且保护范围将随短路类型系数 K_K 减小和 Z_s 增大而缩短。

3.5.2.2 自适应电流速断保护

1. 构成原理及特点

自适应电流速断保护能根据电力系统当前的实际运行方式和故障状态实时、自动整定计算,无需人工参与。假设可实时判别系统的电源侧综合阻抗和发生故障时的故障类型,则其整定值可实时确定,表示为

$$I'_{op} = \frac{K_{rel}^{I} K_K E_s}{Z_s + Z_L} \tag{3-52}$$

式中　K_K——可自动估计的故障类型系数；

Z_s——可自动估计的故障发生时系统阻抗。

式(3-52)中系统的等效电势 E_s 可以按常规方法预先设定，也可以更精确地在线计算。当系统电源侧阻抗 Z_s 已知时，系统等效电势 E_s 可由下式算出

$$E_s = U_K + I_K Z_s \tag{3-53}$$

式中　U_K、I_K——被保护线路故障时保护安装处的电压、电流。

故障类型系数 K_K 可由故障类型判别结果决定。对于小电流接地系统，只需考虑相间短路：三相短路时，取 $K_K = 1$；两相短路时，取 $K_K = \frac{\sqrt{3}}{2}$。因此，电流速断保护范围可以不受故障类型的影响。

自适应电流速断保护的动作条件为

$$I_K \geqslant I'_{op} \tag{3-54}$$

自适应电流速断保护自动整定计算步骤如下：

(1)将线路阻抗 Z_L 可靠系数 K_K 事先存入；

(2)计算短路电流 I_K 和短路残压 U_K；

(3)由故障类型识别算法自适应确定系数 K_K；

(4)由故障分量计算出系统综合阻抗 Z_s；

(5)设定或在线实时计算系统电势 E_s；

(6)求解式(3-52)，可得出 I'_{op}；

(7)由式(3-54)做出是否动作的判断。

2. 保护范围

保护范围是衡量速断保护性能的一个重要指标。

令式(3-50)与式(3-52)相等，可得出自适应电流速断保护的保护范围为

$$\alpha' = \frac{Z_L - (K_{rel}^{I} - 1) Z_s}{K_{rel}^{I} Z_L} \tag{3-55}$$

由式(3-55)可知，保护范围 α' 不是常数，它与故障类型无关，但随系统实际阻抗的变化而变化，并总能满足选择性的要求，使保护范围处于最佳状态。

3.5.2.3　两种保护的比较

比较自适应速断保护的保护范围和传统电流速断保护的保护范围，即将式(3-55)与式(3-51)进行比较，可得

$$\frac{\alpha'}{\alpha} = \frac{Z_L + Z_s - K_{rel}^{I} Z_s}{K_K (Z_L + Z_{s.min}) - K_{rel}^{I} Z_s} \tag{3-56}$$

由于

$$K_K (Z_L + Z_{s.min}) \leqslant Z_L + Z_s \tag{3-57}$$

所以

$$\alpha' \geqslant \alpha$$

综上所述,自适应电流速断保护和传统电流速断保护的主要性能比较如下:

(1)传统电流速断保护只用电流信息,简单可靠,其主要缺点是保护范围受系统运行方式及故障类型影响大。

(2)自适应电流速断保护不仅能在线自动整定计算,而且还能根据系统运行方式的变化在线自动改变定值,使保护性能处于最佳状态,扩大了保护范围。

(3)在保护的最低选用条件方面,自适应电流速断保护要比传统电流速断保护的选用条件低,从而扩大了速断保护的适应性。

3.5.3 自适应限时电流速断保护

由于传统限时电流速断保护的整定按下一段无时限电流速断保护的动作电流来选取,其整定值为

$$I_{op.A.[0]}^{\mathrm{II}} = K_{rel}^{\mathrm{II}} I_{op.B.[0]}^{\mathrm{I}} \tag{3-58}$$

当下一段线路采用自适应电流速断保护时,其整定值小于原来的整定值,即

$$I_{op.B}^{\mathrm{I}} < I_{op.B.[0]}^{\mathrm{I}} \tag{3-59}$$

若仍然采用原先的整定值,则

$$I_{op.A}^{\mathrm{II}} = K_{rel}^{\mathrm{II}} I_{op.B}^{\mathrm{I}} < I_{op.A.[0]}^{\mathrm{II}} \tag{3-60}$$

保护区会延伸,且不会超出下一段自适应电流速断保护的保护范围,符合三段式电流保护的要求。由此可知,当下一段采用自适应电流速断保护时,可扩大本线路限时电流速断保护的保护范围。

3.5.4 自适应过电流保护

目前的电力系统中采用的过电流保护也具有某些自适应功能,例如过电流的反时限特性等,但这种自适应功能只有在预先设计好的人工干预条件下才能实现。

自适应过电流保护的主要特征是过电流保护的定值和特性能够实时自动调整或改变,以适应负荷和运行方式变化的要求。设可实时判别系统的负荷电流,则其整定值可实时确定,表示为

$$I_{op}^{\mathrm{III}} = \frac{K_{rel}^{\mathrm{III}} K_{ss}}{K_{re}} I_L \tag{3-61}$$

式中 I_L——系统实时负荷电流;

K_{rel}^{III}——可靠系数;

K_{ss}——自启动系数;

K_{re}——继电器返回系数。

由于自适应过电流保护采用系统实时负荷电流进行整定值计算,克服了传统过电流保护的启动电流按最大负荷电流设定的缺点,符合大多数情况下线路的负荷都在小于最大负荷条件下运行的情况,可以获得比传统过电流保护更大的保护范围。

小 结

电网相间短路的电流保护是根据短路时电流增大的特点构成的,在单侧电源辐射形

网络中采用阶段式电流保护,它由无时限电流速断保护、限时电流速断保护、定时限过电流保护组成,可根据实际情况采用两段式或三段式。无时限电流速断保护、限时电流速断保护共同构成电网的主保护,定时限过电流保护是本线路的近后备保护和相邻线路的远后备保护。

在电流保护的基础上加装方向元件就构成了方向电流保护,它用于双电源辐射形网络和单电源环形网络,可以满足动作选择性的要求。功率方向继电器是根据保护安装处电流电压间的相位角的不同来判断正方向故障和反方向故障的,为了减少动作死区,功率方向继电器采用90°接线方式,方向电流保护也是阶段式的,整定计算原则基本上与阶段式电流保护相同。

中性点直接接地系统与中性点非直接接地系统发生接地故障时的特点不一样,对继电保护的要求也不一样,继电保护动作的结果也不一样。中性点直接接地系统的接地保护采用阶段式零序电流保护、阶段式方向性零序电流保护;中性点非直接接地系统的接地保护可采用无绝缘监视装置等多种形式。

习　题

一、问答题

1. 无时限电流速断保护、限时电流速断保护、定时限过电流保护是如何保证动作的选择性的?

2. 功率方向继电器是如何区分正方向故障和反方向故障的?

3. 大接地电流系统发生单相接地短路时,其零序电流的大小和分布主要与哪些因素有关?

4. 小接地电流系统发生单相接地短路时,其零序电流分布的特点是什么?

5. 90°接线的功率方向继电器在两相短路时,有无死区?为什么?

6. 对于Y,d11接线的变压器后发生两相短路时,采用两相不完全星形接线方式的过电流保护,应如何提高保护的灵敏性?

7. 零序功率方向继电器有无死区?为什么?

二、计算题

1. 如图3-39所示35 kV系统中,线路AB装有无时限电流速断保护,试根据图中所给参数计算其动作电流和最大、最小保护范围。($Z_1=0.4\ \Omega/\text{km}$)。

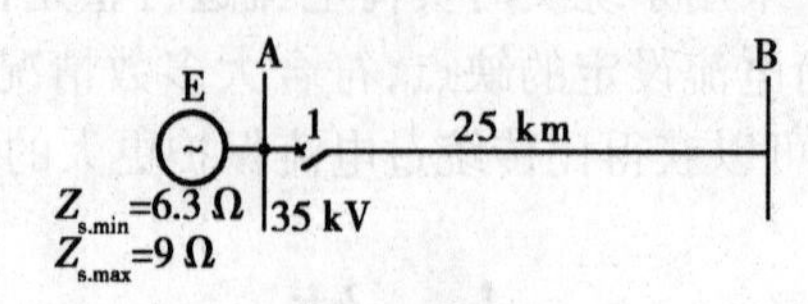

图3-39

2. 在图 3-40 所示 35 kV 系统中,已知:

(1)线路 AB 的最大负荷电流为 340 A,自启动系数为 3. 86;线路 BC 的最大负荷电流为 220 A, 自启动系数为 2. 72。

(2)保护 5、保护 4、保护 3 的过电流保护的动作时间为 2 s、1. 5 s、4 s。

(3)在系统最小运行方式下,各母线三相短路电流如图 3-40 中所示,括号内数值为双回线 BC 切除一回线时的计算值。

求:保护 1、保护 2 过电流保护的动作电流、动作时间并校验灵敏系数。

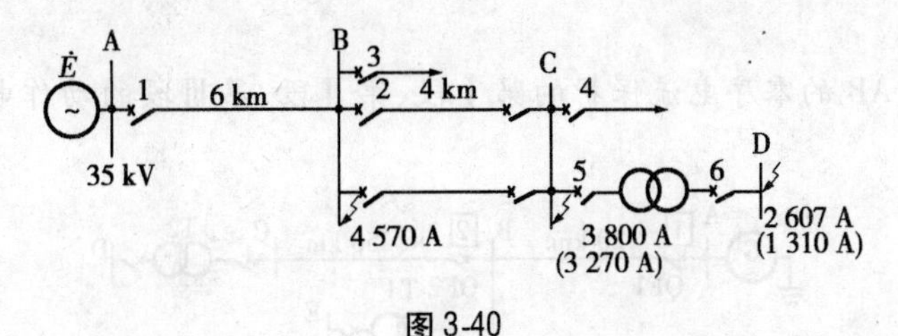

图 3-40

3. 求图 3-41 所示网络方向过电流保护动作时间,时限级差取 0. 5 s。并说明哪些保护需要装设方向元件。

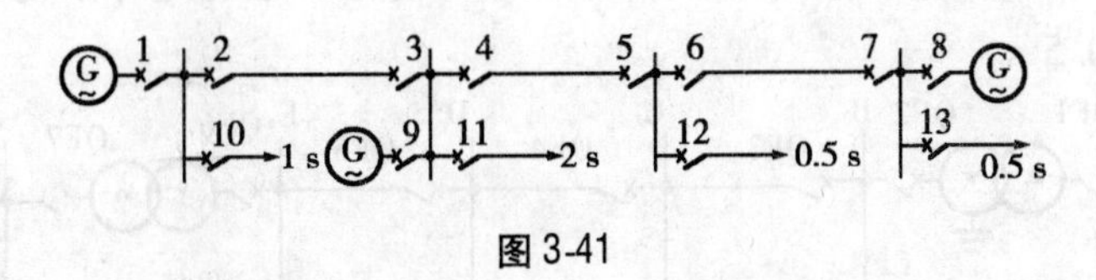

图 3-41

4. 图 3-42 所示网络,已知 A 电源 $X_{A.\max}=10\ \Omega$,$X_{A.\min}=20\ \Omega$,B 电源 $X_{B.\max}=20\ \Omega$,$X_{B.\min}=25\ \Omega$,Ⅰ段可靠系数取 1. 25,Ⅱ段可靠系数取 1. 15,Ⅲ段可靠系数取 1. 2,返回系数取 0. 85,自启动系数取 1. 5,AB 线路最大负荷电流 120 A,所有阻抗均归算至 115 kV 有名值。求 AB 线路 A 侧Ⅱ段及Ⅲ段电流保护的动作值及灵敏度。(不计振荡)

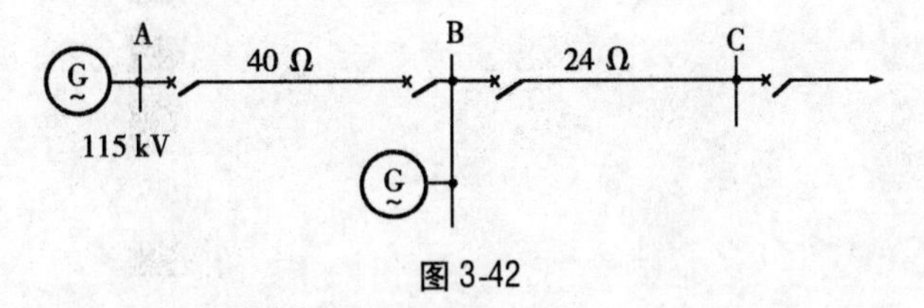

图 3-42

5. 图 3-43 所示 35 kV 单电源线路,已知线路 AB 的最大负荷电流为 180 A,自启动系数为 1. 4,$K_{rel}^{Ⅰ}=1.2$,$K_{rel}^{Ⅱ}=1.15$,$K_{rel}^{Ⅲ}=1.1$,$K_{re}=0.85$,求 AB 线路三段式电流保护动作值及灵敏度。系统等值最大阻抗为 $Z_{s.\max}=9\ \Omega$,最小阻抗为 $Z_{s.\min}=6.5\ \Omega$。图中阻抗均归算至 37 kV 有名值。

6. 图 3-44 所示网络中,已知:

(1)电源等值电抗 $X_1=X_2=5\ \Omega$,$X_0=8\ \Omega$;

(2)线路 AB、BC 的电抗 $X_1=0.4\ \Omega/\text{km}$,$X_0=1.4\ \Omega/\text{km}$;

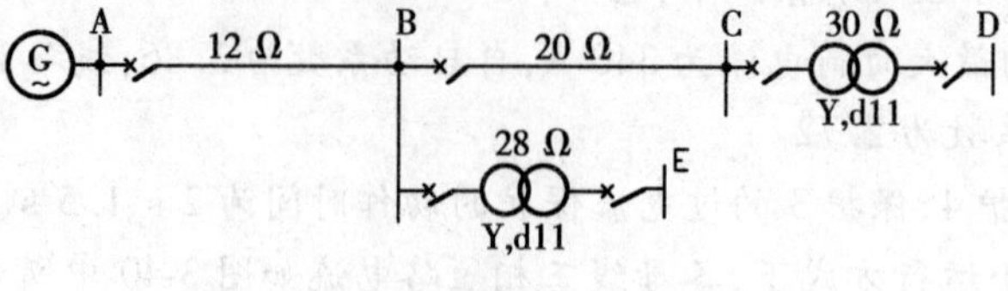

图3-43

(3) 变压器 T1 额定参数为 31.5 MVA, 110/6.6 kV, $U_K = 10.5\%$，其他参数如图 3-44 所示。

试确定线路 AB 的零序电流保护的第Ⅰ段、第Ⅱ段、第Ⅲ段的动作电流、灵敏度和动作时限。

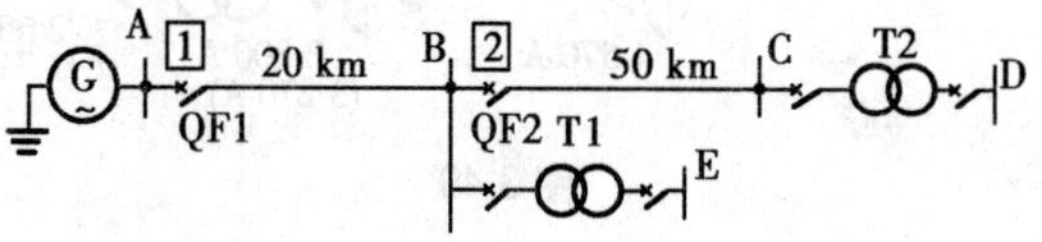

图3-44

7. 确定图 3-45 所示网络各断路器相间短路及接地短路的定时限过电流保护动作时限，时限级差取 0.5 s。

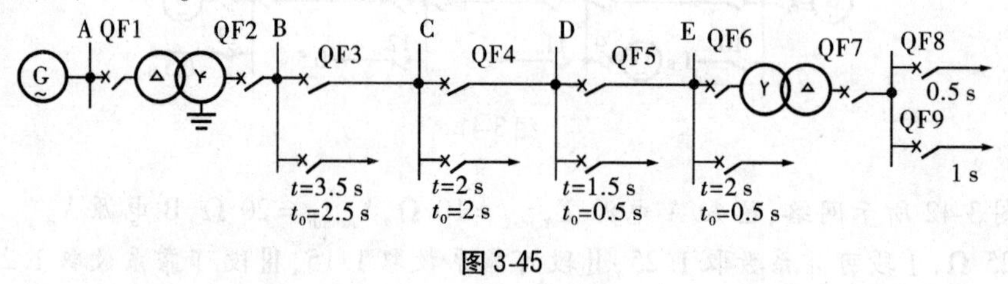

图3-45

第 4 章　输电线路的距离保护

4.1　距离保护概述

4.1.1　距离保护的作用

在结构简单的电网中，应用电流电压保护或方向电流保护，一般能满足可靠性、选择性、灵敏性和快速性的要求。但在高电压或结构复杂的电网中是难以满足要求的。

电流电压保护，其保护范围随系统运行方式的变化而变化，在某些运行方式下，电流速断保护或限时电流速断保护的保护范围将变得很小，电流速断保护有时甚至没有保护区，不能满足电力系统稳定性的要求。此外，对长距离、重负荷线路，由于线路的最大负荷电流可能与线路末端短路时的电流相差甚微，这种情况下，即使采用过电流保护，其灵敏性也常常不能满足要求。

自适应电流保护，根据保护安装处正序电压、电流的故障分量，可计算出系统正序等值阻抗 Z_{s1}；同时，通过选相可确定故障类型，取相应的短路类型系数 K_K 值，使自适应电流保护的整定值随系统运行方式、短路类型而变化。这样，克服了传统电流保护的缺点，从而使保护区达到最佳效果。但在高电压、结构复杂的电网中，自适应电流保护的优点还不能得到发挥。

因此，在结构复杂的高压电网中，应采用性能更加完善的保护装置，距离保护就是其中的一种。

4.1.2　距离保护的基本原理

距离保护就是反映故障点至保护安装处之间的距离，并根据该距离的大小确定动作时限的一种继电保护装置。当故障点距保护安装处越近时，保护装置感受的距离越小，保护的动作时限就越短；反之，当故障点距保护安装处越远时，保护装置感受的距离越大，保护的动作时限就越长。这样，故障点总是由离故障点近的保护首先动作切除，从而保证了在任何形状的电网中，故障线路都能有选择性地被切除。

因此，作为距离保护的测量的核心元件阻抗继电器，应能测量故障点至保护安装处的距离。方向阻抗继电器不仅能测量阻抗的大小，而且还应能测量出故障点的方向。因线路阻抗的大小，反映了线路的长度，因此测量故障点至保护安装处的阻抗，实际上是测量故障点至保护安装处的线路距离。如图 4-1 所示，设阻抗继电器安装在线路 M 侧，保护安装处的母线测量电压为 $\dot{U}_m$，由母线流向被保护线路的测量电流为 $\dot{I}_m$，当电压互感器、电流互感器的变比为 1 时，加入继电器的电压、电流即为 $\dot{U}_m$、$\dot{I}_m$。

当被保护线路上发生短路故障时，阻抗继电器的测量阻抗 Z_m 为

$$Z_m = \frac{\dot{U}_m}{\dot{I}_m} \tag{4-1}$$

设阻抗继电器的工作电压 $\dot{U}_{op}$ 为

$$\dot{U}_{op} = \dot{U}_m - \dot{I}_m Z_{set} \tag{4-2}$$

式中　Z_{set}——阻抗继电器的整定阻抗，整定阻抗角等于被保护线路阻抗角。

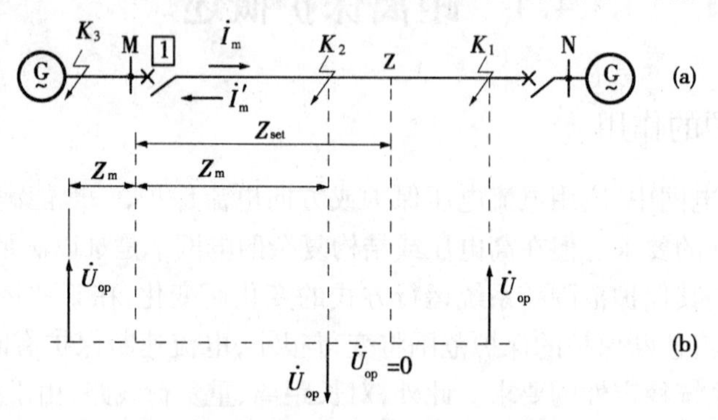

(a)一次系统图；(b)工作电压相位变化

图 4-1　距离保护基本工作原理

由图 4-1(a)可见，$\dot{U}_{op}$即为 Z 点电压。当 Z 点发生短路故障时，有$\frac{\dot{U}_m}{\dot{I}_m}=Z_{set}$，所以 Z_{set} 即为 MZ 线路段的正序阻抗。这样，$\dot{U}_{op}$是整定阻抗末端的电压，当整定阻抗确定后，$\dot{U}_{op}$就可在保护安装处测量到。

保护区末端 Z 点短路故障时，有 $Z_m=Z_{set}$，$\dot{U}_{op}=\dot{I}_m Z_m-\dot{I}_m Z_{set}=0$；正向保护区外 K_1 点短路故障时，有 $Z_m>Z_{set}$，$\dot{U}_{op}=\dot{I}_m(Z_m-Z_{set})>0$，应注意的是，$\dot{U}_{op}>0$ 的含义是指 $\dot{U}_{op}$ 与 $\dot{I}_m Z_m(\dot{U}_m)$同相位；正向保护区内 K_2 点短路时，有 $Z_m<Z_{set}$，$\dot{U}_{op}=\dot{I}_m(Z_m-Z_{set})<0$；反向 K_3 点短路故障时，由于此时流经保护的电流 $\dot{I}'_m$与规定正方向相反，有 $\dot{U}_m=\dot{I}'_m Z_m$、$\dot{I}_m Z_{set}=-\dot{I}'_m Z_{set}$，故式(4-2)表示的工作电压为

$$\dot{U}_{op}=\dot{U}_m-\dot{I}_m Z_{set}=\dot{I}'_m(Z_m+Z_{set})>0$$

这里 $\dot{U}_{op}>0$ 的含义是表示 $\dot{U}_{op}$与 $\dot{I}'_m Z_m(\dot{U}_m)$同相位。从上述分析可知，正向保护区外短路故障时母线电压与反向短路故障工作电压具有相同的相位。不同地点短路故障时 $\dot{U}_{op}$的相位变化如图 4-1(b)所示。因此，只要检测工作电压的相位变化，不仅能测量出阻抗的大小，而且还能检测出短路故障的方向。显然，以 $\dot{U}_{op}\leqslant 0$ 作阻抗继电器的判据，构成的是方向阻抗继电器。

要实现 $\dot{U}_{op}\leqslant 0$ 为动作判据的阻抗继电器，通常可用以下两种方法。

第一种方法是设置极化电压 $\dot{U}_{pol}$，一般与 $\dot{U}_m$ 同相位。当以 $\dot{U}_{pol}$ 作参考相量时，作出

区内、外短路故障时 $\dot{U}_{op}$ 与 $\dot{U}_{pol}$ 的相位关系如图4-2所示。由图4-2可见，当 $\dot{U}_{op}$ 与 $\dot{U}_{pol}$ 反相位时，判定为区内故障；$\dot{U}_{op}$ 与 $\dot{U}_{pol}$ 同相位时，判定为区外故障或反方向故障。极化电压 $\dot{U}_{pol}$ 只作相位参考作用，并不参与阻抗测量，称为阻抗继电器的极化电压。显然，$\dot{U}_{pol}$ 是继电器正确工作所必需的，任何时候其值不能为零。因继电器比较的是 $\dot{U}_{op}$ 与 $\dot{U}_{pol}$ 的相位，与 $\dot{U}_{op}$、$\dot{U}_{pol}$ 大小无关，故以这种原理工作的阻抗继电器可称按相位比较方式工作的阻抗继电器。其动作判据为

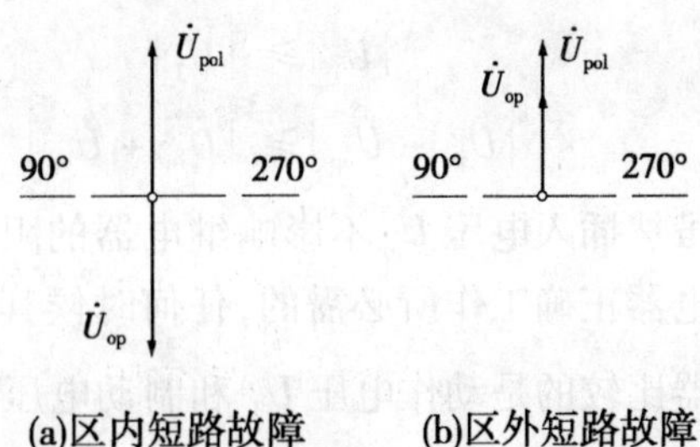

图 4-2　区内、外短路故障时 $\dot{U}_{op}$ 与 $\dot{U}_{pol}$ 相位关系

$$90° \leqslant \arg \frac{\dot{U}_{op}}{\dot{U}_{pol}} \leqslant 270° \tag{4-3}$$

或

$$-90° \leqslant \arg \frac{\dot{U}_{op}}{-\dot{U}_{pol}} \leqslant 90° \tag{4-4}$$

极化电压所起作用如下：

(1) $\dot{U}_{pol}$ 是相位比较原理工作的方向阻抗继电器工作所必需的。虽然 $\dot{U}_{op}$ 与 $\dot{U}_{pol}$ 的数值大小不会影响故障点的距离和方向的测量结果，即在理论上对 $\dot{U}_{op}$ 和 $\dot{U}_{pol}$ 的数值大小无要求，关心的是两者间的相位，但实际上 $\dot{U}_{pol}$ 的数值大小也应在适当范围内，过大和过小都是不适宜的。对于 $\dot{U}_{pol}$ 的相位，原则上应与 $\dot{I}_m Z_{set}$ 相同，即金属性短路故障时与保护安装处母线上测量电压 $\dot{U}_m$ 同相位。显然，极化电压 $\dot{U}_{pol}$ 有了正确的相位、合适的大小，继电器才能正确工作。如果极化电压 $\dot{U}_{pol}$ 消失后，阻抗继电器是无法工作的。

(2) 可保证方向阻抗继电器正、反向出口短路故障时有明确的方向性。由图4-1可见，正向出口短路故障时，工作电压 $\dot{U}_{op}<0$，反向出口短路故障时，工作电压 $\dot{U}_{op}>0$。为保证继电器有明确方向性，极化电压 $\dot{U}_{pol}$ 应有一定的数值和满足相位要求。当 $\dot{U}_{pol}$ 取保护安装处的电压时，极化电压 $\dot{U}_{pol}$ 应克服电压互感器二次负荷不对称在继电器端子上产生的不平衡电压的影响，防止极化电压 $\dot{U}_{pol}$ 失去应有的相位造成继电器失去方向性的可能。

(3) 根据相位比较原理工作方式的阻抗继电器性能特点的要求，极化电压有不同的构成方式，从而可获得阻抗继电器的不同功能，改善阻抗继电器性能。

第二种方法是引入插入电压 $\dot{U}_{in}$，一般与 $\dot{U}_m$ 同相位，若令

$$\dot{U}_1 = \dot{U}_{in} - \dot{U}_{op} \tag{4-5}$$

$$\dot{U}_2 = \dot{U}_{in} + \dot{U}_{op} \tag{4-6}$$

则作出区内、外短路故障时 $\dot{U}_1$、$\dot{U}_2$ 相量关系如图4-3所示。由图可见，继电器的动作判据

可写成

$$|\dot{U}_1| \geqslant |\dot{U}_2| \tag{4-7}$$

即

$$|\dot{U}_{\text{in}} - \dot{U}_{\text{op}}| \geqslant |\dot{U}_{\text{in}} + \dot{U}_{\text{op}}| \tag{4-8}$$

虽然插入电压 $\dot{U}_{\text{in}}$ 不影响继电器的阻抗测量，但它是继电器正确工作所必需的，任何时候其值不能为零。继电器比较的是动作电压 $\dot{U}_1$ 和制动电压 $\dot{U}_2$ 的幅值大小，与 $\dot{U}_1$ 和 $\dot{U}_2$ 的相位无关。

(a)区内短路故障 (b)区外短路故障

4-3 区内、外短路故障时 $\dot{U}_1$、$\dot{U}_2$ 相量

4.1.3 距离保护时限特性

距离保护的动作时限 t_{op} 与保护安装处到短路点间距离的关系，即 $t_{\text{op}}=f(Z_{\text{m}})$ 的关系称为时限特性(见图 4-4)。与三段式电流保护类似，具有阶梯时限特性的距离保护获得了最广泛的应用。

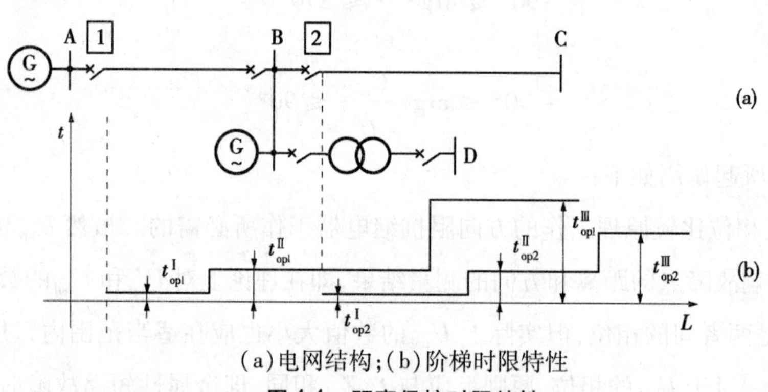

(a)电网结构；(b)阶梯时限特性

图 4-4 距离保护时限特性

距离保护的第Ⅰ段是瞬时动作，以保护固有的动作时间 t_{op}^{I} 跳闸。考虑到测量互感器及继电器的误差，整定阻抗取被保护线路正序阻抗的 80% ~85%。

4.1.4 距离保护的构成

三段式距离保护装置一般由启动元件、方向元件、测量元件、时间元件组成，其逻辑关系如图 4-5 所示。

(1)启动元件。启动元件的主要作用是在发生故障瞬间启动保护装置。启动元件可采用反映负序电流构成或负序与零序电流的复合电流构成，也可以采用反映突变量的元件作为启动元件。

(2)方向元件。方向元件的作用是保证动作的方向性，防止反方向发生短路故障时，保护误动作。方向元件采用方向继电器，也可以采用由方向元件和阻抗元件相结合而构成的方向阻抗继电器。

(3)测量元件。测量元件用阻抗继电器实现，主要作用是测量短路点到保护安装处的距离(或阻抗)。

(4)时间元件。时间元件的主要作用是按照故障点到保护安装处的远近，根据预定的时限特性确定动作的时限，以保证动作的选择性。

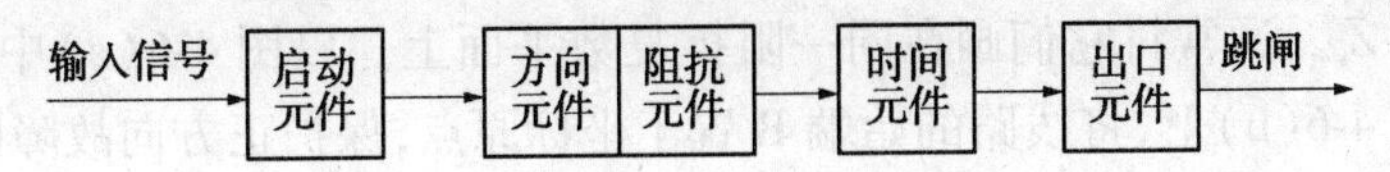

图 4-5　距离保护原理组成元件框图

4.2　阻抗继电器

阻抗继电器是距离保护装置的核心元件，其主要作用是测量短路点到保护安装处的距离，并与整定值进行比较，以确定保护是否动作。下面以单相式阻抗继电器为例进行分析。

单相式阻抗继电器是指加入继电器只有一个电压 $\dot{U}_r$（可以是相电压或线电压）和一个电流 $\dot{I}_r$（可以是相电流或两相电流差）的阻抗继电器，$\dot{U}_r$ 和 $\dot{I}_r$ 的比值称为继电器的测量阻抗 Z_m。如图 4-6(a)所示，BC 线路上任意一点故障时，阻抗继电器通入的电流是故障电流的二次值 $\dot{I}_r$，接入的电压是保护安装处母线残余电压的二次值 $\dot{U}_r$，则阻抗继电器的测量阻抗（感受阻抗）Z_m 可表示为

$$Z_m = \frac{\dot{U}_r}{\dot{I}_r} \tag{4-9}$$

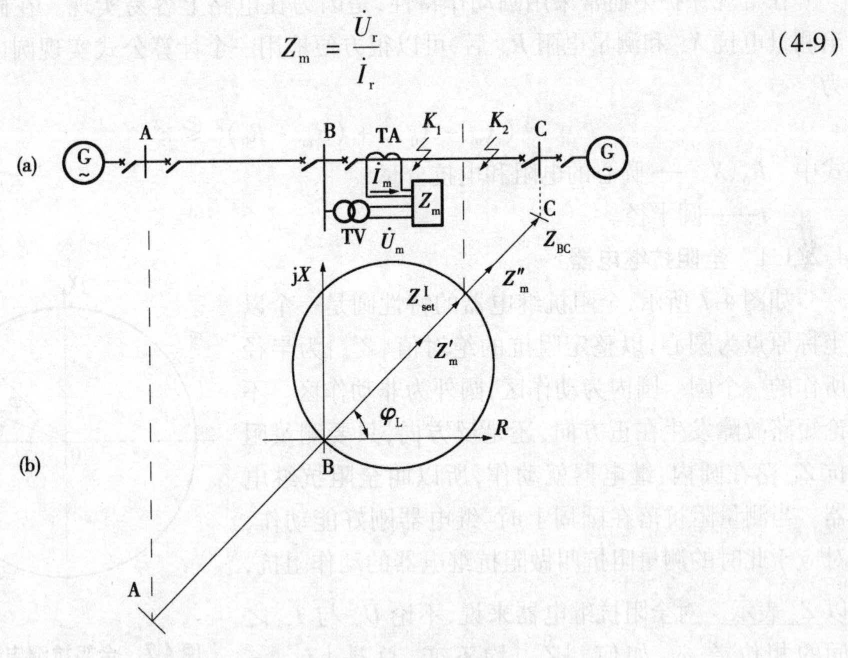

(a)网络图；(b)阻抗继电器的测量阻抗及动作特性

图 4-6　阻抗继电器的动作特性分析

由于电压互感器（TV）和电流互感器（TA）的变比均不等于 1，所以故障时阻抗继电器的测量阻抗不等于故障点到保护安装处的线路阻抗，但 Z_m 与 Z_k 成正比，比例常数为

n_{TA}/n_{TV}。

在复数平面上，测量阻抗 Z_m 可以写成 $R+jX$ 的复数形式。为了便于比较测量阻抗 Z_m 与整定阻抗 Z_{set}，通常将它们画在同一阻抗复数平面上。以图4-6(a)中BC线路的保护2为例，在图4-6(b)上，将线路的始端B置于坐标原点，保护正方向故障时的测量阻抗在第Ⅰ象限，即落在直线BC上，BC与 R 轴之间的夹角为线路的阻抗角。保护反方向故障时的测量阻抗则在第Ⅲ象限，即落在直线BA上。假如保护2的距离Ⅰ段测量元件的整定阻抗 $Z_{set}^{I}=0.85Z_{BC}$，且整定阻抗角 $\varphi_{set}=\varphi_L$（线路阻抗角），那么，Z_{set}^{I} 在复数平面上的位置必然在BC上。

Z_{set}^{I} 所表示的这一段直线即为继电器的动作区，直线以外的区域即为非动作区。在保护范围内的 K_1 点短路时，测量阻抗 $Z_m'<Z_{set}^{I}$，继电器动作；在保护范围外的 K_2 点短路时，测量阻抗 $Z_m''>Z_{set}^{I}$，继电器不动作。

实际上，具有直线形动作特性的阻抗继电器是不能采用的，因为在考虑到故障点过渡电阻的影响及互感器角度误差的影响时，测量阻抗 Z_m 将不会落在整定阻抗的直线上。为了在保护范围内故障时阻抗继电器均能动作，必须扩大其动作区。目前广泛应用的是在保证整定阻抗 Z_{set} 不变的情况下，将动作区扩展为位置不同的各种圆或多边形。

4.2.1 圆特性阻抗继电器

在常规保护中通常采用圆动作特性，是因为在电路上容易实现。在微机保护中计算出测量电抗 X_m 和测量电阻 R_m 后，可以很方便地用一个计算公式实现圆内特性。其方程为

$$(X_m-X_0)^2+(R_m-R_0)^2\leqslant r^2 \tag{4-10}$$

式中 R_0、X_0——圆心的电阻和电抗分量；

r——圆半径。

4.2.1.1 全阻抗继电器

如图4-7所示，全阻抗继电器的特性圆是一个以坐标原点为圆心，以整定阻抗的绝对值 $|Z_{set}|$ 为半径所作的一个圆。圆内为动作区，圆外为非动作区。不论短路故障发生在正方向，还是反方向，只要测量阻抗 Z_m 落在圆内，继电器就动作，所以叫全阻抗继电器。当测量阻抗落在圆周上时，继电器刚好能动作，对应于此时的测量阻抗叫做阻抗继电器的动作阻抗，以 Z_{op} 表示。对全阻抗继电器来说，不论 $\dot{U}_m$ 与 $\dot{I}_m$ 之间的相位差 φ_m 如何，$|Z_{op}|$ 均不变，总是 $|Z_{op}|=|Z_{set}|$，即全阻抗继电器无方向性。

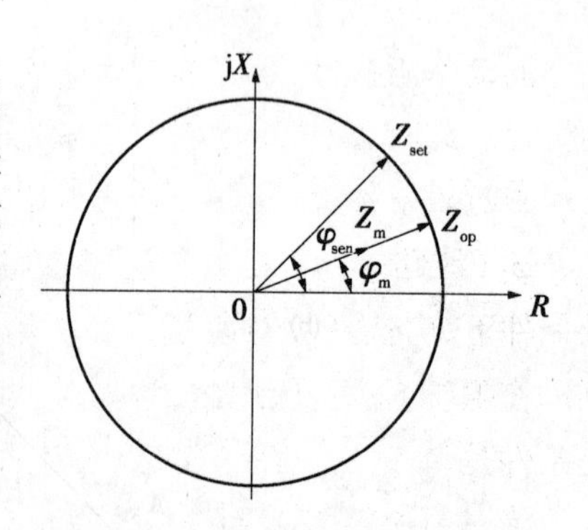

图4-7 全阻抗继电器的动作特性

在构成阻抗继电器时，为了比较测量阻抗 Z_m 和整定阻抗 Z_{set}，总是将它们同乘以线路电流，变成两个电压后，进行比较，而对两个电压的比较，则可以比较其绝对值（也称比幅），也可以比较其相位（也称比相）。

对于图 4-7 所示的全阻抗继电器特性，只要其测量阻抗落在圆内，继电器就能动作，所以该继电器的动作方程为

$$|Z_{m}| \leqslant |Z_{set}| \tag{4-11}$$

式(4-11)两边同乘以电流 $\dot{I}_{m}$，计及 $\dot{I}_{m}Z_{m}=\dot{U}_{m}$，得

$$|\dot{U}_{m}| \leqslant |\dot{I}_{m}Z_{set}| \tag{4-12}$$

若令整定阻抗 $Z_{set}=\dot{K}_{ur}/\dot{K}_{uv}$，则方程(4-12)为

$$|\dot{K}_{uv}\dot{U}_{m}| \leqslant |\dot{K}_{ur}\dot{I}_{m}| \tag{4-13}$$

式中 $\dot{K}_{uv}$——电压变换器变换系数；

$\dot{K}_{ur}$——电抗变换器变换系数。

式(4-13)表明，全阻抗继电器实质上是比较两电压的幅值。其物理意义是：正常运行时，保护安装处测量到的电压是正常额定电压，电流是负荷电流，式(4-12)不等式不成立，阻抗继电器不启动；在保护区内发生短路故障时，保护测量到的电压为残余电压，电流是短路电流，式(4-13)成立，阻抗继电器启动。

4.2.1.2 方向阻抗继电器

方向阻抗继电器的特性圆是一个以整定阻抗 Z_{set} 为直径而通过坐标原点的圆，如图 4-8 所示，圆内为动作区，圆外为制动区。当保护正方向故障时，测量阻抗位于第Ⅰ象限，只要落在圆内，继电器即启动，而保护反方向短路时，测量阻抗位于第Ⅲ象限，不可能落在圆内，继电器不可能启动，故该继电器具有方向性。

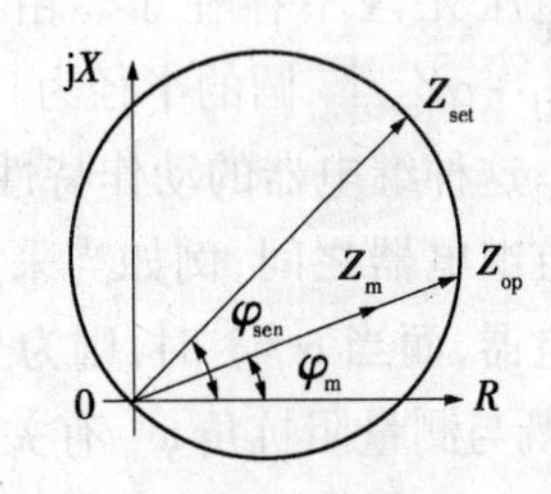

图 4-8 方向阻抗继电器特性圆

方向阻抗继电器的整定阻抗一经确定，其特性圆便确定了。当加入继电器的 $\dot{U}_{m}$ 和 $\dot{I}_{m}$ 之间的相位差(测量阻抗角)φ_{m} 为不同数值时，此种继电器的动作阻抗 Z_{op} 也将随之改变。当 $\varphi_{m}=\varphi_{set}$ 时，继电器的动作阻抗达到最大，等于圆的直径。此时，阻抗继电器的保护范围最大，保护处于最灵敏状态。因此，这个角度称为方向阻抗继电器的最灵敏角，通常用 φ_{sen} 表示。当被保护线路范围内故障时，测量阻抗角 $\varphi_{m}=\varphi_{K}$(线路短路阻抗角)，为了使继电器工作在最灵敏条件下，应选择整定阻抗角 $\varphi_{set}=\varphi_{K}$。若 $\varphi_{K}\neq\varphi_{sen}$，则动作阻抗 Z_{op} 将小于整定阻抗 Z_{set}，这时继电器的动作条件是 $Z_{m}<Z_{op}$，而不是 $Z_{m}<Z_{set}$。

绝对值比较方式如图 4-9 所示，继电器阻抗形式启动(即测量阻抗 Z_{m} 位于圆内)的条件是

$$\left|Z_{m}-\frac{1}{2}Z_{set}\right| \leqslant \left|\frac{1}{2}Z_{set}\right| \tag{4-14}$$

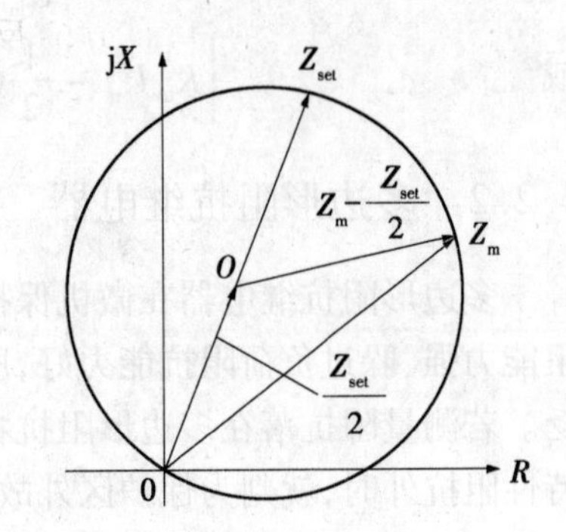

图 4-9 方向阻抗继电器的动作特性

式(4-14)两边乘以电流 $\dot{I}_{m}$，得到以比较两个电压的幅值动作方程为

$$\left|\dot{U}_{\mathrm{m}}-\frac{1}{2}\dot{I}_{\mathrm{m}}Z_{\mathrm{set}}\right| \leqslant \left|\frac{1}{2}\dot{I}_{\mathrm{m}}Z_{\mathrm{set}}\right| \tag{4-15}$$

将整定阻抗与变换系数间关系代入式(4-15),得

$$\left|\dot{K}_{\mathrm{uv}}\dot{U}_{\mathrm{m}}-\frac{1}{2}\dot{K}_{\mathrm{ur}}\dot{I}_{\mathrm{m}}\right| \leqslant \left|\frac{1}{2}\dot{K}_{\mathrm{ur}}\dot{I}_{\mathrm{m}}\right| \tag{4-16}$$

4.2.1.3 偏移特性阻抗继电器

由式(4-15)、式(4-16)可知,当加入阻抗继电器测量电压 $\dot{U}_{\mathrm{m}}=0$ 时,比幅原理阻抗继电器处于动作边缘,实际上由于执行元件总是需要动作功率的,阻抗继电器将不启动。显然,在保护安装出口处发生三相短路故障时,阻抗继电器测量电压 $\dot{U}_{\mathrm{m}}=0$,保护将无法反映保护安装处三相短路故障,即出现所谓"动作死区"。

偏移特性阻抗继电器的特性是当正方向的整定阻抗为 Z_{set} 时,同时反方向偏移一个 αZ_{set},称 α 为偏移度,其值在 0 ~ 1。阻抗继电器的动作特性如图 4-10 所示,圆内为动作区,圆外为不动作区。偏移特性阻抗继电器的特性圆向第Ⅲ象限作了适当偏移,使坐标原点落入圆内,则母线附近的故障也在保护范围之内,因而电压死区不存在了。由图 4-10 可见,圆的直径为 $|Z_{\mathrm{set}}+\alpha Z_{\mathrm{set}}|$,圆的半径为 $|Z_{\mathrm{set}}-Z_0|$。

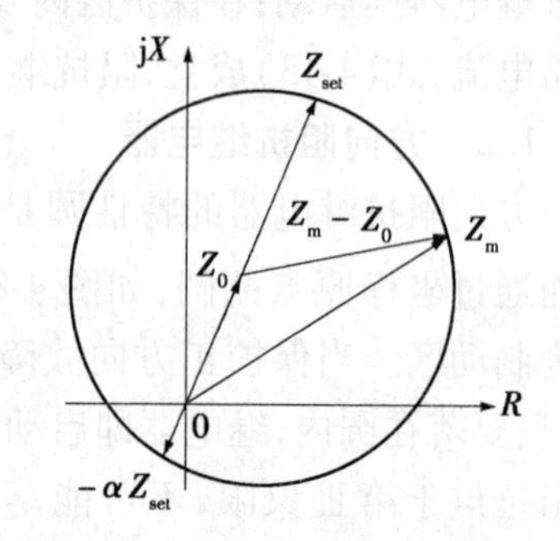

图 4-10 偏移特性阻抗继电器特性

这种继电器的动作特性介于方向阻抗继电器和全阻抗继电器之间,例如当采用 $\alpha=0$ 时,即为方向阻抗继电器,而当 $\alpha=1$ 时,则为全阻抗继电器,其动作阻抗 Z_{op} 既与测量阻抗角 φ_{m} 有关,但又没有完全的方向性。实用上通常采用 $\alpha=0.1\sim0.2$,以便消除方向阻抗继电器的死区。

绝对值比较方式如图 4-10 所示,阻抗继电器的启动条件为

$$|Z_{\mathrm{m}}-Z_0| \leqslant |Z_{\mathrm{set}}-Z_0| \tag{4-17}$$

将式(4-17)两端同乘以电流 $\dot{I}_{\mathrm{m}}$,则比较两个电压幅值的阻抗继电器启动条件为

$$|\dot{U}_{\mathrm{m}}-\dot{I}_{\mathrm{m}}Z_0| \leqslant |\dot{I}_{\mathrm{m}}Z_{\mathrm{set}}-\dot{I}_{\mathrm{m}}Z_0| \tag{4-18}$$

或

$$\left|\dot{K}_{\mathrm{uv}}\dot{U}_{\mathrm{m}}-\frac{1}{2}(1-\alpha)\dot{K}_{\mathrm{ur}}\dot{I}_{\mathrm{m}}\right| \leqslant \left|\frac{1}{2}(1+\alpha)\dot{K}_{\mathrm{ur}}\dot{I}_{\mathrm{m}}\right| \tag{4-19}$$

4.2.2 多边形阻抗继电器

多边形阻抗继电器在微机保护中实现容易,且多边形阻抗继电器反映故障点过渡电阻能力强、躲过负荷阻抗能力好,所以多边形特性阻抗继电器在微机保护中应用得相当广泛。若测量阻抗落在多边形阻抗特性内部时,就判为保护区内故障;若阻抗值落在多边形特性阻抗外时,就判为保护区外故障。

4.2.2.1 四边形阻抗继电器

图 4-11 表示出了简单的四边形阻抗元件,它的动作判据可写为

$$
\begin{cases} X_{set.2} \leqslant X_m \leqslant X_{set.1} \\ R_{set.2} \leqslant R_m \leqslant R_{set.1} \end{cases} \tag{4-20}
$$

式中　X_m、R_m——阻抗继电器测量电抗和电阻；

$X_{set.1}$、$X_{set.2}$——电抗分量整定值；

$R_{set.1}$、$R_{set.2}$——电阻分量整定值。

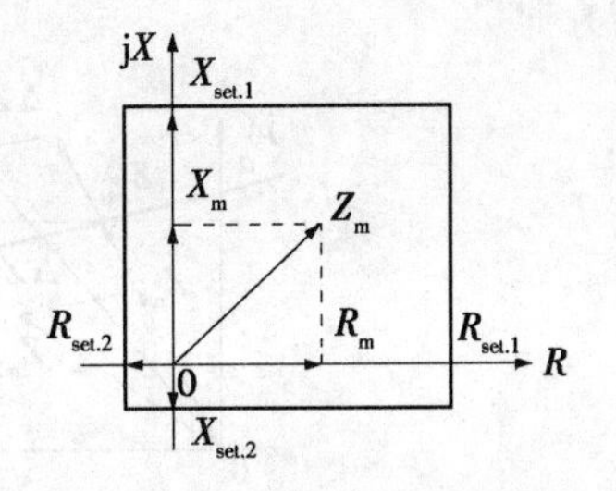

图 4-11　四边形阻抗继电器

4.2.2.2　方向性多边形阻抗继电器

图 4-12 表示出了方向性多边形阻抗动作特性，在双侧电源线路上，考虑到经过渡电阻短路时，保护安装处测量阻抗受过渡电阻影响，且始端发生短路故障时的附加测量阻抗比末端发生短路故障时小，所以取 α_1 小于线路阻抗角，如取 60°（为了提高躲负荷阻抗能力）；在第Ⅰ象限中，与水平线成 α 夹角的下偏边界，是为了防止被保护线路末端经过渡电阻短路故障时可能出现的超越范围制动启动而设计的，α 可取 7°～10°；为保证正向出口经过渡电阻短路时的阻抗继电器能可靠启动，α_2 应有一定的大小（其取值视是否采取了抑制负荷电流影响措施而定）；为保证被保护线路发生金属性短路故障时工作可靠性，α_3 可取 15°～30°（为实现方便 α_2、α_3 取 14°，因为 tan14°≈0.25）；如果采取了抑制负荷电流影响的措施后，顶边也可以平行于 R 轴。对方向性四边形特性阻抗继电器，还应设置方向判别元件，保证正向出口短路故障可靠动作，反向出口短路故障可靠不动作。整定参数仅有 R_{set} 和 X_{set}。当测量得的阻抗为 $Z_m = R_m + jX_m$ 时，则动作判据为

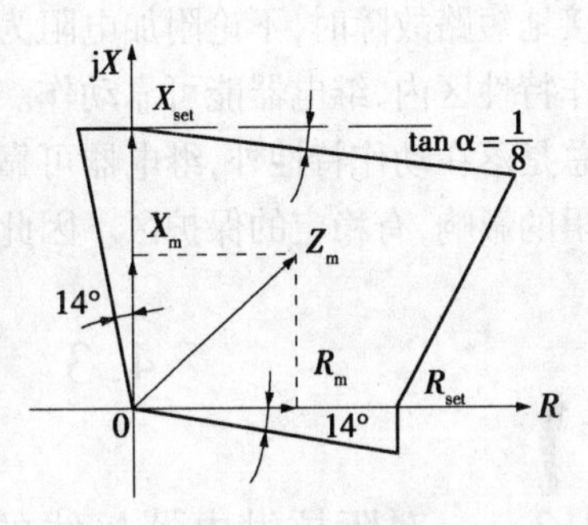

图 4-12　方向性多边形阻抗特性

$$
\begin{cases} -X_m\tan 14° \leqslant R_m \leqslant R_{set} + X_m\cot 60° \\ -R_m\tan 14° \leqslant X_m \leqslant X_{set} - R_m\tan\alpha \end{cases} \tag{4-21}
$$

方向判别的动作方程为

$$
-14° \leqslant \arg\frac{\dot{U}_r}{\dot{I}_r} \leqslant 90° + 14° \tag{4-22}
$$

式中　$\dot{U}_r$、$\dot{I}_r$——加入阻抗继电器的电压、电流，根据阻抗继电器接线方式而定。

4.2.3　零序电抗继电器

为克服单相接地时过渡电阻对保护区的影响，应使阻抗继电器动作特性适应附加测量阻抗的变化，使保护区稳定不变，零序电抗继电器是广泛采用的一种继电器。

由图 4-13 可见，其动作方程为

$$
180° + \beta \leqslant \arg(Z_m - Z_{set}) \leqslant 360° + \beta \tag{4-23}
$$

式中　β——测量附加阻抗。

零序电抗继电器动作特性是过 Z_{set} 端点倾角为 β 的直线 ab，带阴影线一侧是测量阻抗动作区。当继电器处送电侧时，ab 特性下倾；当继电器处受电侧时，ab 特性上翘。

若测量附加阻抗角等于 β，则动作特性与 ΔZ_m 处平行状态。此时在保护区内发生单相

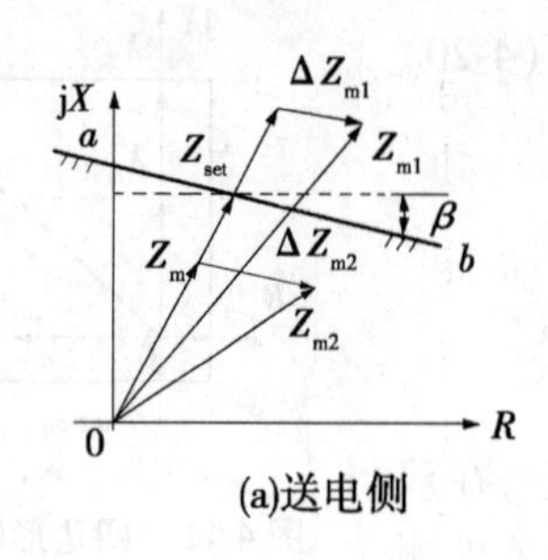

(a)送电侧

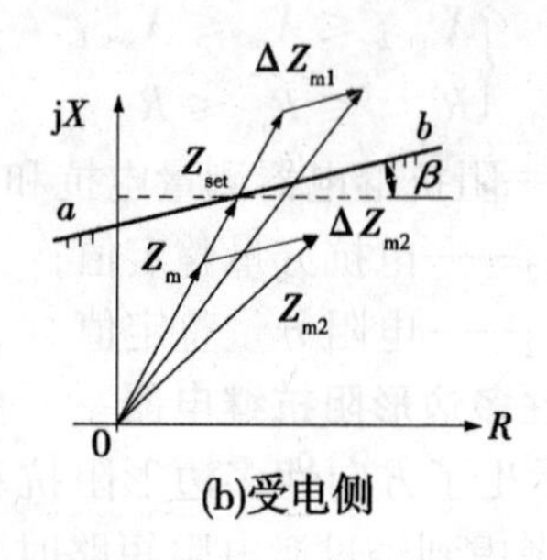

(b)受电侧

图 4-13　零序电抗继电器特性

接地短路故障时,不论附加电阻为何值,附加测量阻抗有多大,继电器的测量阻抗总是在动作特性区内,继电器能可靠动作。当在保护区外发生单相接地短路故障时,继电器测量阻抗总是落在动作特性外,继电器可靠不启动。由此可见,零序电抗继电器的保护区不受过渡电阻的影响,有稳定的保护区。因此,零序电抗继电器在接地距离保护中获得广泛应用。

4.3　阻抗继电器接线方式

4.3.1　对阻抗继电器接线的要求

根据距离保护的工作原理,加入继电器的电压 $\dot{U}_r$ 和电流 $\dot{I}_r$ 应满足以下要求:①阻抗继电器的测量阻抗应正比于短路点到保护安装地点之间的距离;②阻抗继电器的测量阻抗应与故障类型无关,也就是保护范围不随故障类型而变化;③阻抗继电器的测量阻抗应不受短路故障点过渡电阻的影响。

4.3.2　反映相间故障的阻抗继电器的0°接线方式

类似于在功率方向继电器接线方式中的定义,当功率因数 $\cos\varphi=1$ 时,加在继电器端子上的电压 $\dot{U}_r$ 与电流 $\dot{I}_r$ 的相位差为0°,称这种接线方式为0°接线。当然,加入阻抗继电器的电压为相电压,电流为同相电流,虽然也满足0°接线的定义,但是当被保护线路发生两相短路故障时,短路点的相电压不等于零,保护安装处测量阻抗将增大,不满足阻抗继电器接线要求。因此,加入阻抗继电器的电压必须采用相间电压,电流采用与电压同名相两相电流差。同时,为了保护能反映各种不同的相间短路故障,需要三个阻抗继电器,其接线如表 4-1 所示。

现分析采用这种接线方式的阻抗继电器在发生各种相间故障时的测量阻抗。

表 4-1　相间故障阻抗继电器接线

继电器编号	加入继电器电压 $\dot{U}_r$	加入继电器电流 $\dot{I}_r$
KI1	$\dot{U}_A-\dot{U}_B$	$\dot{I}_A-\dot{I}_B$
KI2	$\dot{U}_B-\dot{U}_C$	$\dot{I}_B-\dot{I}_C$
KI3	$\dot{U}_C-\dot{U}_A$	$\dot{I}_C-\dot{I}_A$

4.3.2.1 三相短路

如图 4-14 所示,由于三相短路是对称短路,三个阻抗继电器 KI1 ~ KI3 的工作情况完全相同,因此可仅以 KI1 为例分析之。设短路点至保护安装处之间的距离为 L_K,线路每千米的正序阻抗为 Z_1(Ω/km),则保护安装处母线的电压 $\dot{U}_{AB}$ 应为

$$\dot{U}_{AB} = \dot{U}_A - \dot{U}_B = \dot{I}_{MA}^{(3)} Z_1 L_K - \dot{I}_{MB}^{(3)} Z_1 L_K$$

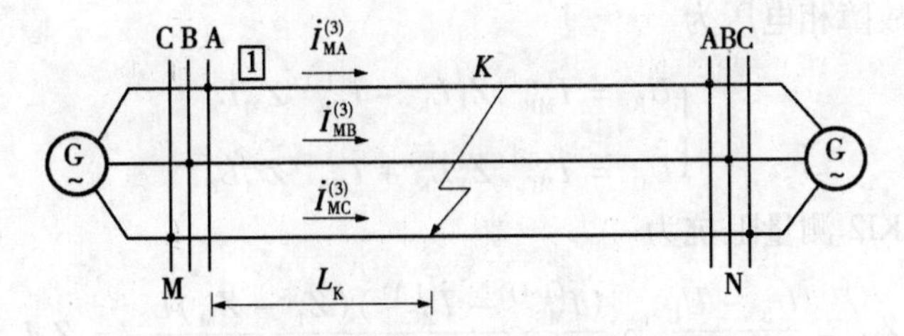

图 4-14 三相短路故障时测量阻抗的分析

因此,在三相短路时,阻抗继电器 KI1 的测量阻抗为

$$Z_m = \frac{\dot{U}_A - \dot{U}_B}{\dot{I}_A - \dot{I}_B} = Z_1 L_K \tag{4-24}$$

显然,当被保护线路发生三相金属性短路故障时,三个阻抗继电器的测量阻抗均等于短路点到保护安装处的阻抗。

4.3.2.2 两相短路

如图 4-15 所示,以 BC 两相短路为例,则故障相间的电压 $\dot{U}_{BC}$ 为

$$\dot{U}_{BC} = \dot{U}_B - \dot{U}_C = \dot{I}_{MB}^{(2)} Z_1 L_K - \dot{I}_{MC}^{(2)} Z_1 L_K$$

因此,故障相阻抗继电器 KI2 的测量阻抗为

$$Z_m = \frac{\dot{U}_B - \dot{U}_C}{\dot{I}_B - \dot{I}_C} = Z_1 L_K \tag{4-25}$$

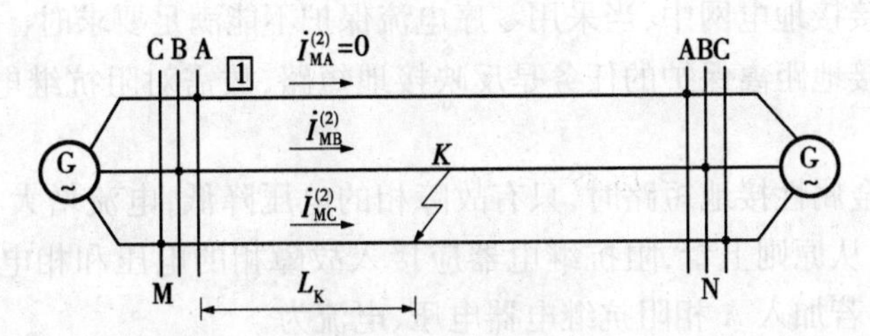

图 4-15 两相短路故障时测量阻抗的分析

在 BC 两相短路故障的情况下,对继电器 KI1 和 KI3 而言,由于所加电压有一相非故障相的电压,数值较 $\dot{U}_{BC}$ 高,而电流只有一个故障相的电流,数值较小。因此,其测量阻抗必然大于式(4-25)的数值,也就是说,它们不能正确地测量保护安装处到短路点的阻抗。

由此可见,保护区 BC 两相短路时,只有 KI2 能正确地测量短路阻抗。同理,分析 AB 和 CA 两相短路可知,相应地只有 KI1 和 KI3 能准确地测量到短路点的阻抗而动作。这

就是要用三个阻抗继电器，并分别接于不同相别的原因。

4.3.2.3 两相接地短路

如图4-16所示，仍以BC两相接地短路为例，它与两相短路不同之处是地中有电流回路，因此 $\dot{I}_{MB}^{(1.1)} \neq \dot{I}_{MC}^{(1.1)}$。此时，若把B相和C相看成两个“导线—地”的送电线路，并有互感耦合在一起，设用 Z_L 表示输电线路每千米的自感阻抗，Z_M 表示每千米的互感阻抗，则保护安装地点的故障相电压为

$$\begin{cases} \dot{U}_B = \dot{I}_{MB}^{(1.1)} Z_L L_K + \dot{I}_{MC}^{(1.1)} Z_M L_K \\ \dot{U}_C = \dot{I}_{MC}^{(1.1)} Z_L L_K + \dot{I}_{MB}^{(1.1)} Z_M L_K \end{cases}$$

阻抗继电器KI2测量阻抗为

$$Z_m = \frac{\dot{U}_B - \dot{U}_C}{\dot{I}_B - \dot{I}_C} = \frac{(\dot{I}_{MB}^{(1.1)} - \dot{I}_{MC}^{(1.1)})(Z_L - Z_M) L_K}{\dot{I}_{MB}^{(1.1)} - \dot{I}_{MC}^{(1.1)}} = Z_1 L_K \tag{4-26}$$

由此可见，当发生BC两相接地短路时，KI2的测量阻抗与三相短路时相同，保护能够正确动作。

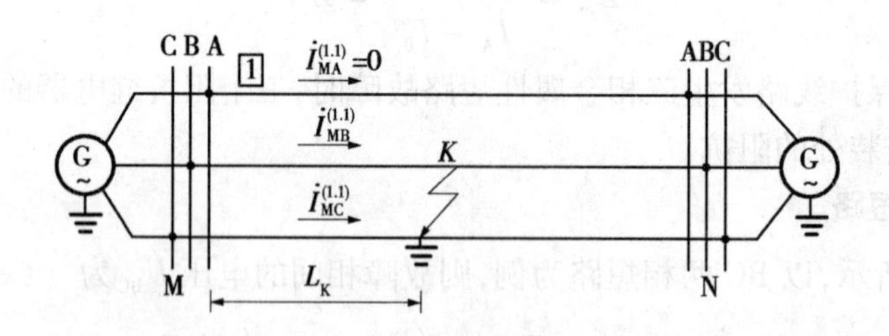

图4-16　BC两相接地短路时测量阻抗的分析

4.3.3 反映接地短路故障的阻抗继电器接线

在中性点直接接地电网中，当采用零序电流保护不能满足要求时，一般考虑采用接地距离保护。由于接地距离保护的任务是反映接地短路，故需对阻抗继电器接线方式作进一步的讨论。

当发生单相金属性接地短路时，只有故障相的电压降低，电流增大，而任何相间电压仍然很高。因此，从原则上看，阻抗继电器应接入故障相的电压和相电流。下面以A相阻抗继电器为例，若加入A相阻抗继电器电压、电流为

$$\dot{U}_r = \dot{U}_A, \dot{I}_r = \dot{I}_A$$

将故障点电压 $\dot{U}_{KA}$ 和电流 $\dot{I}_{KA}^{(1)}$ 分解为对称分量，则

$$\begin{cases} \dot{U}_{KA} = \dot{U}_{KA1} + \dot{U}_{KA2} + \dot{U}_{KA0} \\ \dot{I}_{KA}^{(1)} = \dot{I}_{KA1}^{(1)} + \dot{I}_{KA2}^{(1)} + \dot{I}_{KA0}^{(1)} \end{cases}$$

按照各序的等效网络，在保护安装处母线上各对称分量的电压与短路点的对称分量电压之间，应具有如下的关系

$$\begin{cases} \dot{U}_{A1} = \dot{U}_{KA1} + \dot{I}_{K1} Z_1 L_K \\ \dot{U}_{A2} = \dot{U}_{KA2} + \dot{I}_{K2} Z_1 L_K \\ \dot{U}_{A0} = \dot{U}_{KA0} + \dot{I}_{K0} Z_0 L_K \end{cases} \tag{4-27}$$

式中 $\dot{I}_{K1}$、$\dot{I}_{K2}$、$\dot{I}_{K0}$——保护安装处测量到的正、负、零序电流。

因此，保护安装处母线上的 A 相电压应为

$$\begin{aligned} \dot{U}_A &= \dot{U}_{A1} + \dot{U}_{A2} + \dot{U}_{A0} \\ &= (\dot{U}_{KA1} + \dot{U}_{KA2} + \dot{U}_{KA0}) + (\dot{I}_{K1} Z_1 + \dot{I}_{K2} Z_1 + \dot{I}_{K0} Z_0) L_K \\ &= Z_1 L_K (\dot{I}_{K1} + \dot{I}_{K2} + \dot{I}_{K0} \frac{Z_0}{Z_1}) \\ &= Z_1 L_K (\dot{I}_A + \dot{I}_{K0} \frac{Z_0 - Z_1}{Z_1}) \end{aligned} \tag{4-28}$$

当采用 $\dot{U}_r = \dot{U}_A$ 和 $\dot{I}_r = \dot{I}_A$ 的接线方式时，则继电器的测量阻抗为

$$Z_m = Z_1 L_K + \frac{\dot{I}_{K0}}{\dot{I}_A}(Z_0 - Z_1) L_K \tag{4-29}$$

此测量阻抗之值与 $\dot{I}_{K0}/\dot{I}_A$ 之比值有关，而这个比值因受中性点接地数目与分布的影响，并不等于常数，故阻抗继电器就不能准确地测量从短路点到保护安装处的阻抗。

为了使阻抗继电器的测量阻抗在单相接地时不受零序电流的影响，根据以上分析的结果，阻抗继电器应加入相电压和带零序电流补偿的相电流。即

$$\begin{cases} \dot{U}_r = \dot{U}_A \\ \dot{I}_r = \dot{I}_A + 3K\dot{I}_0 \end{cases} \tag{4-30}$$

式中，$K = \frac{Z_0 - Z_1}{3Z_1}$。一般可近似认为零序阻抗角和正序阻抗角相等，$K$ 为实常数。此时，阻抗继电器测量阻抗为

$$Z_m = \frac{(\dot{I}_A + 3K\dot{I}_0) Z_1 L_K}{\dot{I}_A + 3K\dot{I}_0} = Z_1 L_K \tag{4-31}$$

显然，加入阻抗继电器的电压采用相电压，电流采用带零序电流补偿的相电流后，阻抗继电器就能正确地测量从短路点到保护安装处的阻抗，并与相间短路的阻抗继电器所测量的阻抗为同一数值。因此，反映接地距离保护必须采用这种接线。这种接线同样也能够反映两相接地短路和三相短路故障。为了反映任一相的接地短路故障，接地距离保护也必须采用三个阻抗继电器，每个继电器所加的电压与电流如表 4-2 所示。

表 4-2　反映接地短路故障的阻抗继电器接线

阻抗继电器编号	加入继电器电压 $\dot{U}_r$	加入继电器电流 $\dot{I}_r$
KI1	$\dot{U}_A$	$\dot{I}_A + 3K\dot{I}_0$
KI2	$\dot{U}_B$	$\dot{I}_B + 3K\dot{I}_0$
KI3	$\dot{U}_C$	$\dot{I}_C + 3K\dot{I}_0$

4.3.4 反映突变量阻抗继电器

4.3.4.1 反映突变量的接地阻抗继电器

突变量阻抗继电器是指反映阻抗继电器工作电压 $\dot{U}_{op}$ 相位突变或幅值突变构成的阻抗继电器。

当突变量阻抗继电器由反映工作电压 $\dot{U}_{op}$ 相位构成时，由图 4-1(b)可见，在保护区内发生短路故障时，有 $\dot{U}_{op} \leqslant 0$；如极化电压取工作电压 $\dot{U}_{op}$ 前一个周期的值，记为 $\dot{U}_{op[0]}$，则反映工作电压 $\dot{U}_{op}$ 相位突变的阻抗继电器动作方程可写为

$$90^{\circ} \leqslant \arg \frac{\dot{U}_{op}}{\dot{U}_{op[0]}} \leqslant 270^{\circ}$$

因为阻抗继电器测量的是工作电压 $\dot{U}_{op}$ 前、后周期的相位变化，在稳定状态下阻抗继电器不可能动作，只有在发生短路故障后的第一个周期才有可能动作，所以称为突变量阻抗继电器。反映接地短路故障时，动作方程为

$$90^{\circ} \leqslant \arg \frac{\dot{U}_{\varphi} - (\dot{I}_{\varphi} + 3K\dot{I}_{0}) Z_{set}}{\dot{U}_{op.\varphi[0]}} \leqslant 270^{\circ} \tag{4-32}$$

式中 φ——A、B、C 相；

$\dot{U}_{op.\varphi[0]}$——保护区末端正常运行时的相电压。

4.3.4.2 工频变化量阻抗继电器

当突变量阻抗继电器由反映工作电压 $\dot{U}_{op}$ 的幅值构成时，通常称为工频变化量阻抗继电器。

电力系统发生短路故障时，可分解为正常运行网络和故障分量网络。在正常运行网络中，有发电机电动势作用，建立正常运行时的电压和电流(负荷电流)；在故障分量网络中，仅在故障点有故障电动势作用，在网络中建立故障分量电压、电流。

1. 构成原理

首先分析不同位置发生短路故障时，阻抗继电器工作电压变化量的幅值 $|\Delta\dot{U}_{op.\varphi}|$。设在图 4-17 中保护正方向 K 点发生了 A 相接地，作出故障分量网络如图 4-18 所示。如果 $\frac{Z_{M0} - Z_{M1}}{3Z_{M0}} = K$，则在过渡电阻 $R_F = 0$ 时流过保护安装处的测量电流工频变化量可表示为

$$\Delta(\dot{I}_{A} + 3K\dot{I}_{0}) = \frac{\dot{U}_{KA.eq}}{Z_{M1} + Z_{m}} \tag{4-33}$$

其中 $Z_m = Z_{MK1}$。由图 4-18 可写出保护安装处 A 相电压的工频变化量为

$$\Delta\dot{U}_{A} = -\Delta(\dot{I}_{A} + 3K\dot{I}_{0}) Z_{M1} \tag{4-34}$$

计及式(4-33)、式(4-34)后，阻抗继电器工作电压变化量为

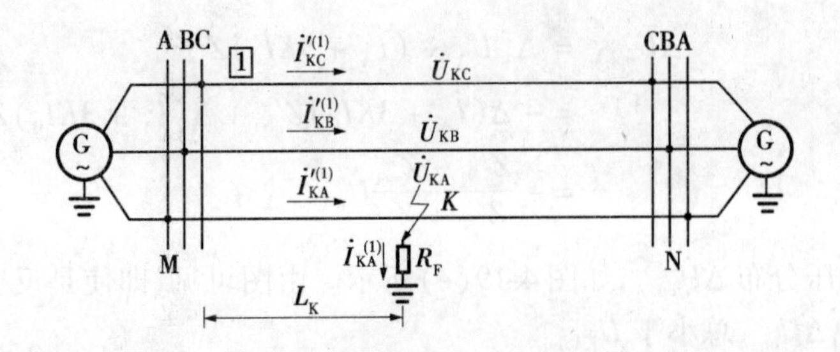

图 4-17　单相接地短路故障求母线电压网络图

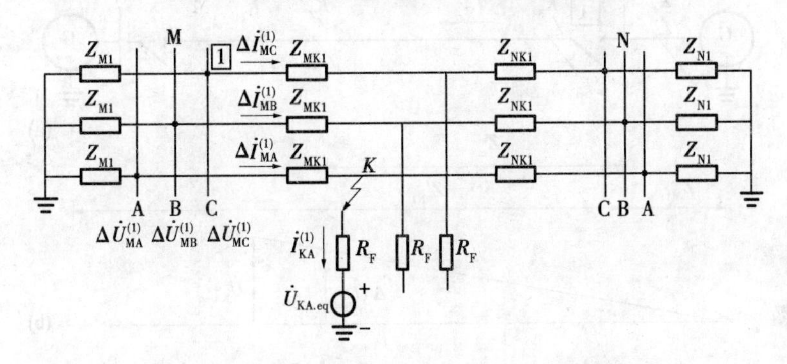

图 4-18　K 点 A 相经过渡电阻接地的故障分量网络

$$\begin{aligned}\Delta\dot{U}_{op.A} &= \Delta[\dot{U}_A-(\dot{I}_A+3K\dot{I}_0)Z_{set}]\\&=-\Delta(\dot{I}_A+3K\dot{I}_0)Z_{M1}-\Delta(\dot{I}_A+3K\dot{I}_0)Z_{set}\\&=-\frac{Z_{M1}+Z_{set}}{Z_{M1}+Z_m}\dot{U}_{KA.eq}\end{aligned}\tag{4-35}$$

可见，正向区外 A 相接地短路故障时，$Z_m>Z_{set}$，所以 $\Delta U_{op.A}<U_{KA.eq}$；保护区末端 A 相接地短路故障时，$Z_m=Z_{set}$，所以 $\Delta U_{op.A}=U_{KA.eq}$；正向区内 A 相接地短路故障时，$Z_m<Z_{set}$，所以 $\Delta U_{op.A}>U_{KA.eq}$。由图 4-19 可知，在故障点 $U_{KA.eq}$ 作用下，建立了故障分量电压的分布，由故障点向接地中性点逐渐降落，到接地中性点时降为零，故障分量的电压分布如图 4-19所示。由式(4-33)可知，$\dot{U}_{KA.eq}$ 也可理解为 $\Delta(\dot{I}_A+3K\dot{I}_0)$ 在阻抗 $Z_{M1}+Z_m$ 上的压降；而由式(4-35)知，$\Delta U_{op.A}$ 等于 $\Delta(\dot{I}_A+3K\dot{I}_0)$ 在阻抗 $Z_{M1}+Z_{set}$ 上的压降。作出 K_1、K_2、K_3 点 A 相分别接地短路故障时的 $U_{KA.eq}$ 如图 4-19(b)、(c)、(d)所示。

当在反方向上 K_4 点 A 相发生了接地短路，流过保护安装处的电流由被保护线路流向母线，则 M 母线上 A 相电压的工频变化量为

$$\Delta\dot{U}_A=-\Delta(\dot{I}_A+3K\dot{I}_0)Z'_{N1}\tag{4-36}$$

而
$$\Delta(\dot{I}_A+3K\dot{I}_0)=\frac{\dot{U}_{KA.eq}}{Z'_{N1}+Z_m}\tag{4-37}$$

式中　Z_m——K_4 点到母线 M 的阻抗。

由于实际电流 $\dot{I}_A+3K\dot{I}_0$ 的方向与工作电压 $\dot{U}_{op.A}$ 规定中的 $\dot{I}_A+3K\dot{I}_0$ 方向相反，于是计及式(4-36)、式(4-37)后继电器工作电压变化量为

$$\begin{aligned}\Delta\dot{U}_{op.A} &= \Delta[\dot{U}_A + (\dot{I}_A + 3K\dot{I}_0)Z_{set}] \\ &= -\Delta(\dot{I}_A + 3K\dot{I}_0)Z'_{N1} + \Delta(\dot{I}_A + 3K\dot{I}_0)Z_{set} \\ &= -\frac{Z'_{N1} - Z_{set}}{Z'_{N1} + Z_m}\dot{U}_{KA.eq}\end{aligned} \tag{4-38}$$

作出故障分量电压分布 $\Delta\dot{U}_{op.A}$,如图 4-19(e)所示。由图可见,即使是反方向出口单相接地短路($Z_m=0$),$\Delta U_{op.A}$ 总小于 $U_{KA.eq}$。

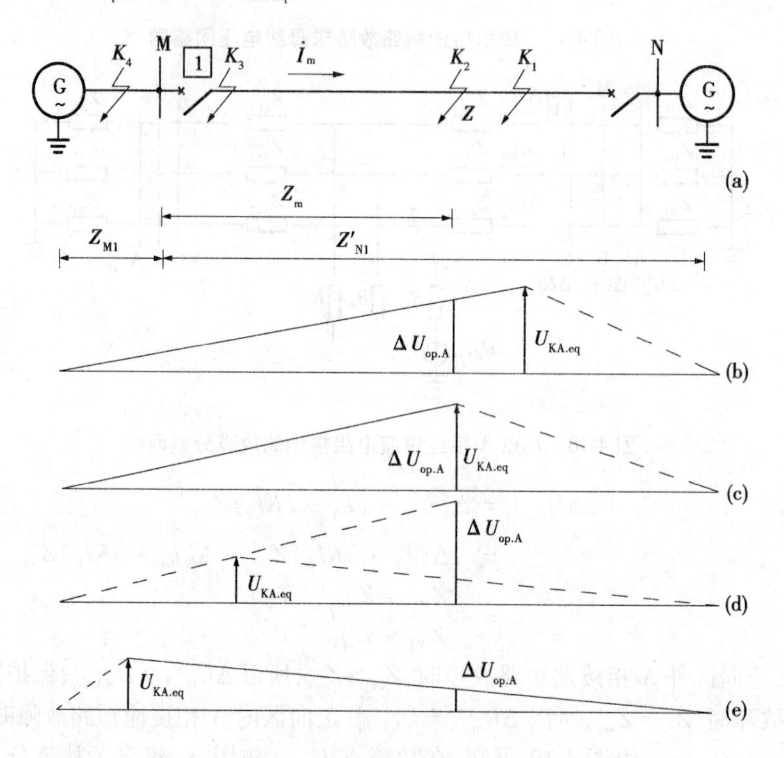

(a)系统图;(b)、(c)、(d)正向单相接地短路;(e)反向单相接地短路

图 4-19　不同地点 A 相接地短路故障分量电压及其 $\Delta\dot{U}_{op.A}$ 大小

因故障点电压 $\dot{U}_{KA.eq}$ 在保护安装处是无法测量的,虽然短路点的位置不是固定不变的,但 $\dot{U}_{KA.eq}$ 的值与整定阻抗末端正常运行时的 A 相电压 $\dot{U}_{op.A}$ 十分相近,所以若将 $\dot{U}_{op.\varphi}$ 之值记为 U_{set},则继电器的动作方程为

$$|\Delta\dot{U}_{op.\varphi}| \geqslant U_{set} \tag{4-39}$$

由式(4-39)及图 4-19 可见,该继电器不仅能判别接地短路故障的方向,而且接地靠近保护安装处时,因 $\Delta\dot{U}_{op.\varphi}$ 越大,所以继电器越灵敏。U_{set} 实际上是继电器工作电压 $\dot{U}_{op.\varphi}$ 的记忆值,一般取 1.15 倍额定相电压。

2. 动作特性

1)正向单相接地时的动作特性

将式(4-35)代入式(4-39),整理后得

$$Z_m \leqslant -Z_{M1} + (Z_{M1} + Z_{set})e^{j\theta} \tag{4-40}$$

式中　$\theta = 0° \sim 360°$。

动作特性是以 $-Z_{M1}$ 端点为圆心、$Z_{M1} + Z_{set}$ 为半径的一个圆，圆内为动作区，如图 4-20(a)所示。动作特性包含坐标原点，说明正向出口接地短路故障时继电器可靠动作。同时，因动作圆较大，区内接地短路故障时允许有较大过渡电阻。由于继电器不反映负荷电流，因此过渡电阻 R_F 存在引起的附加测量阻抗呈电阻性。

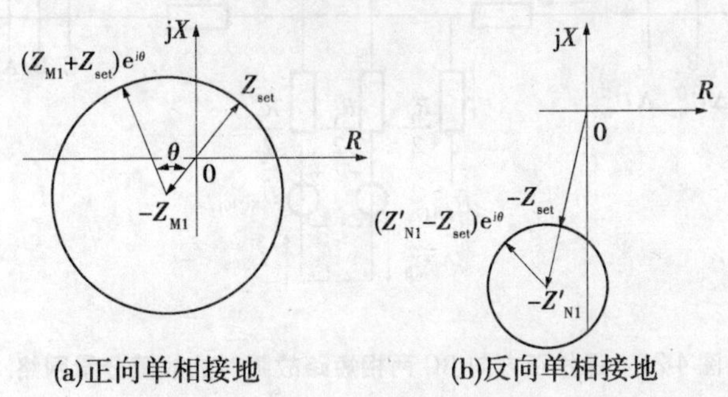

图 4-20　工频变化量接地方向阻抗继电器的动作特性

2)反向单相接地短路故障时的动作特性

将式(4-38)代入式(4-40)，得

$$Z_m \leqslant -Z'_{N1} + (Z'_{N1} - Z_{set})e^{j\theta} \tag{4-41}$$

作出动作特性如图 4-20(b)所示，是以 $-Z'_{N1}$ 端点为圆心，$Z'_{N1} - Z_{set}$ 为半径的一个圆，圆内为动作区。因动作特性不包含坐标原点和第Ⅰ象限，所以反向单相接地短路故障时，继电器不会误动作。

3. 工频变化量相间方向阻抗继电器

与工频变化量接地方向阻抗继电器相似，工频变化量相间方向阻抗继电器的动作方程为

$$|\Delta\dot{U}_{op.\varphi\varphi}| \geqslant U_{set} \tag{4-42}$$

式中　$\dot{U}_{op.\varphi\varphi}$——相间阻抗继电器工作电压；

U_{set}——保护区末端故障前的相间电压，即 $U_{op.\varphi\varphi[0]}$。

设在图 4-19 中保护正方向上 K 点发生 BC 两相短路故障，故障分量网络如图 4-21 所示。当 $R_F = 0$ 时，列出故障相回路方程为($Z_{MK1} = Z_m$)

$$-\dot{U}_{KB[0]} + \dot{U}_{KC[0]} = -\Delta\dot{I}_{MB}(Z_{M1} + Z_m) + \Delta\dot{I}_{MC}(Z_{M1} + Z_m)$$

即

$$\dot{U}_{KBC[0]} = (\Delta\dot{I}_{MB} - \Delta\dot{I}_{MC})(Z_{M1} + Z_m) \tag{4-43}$$

而

$$\Delta\dot{U}_{MBC} = (-\Delta\dot{I}_{MB} + \Delta\dot{I}_{MC})Z_{M1} = -\Delta\dot{I}_{MBC}Z_{M1} \tag{4-44}$$

其中，$\Delta\dot{I}^{(2)}_{MB} = \Delta\dot{I}_{MB}$、$\Delta\dot{I}^{(2)}_{MC} = \Delta\dot{I}_{MC}$。

将式(4-43)、式(4-44)代入动作方程式(4-42)，得

$$|-\Delta\dot{I}_{MBC}Z_{M1} - \Delta\dot{I}_{MBC}Z_{set}| \geqslant |\Delta\dot{I}_{MBC}(Z_{M1} + Z_m)| \tag{4-45}$$

化简可得

$$Z_m \leqslant -Z_{M1}+(Z_{M1}+Z_{set})e^{j\theta} \tag{4-46}$$

与式(4-40)相同,动作特性如图4-20(a)所示。

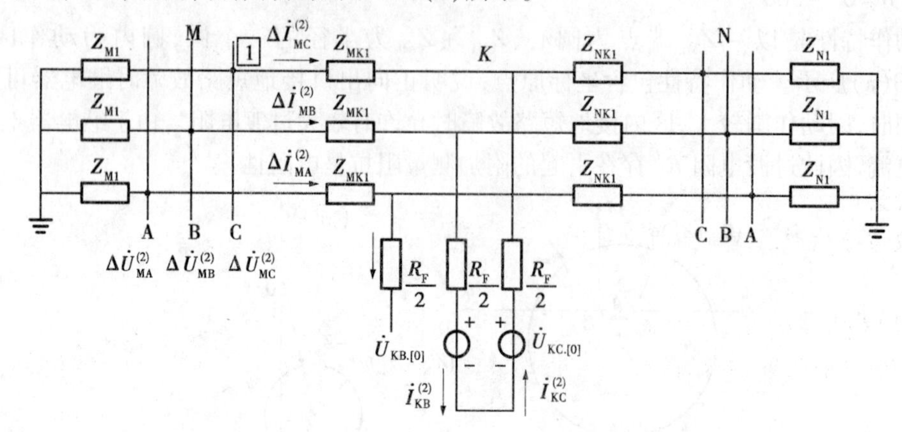

图4-21 保护正方向BC两相短路故障时的故障分量网络

反方向上两相短路故障时,动作方程为

$$Z_m \leqslant -Z'_{N1}+(Z'_{N1}-Z_{set})e^{j\theta} \tag{4-47}$$

与式(4-41)相同,动作特性如图4-20(b)所示。

由此可见,工频变化量相间方向阻抗继电器与工频变化量接地阻抗继电器有相同的动作特性,因而工作特点也相同。

4.4 选相原理

微机是串行工作的,如果采用一个CPU反映各种故障和故障相别,则有十种故障类型和相别需要判断,即要做十次故障判别计算,耗时很长。为了充分发挥CPU的功能,减少设备费用和硬件的复杂性,一般希望尽量用一个CPU反映各种故障。这就要求在故障处理之前,预先进行故障类型和相别的判断。在识别出故障相别后,将相应的电压、电流量取出,送至故障判别处理程序,这样可以节约大量的计算时间,但是对预先进行故障类型和相别判断准确性的要求就要提高。如果选相错误,则不可避免地使后面的计算完全出错,后果是很严重的。

为了实现单相重合闸和综合重合闸的需要,当线路上发生短路故障时,必须正确地选择出故障相。同时,选相元件只承担选相任务,不承担测量故障点距离和故障方向的任务,因此对选相元件的要求为:

(1)在保护区内发生任何形式的短路故障时,能判别故障相别,或判别出是单相故障还是多相故障。

(2)单相接地故障时,非故障相选相元件可靠不动作。

(3)在正常运行时,选相元件应不动作。

(4)动作速度要快。

在微机保护中,要完成选相任务,不需要增加任何硬件。有些微机距离保护,线路故障发生后首先判别故障相别，而后再计算故障点的距离和方向。

相电流、相电压可以用来选相，虽然实现简单，但相电流选相元件仅适用于电源侧，且灵敏度较低，容易受负荷电流的影响和系统运行方式的影响。相电压选相仅适用于短路容量小的线路一侧以及单电源线路的受电侧，应用场合受到限制。

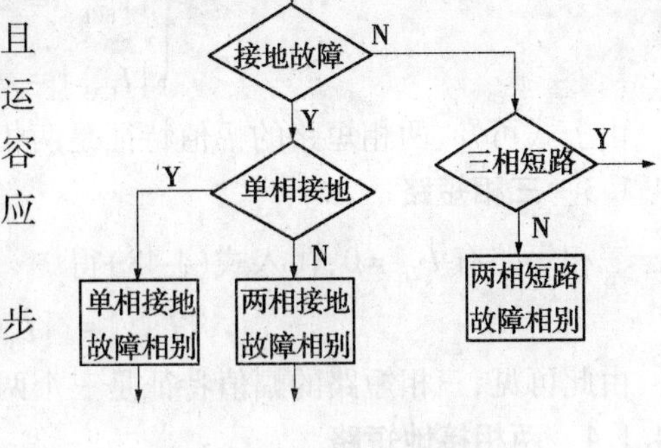

图 4-22　故障选相流程

故障选相判断的主要流程见图 4-22，其步骤是：

(1) 判断是接地短路还是相间短路；

(2) 如果是接地短路，先判断是否单相接地；

(3) 如果不是单相接地，则判断哪两相接地；

(4) 如果不是接地短路，则先判断是否三相短路；

(5) 如果不是三相短路，则判断是哪两相短路。

4.4.1　相电流差工频变化量选相

相电流差工频变化量选相元件是在系统发生故障时利用两相电流差的变化量的幅值特征来区分各种类型故障。

若将接入选相元件的两电流差的变化量分别以$(\dot{I}_A-\dot{I}_B)_F$、$(\dot{I}_B-\dot{I}_C)_F$、$(\dot{I}_C-\dot{I}_A)_F$表示，利用对称分量法可得

$$\begin{cases}\dot{I}_{ABF}=(\dot{I}_A-\dot{I}_B)_F=(1-a^2)C_1\dot{I}_{1F}+(1-a)C_2\dot{I}_{2F}\\ \dot{I}_{BCF}=(\dot{I}_B-\dot{I}_C)_F=(a^2-a)C_1\dot{I}_{1F}+(a-a^2)C_2\dot{I}_{2F}\\ \dot{I}_{CAF}=(\dot{I}_C-\dot{I}_A)_F=(a-1)C_1\dot{I}_{1F}+(a^2-1)C_2\dot{I}_{2F}\end{cases}\tag{4-48}$$

式中　$\dot{I}_{1F}$、$\dot{I}_{2F}$——故障点的正、负序故障分量电流；

C_1、C_2——保护端的正、负序电流分布系数。

为分析方便，可假设$C_1=C_2$。

4.4.1.1　单相接地短路故障

以 A 相接地短路故障为例，则有$\dot{I}_{1F}=\dot{I}_{2F}$，代入式(4-54)可得

$$\begin{cases}|\dot{I}_{ABF}|=3|C_1\dot{I}_{1F}|\\ |\dot{I}_{BCF}|=0\\ |\dot{I}_{CAF}|=3|C_1\dot{I}_{1F}|\end{cases}\tag{4-49}$$

由此可见，单相接地短路故障的故障相幅值是两相非故障相电流的电流差，其值等于零。

4.4.1.2　两相短路

以 BC 两相短路为例，则有$\dot{I}_{1F}=-\dot{I}_{2F}$，代入式(4-48)得

$$\begin{cases} |\dot{I}_{ABF}| = \sqrt{3}\,|C_1\dot{I}_{1F}| \\ |\dot{I}_{BCF}| = 2\sqrt{3}\,|C_1\dot{I}_{1F}| \\ |\dot{I}_{CAF}| = \sqrt{3}\,|C_1\dot{I}_{1F}| \end{cases} \tag{4-50}$$

由上式可知,两相短路的幅值特征是两相故障相电流差值最大。

4.4.1.3 三相短路

三相短路有 $\dot{I}_{2F}=0$,代入式(4-48)得

$$|\dot{I}_{ABF}| = |\dot{I}_{BCF}| = |\dot{I}_{CAF}| \tag{4-51}$$

由此可见,三相短路的幅值特征是三个两相电流差故障分量相等。

4.4.1.4 两相接地短路

以 BC 两相接地短路为例,则有 $\dot{I}_{2F} = -k\dot{I}_{1F}$,假设为金属性接地短路故障,则 k 为一实数,$0<k<1$,代入式(4-48)有

$$\begin{cases} |\dot{I}_{BCF}| = \sqrt{3}\,|C_1(1+k)\dot{I}_{1F}| \\ |\dot{I}_{ABF}| = \sqrt{3}\,|C_1(1-k+a)\dot{I}_{1F}| \\ |\dot{I}_{CAF}| = \sqrt{3}\,|C_1(1-k-ak)\dot{I}_{1F}| \end{cases} \tag{4-52}$$

由此可见,一般情况下,两相接地短路的幅值特征与两相短路相同,即两故障相电流差最大。为了进一步区分是两相接地短路,通常采用以下附加措施,以判别是否为接地故障。

判别接地故障的最简单的方法是检查是否有零序电流或零序电压存在。由于三相不平衡或其他原因,在正常情况下就有零序电流或电压存在,为了可靠地检出接地故障,也可采用零序变化量的方法。考虑到相间短路时由于电流互感器暂态过程的影响也可能短时出现零序电流,因此也可用零序电压。当零序电压取自电压互感器开口三角侧时,可防止电压回路断线的影响。

4.4.2 对称分量选相

电流突变量元件在故障的初始阶段有较高的灵敏度和准确性,但是,突变量仅存在 20 ~40 ms,超过此时刻,由于无法得到变量,突变量选相元件无法工作。除突变量选相外,常用的还有阻抗选相、电压选相、对称分量选相等,其中对称分量选相是一种较好的选相方法。

当输电线路发生单相接地短路和两相接地短路时,才出现零序和负序分量,而三相短路和两相短路均不会出现稳态的零序电流。因此,可以考虑先判断是否存在零序分量,排除三相短路和两相短路,再用零序电流 $\dot{I}_0$ 和负序电流 $\dot{I}_2$ 进行比较,分析单相接地短路和两相接地短路的区别。

4.4.2.1 单相接地

单相接地短路时,故障相的复合序网如图 4-23 所示。无论是金属性接地短路还是经过渡电阻接地短路,故障相故障点有 $\dot{I}_{1\Sigma}=\dot{I}_{2\Sigma}=\dot{I}_{3\Sigma}$,在保护安装处有

$$\varphi = \arg \frac{\dot{I}_2}{\dot{I}_0} = \arg \frac{\dot{C}_{2m}\dot{I}_{2\Sigma}}{\dot{C}_{0m}\dot{I}_{0\Sigma}} = \arg \frac{\dot{C}_{2m}}{\dot{C}_{0m}} \tag{4-53}$$

式中 $\dot{C}_{2m}$——保护安装处负序电流分配系数，$\dot{C}_{2m} = Z_{2n}/(Z_{2n} + Z_{2m})$；

$\dot{C}_{0m}$——保护安装处零序电流分配系数，$\dot{C}_{0m} = Z_{0n}/(Z_{0n} + Z_{0m})$；

$\dot{I}_2$、$\dot{I}_0$——保护安装处的负序和零序电流。

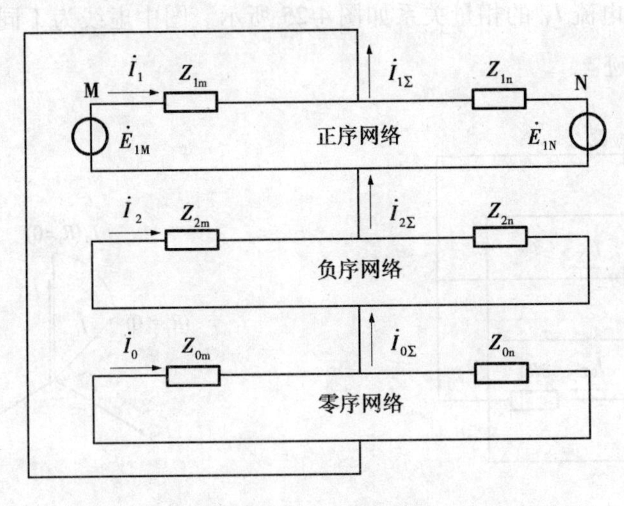

图4-23 单相接地短路复合序网

φ 值与负序电流分配系数和零序电流分配系数相位有关，若假设两侧系统的零序阻抗与线路的零序阻抗相等，则 $\varphi = 0°$。实际上 φ 的最大值在 $\pm 20°$左右，要通过计算确定。定性分析时，设 $\varphi = 0°$，则有

(1) A 相接地时 $\varphi = \arg \dfrac{\dot{I}_{2A}}{\dot{I}_0} \approx 0°$；

(2) B 相接地时 $\varphi = \arg \dfrac{\dot{I}_{2B}}{\dot{I}_0} \approx 0°$和 $\varphi = \arg \dfrac{\dot{I}_{2A}}{\dot{I}_0} \approx -120°$；

(3) C 相接地时 $\varphi = \arg \dfrac{\dot{I}_{2C}}{\dot{I}_0} \approx 0°$和 $\varphi = \arg \dfrac{\dot{I}_{2A}}{\dot{I}_0} \approx 120°$。

4.4.2.2 两相接地短路

两相经过渡电阻接地时复合序网如图 4-24 所示，特殊相故障点处有

$$\begin{cases} \dot{I}_{2\Sigma} = -\dfrac{Z_{0\Sigma} + 3R_F}{Z_{2\Sigma} + Z_{0\Sigma} + 3R_F}\dot{I}_{1\Sigma} \\ \dot{I}_{0\Sigma} = -\dfrac{Z_{2\Sigma}}{Z_{2\Sigma} + Z_{0\Sigma} + 3R_F}\dot{I}_{1\Sigma} \end{cases} \tag{4-54}$$

$$\varphi = \arg \frac{\dot{I}_{2\Sigma}}{\dot{I}_{0\Sigma}} = \arg \frac{Z_{0\Sigma} + 3R_F}{Z_{2\Sigma}} = 0° \sim -90° \tag{4-55}$$

式(4-55)中,若假设 $Z_{0\Sigma}$ 和 $Z_{2\Sigma}$ 为纯电抗,当 $R_F=0$ 时,$\varphi=0°$;当 $R_F=\infty$ 时,相当于两相短路,$\varphi=-90°$。

计及各种对称分量两侧的分配系数后,保护安装处的非故障相负序电流 $\dot{I}_2$ 与零序电流 $\dot{I}_0$ 基本上满足式(4-55)的关系,即 $\varphi=0°\sim-90°$。当 $R_F=0$ 时,$\varphi=0°$,此时相量关系与单相接地一致;当 $R_F=\infty$ 时,$\varphi=-90°$。以 BC 两相接地短路为例,保护安装处 A 相负序电流 $\dot{I}_{2A}$ 与零序电流 $\dot{I}_0$ 的相量关系如图 4-25 所示。图中虚线为不同接地电阻情况下的 $\dot{I}_0$ 相量变化轨迹。

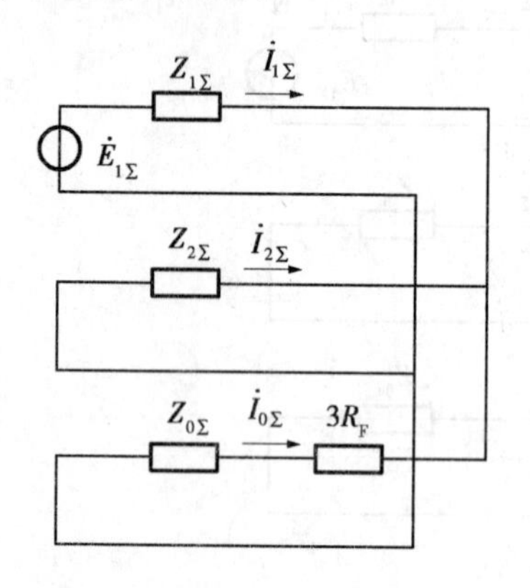

图 4-24 两相接地复合序网

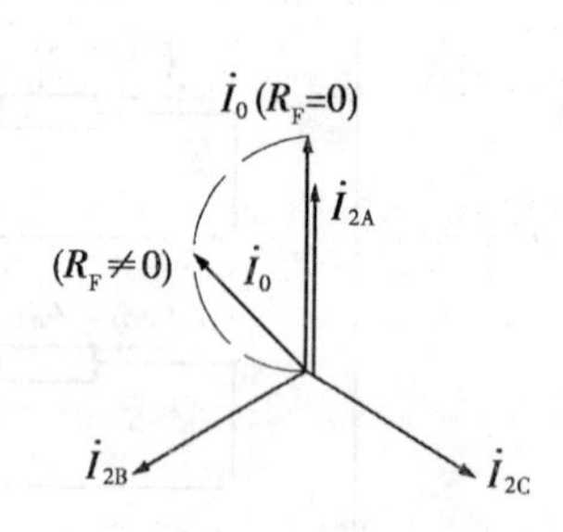

图 4-25 BC 两相接地时相量关系

4.4.2.3 选相方法

由上分析各种接地短路的相量关系可以得出,如果不计分配系数之间的角度差,保护安装处的 A 相负序电流与零序电流之间的相位关系见表 4-3。以 $\dot{I}_0$ 为基准选相区域,$\dot{I}_{2A}$ 落在不同相位区,对应了不同的接地故障类型和相别,如图 4-26(a)所示。再考虑各种对称分量两侧的分配系数的角度差后,实际应用的对称分量选相区域如图 4-26(b)所示。

表 4-3 各种接地短路时,A 相负序电流与零序电流的相位关系

故障类型	K_A^1	K_B^1	K_C^1	$K_{AB}^{(1.1)}$	$K_{BC}^{(1.1)}$	$K_{CA}^{(1.1)}$
角度 $\arg\dfrac{\dot{I}_2}{\dot{I}_0}$	0°	240°	120°	30°~120°	−90°~0°	150°~240°

图 4-26(a)是 $\arg\dfrac{\dot{C}_{2m}}{\dot{C}_{0m}}=0°$ 的序分量选相区域,图 4-26(b)是实用的序分量选相区域图。图中 AN 表示 A 相接地短路,BCN 表示 BC 两相接地短路。由于在对称分量选相区域内有单相接地短路和两相接地短路重叠部分,在重叠区需要进一步判别是单相接地还是两相接地短路。虽然可以用电流大小来区别两种故障,但是测量电流受负荷电流影响,不能实现准确判别,特别在接地电阻较大时。以 $-30°\leqslant\arg\dfrac{\dot{I}_{2A}}{\dot{I}_0}\leqslant30°$ 的区域为例,如果是 A 相接地短路故障,则 BC 的相间阻抗基本上是负荷阻抗,测量阻抗应在Ⅲ段阻抗 $Z_m^{\text{Ⅲ}}$ 之外;如果是 BC 两相接地短路故障,则 BC 测量阻抗应在Ⅲ段阻抗 $Z_m^{\text{Ⅲ}}$ 之内。区分 A 相接

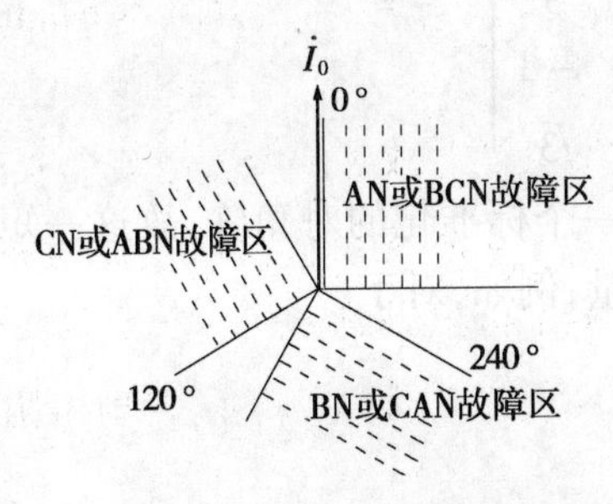

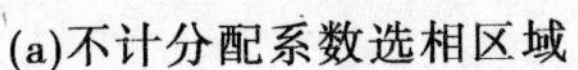

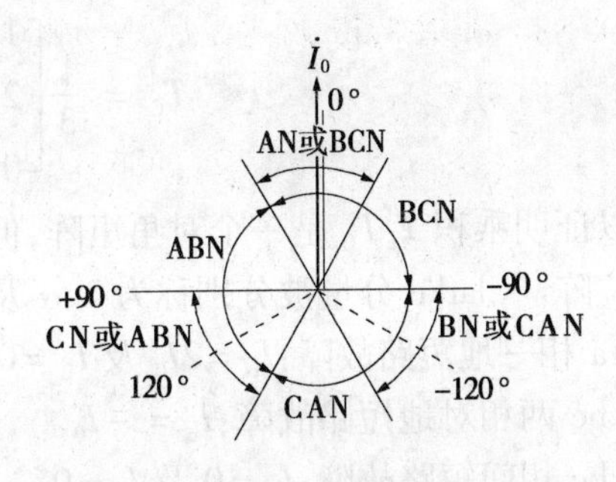

(b)计及分配系数后的选相区域

图 4-26 对称分量选相区域图

地短路故障与 BC 两相接地短路故障的规则如下：

(1)当 $-30°\leqslant \arg\dfrac{\dot{I}_{2A}}{\dot{I}_0}\leqslant 30°$时，若 Z_{BC} 在 $Z_m^{Ⅲ}$ 内，则判为 BC 两相接地短路故障。

(2)当 $-30°\leqslant \arg\dfrac{\dot{I}_{2A}}{\dot{I}_0}\leqslant 30°$时，若 Z_{BC} 在 $Z_m^{Ⅲ}$ 外，则判为 A 相接地短路故障。

当发生保护区外 BC 两相接地短路故障时，即使按 A 相接地短路故障处理也不会误动作，因为这种情况下 A 相测量 Z_{mA} 较大。对称分量选相流程见图 4-27 所示。

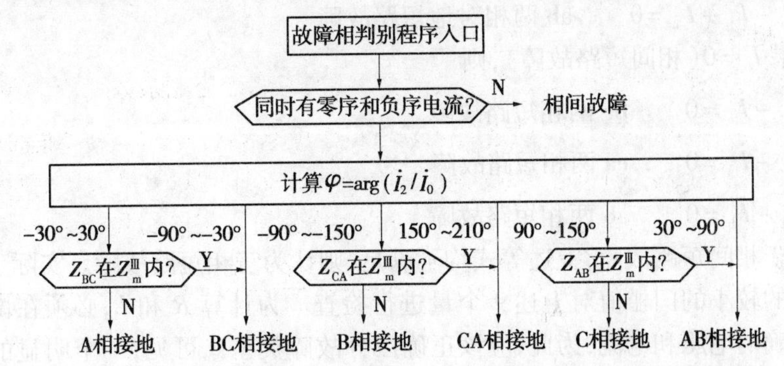

图 4-27 对称分量选相流程图

电力系统继电保护的各种保护原理、选相方法和判据各有特点，不少判据又有一定局限性。微机继电保护可以灵活地针对不同情况、不同时段，选择不同算法和判据。采用电流突变量选相仅在短路初始阶段有效，可以用于瞬时速断保护。而对称分量选相可以用在整个故障存在的过程中，但精确计算需要约一个周期，只能接地短路故障才有效，可以用于保护的Ⅱ、Ⅲ段和转换性故障的选相。

4.4.3 用 Clarke 分量的故障判别

对于微分方程算法，Clarke 分量可以提供另一种方法。以 a 相作为参考相的 Clarke 分量可由下述矩阵与三相量相乘获取。

$$T_C = \frac{1}{3}\begin{bmatrix} 1 & 1 & 1 \\ 2 & -1 & -1 \\ 0 & \sqrt{3} & \sqrt{3} \end{bmatrix} \tag{4-56}$$

可以证明乘积 $T_e^T T_C$ 是一个对角矩阵,但不是一个标准化的对角阵,故这一矩阵不是一个单位阵。Clarke 分量被分别称为 0、α 及 β 分量,例如,对于

(1)a 相—地短路故障:$I_\alpha = 2I_0$ 及 $I_\beta = 0$。

(2)bc 两相对地短路故障:$I_\alpha = -I_0$。

(3)bc 相间短路故障:$I_\alpha = 0$ 及 $I_0 = 0$。

(4)三相短路故障:$I_0 = 0$。

如果以 b 和 c 相作为参考相且可以测到中性点电流 I_n,则可以根据 I_n 是否为零的情况,将上述条件转化为下述两大类

(1)如果 $I_n \neq 0$(接地短路故障),则

$\dot{I}_b - \dot{I}_c = 0$　　a 相对地短路故障

$\dot{I}_a - \dot{I}_c = 0$　　b 相对地短路故障

$\dot{I}_b - \dot{I}_a = 0$　　c 相对地短路故障

$2\dot{I}_a - \dot{I}_b - \dot{I}_c + \dot{I}_n = 0$　　bc 两相对地短路故障

$2\dot{I}_b - \dot{I}_c - \dot{I}_a + \dot{I}_n = 0$　　ca 两相对地短路故障

$2\dot{I}_c - \dot{I}_a - \dot{I}_b + \dot{I}_n = 0$　　ab 两相对地短路故障

(2)如果 $I_n = 0$(相间短路故障),则

$2\dot{I}_a - \dot{I}_b - \dot{I}_c = 0$　　bc 两相短路故障

$2\dot{I}_b - \dot{I}_c - \dot{I}_a = 0$　　ca 两相短路故障

$2\dot{I}_c - \dot{I}_a - \dot{I}_b = 0$　　ab 两相短路故障

如果对于相间短路故障,上述等式均不满足,则认为三相短路故障。实际上是通过一个不等于零的较小的门槛值对上述 9 个量进行检查。为计算 R 和 L,必须在微分方程算法中使用正确的电压和电流,为此,应该正确区分故障类型。可见,一个明显的问题就是误分类或发展性故障。例如,在假定故障为 a 相对地短路故障的情况下,如果已经处理了一些采样值,而实际上发现短路故障是 ab 两相短路故障,则必须重新设置计数器并重新处理数据。这种情况下造成的净影响就是延迟了短路故障切除时间。

4.5 距离保护启动元件

4.5.1 启动元件的作用

距离保护装置的启动元件,主要任务是当输电线路发生短路故障时启动保护装置或进入计算程序,其作用如下:

(1)闭锁作用。因启动元件动作后才给上保护装置的电源,所以装置在正常运行发

生异常情况时是不会误动作的，此时启动元件起到闭锁作用，提高了装置工作的可靠性。

(2)在某些距离保护中，启动元件与振荡闭锁启动元件为同一个元件，因此启动元件起到了振荡闭锁的作用。

(3)如果保护装置中第Ⅰ段和第Ⅱ段采用同一阻抗测量元件，则启动元件动作后按要求自动地将阻抗定值由第Ⅰ段切换到第Ⅱ段。当保护装置采用Ⅱ、Ⅲ段切换时，同样按要求能自动地将阻抗定值由第Ⅱ段切换到第Ⅲ段。

(4)当保护装置只用一个阻抗测量元件来反映不同短路故障形式时，则启动元件应能按故障类型将适当的电压、电流组合加于测量元件上。

4.5.2 对启动元件的要求

(1)能反映各种类型的短路故障，即使是三相同时性短路故障，启动元件也应能可靠启动。

(2)在保护范围内短路故障时，即使故障点存在过渡电阻，启动元件也应有足够的灵敏度，动作可靠、快速，在故障切除后尽快返回。

(3)被保护线路通过最大负荷电流时，启动元件应可靠不动作；电力系统振荡时启动元件不允许动作。

(4)当电压回路发生异常时，阻抗继电器可能发生误动作，此时启动元件不应动作，为此启动元件应采用电流量，不应采用电压量来构成启动元件。

(5)为能发挥启动元件的闭锁作用，构成启动元件的数据采集、CPU 等部分最好应完全独立，不应与保护部分共用。

4.5.3 负序、零序电流启动元件

距离保护中的启动元件，有电流元件、阻抗元件、负序和零序电流元件、电流突变量元件等。电流启动元件具有简单可靠和二次电压回路断线失压不误启动的优点，但是，在较高电压等级的网络中，灵敏度难于满足要求，且振荡时要误启动，因而只适用于 35 kV 及以下网络的距离保护中。阻抗启动元件虽然其灵敏度仍不受系统运行方式变化的影响，且灵敏度较高，但在长距离重负荷线路上有时灵敏度仍不能满足要求，二次电压回路失压、电力系统振荡时会误动。

根据故障电流分析，当电力系统发生不对称短路故障时，总会出现负序电流，考虑到一般三相短路故障是由不对称短路故障发展而成，所以在三相短路故障的初瞬间也有负序电流出现。因此，负序电流可用于构成距离保护装置的启动元件，基本能满足距离保护装置对启动元件的要求。当发生不对称接地短路故障时，会出现零序电流，为提高启动元件灵敏度，与负序电流共同构成启动元件。

4.5.4 序分量滤过器算法

因为负序和零序分量只有在故障时才产生，它具有不受负荷电流的影响、灵敏度高等优点，因此在微机保护中被广泛应用。

为了获取负序、零序分量，可以采用负序、零序滤过器来实现。但是，在微机保护中，

是通过算法来实现的。下面以直接移相原理的序分量滤过器、增量元件算法为例进行讲述。

4.5.4.1 直接移相原理的序分量滤过器

直接移相原理的序分量滤过器基于对称分量基本公式(以电压为例)

$$\begin{cases}3\dot{U}_1 = \dot{U}_a + a\dot{U}_b + a^2\dot{U}_c \\ 3\dot{U}_2 = \dot{U}_a + a^2\dot{U}_b + a\dot{U}_c \\ 3\dot{U}_0 = \dot{U}_a + \dot{U}_b + \dot{U}_c\end{cases} \tag{4-57}$$

对于序列 $3u_1$、$3u_2$、$3u_0$ 相应的公式为

$$\begin{cases}3u_1(n) = u_a(n) + au_b(n) + a^2u_c(n) \\ 3u_2(n) = u_a(n) + a^2u_b(n) + au_c(n) \\ 3u_0(n) = u_a(n) + u_b(n) + u_c(n)\end{cases} \tag{4-58}$$

只要知道了 a、b、c 三相的采样序列,经过移相 ±120°后,用式(4-57)运算即可得到正序、负序和零序分量的序列,相当于各序分量的采样值。设每周采样 12 点,即 $N=12$,$\omega T_s=30°$,根据移相时的数据窗不同,可有几种不同的算法。

电压相量 $\dot{U}$ 的相位由 0°~360°呈周期性变化,这相当于电压相量 $\dot{U}$ 在复平面上周而复始地旋转。设$t=nT_s$时,$\dot{U}$ 的相位为 0°,此时采得 $\dot{U}$ 的瞬时值为$u(n)$。当 $t=(n-k)T_s$ 时,$\dot{U}$ 的相位相对于 $t=nT_s$ 时滞后 $k\omega T_s$ 角度,对应此时的采样值为 $u(n-k)$。显然,若取 $\omega T_s=30°$,当 k 分别为 8 和 4 时,电压相量 $\dot{U}$ 已旋转了 240°和 120°,其所对应的采样值分别为$u(n-8)$和 $u(n-4)$,如图 4-28 所示。

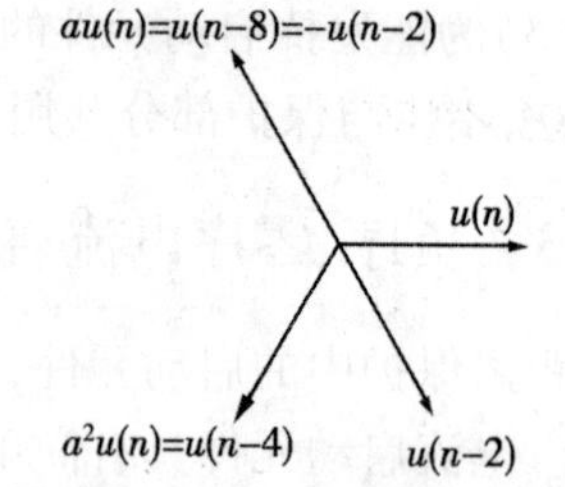

图 4-28 电压相量 $\dot{U}$ 相位变化说明

(1)数据窗 $k=8$ 时,由图 4-28 可以看出

$$au(n) = u(n-8)$$
$$a^2u(n) = u(n-4)$$

于是有

$$\begin{cases}3u_1(n) = u_a(n) + u_b(n-8) + u_c(n-4) \\ 3u_2(n) = u_a(n) + u_b(n-4) + u_c(n-8) \\ 3u_0(n) = u_a(n) + u_b(n) + u_c(n)\end{cases} \tag{4-59}$$

式(4-59)表明,只要知道了 a、b、c 三相的电压在 n、$n-4$、$n-8$ 三点的采样数据,就可以算出各序在 n 时刻的值。当数据窗 $k=8$ 时,时窗 $kT_s=13.3$ ms。

(2)数据窗 $k=4$ 时,由图 4-29 可见,$au(n)$可表示为 $-u(n-2)$,$a^2u(n)$可表示为 $u(n-4)$,于是有

$$\begin{cases}3u_1(n) = u_a(n) - u_b(n-2) + u_c(n-4) \\ 3u_2(n) = u_a(n) + u_b(n-4) - u_c(n-2)\end{cases} \tag{4-60}$$

以负序为例来分析其正确性。图 4-29(a)是输入正序分量时的相量关系,因 $u_{a1}(n)$、

$u_{b1}(n-4)$、$-u_{c1}(n-2)$三者对称，故$3u_2(n)$输出为0；图4-29(b)是输入负序分量时的相量关系，因$u_{a2}(n)$、$u_{b2}(n-4)$、$-u_{c2}(n-2)$三者同相，故其输出值为$3u_{a2}(n)$。

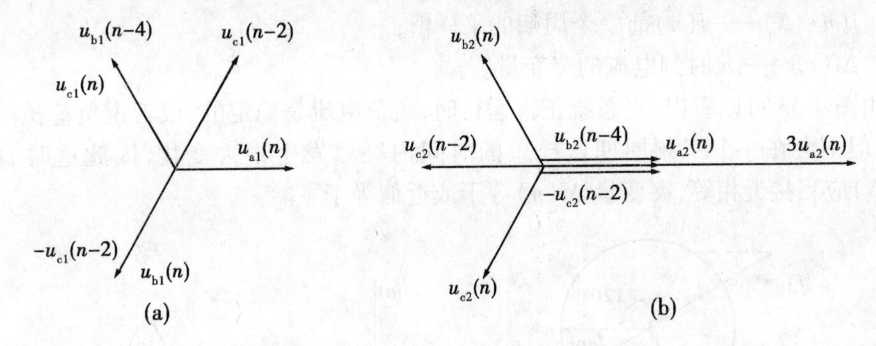

图4-29　$k=4$时负序元件相量分析图

正序滤过器的分析方法同负序滤过器，而在负序输入时输出为0。

(3)数据窗$k=2$时，由图4-30可见

$$a^2u(n)=u(n)e^{-j60^\circ}-u(n)=u(n-2)-u(n)$$

$$au(n)=-u(n-2)$$

因此有

$$\begin{cases}3u_1(n)=u_a(n)-u_b(n-2)+u_c(n-2)-u_c(n)\\3u_2(n)=u_a(n)+u_b(n-2)-u_b(n)-u_c(n-2)\end{cases}\tag{4-61}$$

(4)数据窗$k=1$时，由图4-31可得：

$$a^2=\sqrt{3}e^{-j30^\circ}-2\quad;\quad a=1-\sqrt{3}e^{-j30^\circ}$$

所以
$$\begin{cases}3u_1(n)=u_a(n)+u_b(n)-\sqrt{3}u_b(n-1)+\sqrt{3}u_c(n-1)-2u_c(n)\\3u_2(n)=u_a(n)+\sqrt{3}u_b(n-1)-2u_b(n)+u_c(n)-\sqrt{3}u_c(n-1)\end{cases}\tag{4-62}$$

其相量关系如图4-32所示。

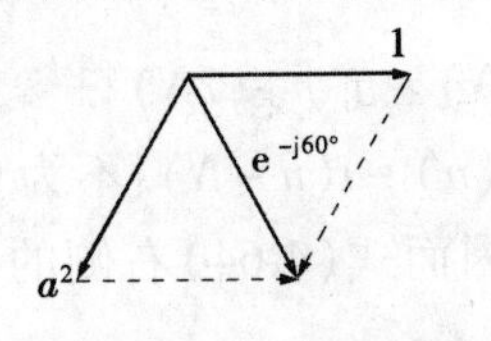

4-30　$k=2$相量关系

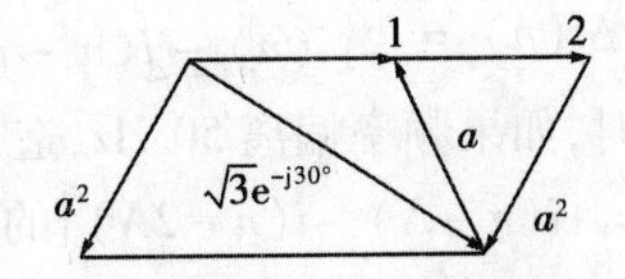

图4-31　$k=1$相量关系

由上面分析可知，缩短时窗的途径是尽量减少计算所需的采样周期数，即设法减小e的指数，为此利用图4-32的关系就可以达到目的。

式(4-61)只要2个采样周期就能算出正、负序分量；式(4-62)只要1个采样周期就能算出正、负序分量。但式(4-61)只有加、减法运算，而式(4-62)要进行乘法运算。

4.5.4.2　增量元件算法

突变量元件在微机保护中实现起来特别方便，因为保护装置中的循环寄存区有一定记忆容量，可以很方便地取得突变量。以电流为例，其算法如下

$$\Delta i(n)=|i(n)-i(n-N)|\tag{4-63}$$

式中 $i(n)$——电流在某一时刻 n 的采样值;

N——一个工频周期内的采样点数;

$i(n-N)$——$i(n)$前一个周期的采样值;

$\Delta i(n)$——n 时刻电流的突变量。

由图 4-33 可以看出,当系统正常运行时,负荷电流是稳定的,或者说负荷虽然时时有变化,但不会在一个工频周期这样短的时间内突然发生很大变化,因此这时 $i(n)$ 和 $i(n-N)$ 应当接近相等,突变量 $\Delta i(n)$ 等于或近似等于零。

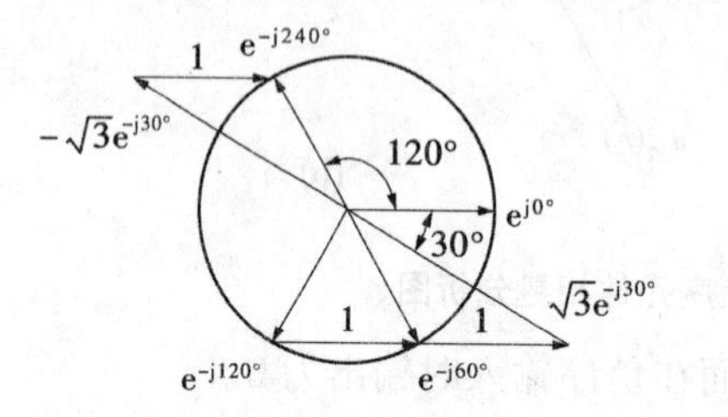

图 4-32 算子关系图

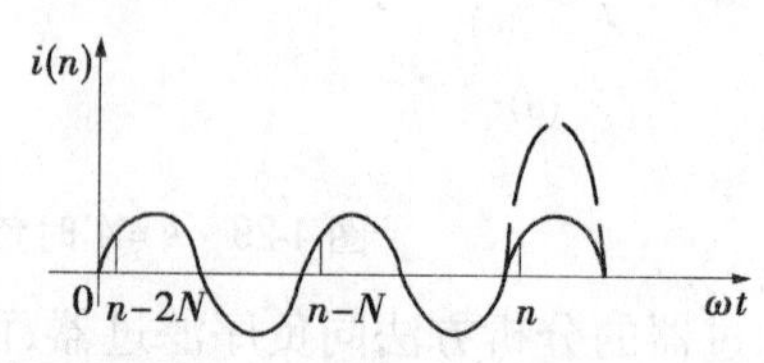

图 4-33 突变量元件原理说明图

如果在某一时刻发生短路故障,故障相电流突然增大,如图 4-33 中虚线所示,将有突变量电流产生。按式(4-63)计算得到的 $\Delta i(n)$ 实质是用叠加原理分析短路电流时的故障分量电流,负荷分量在式(4-63)被减去了。显然,突变量仅在短路故障发生后第一周期内存在,即 $\Delta i(n)$ 的输出在故障后持续一个周期。

但是,按式(4-63)计算存在不足,系统正常运行时,$\Delta i(n)$ 应无输出,即 $\Delta i(n)$ 应为 0,但如果电网的频率偏离 50 Hz,就会产生不平衡输出。因为 $i(n)$ 和 $i(n-N)$ 的采样时刻相差 20 ms,其是由微机石英晶体控制器控制的,十分精确和稳定。电网频率变化后,$i(n)$ 和 $i(n-N)$ 对应电流波形的电角度不再相等,二者具有一定的差值而产生不平衡电流,特别是负荷电流较大时,不平衡电流较大可能引起该元件的误动作。为了消除由于电网频率的波动引起不平衡电流,突变量按下式计算

$$\Delta i(n) = \big|\,|i(n) - i(n-N)| - |i(n-N) - i(n-2N)|\,\big| \tag{4-64}$$

正常运行时,如果频率偏离 50 Hz,造成 $\Delta i(n) = |i(n) - i(n-N)|$ 不为 0,但其输出必然与 $\Delta i(n) = |i(n-N) - i(n-2N)|$ 的输出相接近,因而式(4-64)右侧的两项几乎可以全部抵消,使 $\Delta i(n)$ 接近为 0,从而有效地防止误动作。

用式(4-64)计算突变量不仅可以补偿频率偏离产生的不平衡电流,还可以减弱由于系统静稳定破坏而引起的不平衡电流,只有在振荡周期很小时,才会出现较大不平衡电流,保证了静稳定破坏检测元件可靠地先动作。

1. 相电流突变量元件

当式(4-64)中各相电流取相电流时,称为相电流突变量元件。以 A 相为例,式(4-64)可写成

$$\Delta i_A(n) = \big|\,|i_A(n) - i_A(n-N)| - |i_A(n-N) - i_A(n-2N)|\,\big| \tag{4-65}$$

对于 B 相和 C 相只需将式(4-65)中的 A 换成 B 或 C 即可。三个突变量元件一般构成"或"逻辑。为了防止由于干扰引起的突变量元件误动,通常在突变量连续动作几次后

才允许启动保护，其逻辑见图 4-34 所示。

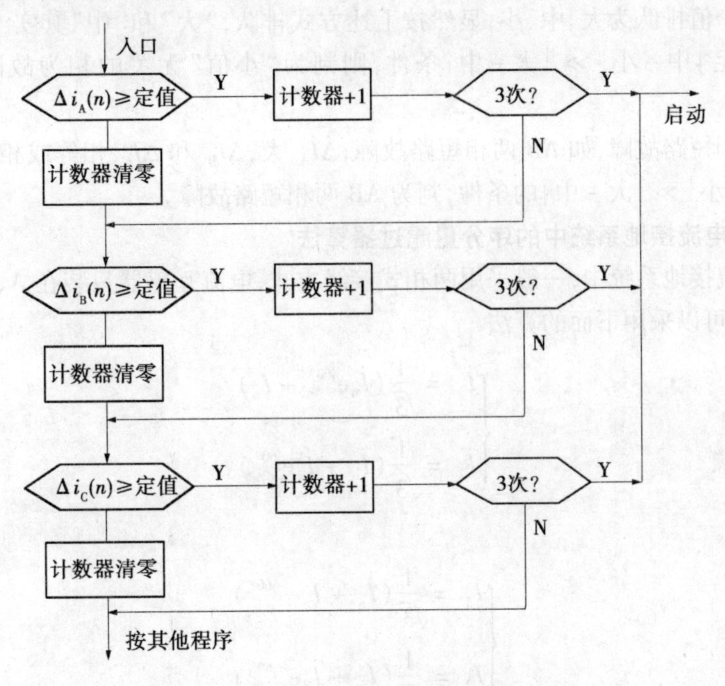

图 4-34　启动元件动作逻辑图

2. 相电流差突变量元件

当式(4-65)中各电流取相电流差时，称为相电流差突变量元件。其计算式为

$$\Delta i_{\varphi\varphi}(n)=\left|\,|i_{\varphi\varphi}(n)-i_{\varphi\varphi}(n-N)|-|i_{\varphi\varphi}(n-N)-i_{\varphi\varphi}(n-2N)|\,\right| \tag{4-66}$$

式中　φφ——取 AB、BC、CA。

该元件通常用做启动元件和选相元件。启动元件逻辑关系与图 4-34 相似，为了更有效地躲过系统振荡，用采样相隔 $N/2$ 的两个采样值相加。计算式为

$$\Delta i_{\varphi\varphi}(n)=\left|\,|i_{\varphi\varphi}(n)+i_{\varphi\varphi}(n-N/2)|-|i_{\varphi\varphi}(n-N/2)+i_{\varphi\varphi}(n-N)|\,\right| \tag{4-67}$$

由故障分析可知，当电力系统发生各类短路故障时，各相电流差突变量的大小关系可定性地表示，如表 4-4 所示。

表 4-4　电力系统各类型短路故障各相电流突变量定性关系

相	AN	BN	CN	AB	BC	CA	ABC
ΔI_{AB}	中	中	小	大	中	中	大
ΔI_{BC}	小	中	中	中	大	中	大
ΔI_{CA}	中	小	中	中	中	大	大

式(4-66)、式(4-67)的基本原理是，当在正常运行条件下电网频率偏离 50 Hz 时，式中右侧两项所产生的差值有相互抵消作用，不平衡输出显著减小。

以 A 相接地短路故障为例来说明：A 相接地短路故障时，ΔI_{AB} 和 ΔI_{CA} 都有输出且相近

(理想相等),而 ΔI_{BC} 输出很小(理想为0)。即使 ΔI_{AB} 和 ΔI_{CA} 相等,但由于计算的误差,总可以将这三个值排队为大、中、小,显然按上述方式排队,“大”和“中”其实十分相近。选相元件如满足|中-小|≫|大-中|条件,则判为“小值”无关的相为故障相,显然是A相。

对于两相短路故障,如AB两相短路故障,ΔI_{AB} 大,ΔI_{BC} 和 ΔI_{CA} 相等或相近。排队后,不满足|中-小|≫|大-中|的条件,判为AB两相短路故障。

4.5.4.3 小电流接地系统中的序分量滤过器算法

在小电流接地系统中,一般采用两相式接线方式,电流互感器只装在A、C两相上,要取的序分量,可以采用下面的算法

$$\begin{cases} \dot{I}_1 = \dfrac{1}{\sqrt{3}}(\dot{I}_a e^{j60^\circ} + \dot{I}_c) \\ \dot{I}_2 = \dfrac{1}{\sqrt{3}}(\dot{I}_a + \dot{I}_c e^{j60^\circ}) \end{cases} \tag{4-68}$$

或

$$\begin{cases} \dot{I}_1 = \dfrac{1}{\sqrt{3}}(\dot{I}_a + \dot{I}_c e^{-j60^\circ}) \\ \dot{I}_2 = \dfrac{1}{\sqrt{3}}(\dot{I}_c + \dot{I}_a e^{-j60^\circ}) \end{cases} \tag{4-69}$$

通过图4-35的相量关系对式(4-68)及式(4-69)进行分析。在正序分量作用下,正序滤过器的输出为 I_1,负序滤过器输出为0;在负序分量作用下,正序滤过器输出为0,负序滤过器输出为 I_2。

由图4-35(a)可知,若将A相正序分量电流逆时针移相60°,并与C相电流相量相加,正序分量有输出,负序分量无输出;若将C相负序分量电流逆时针移相60°,并与A相负序分量电流相量相加,作为负序分量输出,负序分量有输出,正序无输出。由图4-35(b)同样可以得到,若将C相正序分量顺时针移相60°,并与A正序分量相加,正序分量有输出,负序分量无输出;若将A相负序分量顺时针移相60°,并与C相负序分量相量相加,负序有输出,正序分量无输出。

如果每周采样 $N=12$,则对应于式(4-68)的离散形式为

$$\begin{cases} i_1(n) = \dfrac{1}{\sqrt{3}}[i_a(n+2) + i_c(n)] \\ i_2(n) = \dfrac{1}{\sqrt{3}}[i_c(n+2) + i_a(n)] \end{cases} \tag{4-70}$$

或

$$\begin{cases} i_1(n) = \dfrac{1}{\sqrt{3}}[i_a(n) + i_c(n-2)] \\ i_2(n) = \dfrac{1}{\sqrt{3}}[i_c(n) + i_a(n-2)] \end{cases} \tag{4-71}$$

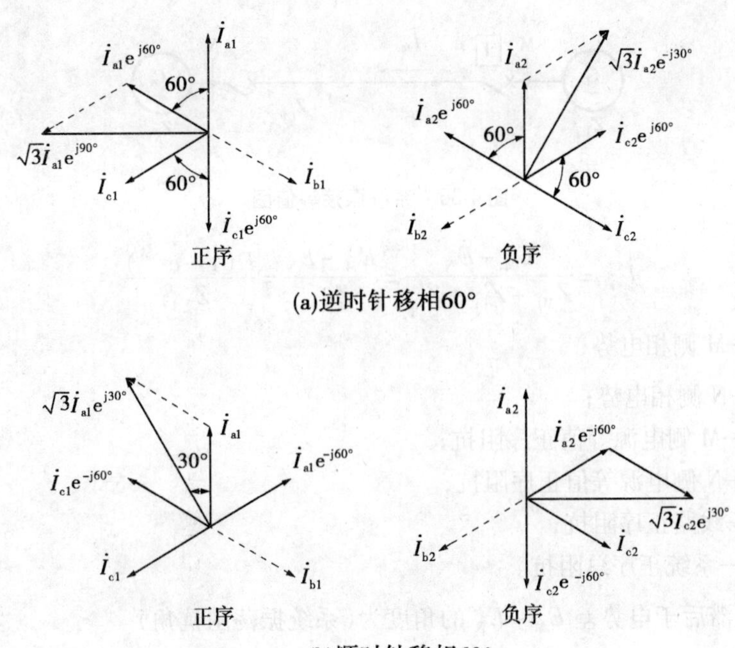

图 4-35　两相式序分量滤过器相量图

4.6　距离保护振荡闭锁

4.6.1　系统振荡时电气量变化特点

并列运行的系统或发电厂失去同步的现象称为振荡，电力系统振荡时两侧等效电动势间的夹角 δ 在 0°~360°作周期性变化。引起系统振荡的原因较多，大多数是由于切除短路故障时间过长而引起系统暂态稳定破坏，在联系较弱的系统中，也可能由于误操作、发电厂失磁或故障跳闸、断开某一线路或设备、过负荷等造成系统振荡。

电力系统振荡时，将引起电压、电流大幅度变化，对用户产生严重影响。系统发生振荡后，可能在励磁调节器或自动装置作用下恢复同步，必要时切除功率过剩侧的某些机组、功率缺额侧启动备用机组或切除负荷以尽快恢复同步运行或解列。显然，在振荡过程中不允许继电保护装置发生误动作。

电力系统振荡时，电气量变化的特点有：

(1) 系统振荡时电流作大幅度变化。设系统如图 4-36 所示，若 $E_M = E_N = E$，则当正常运行时 $\dot E_M$ 与 $\dot E_N$ 间夹角为 δ_0 时，负荷电流 I_L 为

$$I_L = \frac{2E}{Z_{\Sigma 1}}\sin\frac{\delta_0}{2} \tag{4-72}$$

系统振荡时，设 $\dot E_M$ 超前 $\dot E_N$ 的相位角为 δ、$E_M = E_N = E$，且系统中各元件阻抗角相等，则振荡电流为

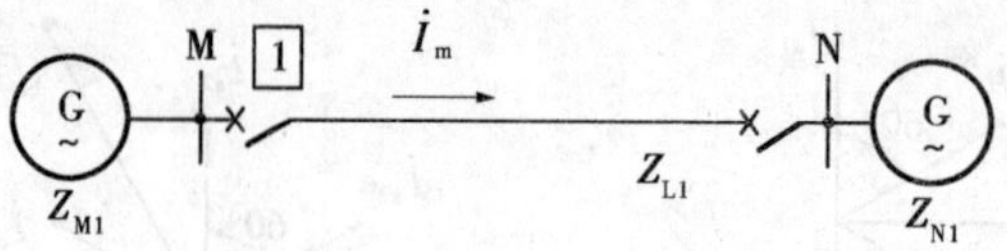

M 1 $\dot{I}_m$ N G ~ Z_{M1} Z_{L1} G ~ Z_{N1}

图 4-36 系统振荡等值图

$$\dot{I}_{swi}=\frac{\dot{E}_M-\dot{E}_N}{Z_{M1}+Z_{L1}+Z_{N1}}=\frac{\dot{E}_M-\dot{E}_N}{Z_{\Sigma1}}=\frac{\dot{E}(1-e^{-j\delta})}{Z_{\Sigma1}} \tag{4-73}$$

式中 $\dot{E}_M$——M 侧相电势;

$\dot{E}_N$——N 侧相电势;

Z_{M1}——M 侧电源等值正序阻抗;

Z_{N1}——N 侧电源等值正序阻抗;

Z_{L1}——线路正序阻抗;

$Z_{\Sigma1}$——系统正序总阻抗。

振荡电流滞后于电势差 $\dot{E}_M-\dot{E}_N$ 的角度为(系统振荡阻抗角)

$$\varphi_{\Sigma}=\arctan\frac{X_{\Sigma1}}{R_{\Sigma1}}$$

系统 M、N 点的电压分别为

$$\begin{cases}\dot{U}_M=\dot{E}_M-\dot{I}_{swi}Z_{M1}\\ \dot{U}_N=\dot{E}_N+\dot{I}_{swi}Z_{N1}=\dot{E}_M-\dot{I}_{swi}(Z_{M1}+Z_{L1})\end{cases} \tag{4-74}$$

系统振荡时电压、电流相量图如图 4-37 所示。Z 点位于 $0.5Z_{\Sigma1}$ 处。当 $\delta=180°$时,$I_{swi.max}=\frac{2E}{Z_{\Sigma1}}$达最大值,电压 $\dot{U}_Z=0$,此点称为系统振荡中心。振荡电流幅值在 $0\sim2I_m$ 间作周期变化,与正常运行时负荷电流幅值保持不变完全不同。

当在图 4-36 线路上发生三相短路故障时,若不计负荷电流,则流经 M 侧的短路电流 $I_{K.m}^{(3)}$的幅值为

$$I_{K.m}^{(3)}=\sqrt{2}\,\frac{E_M}{Z_{M1}+Z_K} \tag{4-75}$$

式中 Z_K——M 侧母线至短路点阻抗。

令 $k=\frac{Z_{M1}+Z_K}{Z_{\Sigma1}}$,式(4-75)变换为

$$I_{K.m}^{(3)}=\sqrt{2}\,\frac{E_M}{kZ_{\Sigma1}}=\frac{I_m}{k} \tag{4-76}$$

式中 I_m——振荡电流幅值。

当 $k>0.5$ 时,短路电流的幅值 $I_{K.m}^{(3)}$小于振荡电流幅值;$k=0.5$ 时,短路电流的幅值 $I_{K.m}^{(3)}$等于振荡电流的幅值;$k<0.5$ 时,短路电流的幅值 $I_{K.m}^{(3)}$大于振荡电流幅值。

可见,振荡电流的幅值随 δ 角的变化作大幅度变化。

(2)全相振荡时系统保持对称性,系统中不会出现负序、零序分量,只有正序分量。

在短路时，一般会出现负序或零序分量。

(3)系统振荡时电压作大幅度变化。由图 4-37 可见，$\overline{OZ}=E\cos\dfrac{\delta}{2}$；$\overline{PQ}=2E\sin\dfrac{\delta}{2}$；$\overline{PZ}=E\sin\dfrac{\delta}{2}$；令 $m=Z_{M1}/Z_{\Sigma 1}$时，则有 $m=\overline{PM}/\overline{PQ}$，所以$\overline{PM}=2mE\sin\dfrac{\delta}{2}$，$\overline{MZ}=(1-2m)E\sin\dfrac{\delta}{2}$。于是

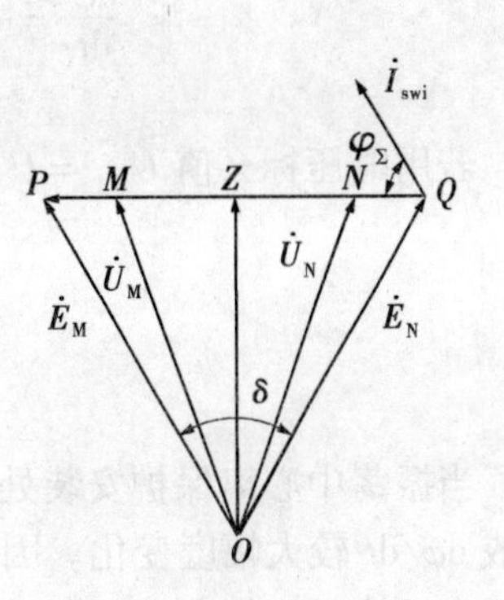

图 4-37　振荡过程中 M 侧母线电压与电势关系相量图

$$U_M=\sqrt{(E\cos\frac{\delta}{2})^2+[(1-2m)E\sin\frac{\delta}{2}]^2}$$

$$=E\sqrt{1-4m(1-m)\sin^2\frac{\delta}{2}} \tag{4-77}$$

当$\delta=0°$时，有 $U_M=E$，M 母线电压最高；当 $\delta=180°$时，有 $U_M=(2m-1)E$，M 母线电压最低。若 $m=0.5$，则 M 母线最低电压为零。由此可见，m 越趋近 0.5，变化幅度越大。

为在保护安装处测得振荡中心电压 U_Z，由图 4-37 可得 M 侧测量 U_Z 的表示式为

$$U_Z=U_M\cos(\varphi+90°-\varphi_{\Sigma}) \tag{4-78}$$

式中　φ——M 侧母线电压与振荡电流的夹角，$\varphi=\arg\dot{U}_M/\dot{I}_{swi}$；

φ_{Σ}——系统总阻抗角，$\varphi_{\Sigma}=\arg Z_{\Sigma 1}$。

因 φ_{Σ} 可认为与线路阻抗角相等，而 U_M、I_{swi} 可在保护安装处测得，从而在保护安装处可测量到振荡中心电压 U_Z。

但是，当系统中各元件阻抗角不相等时，振荡中心随 δ 的变化而移动，有时可能移出线路，甚至进入发电机、变压器内部。

(4)振荡过程中，系统各点电压和电流间的相角差是变化不定的。若假设图 4-36 中，两侧电势之比为 $K_e=E_M/E_N$，则 $\dot{E}_M=K_e\dot{E}_N e^{j\delta}$，于是 M 母线上电压 $\dot{U}_M$ 和振荡电流 $\dot{I}_{swi}$ 可表示为

$$\dot{U}_M=K_e\dot{E}_N e^{j\delta}-\dot{I}_{swi}Z_{M1}$$

$$\dot{I}_{swi}=\frac{\dot{E}_N}{Z_{\Sigma 1}}(K_e e^{j\delta}-1)$$

则振荡过程中 M 母线上电压和线路电流间的相角差 φ 为

$$\varphi=\arg\frac{\dot{U}_M}{\dot{I}_{swi}}=\arg(\frac{Z_{\Sigma 1}K_e e^{j\delta}}{K_e e^{j\delta}-1}-Z_{M1})=\varphi_{\Sigma}+\arg(\frac{1}{1-e^{-j\delta}/K_e}-m) \tag{4-79}$$

可见，φ 角随 δ 角变化而变化，且与两侧电势比值 K_e、m 值有关。若 $K_e=1$，则上式可简化为

$$\varphi=\varphi_{\Sigma}-\arctan(\frac{\cot\frac{\delta}{2}}{1-2m}) \tag{4-80}$$

由式(4-80)可求得系统振荡时 φ 角的变化率为

$$\frac{d\varphi}{dt} = \frac{1-2m}{2} \times \frac{1}{1-4m(1-m)\sin^2\frac{\delta}{2}}\frac{d\delta}{dt} \tag{4-81}$$

若用电压标幺值 $U_{M*} = U_M/E$，计及式(4-77)和式(4-81)，式(4-81)可写成

$$\frac{d\varphi}{dt} = \frac{1-2m}{2U_{M*}^2}\frac{d\delta}{dt} \tag{4-82}$$

或

$$\frac{d\varphi}{dt} = \frac{1-2m}{2U_{M*}^2}\omega_s \tag{4-83}$$

当振荡中心离保护安装处不远或落在本线路上时，在振荡过程中 U_M 激烈变化必然造成 $d\varphi/dt$ 较大幅度变化。因母线电压很容易检测到，m 是已知的，所以检测 $d\varphi/dt$ 值可检测出系统是否振荡。

(5)振荡时电气量变化速度与短路故障时不同，因振荡时 δ 角不可能发生突变，所以电气量不是突然变化的，而短路故障时电气量是突变的。一般情况下，振荡并非突然变化，所以在振荡初始阶段，特别是振荡开始的半个周期内，电气量变化是比较缓慢的，在振荡结束前也是如此。

(6)在振荡过程中，当振荡中心电压为零时，相当于在该点发生三相短路故障。但是，短路故障时，故障未切除前该点三相电压一直为零；而振荡中心电压为零值仅在 $\delta = 180°$ 时出现，所以振荡中心电压为零值是短时间的。即使振荡中心在线路上，且 $\delta = 180°$，线路两侧仍然流过同一电流，相当于保护区外部发生三相短路故障。但是，短路与振荡流过两侧的电流方向、大小是不相同的。

4.6.2 系统振荡时测量阻抗的特性分析

电力系统振荡时，保护安装处的电压和电流在很大范围内作周期性变化，因此阻抗继电器的测量阻抗也作周期性变化。当测量阻抗落入继电器的动作特性内时，继电器就发生误动作。

4.6.2.1 系统振荡时测量阻抗的变化轨迹

电力系统发生振荡时，对于图4-38中M侧的反映相间短路故障或接地短路故障的阻抗继电器的测量阻抗为

$$Z_m = \frac{\dot{U}_M}{\dot{I}_{swi}} \tag{4-84}$$

当系统各元件阻抗角相等时，作出振荡时电流、电压相量关系如图4-38(a)所示，其中$\overrightarrow{OM}$、$\overrightarrow{ON}$为母线M、N上的电压 $\dot{U}_M$、$\dot{U}_N$。若将各量除以 $\dot{I}_{swi}$，则相量关系不变，从而构成了图4-38(b)所示的阻抗图。显然，P、M、N、Q 为四定点，由 Z_{M1}、Z_{L1}、Z_{N1} 值确定相对位置。$\overrightarrow{OM}$、$\overrightarrow{ON}$为 M、N 点阻抗继电器的测量阻抗 $\dot{U}_M/\dot{I}_{swi}$、$\dot{U}_N/\dot{I}_{swi}$。显然，O 点随 δ 角变化的轨迹为阻抗继电器测量阻抗末端端点随 δ 角的变化轨迹。由图4-38(b)可知

$$\left|\frac{\overline{OP}}{\overline{OQ}}\right| = \frac{E_M}{E_N} = K_e$$

所以，当 δ 在0°~360°变化时，若 $\dot{E}_M$ 与 $\dot{E}_N$ 的比值不变，则求阻抗继电器测量阻抗的

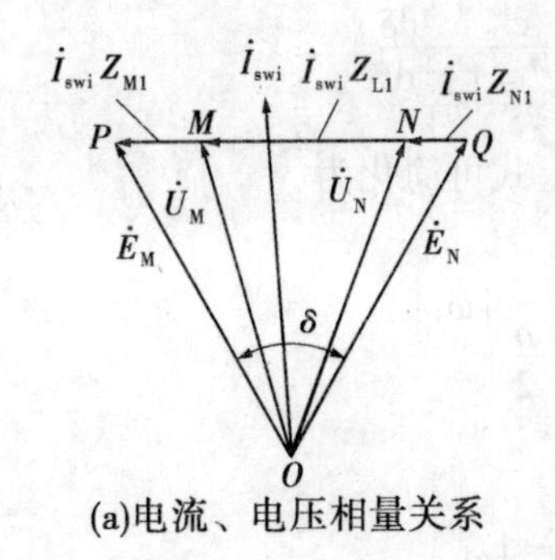

(a)电流、电压相量关系

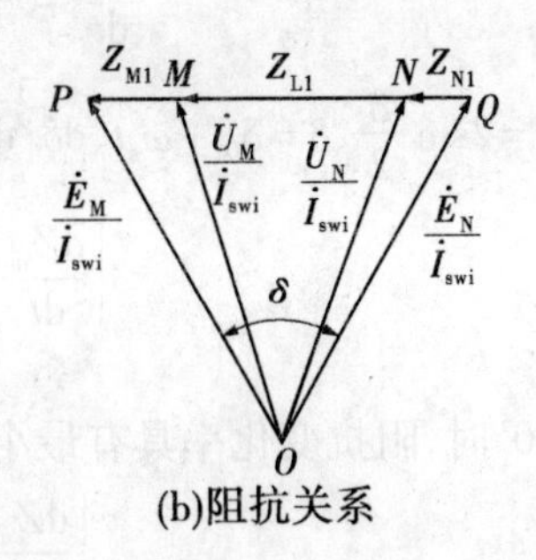

(b)阻抗关系

图 4-38　系统振荡时电流、电压相量关系

变化轨迹是求一动点到两定点距离之比为常数的轨迹。

当 $K_e=1$ 时，O 点轨迹为直线，如图 4-39 所示；当 $K_e>1$ 时，O 点轨迹为包含 Q 点的一个圆；当 $K_e<1$ 时，O 点轨迹为包含 P 点的一个圆。轨迹线与$\overline{PQ}$线段交点处对应于 $\delta=180°$，轨迹线与$\overline{PQ}$线段的延长线对应于 $\delta=0°$（或 $\delta=360°$）。系统振荡时，O 点随 δ 角变化在轨迹线上移动，安装在系统各处的阻抗继电器的测量阻抗随着发生变化。

4.6.2.2　系统振荡时测量阻抗的变化率

由图 4-39 可知，测量阻抗随 δ 角变化而变化，同时测量阻抗也随时间变化。若设 $K_e=1$，因 M 母线电压 $\dot{U}_M=\dot{E}_N+\dot{I}_{swi}(Z_{N1}+Z_{L1})$、振荡电流 $\dot{I}_{swi}=(\dot{E}_M-\dot{E}_N)/Z_{\Sigma1}$，则振荡时 M 侧的测量阻抗为

$$Z_m=\frac{\dot{U}_M}{\dot{I}_{swi}}=Z_{N1}+Z_{L1}+\frac{Z_{\Sigma1}}{e^{j\delta}-1} \tag{4-85}$$

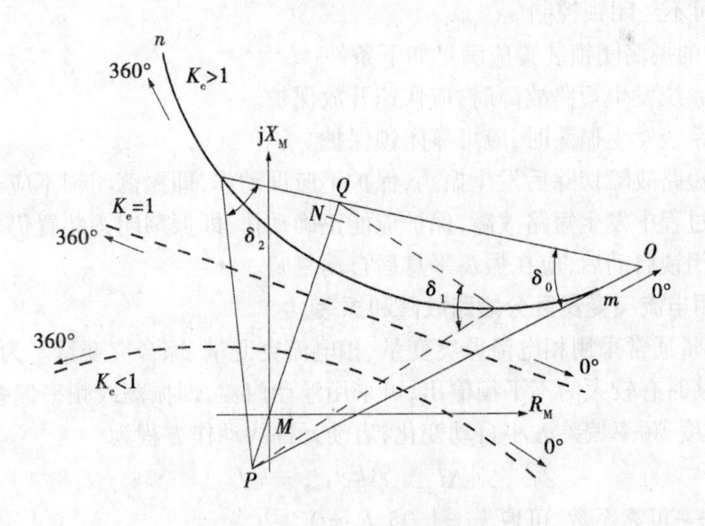

图 4-39　测量阻抗的变化轨迹

得到测量阻抗变化率为

$$\frac{\mathrm{d}Z_{\mathrm{m}}}{\mathrm{d}t}=-\mathrm{j}Z_{\Sigma 1}\frac{\mathrm{e}^{\mathrm{j}\delta}}{(\mathrm{e}^{\mathrm{j}\delta}-1)^{2}}\frac{\mathrm{d}\delta}{\mathrm{d}t}$$

计及$|\mathrm{e}^{\mathrm{j}\delta}-1|=2\sin\dfrac{\delta}{2}$、$\delta=\delta_0+\omega_{\mathrm{s}}t$、$\mathrm{d}\delta/\mathrm{d}t=\omega_{\mathrm{s}}$，上式可简化为

$$\left|\frac{\mathrm{d}Z_{\mathrm{m}}}{\mathrm{d}t}\right|=\frac{Z_{\Sigma 1}}{4\sin^{2}\dfrac{\delta}{2}}|\omega_{\mathrm{s}}| \tag{4-86}$$

当$\delta=180°$时，阻抗变化率具有最小值，即

$$\left|\frac{\mathrm{d}Z_{\mathrm{m}}}{\mathrm{d}t}\right|_{\min}=\frac{Z_{\Sigma 1}}{4}|\omega_{\mathrm{s}}| \tag{4-87}$$

因$|\omega_{\mathrm{s}}|=\dfrac{2\pi}{T_{\mathrm{swi}}}$，所以当振荡周期$T_{\mathrm{swi}}$有最大值时，$|\omega_{\mathrm{s}}|$有最小值。根据统计资料，可取$T_{\mathrm{swi}}$最大值为3 s，于是

$$|\omega_{\mathrm{s}}|_{\min}=\frac{2\pi}{3} \tag{4-88}$$

将式(4-88)代入式(4-87)，可得

$$\left|\frac{\mathrm{d}Z_{\mathrm{m}}}{\mathrm{d}t}\right|\geqslant\frac{\pi Z_{\Sigma 1}}{6} \tag{4-89}$$

只要适当选取阻抗变化率的数值作为保护开放条件，就可保证保护不误动。

4.6.3 短路故障和振荡的区分

系统振荡时保护有可能发生误动作，为了防止距离保护误动作，一般采用振荡闭锁措施，即振荡时闭锁距离保护Ⅰ、Ⅱ段。对于工频变化量的阻抗继电器，因振荡时不会发生误动作，所以可不经闭锁控制。

距离保护的振荡闭锁装置应满足如下条件：

(1)电力系统发生短路故障时，应快速开放保护。

(2)电力系统发生振荡时，应可靠闭锁保护。

(3)外部短路故障切除后发生振荡，保护不应误动作，即振荡闭锁不应开放。

(4)振荡过程中发生短路故障，保护应能正确动作，即振荡闭锁装置仍要快速开放。

(5)振荡闭锁启动后，应在振荡平息后自动复归。

4.6.3.1 采用电流突变量区分短路故障和振荡

电流突变量通常采用相电流差突变量、相电流突变量、综合突变量。为了解决在频率偏差、系统振荡时有较大的不平衡输出，可采用浮动门槛，即振荡或频率偏差时，浮动门槛随振荡激烈程度、频率偏差大小自动变化，启动元件的动作方程为

$$|\Delta\dot{I}_{\varphi\varphi}|>k_1I_{\mathrm{T}\varphi\varphi}+k_2I_{\mathrm{N}} \tag{4-90}$$

式中 k_1、k_2——可靠系数，可取$k_1=1.25$、$k_2=0.2$；

$\Delta I_{\varphi\varphi}$——浮动门槛值。

当动作方程用式(4-90)时，可有效区分短路故障和振荡。发生各种形式短路故障时，动作方程处动作状态，并有足够的灵敏度。

4.6.3.2 利用电气量变化速度不同区分短路故障和振荡

图4-40中Z_1、Z_2为两只四边形特性阻抗继电器，Z_2整定值大于Z_1整定值25%。正常运行时的负荷阻抗为$\overline{MO}$，当在保护区内发生短路故障时，Z_1、Z_2几乎同时动作；当系统振荡时，测量阻抗沿轨迹线变动，Z_1、Z_2先后动作，存在动作时间差Δt。一般动作时间差在40～50 ms以上。

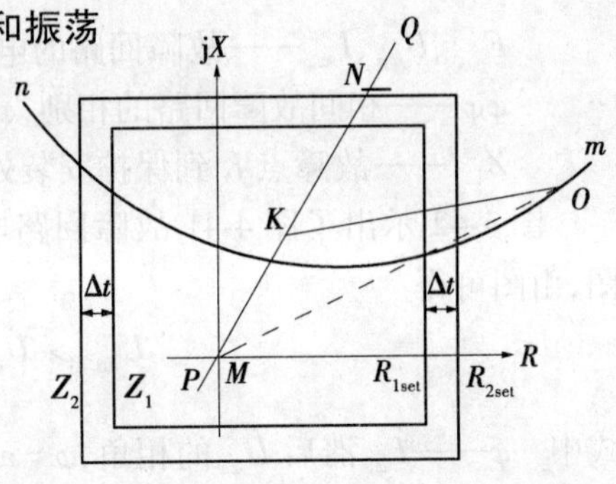

图4-40　由两个阻抗继电器构成振荡闭锁

因此，Z_1、Z_2动作时间差大于40 ms，判为系统振荡；动作时间小于40 ms，判为短路故障。为保证振荡闭锁的功能，最小负荷阻抗不能落入Z_2的动作特性内，应满足

$$R_{\mathrm{set2}} \leqslant \frac{0.8}{1.25} Z_{\mathrm{L.min}} \tag{4-91}$$

式中　$Z_{\mathrm{L.min}}$——最小负荷阻抗。

当然Z_1、Z_2也可用圆特性阻抗继电器，或者其他特性阻抗继电器。

4.6.3.3 判别测量阻抗变化率检测系统振荡

由式(4-89)可知，系统振荡时Z_{m}的变化率必大于$\frac{\pi Z_{\Sigma 1}}{6}$；而系统正常时，测量阻抗等于负荷阻抗为一定值，其变化率自然为零。设当前的测量阻抗为$R_{\mathrm{m}}+\mathrm{j}X_{\mathrm{m}}$，上一点的测量阻抗为$R_{\mathrm{m0}}+\mathrm{j}X_{\mathrm{m0}}$，两点时间间隔为$\Delta t_{\mathrm{m}}$时，则式(4-89)可写成

$$\frac{\sqrt{(R_{\mathrm{m}}-R_{\mathrm{m0}})^2+(X_{\mathrm{m}}-X_{\mathrm{m0}})^2}}{\Delta t_{\mathrm{m}}} > \frac{\pi Z_{\Sigma 1}}{6} \quad (\Omega/\mathrm{s}) \tag{4-92}$$

满足式(4-92)时，判系统发生了振荡；不满足式(4-92)时，系统未发生振荡，不应闭锁保护。

4.6.4 振荡过程中对称短路故障的识别

4.6.4.1 利用检测振荡中心电压来识别

电力系统振荡时，振荡中心电压U_{Z}可由式(4-78)表示，当保护安装处电压U_{M}取相间电压时，则振中电压表示振荡中心的相间电压；当U_{M}取相电压时，则振荡中心电压也表示相电压。当系统振荡时，振荡中心电压作大幅度变化。

当在图4-41中K点发生相间短路故障时，对于回路方程有

$$\dot{U}_{\varphi\varphi} = \dot{U}_{\mathrm{arc}} + \dot{I}_{\varphi\varphi} Z_{\mathrm{L.1}} \tag{4-93}$$

$$\dot{E}_{\varphi\varphi} = \dot{U}_{\mathrm{arc}} + \dot{I}_{\varphi\varphi}(Z_{\mathrm{L.1}} + Z_{\mathrm{M1}}) \tag{4-94}$$

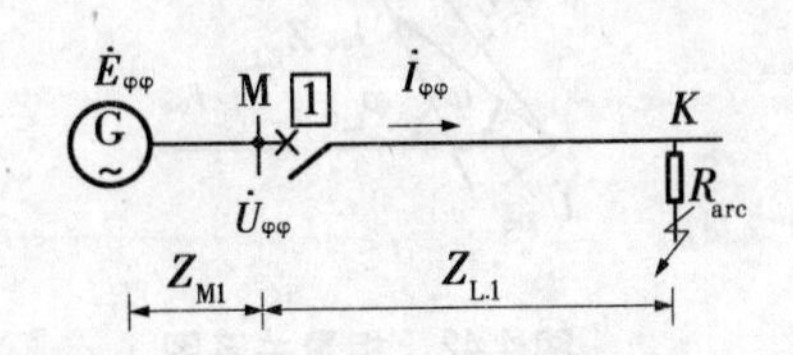

图4-41　K点相间短路故障时的系统图

式中　$\dot{U}_{\mathrm{arc}}$——电弧压降，当弧电流超过100 A时，$\dot{U}_{\mathrm{arc}}$一般小于额定相间电压的6%，可取5%；

$\dot{E}_{\varphi\varphi}$、$\dot{U}_{\varphi\varphi}$、$\dot{I}_{\varphi\varphi}$——故障回路的电动势、母线相间电压、故障回路两相电流差；

φφ——相间故障回路的相别，φφ = AB、BC 或 CA；

$Z_{L.1}$——故障点 K 到保护安装处的线路正序阻抗。

图 4-42 示出了图 4-41 故障回路电动势、母线相间电压及故障回路电流的相量关系图，由图可得

$$U_{arc} > U_{\varphi\varphi}\cos(\varphi + 90° - \varphi_{L.1}) \tag{4-95}$$

式中 φ——$\dot{I}_{\varphi\varphi}$ 滞后 $\dot{U}_{\varphi\varphi}$ 的相角，$\varphi = \arg\dfrac{\dot{U}_{\varphi\varphi}}{\dot{I}_{\varphi\varphi}}$；

$\varphi_{L.1}$——线路阻抗角。

如果略去线路阻抗 $Z_{L.1}$ 的电阻分量，即 $\varphi_{L.1} = 90°$，则式(4-95)简化为

$$U_{arc} = U\cos\varphi \tag{4-96}$$

若取 $U_{arc} = 0.05E_{\varphi\varphi}$，由式(4-94)可知，$E_{\varphi\varphi} \approx I_{\varphi K}(Z_{M1} + Z_{L.1})$，所以有

$$R_{arc} = \frac{U_{arc}}{I_{\varphi\varphi}} = \frac{0.05E_{\varphi\varphi}}{I_{\varphi\varphi}} \approx 0.05(Z_{M1} + Z_{L.1}) \tag{4-97}$$

式中 Z_{M1}——电源等值正序阻抗值；

$Z_{L.1}$——故障点 K 到保护安装处的线路正序阻抗值。

由于 $Z_m = \dfrac{\dot{U}_{\varphi\varphi}}{\dot{I}_{\varphi\varphi}}$，则式(4-94)可写成

$$Z_m = \frac{\dot{U}_{\varphi\varphi}}{\dot{I}_{\varphi\varphi}} = R_{arc} + Z_{L.1} = Z_{L.1} + 0.05(Z_{M1} + Z_{L.1}) \tag{4-98}$$

图 4-43 示出了 Z_m 的特性，也称 $U\cos\varphi$ 特性，其中 $\overrightarrow{BM} = Z_{M1}$、$\overrightarrow{MK} = Z_{L.1}$、$\overline{KK'} = 0.05\overline{BK}$。$KK' = R_{arc}$ 呈非线性状态，且 $\overline{KK'}I_{\varphi\varphi} = U_{\varphi\varphi}\cos\varphi$。

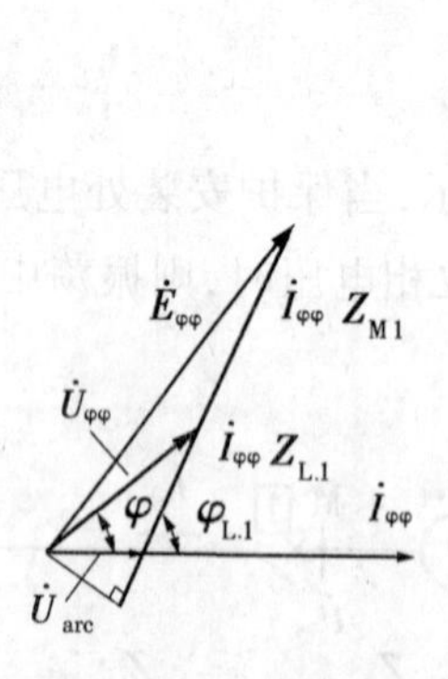

图 4-42 相量关系图

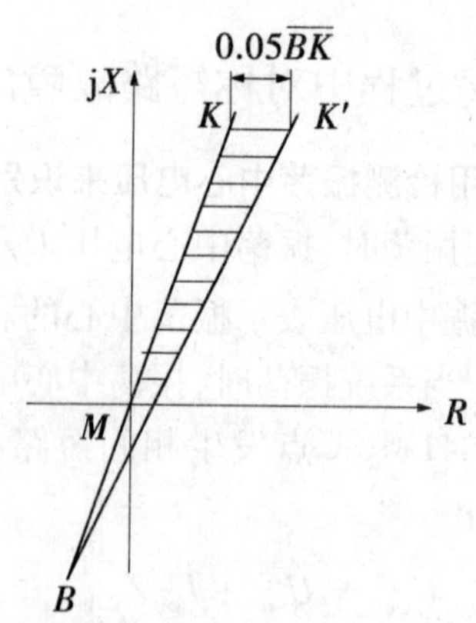

图 4-43 $U\cos\varphi$ 在阻抗平面上的特性

在图 4-41 中 K 点三相短路故障时，有关系式(4-95)。因 $\varphi_{L.1} = \varphi_{\Sigma}$，$U_{\varphi\varphi}$ 是保护安装处的相间电压，且 U_{arc} 不超过额定电压的 6%，所以保护安装处测得的振荡中心电压在这种情况下始终小于额定电压的 6%。

因此，若 $U_{\varphi\varphi}\cos(\varphi+90°-\varphi_{L1})$ 是变化的，可判定系统发生振荡；若是 $U_{\varphi\varphi}\cos(\varphi+90°-\varphi_{L1})$ 一直处在 $6\%U_N$（额定电压）以下，则可判定是三相短路故障。实际上，先设定 $U\cos\varphi$ 一个范围，以最长振荡周期计算出 $U\cos\varphi$ 在该范围内的时间 Δt。这样，系统振荡时，$U\cos\varphi$ 在该振荡范围内的时间必然小于 Δt，而三相短路故障时 $U\cos\varphi$ 在该范围内一定大于 Δt。从而，确定 $U\cos\varphi$ 范围和 Δt 值，就可识别振荡过程中发生三相短路故障。

设 $U\cos\varphi$ 的范围为

$$-0.03U_N < U\cos\varphi < 0.08U_N \tag{4-99}$$

振荡中心测量阻抗变化轨迹如图 4-44 所示。其中 mn 为测量阻抗的变化轨迹，若 O_1 点对应于式(4-99)上限，则图 4-44 中的 $\overrightarrow{O_1Z}=\dfrac{0.08U_N}{I_{swi}}$，于是对应的 δ_1 角为

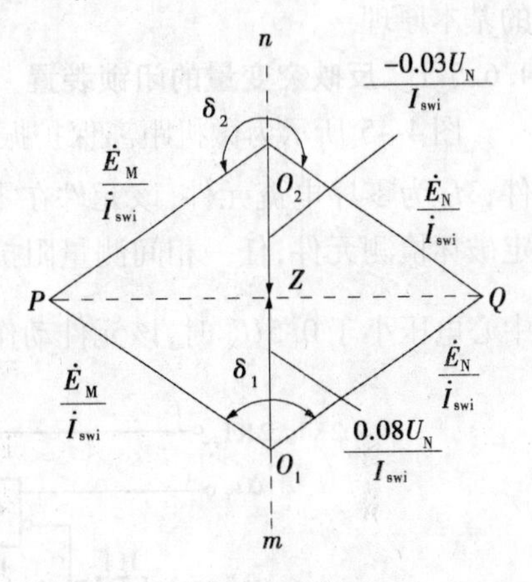

图 4-44　求 δ 角变化值

$$\delta_1 = 2\arccos\left(\frac{0.08U_N}{E_N}\right) \tag{4-100}$$

计及 $E_N=U_N$，则有 $\delta_1=2\arccos 0.08=170.8°$。设图 4-44 中的 O_2 点对应于式(4-99)下限，则有 $\overrightarrow{O_2Z}=\dfrac{-0.03U_N}{I_{swi}}$，于是对应的 δ_2 角度为

$$\delta_2 = 360° - 2\arccos\left(\frac{0.03U_N}{E_N}\right) \tag{4-101}$$

计及 $E_N=U_N$，得到 $\delta_2=183.4°$。因此，$U\cos\varphi$ 满足式(4-99)设定范围的 δ 变化值为

$$\Delta\delta = \delta_2 - \delta_1 = 12.6°$$

振荡时从 O_1 点变化到 O_2 点所需时间为

$$\Delta t = \frac{\delta_2 - \delta_1}{360°}T_{swi} \tag{4-102}$$

式中　δ_1——振荡时测量阻抗落入动作区初始角度；

δ_2——振荡时测量阻抗离开动作区角度；

T_{swi}——振荡周期。

为了安全可靠，Δt 实际取值应考虑安全系数（即实际值应比计算值大）。因三相短路故障是最严重短路故障，为可靠开放保护，可再设置第二判据开放保护，此时 $U\cos\varphi$ 的范围为

$$-0.1U_N < U\cos\varphi < 0.25U_N \tag{4-103}$$

4.6.4.2　利用测量阻抗变化率识别

根据式(4-89)、式(4-92)的分析，系统振荡时满足动作条件，只要有一相的测量阻抗变化率满足动作条件，就判系统振荡，将保护闭锁。振荡过程中测量阻抗 Z_m 的 R_m 为负荷阻抗的电阻，具有较大值。

振荡过程中发生三相短路故障时，R_m 为线路阻抗的电阻分量，具有较小值，必然三相

的测量阻抗变化率不满足式(4-89)、式(4-92)。因此,当三相的测量阻抗变化率$\left|\frac{dZ_m}{dt}\right|$不满足式(4-89)、式(4-92)时,可判定发生了三相短路故障,可解除闭锁,开放保护,从而识别了振荡过程中发生三相短路故障。

4.6.5 振荡闭锁装置

正确区分短路故障和振荡及正确识别振荡过程中发生的短路故障,是构成振荡闭锁的基本原理。

4.6.5.1 反映突变量的闭锁装置

图4-45所示为微机距离保护振荡闭锁装置逻辑框图。其中,Δi_φ 为相电流突变量元件;$3I_0$ 为零序电流元件,该元件在零序电流大于整定值并持续30 ms后动作;Z_{swi} 为静稳定破坏检测元件,任一相间测量阻抗在设定的全阻抗元件内持续30 ms,并且检测到振荡中心电压小于 $0.5U_N$ 时,该元件动作;$\left|\frac{dZ_m}{dt}\right|$为测量阻抗变化率检测元件。

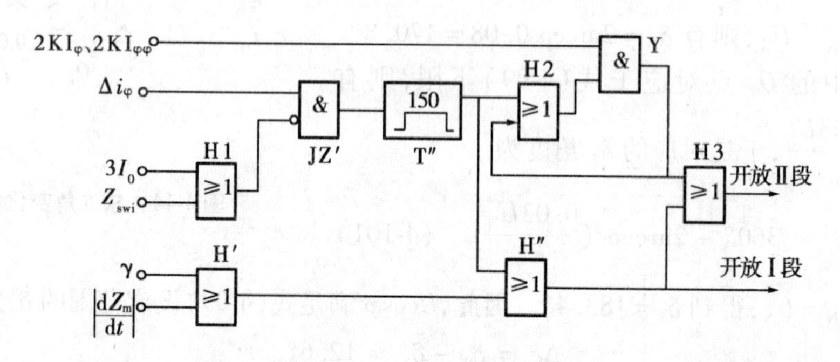

图4-45 微机距离保护振荡闭锁装置逻辑框图

4.6.5.2 工作原理

电力系统振荡时,Δi_φ 元件、$\left|\frac{dZ_m}{dt}\right|$元件、γ元件、$3I_0$ 元件不动作,或门H″不动作,Ⅰ、Ⅱ段距离保护不开放。

系统发生短路故障时,无论是对称短路故障,还是不对称短路故障,在故障发生时启动禁止门JZ′,启动时间元件T″,通过或门迅速开放保护150 ms。若短路故障在Ⅰ段保护区内,则可快速切除;若短路故障在Ⅱ段保护区内,因γ元件处于动作状态(不对称短路故障)、$\left|\frac{dZ_m}{dt}\right|$元件处于动作状态(对称短路故障),所以或门H′、H″一直有输出信号,振荡闭锁开放,直到Ⅱ段阻抗继电器动作将短路故障切除。

图4-45中,因 Z_{swi} 或 $3I_0$ 动作后才投入振荡过程中短路故障的识别元件γ和$\left|\frac{dZ_m}{dt}\right|$元件,为防止保护区内短路故障时短时开放时间元件T″返回导致振荡闭锁的关闭,增设了由或门H2、与门Y组成的固定逻辑回路。

4.7 断线闭锁装置

4.7.1 断线失压时阻抗继电器动作行为

距离保护在运行中可能会发生电压互感器二次侧短路故障、二次侧熔断器熔断、二次侧快速自动开关跳开等引起的失压现象。所有这些现象，都会使保护装置的电压下降或消失，或相位变化，导致阻抗继电器失压误动。

如图4-46(a)所示为电压互感器二次侧a相断线失压的示意图，图中Z_1、Z_2、Z_3为电压互感器二次相负载阻抗；Z_{ab}、Z_{bc}、Z_{ca}为相间负载阻抗。当电压互感器二次a相断线时，由叠加原理求得$\dot{U}_a$的表达式为

$$\dot{U}_a = \dot{C}_1\dot{E}_b + \dot{C}_2\dot{E}_c \tag{4-104}$$

式中 $\dot{E}_b$、$\dot{E}_c$——电压互感器二次b相、c相感应电动势；

$\dot{C}_1$、$\dot{C}_2$——分压系数，其中$\dot{C}_1 = \dfrac{Z_1//Z_{ca}}{Z_{ab}+(Z_1//Z_{ca})}$、$\dot{C}_2 = \dfrac{Z_1//Z_{ab}}{Z_{ca}+(Z_1//Z_{ab})}$，一般情况下负荷阻抗角基本相同，则分压系数为实数。

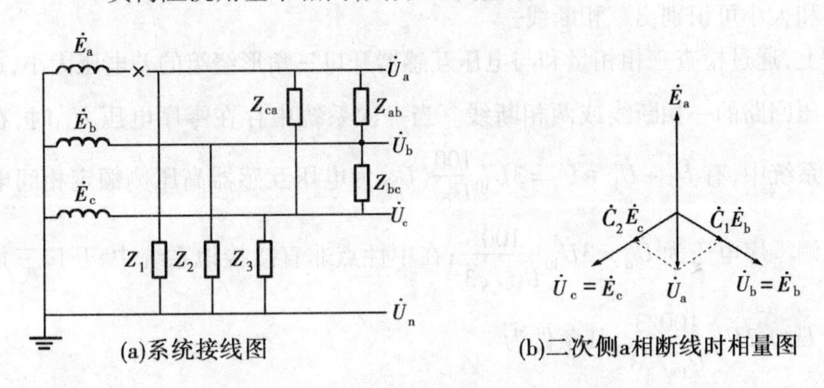

图4-46 电压互感器二次侧a相断线失压

根据式(4-104)作出$\dot{U}_a$相量图如图4-46(b)所示。由图4-46(b)可见，与断线前的电压相比，$\dot{U}_a$幅值下降、相位变化近180°，$\dot{U}_{ab}$、$\dot{U}_{ac}$幅值降低，相位也发生了近60°变化，加到继电器端子上的电压幅值、相位都发生了变化，将可能导致阻抗继电器误动。

4.7.2 断线闭锁元件

一般情况下，断线失压闭锁元件根据断线失压出现的特征构成，其特征是零序电压、负序电压、电压幅值降低、相位变化以及二次电压回路短路时电流增大等。

4.7.2.1 对断线失压闭锁元件的要求

(1)二次电压回路断线失压时，构成的闭锁元件灵敏度要满足要求。

(2)一次系统短路故障时，不应闭锁保护或发出断线信号。

(3)断线失压闭锁元件应有一定的动作速度，以便在保护误动前实现闭锁。

(4)断线失压闭锁元件动作后应固定动作状态，可靠将保护闭锁，解除闭锁应由运行人员进行，保证在处理断线故障过程中区外发生短路故障或系统操作时，保护不误动。

4.7.2.2 **断线闭锁元件**

1.三相电压求和闭锁元件

电压互感器二次回路完好时，三相电压对称，$\dot{U}_a+\dot{U}_b+\dot{U}_c\approx 0$，即使出现不平衡电压，数值也很小。当电压互感器二次出现一相或两相断线时，三相电压的对称性被破坏，出现较大的零序电压。当一相断线时，零序电压为

$$3\dot{U}_0=(1+\dot{C}_1)\dot{E}_b+(1+\dot{C}_2)\dot{E}_c \tag{4-105}$$

当电压互感器出现三相断线时，三相电压数值和为

$$|\dot{U}_a|+|\dot{U}_b|+|\dot{U}_c|=0 \tag{4-106}$$

而在一相或两相断线时，有

$$|\dot{U}_a|+|\dot{U}_b|+|\dot{U}_c|\geqslant U_{2N} \tag{4-107}$$

式中 U_{2N}——电压互感器二次额定相电压。

由上面分析可知，判别三相电压相量和大小可识别出一相断线或两相断线；判别三相电压数值和大小可识别出三相断线。

实际上，通过检查三相相量和与电压互感器开口三角形绕组的差电压大小，也可判别出二次电压回路的一相断线或两相断线。当一次系统中存在零序电压 $\dot{U}_{10}$时，在中性点直接接地系统中，有 $\dot{U}_a+\dot{U}_b+\dot{U}_c=3\dot{U}_{10}\dfrac{100}{U_{1N}}$($U_{1N}$为电压互感器高压侧额定相间电压)，开口三角形侧零序电压为 $\dot{U}_\Delta=3\dot{U}_{10}\dfrac{100}{U_{1N}/\sqrt{3}}$；在中性点非直接接地系统中，开口三角形侧零序电压为 $\dot{U}_\Delta=3\dot{U}_{10}\dfrac{100/3}{U_{1N}/\sqrt{3}}$，其条件为

$$U_{dif}=|K\dot{U}_\Delta-(\dot{U}_a+\dot{U}_b+\dot{U}_c)| \tag{4-108}$$

式中 U_{dif}——差电压；

K——系数，中性点直接接地系统，$K=1/\sqrt{3}$、中性点不直接接地系统，$K=\sqrt{3}$；

$\dot{U}_\Delta$——开口三角形侧零序电压。

显然，电压互感器二次回路完好或一次系统中发生接地短路故障时，$U_{dif}\approx 0$；二次侧一相或两相断线时，差电压 U_{dif}有一定的数值。用差电压方法判别电压二次回路断线，还可反映微机保护装置内部采集系统的异常。当然，开口三角形侧断线时，正常情况下检测不出，当中性点直接接地系统发生接地短路故障时，差电压可能很大，此时并没有断线。

当三相电压的有效值均很低时，同样可以识别出三相断线；当正序电压很小时，也可以反映三相断线。

2. 断线判据

根据以上断线失压工作原理的分析,电压互感器二次一相或两相断线的判据是:微机保护启动元件没有启动,同时满足

$$|\dot{U}_a + \dot{U}_b + \dot{U}_c| > 8\ (V) \tag{4-109}$$

$$|K\dot{U}_\triangle - (\dot{U}_a + \dot{U}_b + \dot{U}_c)| > 8\ (V) \tag{4-110}$$

用以上两式判据判别一相或两相断线失压,有很高的动作灵敏度。当判别断线后,可经短延时闭锁距离保护,经较长延时发出断线信号。

判别三相断线,若电压互感器接在线路侧而仅用电压判据时,断路器未合上前会出现断线告警信号。为此,对三相断线还需要增加断路器合闸的位置信号和线路有电流信号。所以,三相断线判据是:微机装置保护启动元件没有启动,断路器在合闸位置,或者有一相电流大于 I_{set}(I_{set}无电流门槛,可取 $0.04I_n$ 或 $0.08I_n$,I_n 为电流互感器二次额定电流);同时满足

$$|\dot{U}_a| + |\dot{U}_b| + |\dot{U}_c| \leqslant 0.5U_{2N} \tag{4-111}$$

也可采用如下判据

$$U_a < 8\ V、U_b < 8\ V、U_c < 8\ V \tag{4-112}$$

或者采用

$$U_1 < 0.1U_{2n} \tag{4-113}$$

式中 U_1——三相电压的正序分量。

当检出三相断线后,应闭锁保护、发出断线信号。若不引入断路器合闸位置信号而仅用电流信号,则当实际电流小于 I_{set}时,断线闭锁将起不到预期作用。

4.7.2.3 检测零序电压、零序电流的断线闭锁元件

若只应用式(4-109)来判别断线失压,则当一次系统发生接地短路故障时,断线闭锁元件会出现误动。通常采用的闭锁措施是采用开口三角形绕组上的电压进行平衡,如式(4-110)所示,也可以采用检测零序电流进行闭锁。因此,断线失压的判据满足式(4-109)外,还要满足

$$3I_0 < 3I_{0.set} \tag{4-114}$$

零序电流闭锁元件整定值为

$$3I_{0.set} = K_{rel}3I_{0.unb.max}$$

式中 K_{rel}——可靠系数,取1.15;

$3I_{0.unb.max}$——正常运行时最大不平衡零序电流,一般可取电流互感器二次额定电流的10%。

与检测零序电压、零序电流判别断线相似,检测负序电压、负序电流也可判别断线失压。用这种判别方法,在中性点不接地系统中尤为适合,因为在中性点不接地系统中发生单相接地不会出现负序电压。

4.8 影响距离保护正确工作因素

4.8.1 保护安装处和故障点间分支线的影响

在高压电力网中,母线上接有电源线路、负载或平行线路以及环形线路等,形成分支线。

4.8.1.1 助增电源

图4-47示出了具有电源分支线网络,当在线路NP上K点发生短路故障时,对于装在MN线路M侧的距离保护安装处母线上电压为

$$\dot{U}_{M} = \dot{I}_{MN}Z_{MN} + \dot{I}_{K}Z_{1}L_{K}$$

测量阻抗为

$$Z_{m} = \frac{\dot{U}_{M}}{\dot{I}_{MN}} = Z_{MN} + \frac{\dot{I}_{K}}{\dot{I}_{MN}}Z_{1}L_{K} = Z_{MN} + \dot{K}_{b}Z_{1}L_{K} \tag{4-115}$$

式中 Z_1——线路每千米的正序阻抗;

$\dot{K}_b$——分支系数(助增系数),一般情况下可认为分支系数是实数,显然$K_{b} = \frac{I_{K}}{I_{MN}} \geqslant 1$。

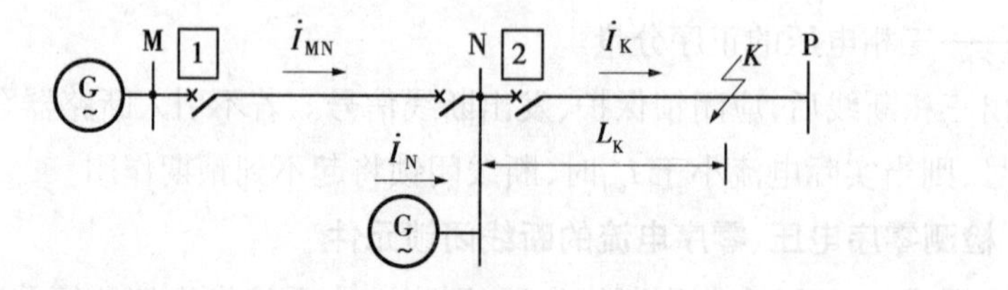

图4-47 具有助增网络

由式(4-115)可见,由于助增电源的影响,M侧阻抗继电器测量阻抗增大,保护区缩短。如图4-47所示网络,分支系数可表示为

$$K_{b} = \frac{Z_{sM} + Z_{MN} + Z_{sN}}{Z_{sN}} \tag{4-116}$$

式中 Z_{sM}——M侧母线电源等值阻抗;

Z_{sN}——N侧母线电源等值阻抗;

Z_{MN}——MN线路阻抗。

由式(4-116)可看出,分支系数与系统运行方式有关,在整定计算时应取较小的分支系数,以便保证保护的选择性。因为出现较大的分支系数时,只会使测量阻抗增大,保护区缩短,不会造成非选择性动作。相反,当整定计算取用较大的分支系数时,在运行方式中出现较小分支系数,则将造成测量阻抗减小,导致保护区伸长,可能使保护失去选择性。

4.8.1.2 汲出分支线

如图4-48所示为汲出分支线网络，当在 K 点发生短路故障时，对于装在MN线路上M侧母线上的电压为

$$\dot{U}_{M} = \dot{I}_{MN}Z_{MN} + \dot{I}_{K1}Z_{1}L_{K}$$

测量阻抗为

$$Z_{m} = \frac{\dot{U}_{M}}{\dot{I}_{MN}} = Z_{MN} + \frac{\dot{I}_{K1}}{\dot{I}_{MN}}Z_{1}L_{K} = Z_{MN} + \dot{K}_{b}Z_{1}L_{K} \quad (4\text{-}117)$$

式中　$\dot{K}_{b}$——分支系数（汲出系数），一般情况下取实数 $K_{b} = \frac{I_{K1}}{I_{MN}} \leqslant 1$。

显然，由于汲出电流的影响，导致M侧测量阻抗减小，保护区伸长，可能引起非选择性动作。如图4-48示出的网络，汲出系数可表示为

$$K_{b} = \frac{Z_{NP1} - Z_{set} + Z_{NP2}}{Z_{NP1} + Z_{NP2}} \quad (4\text{-}118)$$

式中　Z_{NP1}、Z_{NP2}——平行线路两回线阻抗，一般情况下数值相等；

Z_{set}——距离Ⅰ段整定阻抗。

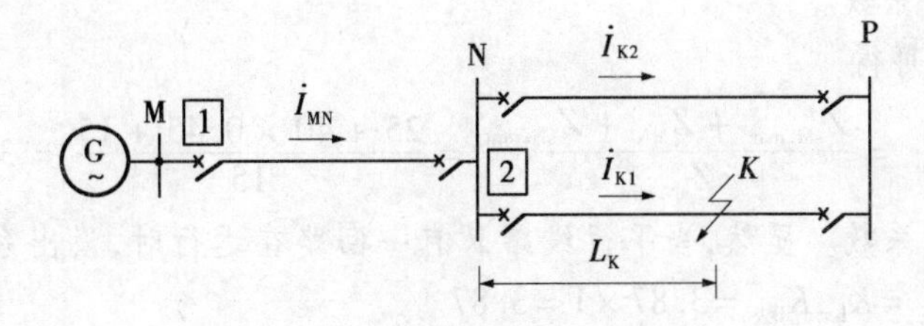

图4-48　汲出分支线网络

4.8.1.3 电源分支、汲出分支线同时存在

如图4-49所示，在相邻线路上 K 点发生短路故障时，M侧母线电压为

$$\dot{U}_{M} = \dot{I}_{MN}Z_{MN} + \dot{I}_{K1}Z_{1}L_{K}$$

测量阻抗为

$$Z_{m} = \frac{\dot{U}_{M}}{\dot{I}_{MN}} = Z_{MN} + \frac{\dot{I}_{K1}}{\dot{I}_{MN}}Z_{1}L_{K} = Z_{MN} + \dot{K}_{b\Sigma}Z_{1}L_{K} \quad (4\text{-}119)$$

式中　$K_{b\Sigma}$——总分支系数。

若用 $\dot{I}_{\Sigma} = \dot{I}_{MN} + \dot{I}_{N}$ 表示，则 $\dot{I}_{K1} = \dot{I}_{\Sigma}\frac{Z_{NP2} + Z_{NP1} - Z_{set}}{Z_{NP1} + Z_{NP2}}$；$\dot{I}_{MN} = \dot{I}_{\Sigma}\frac{Z_{sN}}{Z_{sN} + Z_{MN} + Z_{sM}}$。代入式(4-119)，则测量阻抗为

$$Z_{m} = Z_{MN} + \frac{Z_{sN} + Z_{MN} + Z_{sM}}{Z_{sN}} \times \frac{Z_{NP1} + Z_{NP2} - Z_{set}}{Z_{NP1} + Z_{NP2}}Z_{1}L_{K} \quad (4\text{-}120)$$

由式(4-120)可见，在既有助增又有汲出的网络，其分支系数为助增系数与汲出系数的乘积。也就是说，可分别计算助增系数与汲出系数，相乘就为总的分支系数。同理，在

计算整定阻抗时,应取较小分支系数;而在灵敏度校验时应取较大分支系数。

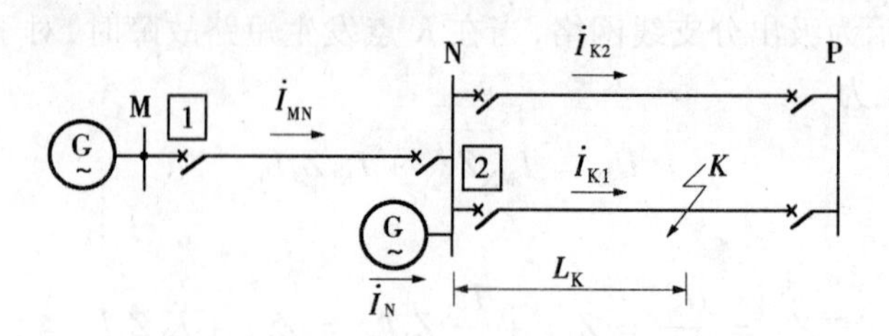

图 4-49　助增、汲出同时存在网络

4.8.1.4　算例

网络参数如图 4-49 已知线路正序阻抗 $Z_1=0.45\ \Omega/\text{km}$,平行线路 70 km、MN 线路为 40 km,距离Ⅰ段保护可靠系数取 0.85。M 侧电源最大、最小等值阻抗分别为 $Z_{sM.\max}=25\ \Omega$、$Z_{sM.\min}=20\ \Omega$;N 侧电源最大、最小等值阻抗分别为 $Z_{sN.\max}=25\ \Omega$、$Z_{sN.\min}=15\ \Omega$,试求 MN 线路 M 侧距离保护的最大、最小分支系数。

解:

最大分支系数

(1)最大助增系数。

由式(4-116)可得

$$K_{b.\max}=\frac{Z_{sM.\max}+Z_{MN}+Z_{sN.\min}}{Z_{sN.\min}}=\frac{25+40\times 0.45+15}{15}=3.87$$

(2)最大汲出系数。显然,当平行线路只有一回路在运行时,汲出系数为 1。总的最大分支系数为 $K_{b\Sigma}=K_{b助}K_{b汲}=3.87\times 1=3.87$。

最小分支系数

(1)最小助增系数。

由式(4-116)可得

$$K_{b.\min}=\frac{Z_{sM.\min}+Z_{MN}+Z_{sN.\max}}{Z_{sN.\max}}=\frac{20+40\times 0.45+25}{25}=2.52$$

(2)最小汲出系数。

由式(4-118)可知,平行线路的阻抗可化为长度进行计算,则得

$$K_{b.\min}=\frac{Z_{NP1}-Z_{set}+Z_{NP2}}{Z_{NP1}+Z_{NP2}}=\frac{140-0.85\times 70}{140}=0.575$$

总的最小分支系数为 $K_{b\Sigma}=K_{b助}K_{b汲}=2.52\times 0.575=1.45$

4.8.2　过渡电阻对距离保护的影响

在前面的分析过程中,都是假设发生金属性短路故障。而事实上,短路点通常是经过过渡电阻短路的。短路点的过渡电阻 R_F 是指当相间短路或接地短路时,短路电流从一相流到另一相或从相导线流入地的回路中所通过的物质的电阻,包括电弧、中间物质的电阻、相导线与地之间的接触电阻、金属杆塔的接地电阻等。

在相间短路时,过渡电阻主要由电弧电阻构成,其值可按经验公式估计。在导线对铁

塔放电的接地短路时，铁塔及其接地电阻构成过渡电阻的主要部分。铁塔的接地电阻与大地导电率有关。对于跨越山区的高压线路，铁塔的接地电阻可达数十欧。此外，当导线通过树木或其他物体对地短路时，过渡电阻更高，难以准确计算。

4.8.2.1 过渡电阻对接地阻抗继电器的影响

如图 4-50 所示，设距离 M 母线 L_K（单位为千米）处的 K 点 A 相经过渡电阻 R_F 发生了单相接地短路故障，按对称分量法可求得 M 母线上 A 相电压为

$$\begin{aligned}\dot{U}_A &= \dot{U}_{KA} + \dot{I}_{A1}Z_1L_K + \dot{I}_{A2}Z_2L_K + \dot{I}_{A0}Z_0L_K \\ &= \dot{U}_{KA} + [(\dot{I}_{A1} + \dot{I}_{A2} + \dot{I}_{A0}) + 3\dot{I}_{A0}\frac{Z_0 - Z_1}{3Z_1}]Z_1L_K \\ &= \dot{I}_{KA}^{(1)}R_F + (\dot{I}_A + 3K\dot{I}_0)Z_1L_K\end{aligned}$$

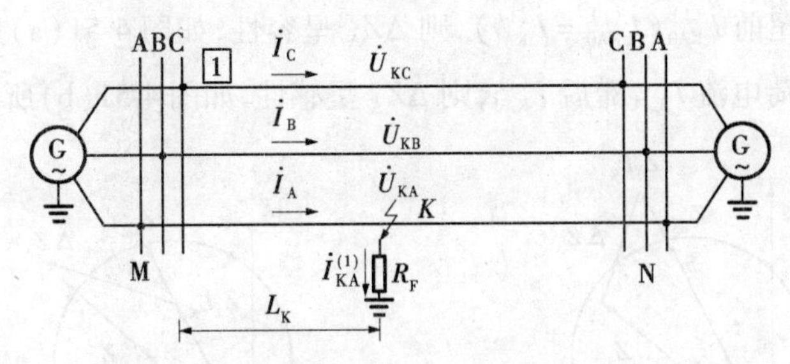

图 4-50 单相接地短路故障求母线电压网络图

则安装在线路 M 侧的 A 相接地阻抗继电器的测量阻抗为

$$Z_{mA} = Z_1L_K + \frac{\dot{I}_{KA}^{(1)}}{\dot{I}_A + 3K\dot{I}_0}R_F \tag{4-121}$$

由式(4-121)可见，只有 $R_F = 0$，即金属性单相接地短路故障时，故障相阻抗继电器才能正确测量阻抗；而当 $R_F \neq 0$ 时，即非金属性单相接地时，测量阻抗中出现附加测量阻抗 ΔZ_A，附加测量阻抗为

$$\Delta Z_A = \frac{\dot{I}_{KA}^{(1)}}{\dot{I}_A + 3K\dot{I}_0}R_F \tag{4-122}$$

由于 ΔZ_A 的存在，测量阻抗与故障点距离成正比的关系不成立。对于非故障相阻抗继电器的测量阻抗，因故障点非故障相电压 $\dot{U}_{KB}$、$\dot{U}_{KC}$ 较高；非故障相电流 $\dot{I}_B + 3K\dot{I}_0$、$\dot{I}_C + 3K\dot{I}_0$ 较小，所以非故障相阻抗继电器的测量阻抗较大，不能正确测量故障点距离。

4.8.2.2 单相接地时附加测量阻抗分析

如图 4-50 中正向经过渡电阻 R_F 接地时，附加测量阻抗 ΔZ_A 如式(4-122)所示，计及 $\dot{I}_{KA}^{(1)} = 3\dot{I}_{KA0}^{(1)}$，式(4-122)可写为

$$\Delta Z_A = \frac{3\dot{I}_{KA0}^{(1)}}{\dot{I}_A + 3K\dot{I}_0}R_F \tag{4-123}$$

因
$$\dot{I}_A = \dot{I}_{L.A} + C_1\dot{I}_{KA1}^{(1)} + C_2\dot{I}_{KA2}^{(1)} + C_0\dot{I}_{KA0}^{(1)}$$

$$\dot{I}_0 = C_0 \dot{I}^{(1)}_{KA0}$$

计及 $\dot{I}^{(1)}_{KA1} = \dot{I}^{(1)}_{KA2} = \dot{I}^{(1)}_{KA0}$，所以上式可简化为（$\dot{K}$ 取实数）

$$\Delta Z_A = \frac{3R_F}{[2C_1 + (1+3K)C_0] + \dfrac{\dot{I}_{L.A}}{\dot{I}^{(1)}_{KA0}}} \tag{4-124}$$

式中　$\dot{I}_{L.A}$——A 相负荷电流；

C_1、C_2、C_0——正、负、零序分流系数。

若只有 M 侧有电源，则附加测量阻抗 ΔZ_A 呈电阻性；在两侧有电源的情况，如果负荷电流为零，且分流系数为实数，则附加测量 ΔZ_A 呈电阻性；如果阻抗继电器安装在送电侧，负荷电流 $\dot{I}_{L.A}$ 超前 $\dot{I}^{(1)}_{KA0}$（$\dot{I}^{(1)}_{KA0} = \dot{I}^{(1)}_{KA1}$），则 ΔZ_A 呈容性，如图 4-51（a）所示；如果继电器安装在受电侧，负荷电流 $\dot{I}_{L.A}$ 滞后 $\dot{I}^{(1)}_{KA0}$，则 ΔZ_A 呈感性，如图 4-51（b）所示。

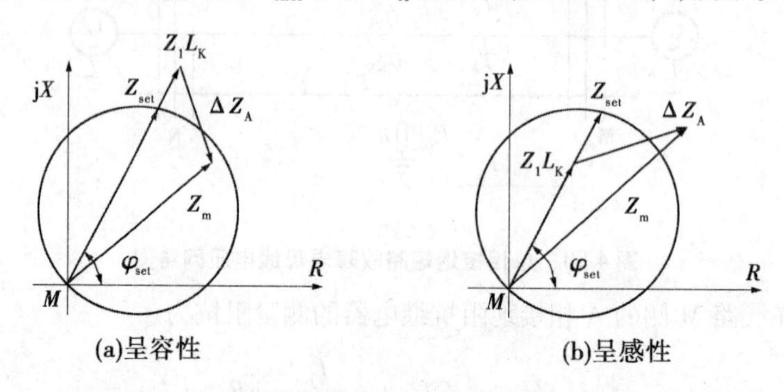

图 4-51　过渡电阻对保护区的影响

由于单相接地时附加测量阻抗的存在，将引起接地阻抗继电器保护区的变化。保护区的伸长或缩短，将随负荷电流的增大、过渡电阻 R_F 的增大而加剧。为克服单相接地时过渡电阻对保护区的影响，应设法使继电器的动作特性适应附加测量阻抗的变化，使其保护区稳定不变。由零序电抗继电器分析可知，零序电抗继电器能满足这一要求。

4.8.2.3　过渡电阻对相间短路保护阻抗继电器的影响

若在图 4-18 中 K 点发生相间短路故障，三个相间阻抗继电器测量阻抗分别为

$$\begin{cases} Z_{mAB} = Z_1 L_K + \dfrac{\dot{U}_{KAB}}{\dot{I}_A - \dot{I}_B} \\ Z_{mBC} = Z_1 L_K + \dfrac{\dot{U}_{KBC}}{\dot{I}_B - \dot{I}_C} \\ Z_{mCA} = Z_1 L_K + \dfrac{\dot{U}_{KCA}}{\dot{I}_C - \dot{I}_A} \end{cases} \tag{4-125}$$

式中　$\dot{U}_{KAB}$、$\dot{U}_{KBC}$、$\dot{U}_{KCA}$——故障点相间电压。

显然，只有发生金属性相间短路故障，故障点的相间电压才为零，故障相的测量阻抗

才能正确反映保护安装处到短路点的距离。当故障点存在过渡电阻时,因故障点相间电压不为零,所以阻抗继电器就不能正确测量保护安装处到故障点距离。

但是,相间短路故障的过渡电阻主要是电弧电阻,与接地短路故障相比要小的多,所以附加测量阻抗的影响也较小。

为了减小过渡电阻对保护的影响,可采用承受过渡电阻能力强的阻抗继电器,如四边形特性阻抗继电器等。

4.9 相间距离保护整定计算原则

目前,相间距离保护多采用阶段式保护,三段式距离保护(包括接地距离保护)的整定计算原则与三段式电流保护的整定计算原则基本相同。下面介绍三段式相间距离保护的整定计算原则。

4.9.1 相间距离保护第Ⅰ段的整定

相间距离保护第Ⅰ段的整定值主要按躲过本线路末端相间短路故障条件来选择。在图 4-52 所示的网络中,线路 MN 保护 1 相间距离保护第Ⅰ段的动作阻抗为

$$Z_{\mathrm{op.1}}^{\mathrm{I}} = K_{\mathrm{res}}^{\mathrm{I}} Z_{\mathrm{MN}} \tag{4-126}$$

式中 $Z_{\mathrm{op.1}}^{\mathrm{I}}$——MN 线路保护 1 距离保护第Ⅰ段的动作阻抗值,Ω/km;

$K_{\mathrm{rel}}^{\mathrm{I}}$——距离保护第Ⅰ段可靠系数,取 0.8 ~0.85;

Z_{MN}——线路 MN 的正序阻抗。

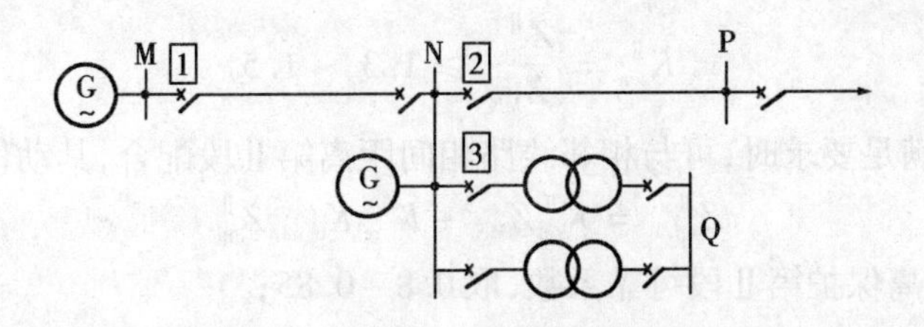

图 4-52 距离保护整定计算系统图

若被保护对象为线路变压器组,则送电侧线路距离保护第Ⅰ段可按保护范围伸入变压器内部整定,即

$$Z_{\mathrm{op.1}}^{\mathrm{I}} = K_{\mathrm{rel}}^{\mathrm{I}} Z_{\mathrm{L}} + K'_{\mathrm{rel}} Z_{\mathrm{T}} \tag{4-127}$$

式中 $K_{\mathrm{rel}}^{\mathrm{I}}$——距离保护第Ⅰ段可靠系数,取 0.8 ~0.85;

K'_{rel}——伸入变压器部分第Ⅰ段可靠系数,取 0.75;

Z_{L}——被保护线路的正序阻抗;

Z_{T}——线路末端变压器阻抗。

距离保护第Ⅰ段动作时间为固有动作时间,若整定阻抗与线路阻抗角相等,则保护区为被保护线路全长的 80% ~85%。

4.9.2 相间距离保护第Ⅱ段的整定

相间距离保护第Ⅱ段应与相邻线路相间距离第Ⅰ段或与相邻元件(变压器)速动保护配合,如图4-52所示,保护1距离保护第Ⅱ段整定值应满足以下条件。

(1)与相邻线路相间距离保护第Ⅰ段配合。

与相邻线路相间距离保护第Ⅰ段配合,其动作阻抗为

$$Z_{op.1}^{\mathrm{II}} = K_{rel}^{\mathrm{II}} Z_{MN} + K''_{rel} K_{b.min} Z_{op.2}^{\mathrm{I}} \tag{4-128}$$

式中 K_{rel}^{II}——距离保护第Ⅱ段可靠系数,取0.8~0.85;

K''_{rel}——距离保护第Ⅱ段的可靠系数,取$K''_{rel} \leqslant 0.8$;

$K_{b.min}$——最小分支系数。

(2)与相邻变压器速动保护配合。

与相邻变压器速动保护配合,若变压器速动保护区为变压器全部,则动作阻抗为

$$Z_{op.1}^{\mathrm{II}} = K_{rel}^{\mathrm{II}} Z_{MN} + K''_{rel} K_{b.min} Z_{T.min} \tag{4-129}$$

式中 K_{rel}^{II}——距离保护第Ⅱ段可靠系数,取0.8~0.85;

K''_{rel}——距离保护第Ⅱ段的可靠系数,取$K''_{rel} \leqslant 0.7$;

$K_{b.min}$——最小分支系数;

$Z_{T.min}$——相邻变压器正序最小阻抗(应计及调压、并联运行等因素)。

应取式(4-128)和式(4-129)中较小值为整定值。若相邻线路有多回路时,则取所有线路相间距离保护第Ⅰ段最小整定值代入式(4-128)进行计算。

相间距离保护第Ⅱ段的动作时间为:$t_{op.1}^{\mathrm{II}} = \Delta t$。

相间距离保护第Ⅱ段的灵敏度按下式校验

$$K_{sen}^{\mathrm{II}} = \frac{Z_{op.1}^{\mathrm{II}}}{Z_{MN}} \geqslant 1.3 \sim 1.5$$

当灵敏度不满足要求时,可与相邻线路相间距离第Ⅱ段配合,其动作阻抗为

$$Z_{op.1}^{\mathrm{II}} = K_{rel}^{\mathrm{II}} Z_{MN} + K''_{rel} K_{b.min} Z_{op.2}^{\mathrm{II}} \tag{4-130}$$

式中 K_{rel}^{II}——距离保护第Ⅱ段可靠系数,取0.8~0.85;

K''_{rel}——距离保护第Ⅱ段的可靠系数,取$K''_{rel} \leqslant 0.8$;

$Z_{op.2}^{\mathrm{II}}$——相邻线路相间距离保护第Ⅱ段的整定值。

此时,相间保护距离动作时间为

$$t_{op.1}^{\mathrm{II}} = t_{op.2}^{\mathrm{II}} + \Delta t \tag{4-131}$$

式中 $t_{op.2}^{\mathrm{II}}$——相邻线路相间距离保护第Ⅱ段的动作时间。

4.9.3 相间距离保护第Ⅲ段的整定

相间距离保护第Ⅲ段应按躲过被保护线路最大事故负荷电流所对应的最小阻抗整定。

4.9.3.1 按躲过最小负荷阻抗整定

若被保护线路最大事故负荷电流所对应的最小阻抗为$Z_{L.min}$,则

$$Z_{L.min}=\frac{U_{w.min}}{I_{L.max}} \tag{4-132}$$

式中 $U_{w.min}$——最小工作电压，其值为 $U_{w.min}=(0.9\sim0.95)U_N/\sqrt{3}$，$U_N$ 是被保护线路电网的额定相间电压；

$I_{L.max}$——被保护线路最大事故负荷电流。

当采用全阻抗继电器作为测量元件时，整定阻抗为

$$Z_{set.1}^{Ⅲ}=K_{rel}^{Ⅲ}Z_{L.min} \tag{4-133}$$

当采用方向阻抗继电器作为测量元件时，整定阻抗为

$$Z_{set.1}^{Ⅲ}=\frac{K_{rel}^{Ⅲ}Z_{L.min}}{\cos(\varphi_{set}-\varphi)} \tag{4-134}$$

式中 φ_{set}——整定阻抗角；

φ——线路的负荷功率因数角。

第Ⅲ段的动作时间应大于系统振荡时的最大振荡周期，且与相邻元件、线路第Ⅲ段保护的动作时间按阶梯原则进行相互配合。

4.9.3.2 **与相邻距离保护第Ⅱ段配合**

为了缩短保护切除故障时间，可与相邻线路相间距离保护第Ⅱ段配合，则

$$Z_{op.1}^{Ⅲ}=K_{rel}^{Ⅲ}Z_{MN}+K'''_{rel}K_{b.min}Z_{op.2}^{Ⅱ} \tag{4-135}$$

式中 $K_{rel}^{Ⅲ}$——距离保护第Ⅲ段可靠系数，取0.8～0.85；

K'''_{rel}——距离保护第Ⅲ段可靠系数，取 $K'''_{rel}\leqslant0.8$；

$Z_{op.2}^{Ⅱ}$——相邻线路相间距离保护第Ⅱ段的整定值。

当距离保护第Ⅲ段的动作范围未伸出相邻变压器的另一侧时，应与相邻线路不经振荡闭锁的距离保护第Ⅱ段的动作时间配合，即

$$t_{op.1}^{Ⅲ}=t_{op.2}^{Ⅱ}+\Delta t \tag{4-136}$$

式中 $t_{op.2}^{Ⅱ}$——相邻线路不经振荡闭锁的距离保护第Ⅱ段的动作时间。

当距离保护第Ⅲ段的动作范围伸出相邻变压器的另一侧时，应与相邻变压器相间后备保护配合，即

$$t_{op.1}^{Ⅲ}=t_{op.T}^{Ⅲ}+\Delta t$$

式中 $t_{op.T}^{Ⅲ}$——相邻变压器相间短路后备保护的动作时间。

相间距离保护第Ⅲ段的灵敏度校验用下式计算：

当作为近后备保护时 $K_{sen}^{Ⅲ}=\frac{Z_{op.1}^{Ⅲ}}{Z_{MN}}\geqslant1.3\sim1.5$

当作为远后备保护时 $K_{sen}^{Ⅲ}=\frac{Z_{op.1}^{Ⅲ}}{Z_{MN}+K_{b.max}Z_{NP}}\geqslant1.2$

式中 $K_{b.max}$——最大分支系数。

当灵敏度不满足要求时，可与相邻线路相间距离保护第Ⅲ段配合，即

$$Z_{op.1}^{Ⅲ}=K_{rel}^{Ⅲ}Z_{MN}+K'''_{rel}K_{b.min}Z_{op.2}^{Ⅲ} \tag{4-137}$$

式中 $K_{rel}^{Ⅲ}$——距离保护第Ⅲ段可靠系数，取0.8～0.85；

K'''_{rel}——距离保护第Ⅲ段可靠系数，取 $K'''_{rel}=0.8$；

$Z_{op.2}^{Ⅲ}$——相邻线路距离保护第Ⅲ段的整定值。

相间距离保护第Ⅲ段的动作时间为：$t_{op.1}^{Ⅲ} = t_{op.2}^{Ⅲ} + \Delta t$

若相邻元件为变压器，则与变压器相间短路后备保护配合，则第Ⅲ段距离保护阻抗元件动作值为

$$Z_{op.1}^{Ⅲ} = K_{rel}^{Ⅲ} Z_{MN} + K_{rel}^{Ⅲ\prime} K_{b.min} Z_{op.T}^{Ⅲ} \tag{4-138}$$

式中 $K_{rel}^{Ⅲ}$——距离保护第Ⅲ段可靠系数，取0.8~0.85；

$K_{rel}^{Ⅲ\prime}$——距离保护第Ⅲ段可靠系数，取$K_{rel}^{Ⅲ\prime} \leqslant 0.8$；

$Z_{op.T}^{Ⅲ}$——变压器相间短路后备保护最小保护范围所对应的阻抗值，应根据后备保护类型进行确定。

4.10 工频故障分量距离保护

传统的继电保护原理是建立在工频电气量的基础上的。随着微机技术在继电保护中的应用，反映故障分量的保护在微机保护装置中广泛应用。

故障分量在非故障状态下不存在，只在被保护对象发生故障时才出现，所以可用叠加原理来分析故障分量的特征。将电力系统发生的故障视为非故障状态和故障附加状态的叠加，利用计算机技术，可以方便地提取故障状态下的故障分量。

4.10.1 工频故障分量保护原理

4.10.1.1 故障信息和故障分量

信息是其表征的特性，信息是抽象的。虽然电力系统会发生各种类型的短路故障，各种故障所出现的特征也各有其特殊性，但无论任何设备发生故障时必然有故障信息出现。

从继电保护技术的特点出发，故障信息可分为内部故障信息和外部故障信息两类。故障信息是继电保护原理的根本依据，既可单独使用一类信息，也可联合使用两类信息。内部故障信息用于切除故障设备，外部故障信息用于防止切除非故障设备。利用内部故障信息或外部故障信息的特征来区分故障和非故障设备一直是对继电保护原理与装置提出的根本要求。

根据故障信息在非故障状态下不存在，只在设备发生故障时才出现的基本观点，可用叠加原理来加以研究故障信息的特征。在线性电路的假设前提下，可以把网络内发生的故障视为非故障状态与故障附加状态的叠加，如图4-53所示。

故障状态	=	非故障状态	+	故障附加状态

图4-53　利用叠加原理分析短路故障

图4-53表示出网络内某点发生单相接地短路故障叠加原理。发生故障的网络所处的状态称为故障状态，如图4-54所示。如图4-55(a)所示，当线路上K点发生金属性短路，故障点的电压为0，此时系统的状态可用图4-55(b)所示的等值网络来代替。图中附加电源的电压大小相等、方向相反。假定电力系统为线性系统，则根据叠加原理，

图 4-55(b)所示的运行状态又可分解为非故障状态,如图 4-55(c)所示;故障附加状态,如图 4-55(d)所示。若故障时附加电源的电压等于故障前状态下故障点处的电压,则各点处的电压、电流均与故障前的情况一致。故障附加状态系统中各点的电压、电流称为电压电流的故障分量或故障变化量(突变量)。

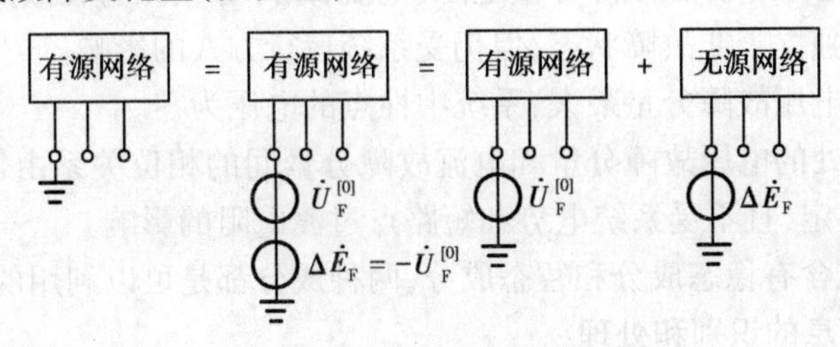

图 4-54　单相接地短路故障

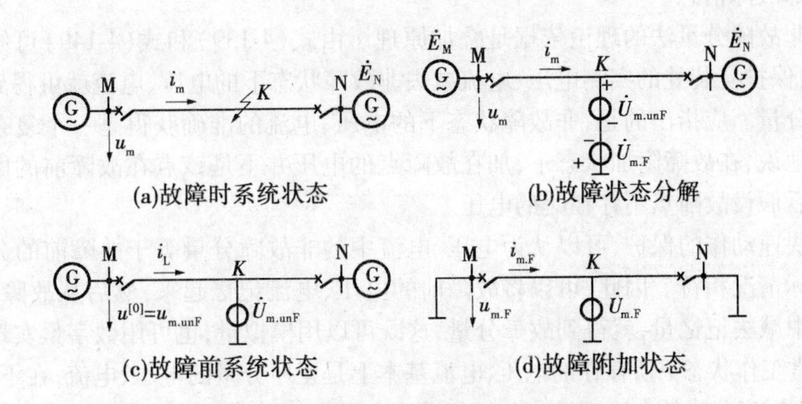

图 4-55　短路故障时电气变化量的分解

系统故障时,这时 $i_{m.F}$ 和 $u_{m.F}$ 就是保护安装处测量到的故障分量。由图可见,电压、电流的故障分量相当于图 4-55(d)所示的无源系统对于故障点突然加上的附加电压源的响应。

由图 4-55 可知,在任何运行方式、运行状态下,系统故障时,保护安装处测量到的电压 u_m 和电流 i_m 可以看做是故障前状态下非故障分量电压 $u_{m.unF}$、电流 $i_{m.unF}$ 与故障分量电压 $u_{m.F}$、电流 $i_{m.F}$ 的叠加,即

$$\begin{cases}u_m = u_{m.unF} + u_{m.F}\\ i_m = i_{m.unF} + i_{m.F}\end{cases} \tag{4-139}$$

式中　u_m、i_m——发生短路后 m 点的实测电压、电流;

$u_{m.unF}$、$i_{m.unF}$——非故障状态下 m 点的电压、电流;

$u_{m.F}$、$i_{m.F}$——故障状态下 m 点的电压、电流。

根据式(4-139)可以导出故障分量的计算方法,即

$$\begin{cases}u_{m.F} = u_m - u_{m.unF}\\ i_{m.F} = i_m - i_{m.unF}\end{cases} \tag{4-140}$$

式(4-140)表明,故障附加状态下所出现的故障分量 $u_{m.F}$、$i_{m.F}$ 中包含的只是故障信

息。因此,故障附加状态可作为分析、研究故障信息的依据。因为,故障附加状态是在短路点加上与该点非故障状态下大小相等、方向相反的电压,并令网络内所有电势为零的条件下得到的。由此可以得出有关故障分量的以下主要特征:

(1)非故障状态下不存在故障分量电压、电流,故障分量只有在故障状态下才出现。

(2)故障分量独立于非故障状态,但仍受系统运行方式的影响。

(3)故障点的电压故障分量最大,系统中性点的电压为零。

(4)保护安装处的电压故障分量和电流故障分量间的相位关系由保护装设处到系统中性点间的阻抗决定,且不受系统电势和短路点过渡电阻的影响。

故障分量中包含有稳态成分和暂态成分,两种成分都是可以利用的。

4.10.1.2 故障信息的识别和处理

继电保护技术的关键在于正确区分故障信息与非故障信息,以及正确获得内部故障信息和外部故障信息。

消除非故障分量法的理论依据是叠加原理。由式(4-139)和式(4-140)可知,在发生短路时,由保护安装处的实测电压、电流减去非故障状态下的电压、电流就可得到电压、电流的故障分量。应指出的是,非故障状态下的电压、电流的准确获得是一个复杂的问题,因为严格地说,在故障附加状态下,加在故障点的电压并不是该点在故障前的电压,而是故障发生后假设故障点不存在时的电压。

对于快速动作的保护,可以认为电压、电流中的非故障分量等于故障前的分量,这一假设与实际情况相符。因此,可以将故障前的电压、电流记忆起来,然后从故障时测量到的相应量中减去记忆量,就得到故障分量,这既可以用模拟量,也可用数字量实现。

在正常工作状态下所存在的电压、电流基本上是正序分量的电压、电流,在不对称接地短路时出现零序分量的电压、电流,在三相系统中发生不对称短路时出现负序分量的电压、电流。因此,负序分量和零序分量包含有故障信息,可以利用负序分量或零序分量检出故障。负序分量和零序分量在保护技术中得到广泛应用,其缺点是不能检出三相对称短路。

由于正常运行时有正序分量存在,因此反映正序分量方法的原理在过去继电保护中应用的远不如负序分量或零序分量那么广泛。用消除非故障分量的方法提取出的正序故障分量却包含着比负序或零序分量更丰富的故障信息。由对称分量法的基本原理可知,只有正序故障分量在各种类型故障下都存在。正序分量的这一独特的性能为简化和完善继电保护开辟了新的途径,受到关注。

4.10.2 工作原理和动作方程

如图4-56(a)所示的电力系统M侧保护正向K点发生金属性短路故障时,由叠加原理可知

$$i_{F}(t) = i_{M}(t) - i_{ML}(t) \tag{4-141}$$

式中 $i_{M}(t)$——t时刻M侧电流;

$i_{ML}(t)$——t时刻M侧电流的负荷的电流分量,由于$\dot{U}_{F}$是该点的开路电压,所以负荷电流不会产生变化,即$i_{ML}(t)=i_{ML}(t-kT)$,$i_{ML}(t-kT)$为比故障时刻t提前k个周期的负荷电流,即故障前的负荷电流。

因此,t 时刻的故障分量电流 $i_F(t)$ 可求得。用同样的方法可以计算故障分量电压。为了与习惯分析方法一致,重画 M 侧保护正向短路时的附加状态,如图 4-56(b)所示。设阻抗保护装设在线路 MN 的 M 侧,加在阻抗继电器的电压、电流见表 4-5。根据图 4-56(b)的参考方向,可以得到保护区末端 Z 点(整定点)的工作电压为

$$\Delta\dot{U}_{op} = \Delta\dot{U} + Z_{set}\Delta\dot{I}_m \tag{4-142}$$

式中 $\Delta\dot{U}_{op}$——补偿到 Z 点的电压;

Z_{set}——阻抗继电器整定阻抗;

$\Delta\dot{U}$、$\Delta\dot{I}_m$——故障方式下保护安装处的电压和电流的故障分量。

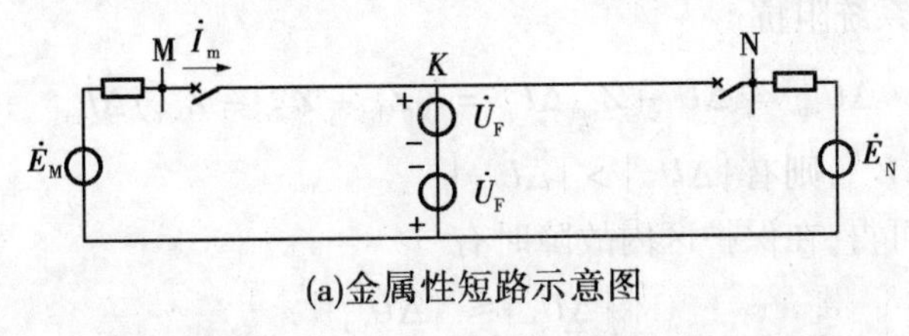

(a)金属性短路示意图

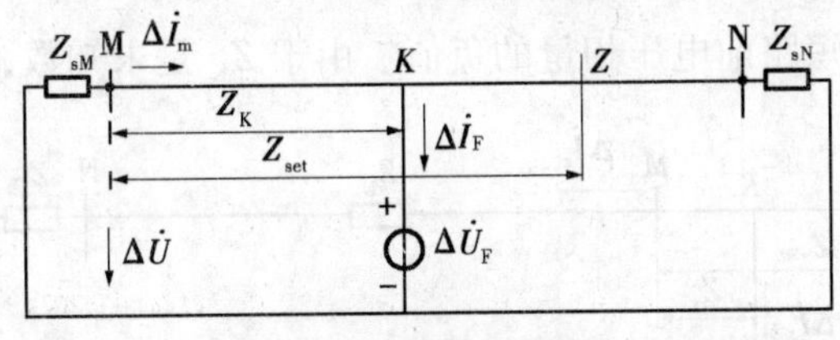

(b)正向短路附加状态

图 4-56 电力系统短路故障时的故障分量分解图

表 4-5 突变量阻抗继电器的计算量

故障相别	AB	BC	CA	AN	BN	CN
电压	$\Delta\dot{U}_{AB}$	$\Delta\dot{U}_{BC}$	$\Delta\dot{U}_{CA}$	$\Delta\dot{U}_A$	$\Delta\dot{U}_B$	$\Delta\dot{U}_C$
电流	$\Delta\dot{I}_{AB}$	$\Delta\dot{I}_{BC}$	$\Delta\dot{I}_{CA}$	$\Delta\dot{I}_A+3K\dot{I}_0$	$\Delta\dot{I}_B+3K\dot{I}_0$	$\Delta\dot{I}_C+3K\dot{I}_0$

$\Delta\dot{U}$、$\Delta\dot{I}_m$ 可以通过测量和计算求得,Z_{sM} 是系统阻抗为未知量,有 $\Delta\dot{U}=-\Delta\dot{I}_m Z_{sM}$。

4.10.3 保护区内、外短路故障分析

4.10.3.1 故障点在保护区内

假设各阻抗角相等来讨论保护区内、保护区外短路故障时的动作行为。

由图 4-56(b)可知,在 K 点发生短路故障时,短路点处故障分量电压为

$$\Delta\dot{U}_F = \Delta\dot{U} - Z_K\Delta\dot{I}_m = -(Z_{sM}+Z_K)\Delta\dot{I}_m \tag{4-143}$$

式中 Z_K——故障点到保护安装处线路阻抗。

因为 $Z_K < Z_{set}$,则有 $|\Delta\dot{U}_F| < |\Delta\dot{U}_{op}|$。

4.10.3.2 故障点在保护区外

若故障点在保护范围外,因为 $Z_K > Z_{set}$,则有 $|\Delta\dot{U}_F| > |\Delta\dot{U}_{op}|$。

4.10.3.3 故障点在保护反方向

故障点 K 在保护反方向时,短路附加状态如图 4-57 所示。保护安装处的母线电压故障分量为

$$\Delta\dot{U} = \Delta\dot{I}_m(Z_L + Z_{sN}) \tag{4-144}$$

$$\Delta\dot{U}_F = \Delta\dot{U} + Z_K\Delta\dot{I}_m = (Z_K + Z_L + Z_{sN})\Delta\dot{I}_m \tag{4-145}$$

式中 Z_L——被保护线路阻抗;

Z_{sN}——N 侧系统阻抗。

$$\Delta\dot{U}_{op} = \Delta\dot{U} - Z_{set}\Delta\dot{I}_m = (Z_L + Z_{sN} - Z_{set})\Delta\dot{I}_m \tag{4-146}$$

因为 $Z_L + Z_{sN} > Z_{set}$,则有 $|\Delta\dot{U}_F| > |\Delta\dot{U}_{op}|$。

综合上述故障可得,在保护区内故障时有

$$|\Delta\dot{U}_F| \leqslant |\Delta\dot{U}_{op}| \tag{4-147}$$

式中 $\Delta\dot{U}_F$——短路点短路前电压相量的负值。由于 Z_K 是未知数,因此 $\Delta\dot{U}_F$ 无法得到。

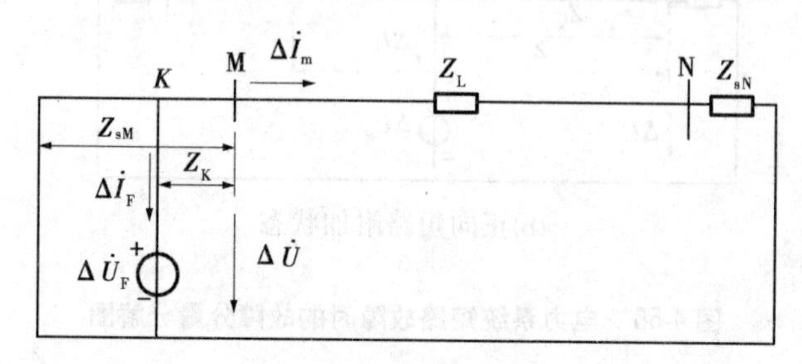

图 4-57 反方向短路附加状态

为了构成可实现的动作方程,常用的代替 $\Delta\dot{U}_F$ 的方法有:

(1)用短路前保护安装处的实测电压相量的负值代替 $\Delta\dot{U}_F$;

(2)用计算得到的短路前保护范围末端 Z 点的电压相量 $\dot{U}_Z$ 的负值代替 $\Delta\dot{U}_F$。

电力系统正常运行时,系统接线示意如图 4-58 所示,保护范围末端 Z 点在正常运行状态下的电压计算公式为

$$\dot{U}_Z = \dot{U} - Z_{set}\dot{I}_L \tag{4-148}$$

式中 $\dot{U}$——保护安装处母线线电压;

$\dot{I}_L$——正常运行时负荷电流。

由于式(4-148)反映的是短路点 Z 故障前的电压,故称 $\dot{U}_Z$ 为记忆电压。如果短路点 K 正好发生在保护区末端 Z 处,则故障点 K 在短路前的电压就是式(4-148),于是有 $|\Delta\dot{U}_F| = |\dot{U}_Z|$,所以用第二种方法替代是准确的,不会对保护范围和灵敏度产生影响。

如果故障点 K 在保护区范围内,则保护范围、灵敏度均与系统参数以及保护的安装

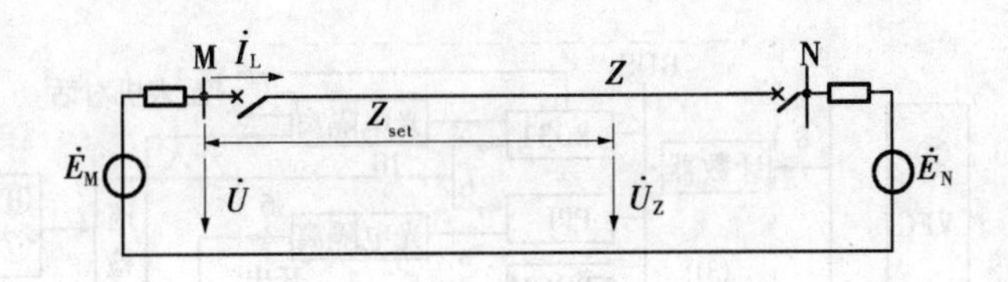

图 4-58　系统正常运行示意图

地点有关。

由图 4-59(a)可知，$|\Delta\dot{U}_F| > |\dot{U}_Z|$，有利于保护动作，使保护灵敏度增加；在图 4-59(b)中，有 $|\Delta\dot{U}_F| < |\dot{U}_Z|$，不利于保护动作，使保护灵敏度降低。在实际应用中突变量阻抗继电器的动作方程为

$$|\dot{U}_Z| \leqslant |\Delta\dot{U}_{op}| \tag{4-149}$$

式中　$\Delta\dot{U}_{op}$——工作电压，即补偿电压；

$\Delta\dot{U}_Z$——由式(4-148)计算得出的保护范围末端 Z 点短路前的电压，或短路前保护安装处实测的电压相量。

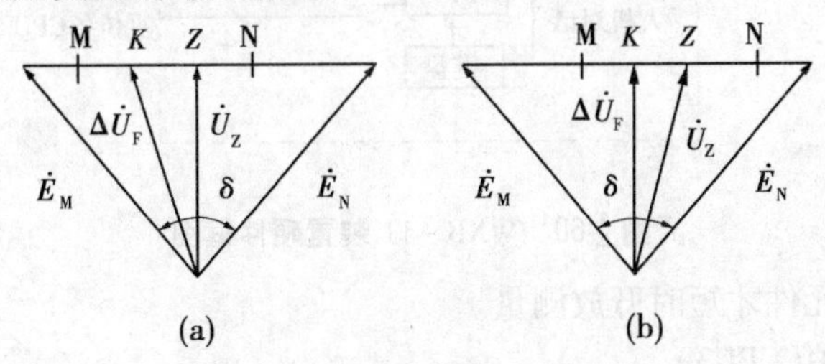

图 4-59　短路点离保护安装处不同地点短路时的 $|\Delta\dot{U}_F|$ 与 $|\dot{U}_Z|$ 比较

4.11　WXB－11 型线路保护装置

4.11.1　概述

WXB－11 型微机保护装置是用于 110～500 kV 各级电压的输电线路成套保护，它能正确反映输电线路的各种相间故障和接地故障，并进行一次重合。该装置采用了电压/频率变换技术，在硬件结构上采用多 CPU 并行工作的方式。4 个用于保护和重合闸功能硬件电路完全相同，只是由不同软件实现不同的功能。

该装置硬件框图如图 4-60 所示，它共有 14 个插件，框图中的编号为插件号。

4.11.1.1　高频保护(CPU1)

CPU1 与高频收发讯机、高频通道配合，构成高频距离、高频零序方向保护功能。

4.11.1.2　距离保护(CPU2)

CPU2 设有三段相间距离和三段接地距离，并有故障测距功能。该保护有按相电流差突变量的启动元件和选相元件。正常运行时各段距离测量元件均不投入工作，仅在启

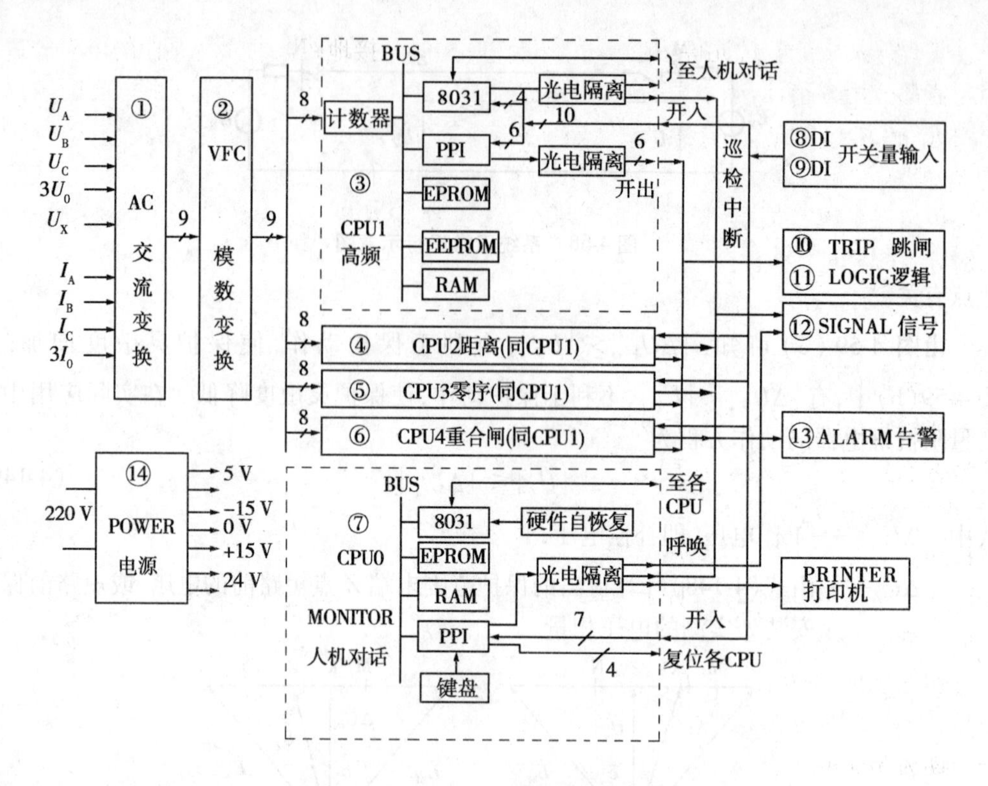

图 4-60　WXB－11 装置硬件框图

动元件启动后测量元件才短时开放测量。

4.11.1.3　零序保护(CPU3)

CPU3 实现全相运行投入、非全相运行时退出的 4 段零序保护和非全相运行时投入的两段零序保护。全相运行时各段零序保护的方向元件均可由控制字整定投入或退出。

4.11.1.4　综合重合闸(CPU4)

CPU4 实现重合闸和选相两个功能。重合闸可工作在“综合重合闸”、“单相重合闸”、“三相重合闸”及“停用”四种方式。

4.11.1.5　人机接口部分(CPU0)

CPU0 是人机接口系统,与 CPU1 ~ CPU4 进行串联通信,实现巡回检测、时钟同步、人机对话及打印等功能。

4.11.2　距离保护软件原理

4.11.2.1　概述

WXB－11 型保护装置的距离保护具有三段相间和三段接地距离,有独立的选相元件。Ⅰ、Ⅱ段可以由控制字选择经或不经振荡闭锁。其加速段包括:瞬时加速 X 相近阻抗段;瞬时加速Ⅱ段;瞬时加速Ⅲ段;延时加速(1.5 s)Ⅲ段(在振荡闭锁模块中)。在振荡闭锁时,Ⅰ、Ⅱ段闭锁,若闭锁期间发生故障,可以由两部分出口:一是 dz/dt 段 0.2 s 跳闸,二是由Ⅲ段延时 1.5 s 出口。单相故障时发出单跳令后,投入健全相电流差突变量元件 DI2,当 DI2 动作后经阻抗元件把关确认为发展性故障后补发三跳令。

距离保护中的阻抗元件采用多边形特性。相间和接地距离的Ⅰ～Ⅲ段的电阻分量的整定值都公用,但有两个不同的定值,即 R_L(大值)和 R_S(小值),程序将根据不同的场合选用 R_L 和 R_S。例如,在振荡闭锁状态下取 R_S,以提高躲振荡的能力,而在开放的时间内取 R_L,以提高耐弧能力。R_L 按躲开最大负荷时的最小阻抗整定,R_S 可取 $0.5R_L$。

距离保护程序包括主程序、中断服务程序和故障处理程序三部分。下面分别介绍这三部分工作原理。

主程序由初始化、自检等部分组成,主程序流程图如图4-61所示。

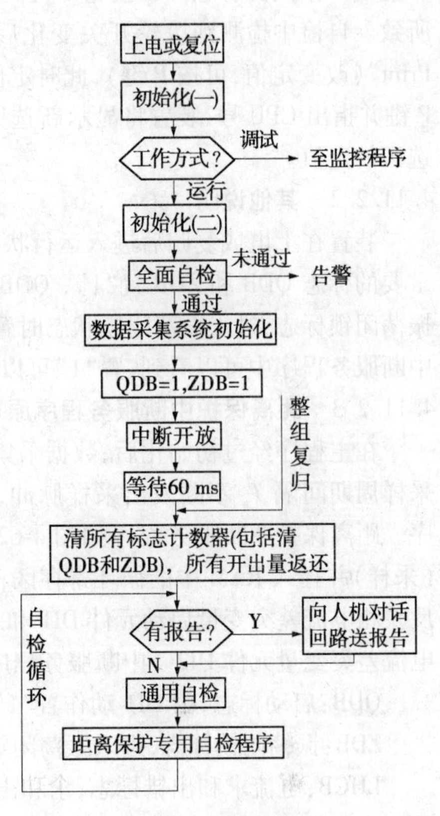

图4-61　距离保护的主程序流程图

1. 初始化

初始化分为三部分,初始化(一)是不论保护是否在运行位置都必须要进行的初始化项目,它主要是对堆栈、串行口、定时器及有关并行口初始化。对于并行口应规定每一个端口用做输入还是输出,用做输出则还要赋以正常值,使所有继电器都不动作。

初始化(二)是在运行方式下才需要进行的项目,它主要是对采样定时器的初始化,控制采样周期为5/3 ms。同时,对RAM区中有关软件计数器标志清零等。

数据采集系统的初始化是装置在通过全面自检后进行,主要是将采样数据寄存区地址指针初始化,即把存放在各通道采样值转换结果的循环寄存区的首地址存入指针。另外,还要对计数器8253初始化,规定8253的工作方式和赋初始值0000H等。

2. 自检

(1)RAM区的读写自检。对RAM区的每一个地址单元都要进行读写检查,其方法是先写入一个数,然后读回。若读回的值与所写入的值一致,说明该单元完好,否则将告警:对单片机内的RAM报告“BADRAM”(RAM损坏);对片外扩展的RAM报告“BAD6264”。

(2)定值检查。本装置每一个保护都固化了多套定值,每套定值在固化时都伴随固化了若干校验码,包括求和校验码和一个密码,供自检用。当对定值进行检查,其结果与校验码完全相符,若不相符报告“SETERR”(定值出错)。

(3)EPROM的自检。检查固化在EPROM中的程序是否改变,最简单的方法是求和自检,将EPROM中的某些地址的数码求和,舍去累加过程中的溢出,保留某几个字节,同预先存放在EPROM中的和数校验码进行比较,以判断固化的内容是否改变。若出错,则报告“BADROM”,并显示实际求和结果。

(4)开关量的监视。每次上电或复位时,通过全面自检后,CPU将读取各开关量的状态并存在 RAM 区规定的地址中，在自检循环中则不断地监视开关量是否有变化，如有变化则经 18 s 延时发出呼唤报告，同时给出当前时间以及开关量变化前后状态。

(5)开出量的检查。开出量的自检主要是检查光耦元件和传送开出量的并行口及驱动三极管是否损坏。

(6)对定值拨轮开关的监视。如在运行中定值用的拨轮开关的触点状态发生变化，可能是工作人员有意拨动拨轮开关而改变整定值区号，也可能是由于开关触点接触不良所致。自检中检测到拨轮开关变化后发出呼唤信号，并显示“Change setting? Press P to Print”(改变定值，可按 P 键)，此时定值选区并未改变，如果工作人员要改变定值，则可按 P 键并指出 CPU 号，装置将显示新选区的定值区号及该区定值清单，此时便开始使用新选区的定值。

4.11.2.2 其他说明

装置在上电或复归后进入运行状态，且在所有的初始化和全面自检通过后，先将两个重要的标志 QDB 和 ZDB 置“1”，QDB 为启动标志，启动元件 DI1 动作后置“1”，ZDB 为振荡闭锁标志，进入振荡闭锁状态时置“1”。将两个标志先置“1”是十分必要的，这将在中断服务程序中可以看到，置“1”可以使启动元件 DI1 旁路，即不投入。

4.11.2.3 距离保护中断服务程序原理

在主程序经过初始化后，数据采集系统将开始工作，定时器将按初始化程序所规定的采样周期间隔 T_s 不断发出采样脉冲，同时向 CPU 请求中断，CPU 转向执行中断服务程序。距离保护中断服务程序如图 4-62 所示，它主要包括三部分内容，一是向 8253 读数(采样)并存入 RAM 中的循环寄存区；二是进行电流和电压的求和自检；三是设置了一个反映相电流差突变量启动元件 DI1 和一个非全相运行中监视两健全相是否发生故障的相电流差突变量元件 DI2。中断服务程序中主要标志及其含义如下。

QDB：启动标志，由 DI1 动作置“1”；

ZDB：振荡闭锁标志，进入振荡闭锁状态置“1”；

LHCB：电流求和出错标志，求和出错置“1”；

YHCB：电压求和出错标志，求和出错置“1”；

DIFLGB：DI2 元件检出两健全相有故障标志，DI2 动作时置“1”。

1. QDB 和 ZDB 标志对程序的切换

运行状态下 QDB = 1、ZDB = 1 时，退出电流求和自检功能，启动元件 DI1 及判断发展性故障元件 DI2 均被旁路，中断服务程序只有采样功能。

运行状态下 QDB = 0、ZDB = 0 时，在整组复归时将 QDB、ZDB 都清零，这标志着系统正常运行，中断服务程序中的采样、电压电流求和自检和突变量启动元件 DI1 均投入工作。

运行状态下 QDB = 1、ZDB = 0 时，说明启动元件 DI1 已动作，且不是在振荡闭锁状态。当 DI1 启动后，采样仍然继续，但每次中断因 QDB = 1 而将 DI1 的程序段旁路，这相当于启动元件动作后自保持。QDB = 1 时，说明有故障使 DI1 动作，此时需判断是否单相接地故障。若是单相接地故障则投入 DI2，DI2 动作置 DIFLGB 为“1”，并从中断返回；若不是单相接地故障，不投入 DI2。

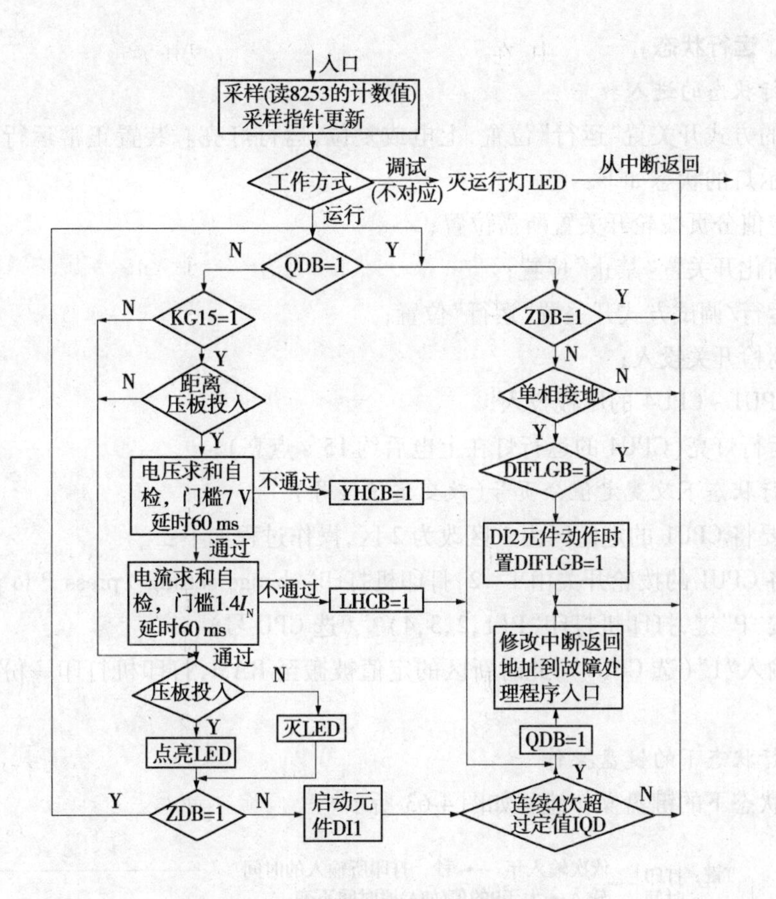

图 4-62　距离保护中断服务程序流程图

运行状态下,QDB = 0、ZDB = 1 时,说明程序进入了振荡闭锁状态,这时中断服务程序中的求和自检功能、启动元件 DI1 和判断发展性故障元件 DI2 均退出。退出 DI2 后,保护在振荡闭锁状态下动作时一律三跳,不再选相。

2. 电流、电压求和自检功能

当系统正常运行启动元件未动作时,中断服务程序在采样完就进入电压、电流求和自检,首先对每个采样点检查三相电压之和是否同取自电压互感器开口三角形的电压一致,若两电压差的有效值持续 60 ms 大于 7 V,则使标志 YHCB = 1,但不告警也不闭锁保护。电压求和自检完后进入电流求和自检,对每个采样点都检查三相电流之和是否与 $3I_0$ 回路的采样值相符,如持续 60 ms 电流差值有效值大于 1.4 倍的二次额定电流,则使 LHCB = 1,并使 QDB = 1,然后进入故障处理程序。

电压求和自检可以检出装置外部的电压互感器二次回路一相或两相断线,也可以反映装置内部数据采集系统异常。电流求和自检可以检出电流互感器二次回路接线错误及数据采集系统异常。

4.11.3　WXB - 11 型装置的使用说明

WXB - 11 型装置有三种工作状态:运行状态、调试状态和不对应状态。

4.11.3.1 运行状态

1. 运行状态的进入

所有的方式开关置"运行"位置,上电或复位,运行灯亮。装置正常运行时面板上各开关和指示灯的状态如下:

(1)定值分页拨轮开关置所需位置;

(2)固化开关置"禁止"位置;

(3)运行/调试方式开关置"运行"位置;

(4)巡检开关投入;

(5)CPU1～CPU4 的压板投入;

(6)运行灯亮(CPU4 的运行灯在上电后约 15 s 点亮);

2. 运行状态下改变定值分页号(改变定值区号)

假设要将 CPU1 的定值区由 1 区改为 2 区,操作过程如下:

(1)将 CPU1 的拨轮开关由 1→2,打印机打印"change setting? press P to print";

(2)按"P"键,打印机打印"P(1,2,3,4)?"(选 CPU 号);

(3)输入"1"(选 CPU1),此时新区的定值被搬至 RAM,打印机打印一份新区的定值清单。

3. 运行状态下的键盘操作

运行状态下的键盘操作流程如图 4-63 所示。

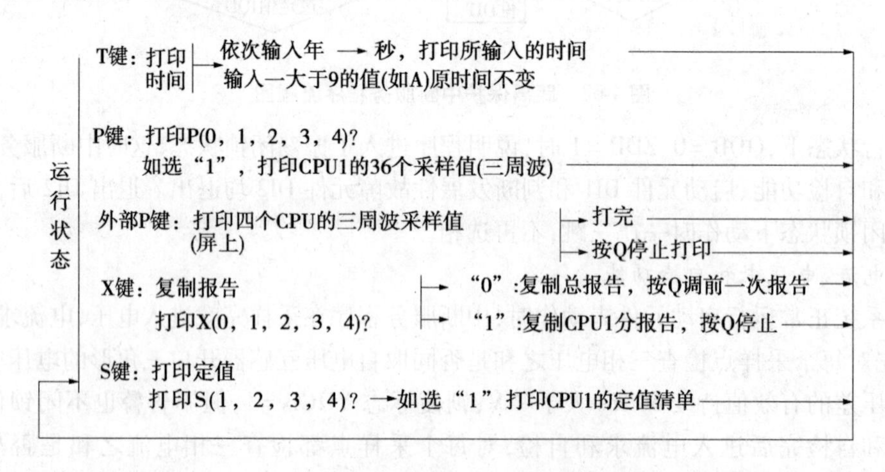

图 4-63 运行状态下的键盘操作

4.11.3.2 调试状态

1. 调试状态的进入

将人机对话插件和被调试的 CPU 插件的方式置于"调试"位置,上电后复位,则装置进入调试状态。打印机打印:"MNOITOR(0,1,2,3,4)?",输入要调试的 CPU 插件号(如 CPU1)后,打印机打印"CPU1:DEBUG STATE",表示人机对话插件已准备好与要调试的 CPU(如 CPU1)插件通信。在这种状态下就可以使用命令键对装置进行调试。

2. 调试状态下的键盘操作

(1)M 键。用于显示和修改存储器 RAM 中的内容,即可以显示片内的 RAM 也可以显示片外的 RAM,输入地址的高 8 位为 FF 时,显示的是单片机内部的 RAM。操作:如要显示 0007 单元(8255PB 口的地址)的内容,在根状态下操作:M0007,打印"000742",数据"42"为改单元的内容,是初始化时所赋的初值。接着操作:W84,打印"000784"(跳 A)。如果依次将相应相别数据输入 0007 单元,可以进行传动试验,试验后,要注意再将 0007 单元的内容改为 42,还原为正常值。利用"+"、"-"键可以查看 0007 单元相邻的单元内容,输入其他的单元地址可以查看相应的内容。按"Q"键回到根状态。

(2)S 键。用于打印和修改定值。操作:在根状态下按 S 键,打印"S NO?",输入定值项序号,例如"02",打印该项定值"02 VBL 0.100";如果修改该项定值,再操作:W0.125,打印"02 VBL 0.125"。输入其他的定值项号或用"+"、"-"键可以实现对其他项定值的打印或修改,按 Q 键回到根状态。

(3)W 键。用于将 RAM 区的定值固化到拨轮开关所指定的 E^2PROM 的存储区内。该工作通道是在用上面的 S 键修改定值后进行。在根状态下按 W,打印机打印"TURN ON ENABLE AND PRESS W AGAIN",将固化开关置于允许位置,再按 W 键进行固化。完成后 CPU 核对固化是否正确,如正确打印"OK,TURN ENABLE OFF",将固化开关置于禁止位置并回到根状态。

(4)P 键。用于打印片外 RAM 中某一地址内存放的内容。按 P 键后再输入两个 16 进制的地址码,如按 P40004100,将打印从 4000 到 4100 地址段的内容。

(5)L 键。该键用于打印版本号及其形成时间,CRC 码及实测的 CRC 值。如对 CPU2 的调试中,按 L 键后,打印:

JL-4.0 05.8.30 CRC=XXXX

TEST RESULT:YYYY

"JL-4.0"其含义是距离保护 4.0 版本,2005 年 8 月 30 日完成,实测的 CRC 值 YYYY 应与 XXXX 相同。

调试状态下的操作流程图如图 4-64 所示。

4.11.3.3 不对应状态

1. 不对应状态进入

不对应状态是为调试数据采集系统而设置的,主要用于对 VFC 回路的零漂调试和采样精度的调整。人机对话插件和被测试的 CPU 的方式开关均置"运行"位置,上电复位,再将被测试的 CPU 的方式置"调试"位置,此时进入不对应状态。

2. 不对应状态下的操作

(1)P 键。用于打印采样值和有效值,对于 CPU1~CPU3 依次打印 i_A、i_B、i_C、$3i_0$、u_A、u_B、u_C、$3u_0$ 的采样值和有效值,对于 CPU4 没显示 $3u_0$,增加线路电压 u_x。

(2)L 键。调试各插件的详细报告。

(3)X 键。用于不断打印有效值和零漂或阻抗值。

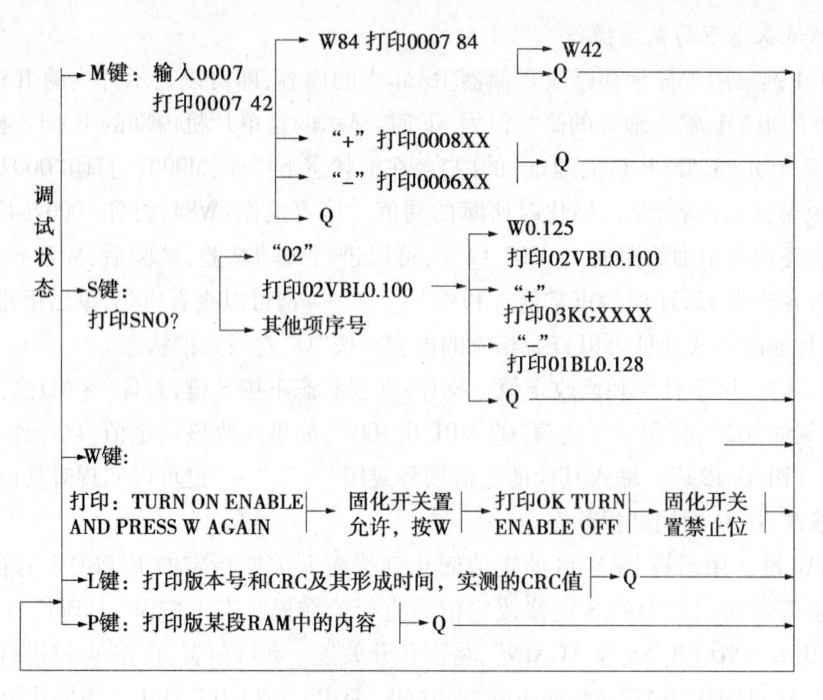

图4-64　调试状态下的操作流程

小　结

本章分析了距离保护的基本工作原理，距离保护与电流保护相比，受系统运行方式的影响较小（有分支电源时，保护区有影响）。其保护区长且稳定，在高压输电线路中被广泛应用。

由于传统距离保护（相对于微机保护而言）圆特性阻抗继电器实现比较简单，因而被广泛应用。建立圆特性阻抗继电器动作方程的基本方法是：从圆的圆心作一有向线段至测量阻抗末端，与圆的半径进行比较，若有向线段比圆半径短，则测量落在动作区内；反之，测量阻抗落在保护区外。由于微机保护的出现，测量继电器被软件所取代（通过算法实现），所以可以实现更加灵活的动作特性，如带自适应原理的电抗式阻抗继电器、多边形阻抗继电器等。

为了正确地反映保护安装处到短路故障点的距离，在同一点发生不同类型短路故障时，测量阻抗应与短路类型无关。遗憾的是，无论采用哪一种接线都不能满足要求。因此，在实用中将相间短路保护与接地短路保护分开，即采用不同的接线方式。

选相是为了充分发挥 CPU 的功能，在处理故障之前，预先进行故障类型的判断，以节约计算时间。

能区分电力系统振荡和短路故障的启动元件，具有在系统振荡条件下不动作，在正常运行状态下发生短路故障，或在振荡过程中发生短路故障都能迅速动作的优越性能。反映故障分量的启动元件可判别系统是否振荡，也可以与距离保护配合使用，以满足振荡时不误动，在发生短路故障时迅速启动保护的目的。

电力系统发生振荡,将引起电压、电流大幅度的变化,将造成距离保护的误动作。电力系统发生振荡,可以通过其他措施或装置使系统恢复同步,而不允许继电保护发生误动作,因此必须装设振荡闭锁装置。振荡闭锁装置通过分析振荡与短路故障电流突变量、电气量变化速度、测量阻抗变化率以及序分量变化来实现对距离保护的闭锁。

反映故障分量的方向元件具有明确的方向性;方向元件不受过渡电阻的影响,基本上也不受负荷变化和系统频率变化的影响;在系统发生振荡时,由于提取故障分量的环节出现较大误差,可能引起方向元件误动,必须采取防止误动的措施;反映正序故障分量的方向元件原理明确,判据简单,分析方便,方向性误差小。但是,尽管故障分量在继电保护中的应用已取得了显著成绩,但还存在一些尚待解决的问题。

当短路故障时,短路点存在过渡电阻或有分支电源时,将影响距离保护的正确动作。在选择阻抗继电器的动作特性时,应考虑过渡电阻的影响;在整定计算时必须考虑分支系数。

自适应继电保护能够克服常规保护中长期存在的困难和问题,改善或优化保护的性能指标。自适应继电保护实质上是继电保护智能化的一个重要组成部分,计算机在电力系统中的应用为自适应继电保护的发展提供了前所未有的良机。

习　题

1. 如图 4-65 所示,网络中 A 处电源电抗分别为:$X_{sA.min}=20\ \Omega$,$X_{sA.max}=25\ \Omega$;B 处电源电抗分别为:$X_{sB.min}=25\ \Omega$,$X_{sB.max}=30\ \Omega$;电源相电势为:$E_s=115/\sqrt{3}$ kV;AB 线路最大负荷电流为 350 A,负荷功率因数为 0.9。线路电抗为 0.4 Ω/km,线路阻抗角为 70°。归算至电源侧的变压器电抗为 $X_T=44\ \Omega$。保护 7 的后备保护动作时间为 1.5 s,保护 8 的后备保护动作时间为 0.5 s。母线最小工作电压 $U_{w.min}=0.9U_N$;可靠系数分别为:$K_{rel}^{I}=K_{rel}^{II}=0.8$,$K_{rel}^{III}=0.7$。若线路装有三段式相间距离保护,且测量元件为方向特性阻抗继电器,问:

(1)断路器 QF1 处各段阻抗保护动作阻抗为多少?整定阻抗又为多少?

(2)断路器 QF1 处三段距离保护灵敏度为多少?

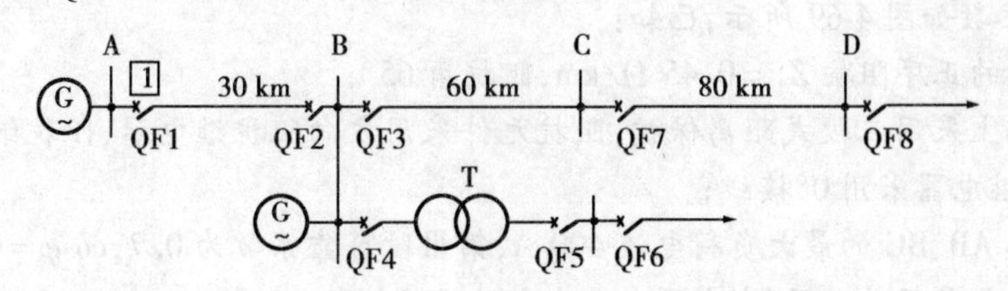

图 4-65

2. 网络如图 4-66 所示,已知:线路正序阻抗 $Z_1=0.4$ Ω/km,阻抗角为 65°,A、B 变电站装有反映相间短路的二段式距离保护,其测量元件采用方向阻抗继电器,灵敏角 $\varphi_{sen}=65°$,可靠系数 $K_{rel}^{I}=K_{rel}^{II}=0.8$。求:

(1)当线路 AB、BC 的长度分别为 100 km 和 20 km 时,A 变电站保护Ⅰ、Ⅱ段的整定值,并校验灵敏度。

(2)当线路AB、BC的长度分别为20 km和100 km时,A变电站保护Ⅰ、Ⅱ段的整定值,并校验灵敏度。

(3)分析比较上述两种情况,距离保护在什么情况下使用较理想?

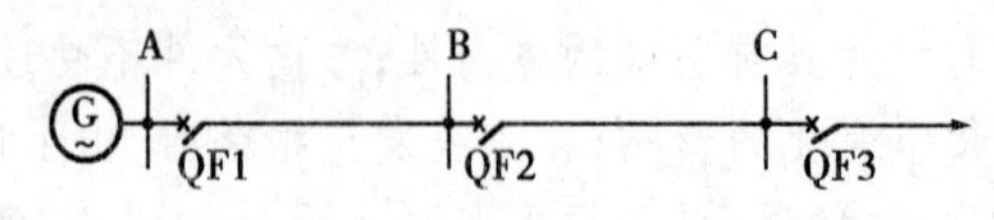

图4-66

3. 如图4-67所示网络,已知A电源等效阻抗为:$X_{sA.min}=10\ \Omega$,$X_{sA.max}=15\ \Omega$;B电源等效阻抗为:$X_{sB.min}=15\ \Omega$,$X_{sB.max}=25\ \Omega$;D电源等效阻抗为$X_{sD.min}=12\ \Omega$,$X_{sD.max}=40\ \Omega$;AB、BC、BD线路阻抗分别为20 Ω、15 Ω、10 Ω。求网络的A侧距离保护的最大、最小分支系数。(可靠系数取0.8)

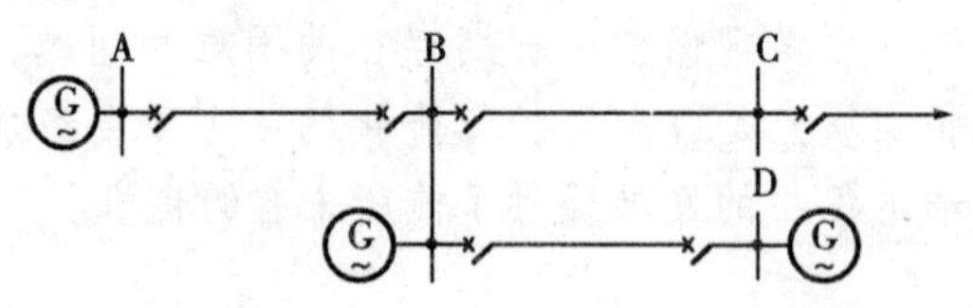

图4-67

4. 如图4-68所示网络,已知:线路正序阻抗$Z_1=0.45\ \Omega/\text{km}$,在平行线路上装设距离保护作为主保护,可靠系数Ⅰ段、Ⅱ段取0.85,试决定距离保护AB线路A侧,BC线路B侧的Ⅰ段和Ⅱ段动作阻抗和灵敏度。

其中:电源相间电势为115 kV,$Z_{sA.min}=20\ \Omega$,$Z_{sA.max}=Z_{sB.max}=25\ \Omega$,$Z_{sB.min}=15\ \Omega$。

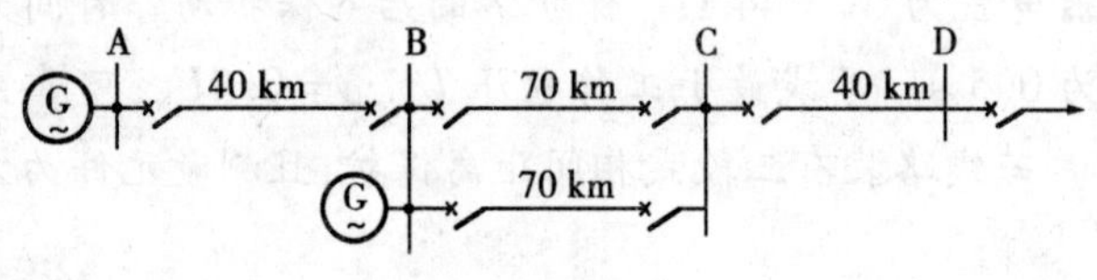

图4-68

5. 网络参数如图4-69所示,已知:

(1)网络的正序阻抗$Z_1=0.45\ \Omega/\text{km}$,阻抗角65°;

(2)线路上采用三段式距离保护,阻抗元件采用方向阻抗继电器,阻抗继电器最灵敏角65°,阻抗继电器采用0°接线;

(3)线路AB、BC的最大负荷电流400 A,第Ⅲ段可靠系数为0.7,$\cos\varphi=0.9$;

(4)变压器采用差动保护,电源相间电势为115 kV;

(5)A电源归算至被保护线路电压等级的等效阻抗为$X_A=10\ \Omega$;B电源归算至被保护线路电压等级的等效阻抗分别为:$X_{B.min}=30\ \Omega$,$X_{B.max}=\infty$。

(6)变压器容量为2×15 MVA,线电压为110/6.6,$U_K\%=10.5$。

试求线路AB的A侧各段动作阻抗及灵敏度。

6. 如图4-70所示网络,各线路首端均装有距离保护,线路正序阻抗$Z_1=0.4\ \Omega/\text{km}$。

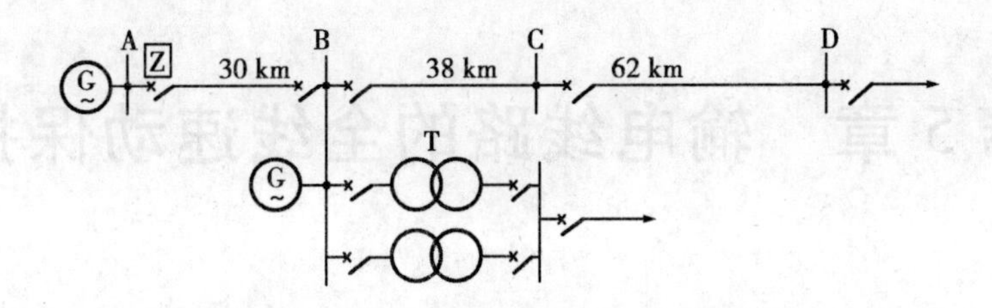

图 4-69

试求 AB 线路距离保护Ⅰ、Ⅱ段动作阻抗及距离Ⅱ段灵敏度。

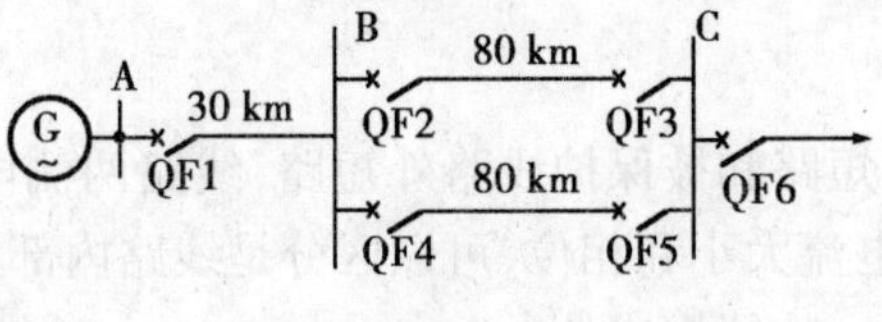

图 4-70

7. 如图 4-71 所示网络，已知：网络的正序阻抗 $Z_1=0.4\ \Omega/\text{km}$，线路阻抗角 $\varphi_K=70°$；A、B 变电所装有反映相间短路的两段式距离保护，其距离Ⅰ、Ⅱ段的测量元件均采用方向阻抗器和 0°接线方式。

试计算 AB 线路距离保护各段的整定值，并分析：

(1) 在线路 AB 上距 A 侧 65 km 和 75 km 处发生金属性相间短路时，AB 线路距离保护各段的动作情况；

(2) 若 A 变电所的相间电压为 115 kV，通过变电所的负荷功率因素为 $\cos\varphi=0.8$，为使 AB 线路距离保护Ⅱ段不误动作，最大允许输送的负荷电流为多少？

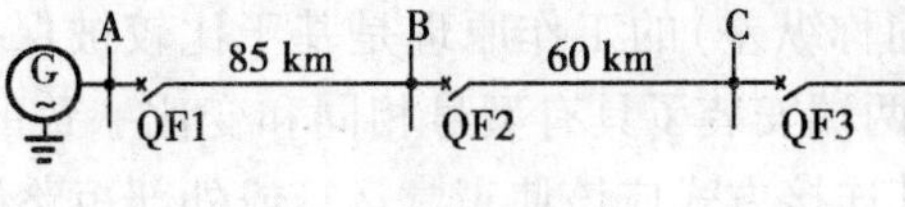

图 4-71

8. 如图 4-72 所示双侧电源电网，已知：线路的正序阻抗 $Z_1=0.4\ \Omega/\text{km}$，$\varphi_K=75°$；电源 M 的等值相电势 $E_M=115/\sqrt{3}$ kV、阻抗 $Z_M=20\angle 75°\ \Omega$；电源 N 的等值相电势 $E_N=115/\sqrt{3}$ kV，阻抗 $Z_N=10\angle 75°\ \Omega$；在变电站 M、N 装有距离保护，距离保护Ⅰ、Ⅱ段测量元件均采用方向阻抗继电器。

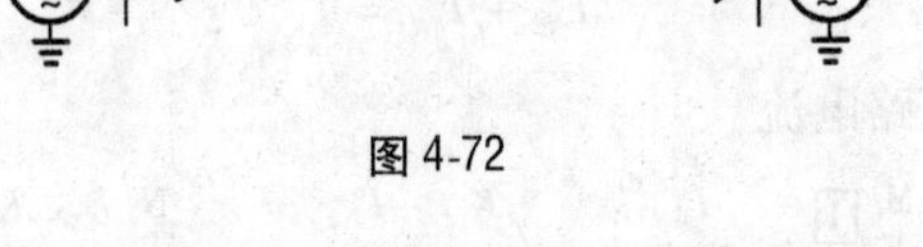

图 4-72

试求：

(1) 振荡中心位置，并在复平面坐标上画出振荡时的测量阻抗变化轨迹；

(2) 分析系统振荡时，变电站 M 侧的距离保护Ⅰ、Ⅱ段（Ⅱ段距离保护一次动作整定阻抗 160 Ω，整定阻抗角 75°）误动的可能性及采取的措施。

第 5 章　输电线路的全线速动保护

5.1　输电线路的纵联差动保护

因被保护线路上发生短路和被保护线路外短路，线路两侧电流大小和相位是不相同的。所以，比较线路两侧电流大小和相位，可以区分是线路内部短路，还是线路外部短路。纵联差动保护就是根据这一特征构成的。

电流保护与距离保护在整定值上必须与相邻元件的保护相配合才能保证动作选择性要求，因此就不能实现全线瞬时切除故障。即使距离保护也不可能在被保护线路范围内发生短路故障时瞬时切除，在短线路上采用这些保护就更加困难。

5.1.1　纵联差动保护原理

为实现全线短路故障时能快速切除，必须采用线路两侧电气量作为保护的测量信息，通过信息交换，对区内、区外故障位置进行判断实现全线速动保护，其原理有电流差动原理、电流相位差原理和方向比较原理。

5.1.1.1　**电流差动原理**

线路纵联差动保护（简称纵差）的工作原理是基于比较被保护线路始端及末端电流的大小与相位的。在线路两端安装了具有型号相同和变比一致的电流互感器，它们的二次绕组用电缆连接起来，其连接方式应该使正常运行或外部短路故障时，继电器中没有电流，而在被保护线路内部发生短路故障时，其电流等于短路点的短路电流。如图 5-1 所示，在 MN 线路外部 K_2 发生短路故障时，MN 线路两侧流过同一电流，两电流差为零，若 N 侧电流正方向取母线指向线路，则有

$$\dot{I}_M + \dot{I}_N = 0 \tag{5-1}$$

显然，在正常情况下，两侧电流也满足式(5-1)。在 MN 线路内部任一点发生短路故障时，式(5-1)为

$$\dot{I}_M + \dot{I}_N = \dot{I}_K \tag{5-2}$$

式中　$\dot{I}_K$——K_1 点的短路电流。

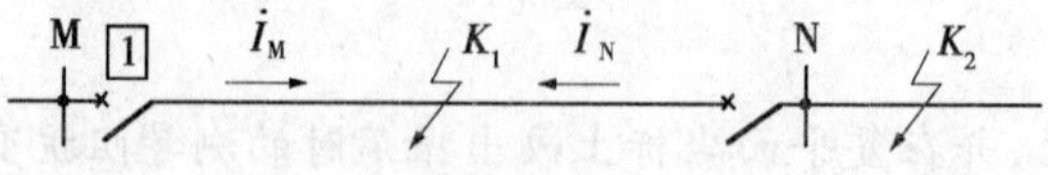

图 5-1　保护区内、区外短路故障

5.1.1.2 电流相位差原理

在图 5-1 中，当 K_2 点发生短路故障时，$\dot{I}_M$ 与 $\dot{I}_N$ 的相位关系为

$$\arg \frac{\dot{I}_M}{\dot{I}_N} = 180° \tag{5-3}$$

因此，当 $\dot{I}_M$ 与 $\dot{I}_N$ 的相位相同时，说明 MN 线路内部发生了短路故障。

5.1.1.3 方向比较原理

对 MN 线路而言，在区外 K_2 点发生短路故障时，M 侧方向元件测量结果为正方向，N 侧方向元件测量结果为反方向；若 MN 线路内部 K_1 点发生短路故障时，则 M、N 两侧方向元件测量结果均为正方向。从而比较线路两侧方向元件测量结果，可正确判断故障位置。

显然，这需要线路一侧的信息传到另一侧，只有借用通道实现。将线路两侧测量信息传送到对侧进行比较构成的全线速动保护，称为线路纵联差动保护。线路纵联差动保护不需要与其他保护配合，不受负荷电流影响，不反映系统振荡，有良好的选择性。通常，用高频通道组成的纵差保护称为高频保护，用电缆通道组成的纵联保护称为纵联差动保护（又称导引线保护），用光纤通道组成的纵联保护称为光纤纵差动保护。纵差保护或光纤差动保护在短线路上使用。

5.1.2 纵联差动保护的构成

单相纵联差动保护的构成如图 5-2 所示，它要求线路两侧的电流互感器型号、变比完全相同，性能一致。辅助导引线将两侧的电流互感器二次侧按环流法连接成回路，差动电流继电器接入差动回路。

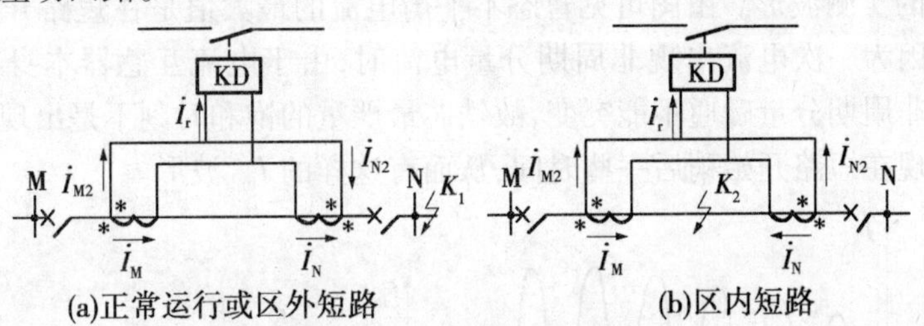

图 5-2 线路纵联差动保护单相原理图

5.1.2.1 纵联差动保护的工作原理

用环流回路比较两侧电流大小和相位，大小相等、相位相同时差动回路几乎无电流，差动继电器不动作；大小不等或相位不同时，差动回路电流大，差动继电器动作。

（1）线路正常运行或外部短路时，由图 5-2（a）不难得出流入差动继电器 KD 的电流为

$$\dot{I}_r = \dot{I}_{M2} - \dot{I}_{N2} = \frac{1}{n_{TA}}(\dot{I}_M - \dot{I}_N)$$

在理想情况下：$n_{TA1} = n_{TA2} = n_{TA}$，互感器其他性能完全一致，则有 $I_r = 0$。

但实际上两侧互感器的性能不可能完全相同，电流差不等于零，会有一个不平衡电流 I_{unb} 流入差动继电器。

(2)线路内部故障时,由图 5-2(b)得出 $\dot{I}_{r}=\dot{I}_{M2}+\dot{I}_{N2}\neq 0$,且有很大的电流流入差动继电器,继电器动作,线路两侧断路器跳开,切除短路故障。

5.1.2.2 不平衡电流

1. 稳态不平衡电流

在差动保护中,由于电流互感器总是具有励磁电流,且励磁特性不完全相同。即使同一生产厂家相同型号、相同变比的电流互感器也是如此。从电流互感器 $I_2=f(I_1)$ 的关系曲线图 5-3 可看出,当一次电流较小时,电流互感器铁芯不饱和,两侧电流互感器特性曲线差别不明显。当一次电流较大时,铁芯开始饱和,于是励磁电流开始明显增大。当一次电流很大时,电流互感器铁芯达到过饱和,励磁电流便急剧增大。由于两侧电流互感器铁芯饱和程度不同,所以两个励磁电流剧烈上升的程度不一样,因而造成两个二次电流有较大的差别。铁芯饱和程度越严重,这个差别就越大。于是差动继电器中就有电流 I_r 流过,这个电流就称为不平衡电流 I_{unb}。

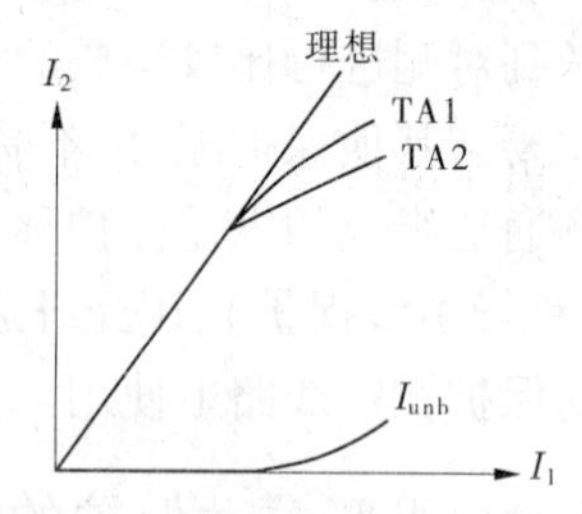

图 5-3　电流互感器 $I_2=f(I_1)$ 的特性与不平衡电流

2. 暂态不平衡电流

由于差动保护是瞬时动作的,故应考虑短路电流的非周期分量。由于非周期分量对时间变化率远小于周期分量,故非周期分量很难变换到二次侧,但却使铁芯严重饱和,导致励磁阻抗急剧下降,励磁电流剧增,从而使二次电流的误差增大。因此,暂态不平衡电流要比稳态不平衡电流大得多,并且含有很大的非周期分量。图 5-4 示出了外部短路时,差动继电器中暂态不平衡电流 I_{unb} 的实测波形。由图可见暂态不平衡电流的最大值是在短路开始稍后一些时间出现,这是因为一次电流出现非周期分量电流时,由于电流互感器本身有着很大的电感,铁芯中的非周期分量磁通不能突变,故铁芯最严重的饱和时刻不是出现在短路的最初瞬间,而是出现在短路开始稍后一些时间,从而有这样的 I_{unb} 波形。

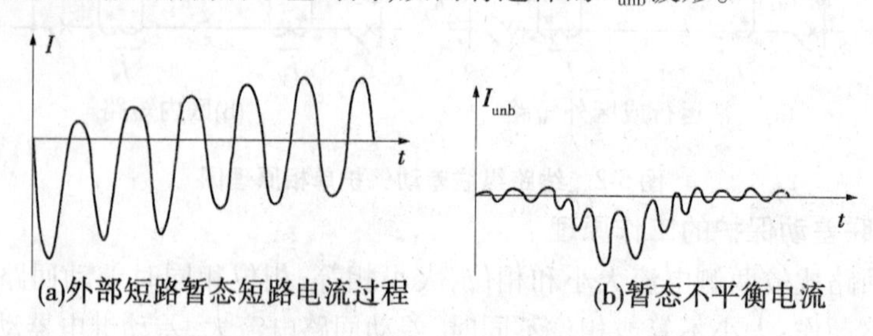

图 5-4　外部短路电流波形

3. 减小不平衡电流影响的方法

正常运行或外部故障时,纵差保护中总会有不平衡电流 I_{unb} 流过,而且在外部短路暂态过程中,I_{unb} 可能很大。为防止外部短路时纵差保护误动作,应设法减小 I_{unb} 对保护的影响,从而提高纵差保护的灵敏度。采用带速饱和变流器或带制动特性的纵差保护,是一种减小 I_{unb} 影响、提高保护灵敏度的有效方法。

5.1.3 利用故障分量的电流差动保护

5.1.3.1 电流纵差保护原理

目前在电力系统中的发电机、变压器、母线、线路和电动机上，凡是有条件实现的，均毫无例外使用了电流纵差保护。

从故障信息观点看，电流纵差保护最为理想。这是因为差动回路的输出电流反映着被保护对象内部的信息。假设被保护对象内部故障，并规定电流正方向为母线指向被保护对象，则两侧电流分别为

$$i_m = i_{mun.F} + i_{mF}$$

$$i_n = i_{nun.F} + i_{nF}$$

差动回路的输出电流为

$$i_d = i_m + i_n = i_{mF} + i_{nF} + i_{mun.F} + i_{nun.F}$$

由于电流 $i_{mun.F}$ 和 $i_{nun.F}$ 为非故障状态下被保护对象两侧的电流，故然有

$$i_{mun.F} = -i_{nun.F}$$

或

$$i_d = i_{mF} + i_{nF} = i_F$$

式中 i_F——故障点的总电流。

由此可见，在差动回路的输出中完全消除了非故障状态下的电流。不论非故障状态变化多么复杂，纵联差动保护原理具有精确提取内部故障分量的能力。也就是说，在电流纵差保护中用故障分量的电流和直接用故障后的实际电流来提取故障分量是完全相同的。但是，为防止在外部故障时可能出现的不平衡电流引起保护误动，通常采用制动特性。利用不同的制动量可以得出不同的制动特性，当制动量用外部故障条件下的实际电流时，由于其中包含有非故障分量，非故障分量将在内部故障时产生不利影响，从而使保护的灵敏度下降。因此，利用故障分量构成制动量有利于提高灵敏度。

5.1.3.2 电流相位差动原理

电流相位差动原理比较被保护对象两端电流的相位，而各端电流的相位都受到非故障分量的影响。

如图 5-5 所示网络，假设故障发生在正常负荷状态下，且两侧系统阻抗角与线路阻抗角相同。当负荷电流 $\dot{I}_L$ 与故障分量电流 $\dot{I}_F$ 的相位差为 90°时，线路两端实际短路电流 $\dot{I}_m$、$\dot{I}_n$ 相位关系如图 5-5 所示。由图可见，在负荷电流影响下，被比较两端电流 $\dot{I}_m$、$\dot{I}_n$ 之间的相位差增大，因此传统的电流相位差保护受负荷电流的影响。假定保护的闭锁角为 α_s，则保护的拒动条件可表示为

$$\alpha_m + \alpha_n \leqslant \alpha_s \tag{5-4}$$

$$\alpha_m = \arctan\frac{I_{mF}}{I_L} \qquad \alpha_n = \arctan\frac{I_{nF}}{I_L}$$

由式(5-4)可得

$$I_L \geqslant 0.5\left[\cot\alpha_s I_F \pm \sqrt{(\cot\alpha_s I_F)^2 + 4I_{mF}I_{nF}}\right]$$

式中，$I_F = I_{mF} + I_{nF}$，舍去负号可写成

$$H_F \geqslant 0.5[\cot\alpha_s + \sqrt{\cot\alpha_s + 4C_mC_n}]$$

$$H_F = \frac{I_L}{I_F}$$

$$C_m = \frac{I_{mF}}{I_F} \quad C_n = \frac{I_{nF}}{I_F}$$

设 $\alpha_s = 45°$,考虑最不利条件,$C_m = 1$、$C_n = 0$,可得 $H_F \geqslant 1$。

由分析结果可见,电流相位差动保护与纵差保护不同,受负荷电流或非故障状态电流影响很大。同时,由图 5-5 不难看出,当比较线路两端的故障分量电流的相位时,可以消除负荷电流或非故障状态电流的不利影响,也可消除故障点过渡电阻的影响,从而大大提高保护的灵敏度和可靠性。

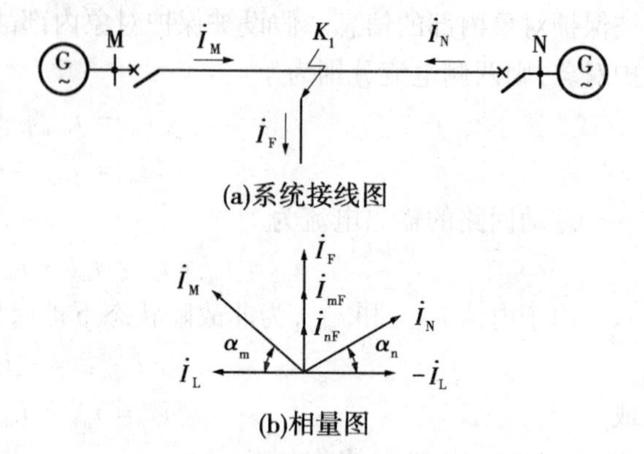

图 5-5 故障线路及线路两端电流相量图

5.1.3.3 线路两端故障分量电流的特征

(1)两端电源线路。以图 5-6(a)所示的两端电源线路为例,在线路内部 K_1 和外部 K_2 发生短路故障时,线路两端的故障电流分量可以用图 5-6(b)和图 5-6(c)故障分量附加状态求出,在故障外的电源 U_F 可由故障前该点电压及边界条件决定。

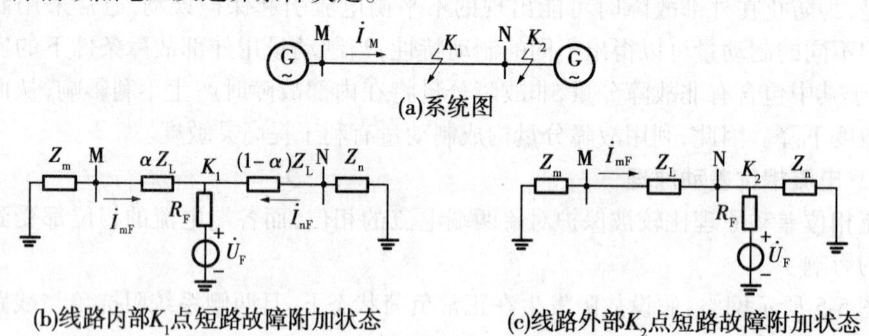

图 5-6 两端电源线路的故障附加状态

当线路内部不经过渡电阻发生短路故障时($R_F = 0$),由图 5-6(b)可以求出线路两端故障分量电流之间的相位差为

$$\theta = \arg\frac{\dot{I}_{nF}}{\dot{I}_{mF}} = \arg\frac{\dot{U}_F/(Z_m + \alpha Z_L)}{\dot{U}_F/[Z_n + (1-\alpha)Z_L]} = \arg\frac{Z_n + (1-\alpha)Z_L}{Z_m + \alpha Z_L} \tag{5-5}$$

当线路外部短路时,由图 5-6(c)可得

$$\theta = \arg\frac{\dot{I}_{mF}}{\dot{I}_{nF}} = \arg\frac{\dot{I}_{mF}}{-\dot{I}_{mF}} = 180° \tag{5-6}$$

由式(5-5)可以看出，在线路内部故障时，线路两端故障分量电流之间的相位不受两端电势的影响，即与负荷电流无关，两端电流相位由故障点两侧系统的综合阻抗的阻抗角决定，在最不利的条件下，假设在线路内部 N 端出口处短路，且 $Z_m < Z_L$，则内部故障时的 $\dot{I}_{mF}$ 和 $\dot{I}_{nF}$ 间的最大相角差为

$$\theta_{max} \approx \arg\frac{Z_n}{Z_L} \tag{5-7}$$

(2)单端电源线路。在单端电源线路上发生内部短路故障，其故障附加状态如图 5-6(b)所示，其中 Z_n 为负荷阻抗。在电力系统的负荷中包括有大量的电动机，其中异步电动机又占多数，在故障发生后的暂态过程中，相当于两端电源。因此，两端故障分量电流间相位关系如式(5-5)~式(5-7)所示。

(3)过渡电阻的影响。当经过渡电阻短路时，过渡电阻将影响故障点电流 $\dot{I}_F$、保护安装处的故障分量电流 $\dot{I}_{mF}$ 和 $\dot{I}_{nF}$ 的大小，但不影响 $\dot{I}_{mF}$ 和 $\dot{I}_{nF}$ 的相位差，因为

$$\theta = \arg\frac{\dot{I}_{mF}}{\dot{I}_{nF}} = \arg\frac{C_m\dot{I}_F}{C_n\dot{I}_F} = \arg\frac{C_m}{C_n} = \arg\frac{Z_n + (1-\alpha)Z_L}{Z_m + \alpha Z_L} \tag{5-8}$$

式中 C_m、C_n——电流分布系数。

由上可见，式(5-8)结果与式(5-5)完全相同。

方向比较部分包括有方向比较式纵差保护的各个主要环节，其核心元件是判别故障方向。

5.1.3.4 纵差保护电流测量信息的选择

为了节省所用辅助导线的芯线，总是将三相电流综合为单相输出，用一个继电器和一对芯线反映各种类型的内部短路故障。

将三相电流综合为单相输出的方式之一是采用综合变流器，如图 5-7 所示。其中由 L、C 组成的 50 Hz 带通滤波器，滤去谐波分量，输出电压可表示为

$$\dot{U}_{out} = K[(n+2)\dot{I}_A + (n+1)\dot{I}_B + n\dot{I}_C] \tag{5-9}$$

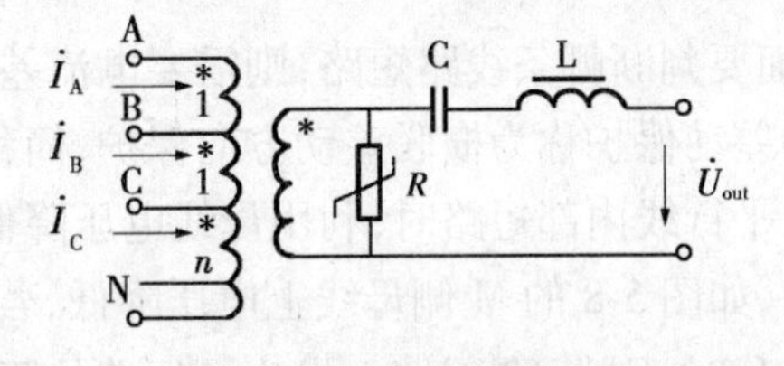

图 5-7 综合变流器

式中 K——与综合变流器二次负载阻抗、二次绕组匝数、一次绕组匝数有关的系数；

n——实系数，是接 C 相电流绕组匝数与接 A 相电流绕组匝数之比。

为了对最大输出电压进行限制，二次侧并联一个非线性电阻加以限制。

由式(5-9) 可见，由于 $\dot{I}_A$、$\dot{I}_B$、$\dot{I}_C$ 的系数不等，所以在不同类型短路故障和不同相别故障时，纵差保护有不同的灵敏度。

将三相电流综合为单相输出的方式之二是采用复式滤过器。通常采用的复式滤过器有 $\dot{I}_1 + K\dot{I}_2$、$\dot{I}_1 + K\dot{I}_0$、$\dot{I}_1 + K_2\dot{I}_2 + K_0\dot{I}_0$ 等。与综合变流器方式相比，不同类型短路故障和不同相别短路故障时，灵敏度离散值较小。

5.2 平行线路差动保护

为了提高供电可靠性和增加供电容量,电网常采用平行线路对重要用户供电。所谓平行线路,是指线路长度、导电材料等都相同的两条并列连接的线路,在正常情况下,两条线路并联运行,只有在其中一条线路发生故障时,另一条线路才单独运行。这就要求保护在平行线路同时运行时能有选择地切除故障线路,保证无故障线路正常运行。

5.2.1 平行线路内部故障特点

如图 5-8 所示的平行线路,其故障特点在单侧电源和双侧电源时相同,现以双侧电源为例进行分析。

如图5-8(a)正常运行和区外K_1短路时,$\dot{I}_{\mathrm{I}}-\dot{I}_{\mathrm{II}}=0$或$\dot{I}'_{\mathrm{I}}-\dot{I}'_{\mathrm{II}}=0$;如图5-8(b)线路内部$K_2$短路时,$\dot{I}_{\mathrm{I}}-\dot{I}_{\mathrm{II}}\neq 0$或($\dot{I}'_{\mathrm{I}}-\dot{I}'_{\mathrm{II}}\neq 0$)。且有:L1 线路$K_2$短路时,$\dot{I}_{\mathrm{I}}-\dot{I}_{\mathrm{II}}\geqslant 0$或($\dot{I}'_{\mathrm{I}}-\dot{I}'_{\mathrm{II}}\geqslant 0$)。L2 线路短路时,$\dot{I}_{\mathrm{I}}-\dot{I}_{\mathrm{II}}\leqslant 0$或($\dot{I}'_{\mathrm{I}}-\dot{I}'_{\mathrm{II}}\leqslant 0$)。

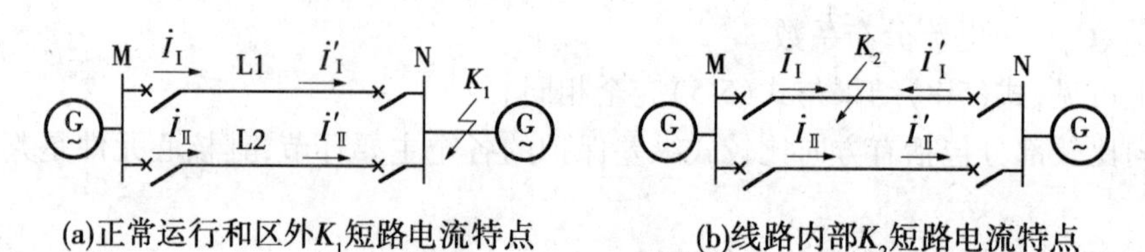

(a)正常运行和区外K_1短路电流特点　　(b)线路内部K_2短路电流特点

图 5-8　平行线路供电网

由上分析可见,电流差 $\dot{I}_{\mathrm{I}}-\dot{I}_{\mathrm{II}}$或 $\dot{I}'_{\mathrm{I}}-\dot{I}'_{\mathrm{II}}$是否为零可作为平行线路有无故障的依据,而要判断哪条线路短路,则需要电流差 $\dot{I}_{\mathrm{I}}-\dot{I}_{\mathrm{II}}$或 $\dot{I}'_{\mathrm{I}}-\dot{I}'_{\mathrm{II}}$的方向,根据这一原理去实现的差动保护称为横联差动方向保护,简称横差保护。

平行线内部短路时,利用母线电压降低、两回线电流不等的特点,同样也可判别故障线路,如图 5-8 的 M 侧母线上电压降低,若$I_{\mathrm{I}}>I_{\mathrm{II}}$,则判为 L1 线路上发生了短路故障;若$I_{\mathrm{II}}>I_{\mathrm{I}}$时,则为 L2 线路上发生了短路故障。N 侧也同样可以判出故障线路。以此原理构成的平行线路保护称为电流平衡保护。

5.2.2 横联差动方向保护

5.2.2.1 单相横联差动方向保护构成

单相横联差动方向保护构成如图 5-9 所示,平行线路同侧两个电流互感器型号、变比相同,二次侧按环流法接线,电流继电器 KA1 按两回线路电流差接入作为启动元件;方向继电器 KP1、KP2 按 90°接线方式接线作为判断元件。

5.2.2.2 横差工作原理

(1)当平行线路正常运行或区外K_1点短路时,线路同侧两电流大小、相位相等,差动回路无电流。KA1(KA2),KP1、KP2(KP3、KP4)均不动作。

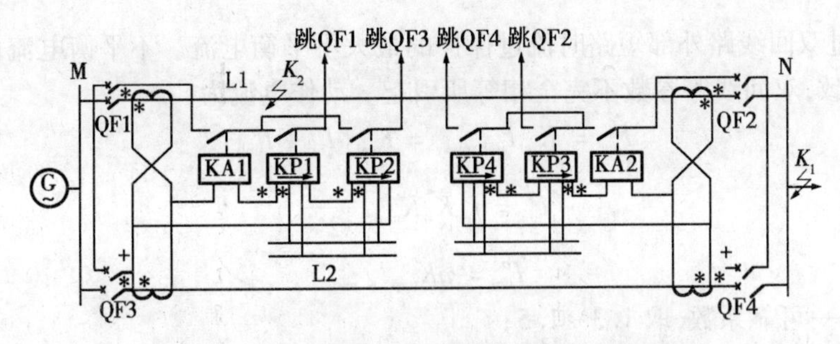

图 5-9 平行线路单相横联差动方向保护原理图

(2)当平行线路内部短路:如 L1 中 K_2 点短路,则 $I_{\mathrm{I}} > I_{\mathrm{II}}$、$I_{\mathrm{r}} > 0$,KA1 启动,KP1 启动、KP2 不启动(电流方向相反)保护动作切除 QF1,闭锁 QF3;对侧同理有 KA2、KP3 动作切除 QF2,闭锁 QF4;同理有 L2 内短路,保护切除 QF3、QF4 而闭锁 QF1、QF2。

由上分析得知:横联差动方向保护只在两条线路同运行时起到保护作用,而当一条线路故障时,保护切除该故障线路后为使保护不出现误动作而使横差保护退出运行,也就是说单条线路运行横差保护是不起作用的。

5.2.2.3 横联差动方向保护的相断动作区

如图 5-10 所示,当 L1 上 K 点短路时,$I_{\mathrm{I}} \approx I_{\mathrm{II}}$、$I_{\mathrm{r}} \approx 0$,KA1 不启动,而对侧 I_{I} 与 I_{II} 方向相反,I_{r} 很大,KA2 启动并切除 QF2。当 QF2 切除后,短路电流重新分配,KA1 才会启动,切除 QF1,即 L1 两侧断路器是相继动作的,这种短路点靠近母线侧区域存在的现象,称为相继动作区。因相继动作使得保护时间加长,故要求相继动作区小于 5%。

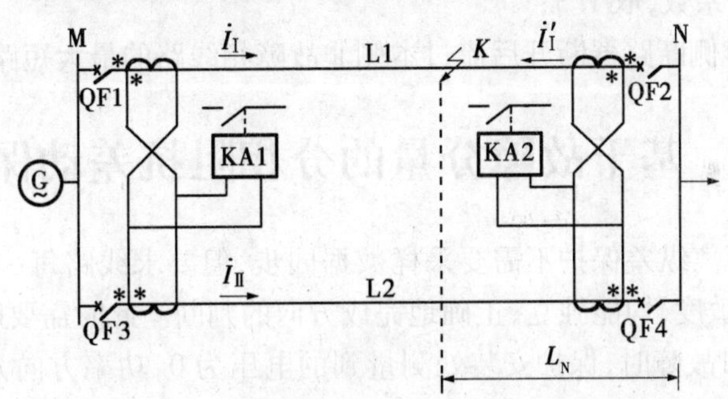

图 5-10 横联差动方向保护相断动作区示意图

5.2.2.4 横联差动保护的整定

启动元件的动作值根据下列三个条件整定,取最大值。

(1)躲过单回线路运行时的最大负荷电流。考虑到单回线路运行外部故障切除后,在最大负荷电流情况下启动元件可靠返回,则动作电流为

$$I_{\mathrm{op}} = \frac{K_{\mathrm{rel}}}{K_{\mathrm{re}}} I_{\mathrm{L.max}} \tag{5-10}$$

式中 K_{rel}——可靠系数,取 1.2;

K_{re}——返回系数,其大小由保护具体类型而定;

$I_{\mathrm{L.max}}$——单回线路运行时的最大负荷电流。

(2)躲过双回线路外部短路时流过保护的最大不平衡电流。不平衡电流由电流互感器特性不一致,双回线路参数不完全相等所引起。动作电流为

$$I_{op} = K_{rel} I_{unb.max} = K_{rel}(I'_{unb} + I''_{unb}) \tag{5-11}$$

$$I'_{unb} = f_{er} K_{st} K_{unp} \frac{I_{K.max}}{2}$$

$$I''_{unb} = \eta K_{unp} I_{K.max}$$

式中 K_{rel}——可靠系数,取1.3~1.5;

$I_{unb.max}$——外部短路故障时产生的最大不平衡电流;

I'_{unb}——由电流互感器特性不同引起的不平衡电流;

I''_{unb}——平行线路阻抗不等引起的不平衡电流;

K_{st}——电流互感器同型系数,同型取0.5,不同型取1;

K_{unp}——非周期分量系数,一般电流继电器取1.5~2;对能躲非周期分量的继电器取1~1.3;

f_{er}——电流互感器误差,取0.1;

η——平行线路的正序差电流系数;

$I_{K.max}$——平行线路外部短路故障时流过保护的最大短路电流。

(3)躲过在相继动作区内发生接地短路故障时,流过本侧非故障相最大短路的电流,其动作电流为

$$I_{op} = K_{rel} I_{unb.max} \tag{5-12}$$

式中 K_{rel}——可靠系数,取1.3;

$I_{unb.max}$——对侧断路器断开后流过本侧非故障相线路的最大短路电流。

5.3 基于故障分量的分相阻抗差动保护

传统的方向/距离纵差保护不需要采样数据同步,但要求线路每一端的方向/距离元件均具有足够的灵敏度,均能独立、正确地完成方向的判断。此时需要解决下面的问题。

(1)当线路出口故障时,保护安装处测量到的电压为0,功率方向元件由于灵敏度不足无法进行方向的判断。大电源侧远端故障时,在大电源侧提取到的电压故障分量非常小,基于工频变化量的方向元件在大电源侧灵敏度不足,无法进行方向的判断等。

(2)对于弱馈侧远端故障时,在弱馈侧测量到的故障电流,包括故障分量电流都很小,甚至为0。此时,方向/距离元件将因电流小、灵敏度不足而闭锁,从而导致方向/距离纵差保护缺少弱馈侧的保护信息而拒动。

(3)当线路两侧的故障分量阻抗均很小时(双端大电源),在线路两端的故障分量电压都很小,甚至为0,方向/距离元件将失去灵敏度。

5.3.1 阻抗差动判据原理

当被保护线路区内或区外发生故障时,提取线路两端保护安装处的故障分量电流和电压,用于故障判断。

5.3.1.1 区内故障时

被保护线路区内发生故障时的故障分量网络如图 5-11 所示，假设线路两端电流正方向均为由母线流向被保护线路。

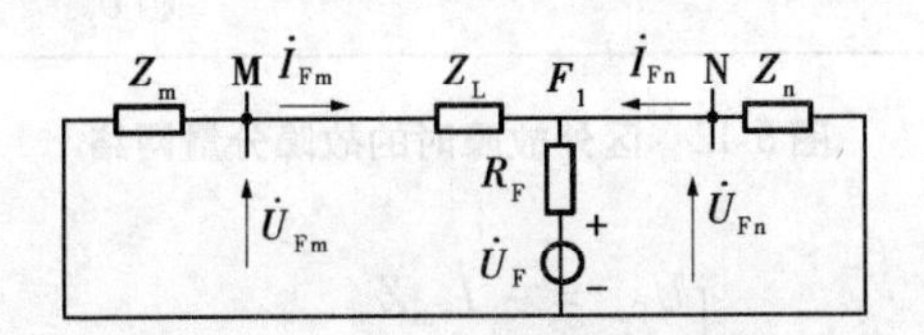

图 5-11 区内故障时故障分量网络

区内任一点 F_1 发生短路故障时，有

$$\begin{cases}\dot{U}_{Fm} = -\dot{I}_{Fm}Z_m \\ \dot{U}_{Fn} = -\dot{I}_{Fn}Z_n\end{cases} \tag{5-13}$$

整理后得

$$\frac{\dot{U}_{Fm}}{\dot{I}_{Fm}} + \frac{\dot{U}_{Fn}}{\dot{I}_{Fn}} = -(Z_m + Z_n) \tag{5-14}$$

式中 $\dot{U}_{Fm}$、$\dot{I}_{Fm}$——M 侧母线处的故障分量电压、电流相量；

$\dot{U}_{Fn}$、$\dot{I}_{Fn}$——N 侧母线处的故障分量电压、电流相量；

Z_m——M 侧系统阻抗；

Z_n——N 侧系统阻抗。

设差动阻抗为

$$Z_d = Z_{Fm} + Z_{Fn} = \frac{\dot{U}_{Fm}}{\dot{I}_{Fm}} + \frac{\dot{U}_{Fn}}{\dot{I}_{Fn}} \tag{5-15}$$

代入式(5-13)后得

$$Z_d = Z_{Fm} + Z_{Fn} = -(Z_m + Z_n) \tag{5-16}$$

由式(5-16)可见，当被保护线路区内发生短路故障时，由线路 MN 两侧故障分量计算得到的阻抗差值的模与两侧系统阻抗和值的模相等，方向相反。

当一端电源阻抗很小时，以 N 端为例，Z_n 很小，则式(5-16)变换为

$$Z_d \approx Z_m \tag{5-17}$$

若两端电源均为无穷大系统时，Z_m 和 Z_n 都很小，则式(5-16)变换为

$$Z_d \approx 0 \tag{5-18}$$

单端供电线路空载时，以 N 端为例，理论上 Z_{Fn} 趋于无穷大，则式(5-16)变为

$$Z_d \rightarrow \infty \tag{5-19}$$

5.3.1.2 区外故障时

被保护区外发生故障时的故障分量网络如图 5-12 所示。当 N 侧区外 F_2 处发生故障时，有

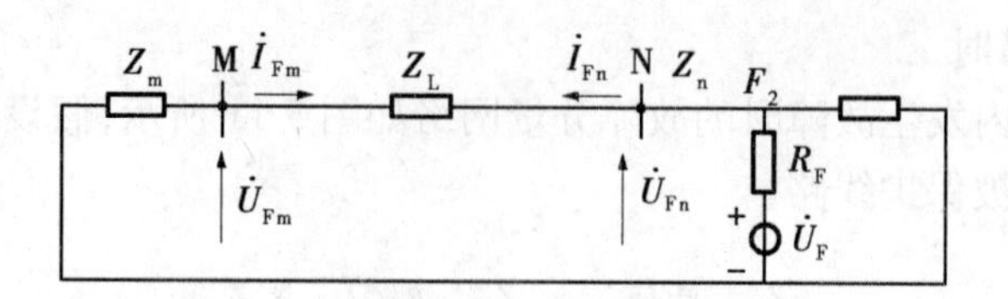

图 5-12　区外故障时的故障分量网络

$$\begin{cases}\dot{U}_{Fm} = -\dot{I}_{Fm}Z_m \\ \dot{U}_{Fn} = \dot{I}_{Fn}(Z_m + Z_L)\end{cases}$$

整理后得

$$\frac{\dot{U}_{Fm}}{\dot{I}_{Fm}} + \frac{\dot{U}_{Fn}}{\dot{I}_{Fn}} = Z_L \tag{5-20}$$

当 F_2 位于 M 侧区外时，同样可以得到式(5-20)的结论。将式(5-14)代入式(5-20)可得

$$Z_d = Z_{Fm} + Z_{Fn} = Z_L \tag{5-21}$$

由式(5-20)可见，当被保护线路区外发生故障时，由线路 M、N 两侧故障分量计算得到的阻抗差值等于线路阻抗。

5.3.1.3　保护判据

由上面分析可得到如下判据

$$K_1|Z_L| \leqslant |Z_d| \leqslant K_2|Z_L|$$

且

$$-180° < \arg Z_d < 0° \tag{5-22}$$

兼顾式(5-17)～式(5-19)特殊情况，增加如下辅助判据

$$|Z_d| < K_1|Z_L| \tag{5-23}$$

$$|Z_d| \geqslant K_2|Z_L| \tag{5-24}$$

式中　$|Z_d|$——动作量；

$|Z_L|$——制动量；

K_1、K_2——可靠系数。

由式(5-18)可知，两端电源均为无穷大系统的线路内部故障时，$|Z_d| \ll |Z_L|$，据此可将可靠系数 K_1 整定为 0.2 或更小；由式(5-19)可知，单电源供电空载线路内部故障时，$|Z_d| \gg |Z_L|$，据此可将 K_2 整定为 3 或更大。分析该判据可知：

(1)当满足判据式(5-23)时，可直接判断为区内故障。否则，利用判据式(5-22)进一步进行阻抗角的判别，内部故障时阻抗在 $-90°$左右，外部故障时阻抗角在 $+90°$左右。

(2)该判据是利用两侧阻抗的差值进行故障判断的，其中每一侧的阻抗分别利用该侧的电流和电压进行，因此不需要进行两侧采样数据的同步处理，克服了传统电流差动保护在这方面的困难。

(3)该判据不是利用每一侧的阻抗独立进行故障判断的，而是利用两侧阻抗差的幅值和相位进行故障判断。当仅有一侧的阻抗计算灵敏度不足时，判据式(5-23)仍能正确工作，不必采用任何辅助措施。

(4)该判据是基于故障分量的，具有明确的方向性和耐受电容电流、过渡电阻的能力。

(5)该判据是基于数字通信的，不需要等待和确定对端传来的闭锁或允许信号，动作快速。

5.3.2 故障分量电流幅值差动判据原理

基于故障分量的阻抗差动保护判据引入了电压量，势必会受到电压互感器断线的影响。此时可以采用故障分量电流幅值差动判据作为补充判据。

当区外故障时，在线路两端测量到的故障分量电流幅值并不相等，其差别主要是电流互感器误差和线路分布电容产生的不平衡电流。当区内发生故障时，该故障分量电流幅值差将远大于不平衡电流，可以据此判别线路故障。其判据为

$$\left|\,|\dot{I}_{Fm}| - |\dot{I}_{Fn}|\,\right| > I_{Funb} \tag{5-25}$$

式中 $|\dot{I}_{Fm}|$、$|\dot{I}_{Fn}|$——M、N 两侧母线处的故障分量电流幅值；

I_{Funb}——不平衡故障分量电流幅值。

故障分量不平衡电流幅值为

$$I_{Funb} = K_3(|\dot{I}_{Fm}| + |\dot{I}_{Fn}|) + I_{F0} \tag{5-26}$$

式中 K_3——不平衡系数，电流互感器误差按 10% 考虑，K_3 可取 0.1 ~ 0.2；

I_{F0}——最小故障分量动作电流。

将式(5-26)代入式(5-25)，则判据改写为

$$\left|\,|\dot{I}_{Fm}| - |\dot{I}_{Fn}|\,\right| > K_3(|\dot{I}_{Fm}| + |\dot{I}_{Fn}|) + I_{F0} \tag{5-27}$$

$\left|\,|\dot{I}_{Fm}| - |\dot{I}_{Fn}|\,\right|$为该判据的动作量，$K_3(|\dot{I}_{Fm}| + |\dot{I}_{Fn}|) + I_{F0}$作为判据的制动量。该判据不引入电压量，不会受到电压互感器的影响，并具有分相和不需要采样数据同步处理的特点。但是当发生区内故障时，在被保护线路区内可能会存在 $I_{Fm} \approx I_{Fn}$ 的区域，如果假设线路两端的系统阻抗完全相等，线路中点处有 $I_{Fm} = I_{Fn}$，在该区域中动作量和制动量均为 0 或很小，保护将拒动。但是在该区域以外的区内故障，保护仍能正确动作。

5.3.3 综合保护方案

故障分量阻抗差动保护判据和故障分量电流幅值差动保护判据都具有不需要进行采样数据同步处理的特点。前者对系统中的各种故障判断都具有较高的灵敏度和选择性，但是会受到电压互感器的影响；后者不需要引入电压量，是前者的有益补充。二者结合，可构成一套完整的综合保护方案。

基于故障分量的纵差动综合保护方案流程如图 5-13 所示。流程中设计了分相故障分量启动元件，仅当某相的故障分量电流大于设定的门槛值时，才进行相应的判据计算。该启动元件在系统故障时可靠启动，在系统振荡时可靠不启动，以此躲过系统振荡的影响。阻抗差动和电流幅值差动判据同步进行故障判断，其判断结果以“或”的方式出口跳闸。如果发生了电压互感器断线，则阻抗差动判据被闭锁，此时电流幅值差动判据仍能对线路起到保护作用。

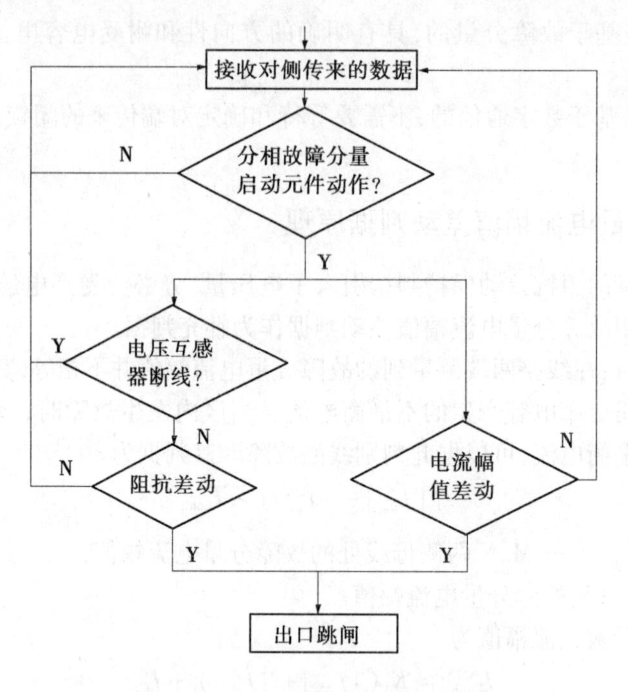

图 5-13　纵差动综合保护方案流程

5.4　输电线路综合阻抗纵联差动保护新原理

5.4.1　综合阻抗的概念

图 5-14(a)为双电源供电单回线路模型,图 5-14(b)为其故障附加状态图,线路采用 Π 型等值电路模型。

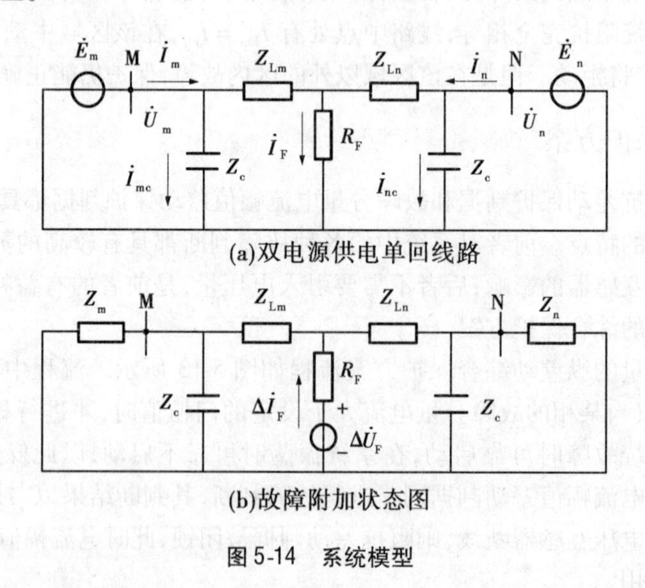

图 5-14　系统模型

综合阻抗定义为

$$\begin{cases} Z_{\mathrm{d}} = \dfrac{\dot{U}_{\mathrm{m}} + \dot{U}_{\mathrm{n}}}{\dot{I}_{\mathrm{d}}} \\ \dot{I}_{\mathrm{d}} = \dot{I}_{\mathrm{m}} + \dot{I}_{\mathrm{n}} \end{cases} \tag{5-28}$$

5.4.1.1　**区外故障时的综合阻抗**

图 5-15 所示为线路正常运行及发生区外故障时的等效电路。

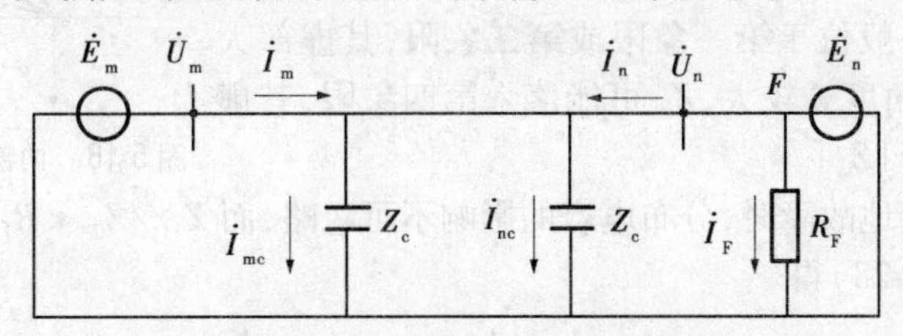

图 5-15　外部故障时的等效电路

线路上的差动电流为

$$\dot{I}_{\mathrm{d}} = \dot{I}_{\mathrm{m}} + \dot{I}_{\mathrm{n}} = \dot{I}_{\mathrm{mc}} + \dot{I}_{\mathrm{nc}} = \frac{\dot{U}_{\mathrm{m}}}{Z_{\mathrm{c}}} + \frac{\dot{U}_{\mathrm{n}}}{Z_{\mathrm{c}}}$$

综合阻抗为

$$Z_{\mathrm{d}} = \frac{\dot{U}_{\mathrm{m}} + \dot{U}_{\mathrm{n}}}{\dot{I}_{\mathrm{d}}} = Z_{\mathrm{c}}$$

即线路上发生区外故障时，Z_{d} 等于 Z_{c}，其虚部是一个绝对值较大的负数。

5.4.1.2　**区内故障时的综合阻抗**

线路上发生区内故障的模型如图 5-14 所示。定义故障点两侧的阻抗分别为 $Z_1 = Z_{\mathrm{m}} + Z_{\mathrm{Lm}}$，$Z_2 = Z_{\mathrm{n}} + Z_{\mathrm{Ln}}$，忽略电容的影响，则流进故障点的电流 $\dot{I}_{\mathrm{F}}$ 为

$$\dot{I}_{\mathrm{F}} = -\Delta\dot{I}_{\mathrm{F}} = \frac{-\Delta\dot{U}_{\mathrm{F}}}{R_{\mathrm{F}} + Z_1//Z_2}$$

式中，$\Delta\dot{U}_{\mathrm{F}} = -\dot{U}_{\mathrm{F[0]}}$，$\dot{U}_{\mathrm{F[0]}}$ 为故障点处故障前电压。

令 $\dot{U}_{\mathrm{F[0]}} = K(\dot{U}_{\mathrm{m}} + \dot{U}_{\mathrm{n}})\mathrm{e}^{\mathrm{j}\delta}$，则

$$\begin{aligned} \dot{I}_{\mathrm{d}} &= \dot{I}_{\mathrm{m}} + \dot{I}_{\mathrm{n}} = \dot{I}_{\mathrm{mc}} + \dot{I}_{\mathrm{nc}} + \dot{I}_{\mathrm{F}} \\ &= \frac{\dot{U}_{\mathrm{m}} + \dot{U}_{\mathrm{n}}}{Z_{\mathrm{c}}} + \frac{K(\dot{U}_{\mathrm{m}} + \dot{U}_{\mathrm{n}})\mathrm{e}^{\mathrm{j}\delta}}{R_{\mathrm{F}} + Z_1//Z_2} \end{aligned}$$

将 $\dot{I}_{\mathrm{d}}$ 代入式(5-28)得

$$Z_{\mathrm{d}} = \frac{1}{\dfrac{1}{Z_{\mathrm{c}}} + \dfrac{K\mathrm{e}^{\mathrm{j}\delta}}{R_{\mathrm{F}} + Z_1//Z_2}} = Z_{\mathrm{c}}//\left(\frac{R_{\mathrm{F}} + Z_1//Z_2}{K\mathrm{e}^{\mathrm{j}\delta}}\right) \tag{5-29}$$

一般来说，系数 K 约为 0.5，系统正常运行时，两侧电源电势间的夹角一般不超过 30°，所以 $-15° < \delta < 15°$。当线路上发生金属性故障时，差电流中流过分布电容电流所占

比率较小，可以忽略，即

$$Z_d = \frac{R_F + Z_1//Z_2}{Ke^{j\delta}} \tag{5-30}$$

设 $Z_F = R_F + Z_1//Z_2$，将 Z_d 用 $R-X$ 坐标表示时，如图 5-16 所示。

由式(5-30)可知，故障相对应的 Z_d 与电源阻抗、线路阻抗、过渡电阻和角度 δ 有关，对于金属性故障带较小过渡电阻的故障，Z_d 一般位于第一象限或第二象限，其虚部大于0。如果 R_F 和角度 δ 较大，Z_d 可能落入第四象限，其虚部的绝对值远小于 $|Z_c|$。

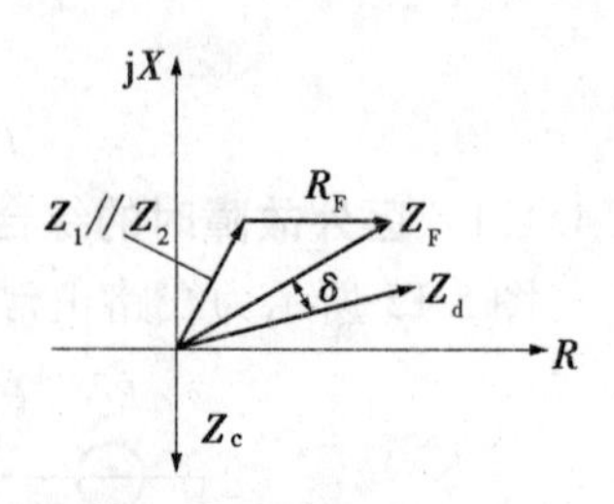

图 5-16　内部故障时 Z_d 示意图

当发生高阻接地故障时，分布电容的影响不可忽略，而 $Z_1//Z_2 \ll R_F$，为便于分析，忽略 $Z_1//Z_2$，由式(5-28)得

$$Z_d \approx \left(\frac{1}{Z_c} + \frac{Ke^{j\delta}}{R_F}\right) = Z_c// \frac{R_F}{Ke^{j\delta}} \tag{5-31}$$

由式(5-31)可知，发生高阻接地故障时，Z_d 等于两阻抗并联值，显然 $|Z_d| < \min(|Z_c|, |R_F/K|)$，其虚部的绝对值小于 $|Z_c|$。

5.4.1.3　基于综合阻抗的纵联保护判据

从上述分析可知，当线路上发生区外故障时，Z_d 理论上等于 Z_c，其虚部是一个绝对值较大的负数。发生区内故障，Z_d 一般落入第一或第二象限，其虚部是一个正数，如果过渡电阻 R_F 和 δ 较大，Z_d 有可能落入第四象限，其虚部的绝对值一般远小于 $|Z_c|$。因此，可以根据 Z_d 的虚部的符号和大小来区分线路内部、外部故障。综合阻抗纵联保护的判据为

$$\begin{cases} I_m(Z_d) > 0 \quad \text{或} \quad |I_m(Z_d)| < Z_{set} \\ |\dot{I}_d| > I_{set} \end{cases} \tag{5-32}$$

式中，$Z_{set} = K_{rel}|Z_c|$，可靠系数可以取 0.5 ~ 0.6，足以保证区外故障不误动，而区内故障时仍会有较高的灵敏度。对于 500 kV，400 km 的线路，$|Z_c|$ 在 1 kΩ 左右，Z_{set} 取为 500 ~ 600 Ω。当线路较短时，$|Z_c|$ 较大，一般可以将 Z_{set} 固定取为 500 ~ 600 Ω。I_{set} 只需保证计算精度即可，不需要躲开正常运行及外部故障时的电容电流，一般可以固定取二次值为 0.1 A，已足以保证计算精度。

5.4.2　性能分析

5.4.2.1　电抗器运行状态对运行原理的影响

装有并联电抗器的线路上发生区内故障时，其等效电路和附加状态如图 5-17 所示。

由图 5-17 可得，流入故障点的电流为

$$\dot{I}_F = -\Delta\dot{I}_F = \frac{-\Delta\dot{U}_F}{R_F + Z_1//Z_2}$$

$$\dot{I}_d = \dot{I}_m + \dot{I}_n = \dot{I}_{mc} + \dot{I}_{mL} + \dot{I}_{nc} + \dot{I}_{nL} + \dot{I}_F$$

$$= \frac{\dot{U}_m + \dot{U}_n}{Z_c} + \frac{\dot{U}_m + \dot{U}_n}{Z_L} + \frac{K(\dot{U}_m + \dot{U}_n)e^{j\delta}}{R_F + Z_1//Z_2}$$

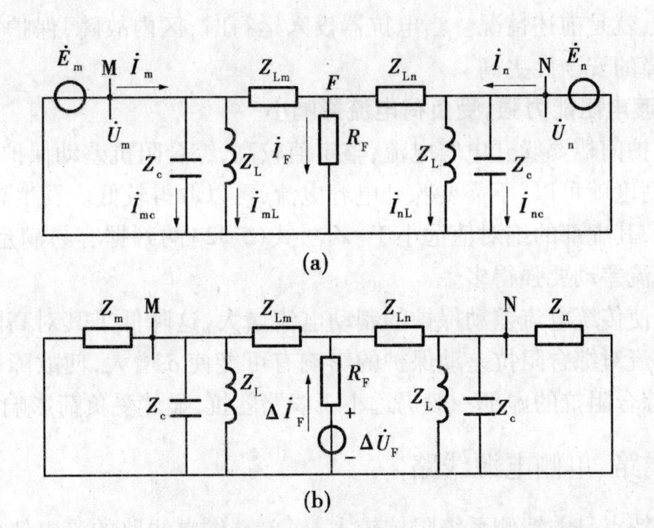

图 5-17 带电抗器补偿线路的内部短路故障附加状态

将 $\dot{I}_d$ 代入式(5-28)得

$$Z_d = \frac{1}{\dfrac{1}{Z_L} + \dfrac{1}{Z_c} + \dfrac{Ke^{j\delta}}{R_F + Z_1//Z_2}} = Z_L//Z_c//\left(\frac{R_F + Z_1//Z_2}{Ke^{j\delta}}\right)$$

输电线路一般采用欠补偿，Z_c 与 Z_L 并联后仍然呈容性，可以将两者作为模值更大的容抗来分析。对于内部故障，与将电抗器退出运行时的情况相比，流过电抗器和分布电容上的差电流所占比率更小，忽略它们的影响，可以得到与不装设电抗器的情况相同的结论。

装有电抗器的线路区外故障时，其等效电路如图 5-18 所示，当线路上区外发生故障时且电抗器投入运行时，由图 5-18 得

$$\dot{I}_d = \dot{I}_m + \dot{I}_n = \frac{\dot{U}_m}{Z_L//Z_c} + \frac{\dot{U}_n}{Z_L//Z_c}$$

$$Z_{d1} = \frac{\dot{U}_m + \dot{U}_n}{\dot{I}_d} = Z_L//Z_c$$

输电线路采用欠补偿，显然 $|Z_{d1}| > |Z_d|$，且 $|Z_{d1}|$ 虚部的符号为负。

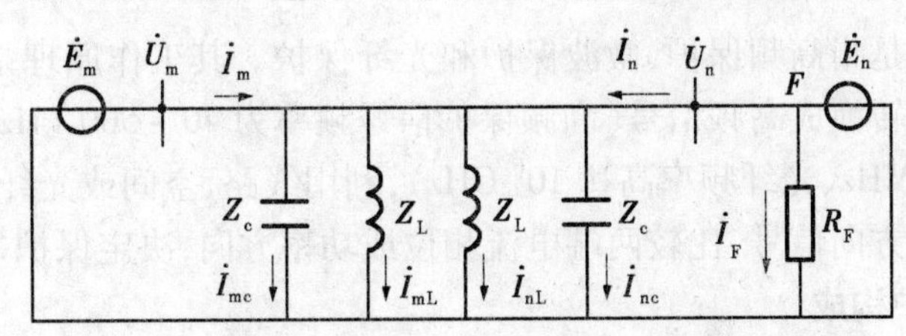

图 5-18 带电抗器线路区外短路故障时故障附加状态

对于装有电抗器的线路，如果定值可靠系数按照电抗器退出运行的情况整定，则当电

抗器退出运行时,就是前述情况。当电抗器投入运行时,区内故障,保护灵敏度不会受到影响,而外部故障的安全性更高。

5.4.2.2 抗过渡电阻能力强,受负荷电流影响小

电流差动保护门槛要躲开电容电流,整定值较高,综合阻抗差动保护定值只要保证计算 Z_d 时有足够精度就可以,不需要躲开电容电流,可以取得较低。发生高阻接地故障时,由式(5-31)可知,其虚部的绝对值远小于 $|Z_c|$,式(5-32)的判据容易满足,因此抗过渡电阻能力比传统电流差动要强得多。

负荷电流会使传统电流差动保护的制动电流增大,这降低了其对高阻接地故障的保护能力。负荷电流对综合阻抗差动保护的影响有可能使 δ 增大,使故障相的综合阻抗落入第四象限,但综合阻抗的虚部一般仍远小于线路容抗,显然受负荷影响小。

5.4.3 弱馈线路、单侧电源线路

弱馈线路的特点是弱馈侧系统阻抗较大,而单端供电线路的受电侧的阻抗较大。如图5-17所示,设M侧为电源侧,N侧是弱馈或负荷侧,$Z_1 = Z_m + Z_{Lm}$,$Z_2 = Z_n + Z_{Ln}$,则 Z_1 较小,Z_2 较大。由式(5-29)可知,Z_d 与 $Z_1//Z_2$ 有关,在弱馈侧或单电源供电的情况下,Z_2 对 Z_d 的影响较小。可见,此原理用于弱馈或单端供电线路,也会有较好的效果。

5.5 高频保护

前面介绍的纵联差动保护虽然能保护线路全长,且快速动作。但它只适用于作短线路的主保护。对于高电压、大容量、长距离输电线路而言,不能采用纵差保护。究其原因为纵联差动保护是靠辅助导引线来实现线路两侧电流信息(大小、相位)比较的。这对远距离线路而言,既不可靠,又不经济。如能解决信息靠辅助导引线传递的问题,则纵差原理的保护将会得到广泛应用。

广义高频保护就是很好解决了纵联差动保护的辅助导引线问题的一类保护。随着解决方式的不同,称谓也不一样,有高频保护、微波保护、光纤保护等。

本节将重点介绍高频保护。目前,这类保护被普遍地应用于我国220~500 kV输电线路中作主保护。

5.5.1 广义高频保护的原理及构成

广义高频保护是指高频保护、微波保护和光纤保护。其工作原理是将线路两端的电流相位或功率方向转换成高频信号(高频保护信号频率为40~500 kHz、微波保护信号频率为300~30 000 MHz、光纤频率高达 10^6 GHz),利用线路、空间或光纤通道传送到对侧,解调出相位或功率方向信号,比较两端电流相位或功率方向,决定保护是否动作。

5.5.1.1 高频保护构成

如图5-19所示,高频保护由继电部分、高频收发信机部分及通道三部分构成,继电部分的作用一是将本侧的相关电气量传送到发信机;二是将收信机收到并解调后的电气量信号进行比较,决定保护是否动作。发信机将本侧相关电气量转换成高频信号发送到对

侧,收信机是将收到的对侧高频信号解调出电气量信号送给继电部分。通道的作用是传递高频信号。

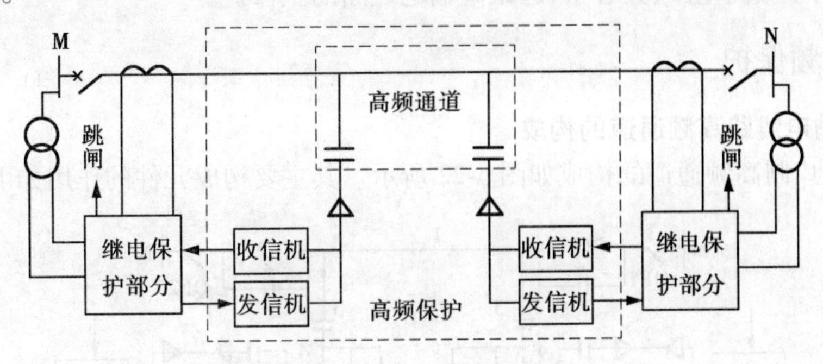

图 5-19　高频保护构成框图

5.5.1.2　微波保护构成

如图 5-20 所示,微波保护各部分作用与高频保护相同,只是传送的信号频率更高,通道为空间,因微波直线传递,由于地理原因长距离需设中继站。微波通道的特点是通信容量大、可靠性高、运行检修独立,但技术复杂、投资大。其中收、发信机包括微波和载波收发信机。

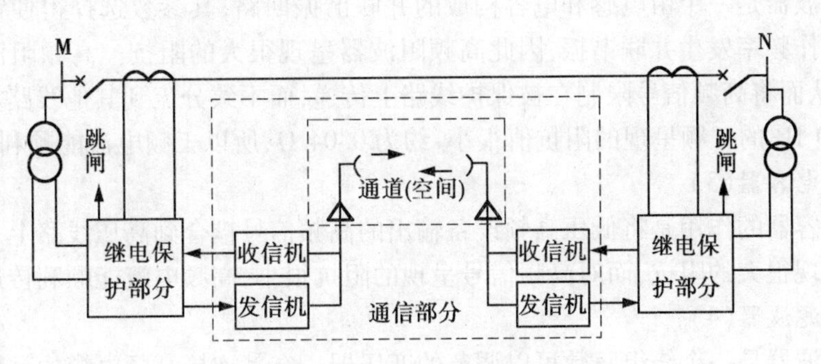

图 5-20　微波保护构成框图

5.5.1.3　光纤保护构成

如图 5-21 所示,光电转换部分是将频率较高的信号转换成频率更高的光波信号,以便于光纤传递,其他部分作用与高频保护相同。光纤通道特点:通信容量更大、可靠性也高、运行检修独立。但技术复杂且成本很高,保护一般为租用通信光纤一个信道。

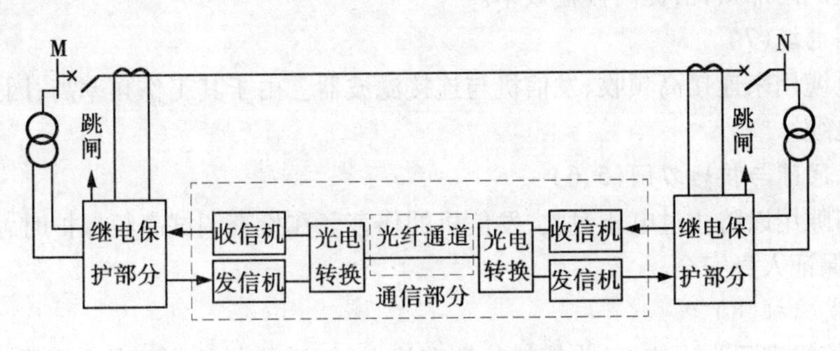

图 5-21　光纤保护构成框图

因三者原理与纵联差动基本相同，保护范围也是线路全长，只不过信号的处理较复杂，故只适用于做高电压、大容量、远距离输电线路的主保护。

5.5.2 高频保护

5.5.2.1 输电线路高频通道的构成

“相—地”制高频通道的构成如图 5-22 所示。其主要构成元件的作用如下。

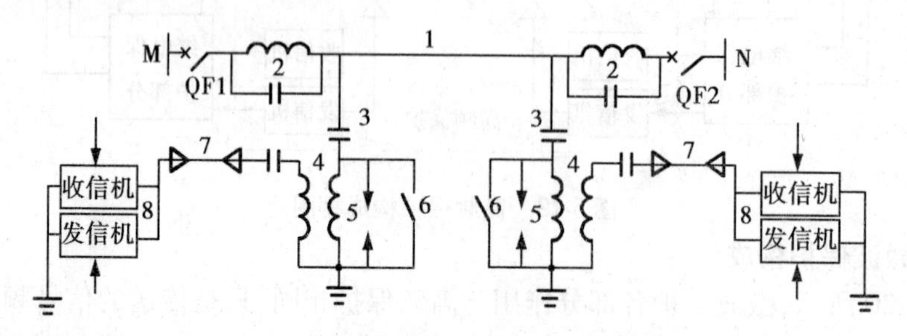

图 5-22 输电线路高频通道的构成框图

1. 高频阻波器(2)

高频阻波器是一个由电感和电容构成的并联谐振回路，其参数选择得使该回路对高频设备的工作频率发生并联谐振，因此高频阻波器呈现很大的阻抗。高频阻波器串联在线路两端，从而将高频信号限制在被保护线路上传递，而不致分流到其他线路上去。高频阻波器对 50 Hz 的工频呈现的阻抗值很小，约为 0.04 Ω，所以工频电流能顺利通过。

2. 耦合电容器(3)

耦合电容器的作用是将低压高频设备输出的高频信号耦合到高压线路上。耦合电容器对工频呈现很大的阻抗，而对高频信号呈现的阻抗很小，高频电流能顺利传递。

3. 连接滤波器(4)

连接滤波器是一个绕组匝数可以调节的变压器。在其连接高频电缆的一侧串接电容器，连接滤波器与耦合电容器共同组成高频串联谐振回路，让高频电流顺利通过。高频电缆侧线圈的电感与电容也组成高频串联谐振回路。此外，滤波器在线路一侧的阻抗应与输电线路的波阻抗（约 400 Ω）相匹配，而在高频电缆侧的阻抗，应与高频电缆的波阻抗（约 100 Ω）相匹配。这样就可以避免高频信号的电磁波在传送过程中产生反射，从而减小高频能量的附加损耗，提高传输效率。

4. 高频电缆(7)

高频电缆用来连接高频收、发信机与连接滤波器。由于其工作频率高，因此通常采用单芯同轴电缆。

5. 放电间隙与接地刀闸(5、6)

放电间隙用以防止过电压对收、发信机的伤害。在检查调试高频保护时，应将接地刀闸合上，以保证人身安全。

6. 收、发信机(8)

收、发信机实际为一体机，收信部分具有放大、解调接收的高频信号的作用。发信部分具有把电气量调制成高频信号并放大输出的作用。

5.5.2.2　高频信号与高频电流的关系

1. 故障启动发信方式

电力系统正常运行时收、发信机不发信，通道中无高频电流。当电力系统故障时，启动元件启动收、发信机发信。因此，对故障启动发信方式而言，高频电流代表高频信号。如图5-23(a)所示。这种方式的优点是对邻近通道的影响小，可以延长收、发信机的寿命。缺点是必须有启动元件，且需要定时检查通道是否良好。

2. 长期发信方式

电力系统正常运行时，收、发信机连续发信，高频电流持续存在，用于监视通道是否完好。而高频电流的消失代表高频信号。如图5-23(b)所示。这种方式的优点是通道的工作状态受到监视，可靠性高。缺点是增大了通道间的干扰，并降低了收、发信机的使用年限。

3. 移频发信方式

电力系统正常运行时，收、发信机发出频率为f_1的高频电流，用于监视通道。当电力系统故障时，收、发信机发出频率为f_2的高频电流，频率为f_2的高频电流代表高频信号，如图5-23(c)所示。这种方式的优点是提高了通道工作可靠性，加强了保护的抗干扰能力。

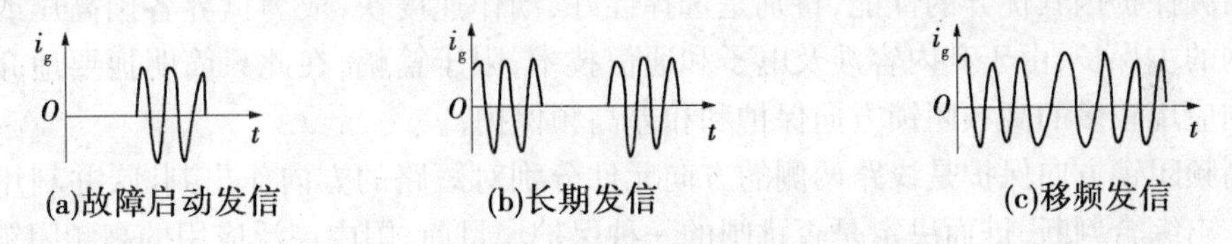

(a)故障启动发信　(b)长期发信　(c)移频发信

图5-23　高频信号的发信方式

目前，我国电力系统高频保护装置多数采用故障启动发信方式。一般认为存在高频电流就存在高频信号。

5.5.2.3　高频信号的作用

高频信号按逻辑性质不同，可分为跳闸信号、允许信号和闭锁信号，如图5-24所示。

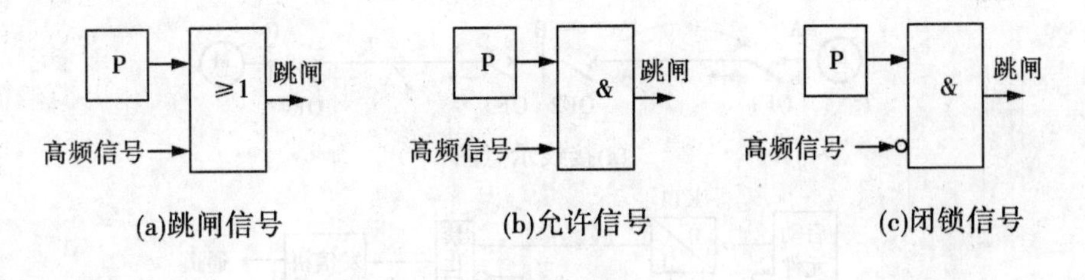

(a)跳闸信号　(b)允许信号　(c)闭锁信号

图5-24　高频信号的作用

1. 跳闸信号

高频信号与继电保护(图中用P表示)来的信号具有“或”逻辑关系，如图5-24(a)所示。因此，有高频信号时，高频保护就发跳闸命令。高频信号是保护跳闸的充分条件。

2. 允许信号

高频信号与继电保护来的信号具有“与”逻辑关系，如图5-24(b)所示。只有当高频信号、继电保护信号同时存在时，高频保护才能发跳闸命令。因此，高频信号是保护跳闸的必要条件。

3. 闭锁信号

闭锁信号存在时，不论继电保护状态如何，高频保护均不能发跳闸命令。当高频闭锁信号消失后继电保护有信号到来，高频保护才能发跳闸令，如图5-24(c)所示。因此，高频闭锁信号消失是继电保护跳闸的必要条件。

目前，国内高频保护装置多采用闭锁信号，其原因如下。

(1)本线路发生三相短路时，高频通道出现阻塞。对于闭锁信号，高频信号的消失是保护跳闸的必要条件，因此不必考虑信号阻塞问题。而允许信号或跳闸信号是保护跳闸的必要或充分条件，必须通过故障点将信号传至对侧，因此必须解决高频通道阻塞时信号的传输问题。显然闭锁信号的通道可靠性较高。

(2)闭锁信号抗干扰能力强。因为收到高频信号保护被闭锁，因此干扰信号不会造成保护误动作。

5.5.3 高频闭锁方向保护

高频保护因其优异的性能，特别是选择性好、动作速度快，成为世界各国高压或超高压电网的主保护，由于其内容涉及电子和通信技术，限于篇幅，在此只简明扼要地介绍目前我国应用较多的高频闭锁方向保护和相差高频保护。

高频闭锁方向保护是线路两侧的方向元件分别对短路的方向作出判断，并利用高频信号作出综合判断，进而决定是否跳闸的一种保护。目前，国内广泛应用的高频闭锁方向保护采用故障启动发信方式，并规定线路两端功率由母线指向线路为正方向，由线路指向母线为反方向。

以图5-25(a)所示的故障情况来说明保护装置的工作原理。图5-25(b)中启动元件若采用非方向性启动元件，则故障时在启动元件灵敏度范围内均能可靠启动发信及启动保护。功率方向元件用于判断短路功率方向，正方向时有输出，高频收、发信机停信，反向时无输出，高频收、发信机继续发信。

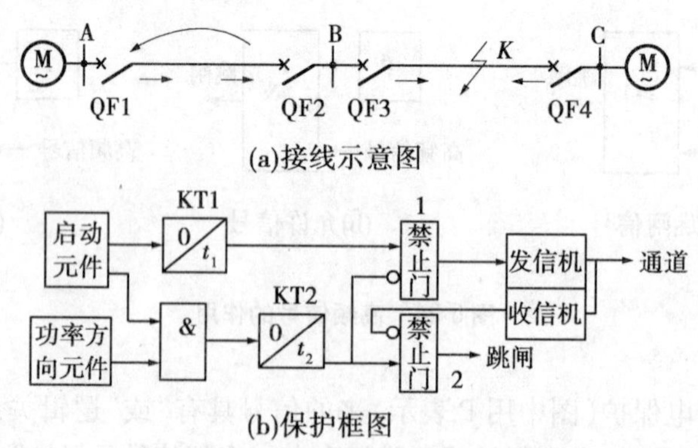

图5-25 高频闭锁方向保护原理方框图

电力系统正常运行时，启动元件不启动，高频收、发信机不发信，保护跳闸回路不开放。当BC线路故障时，线路AB、BC上的高频保护均分别启动发信。对于线路AB，保护

1 的方向元件判断故障为正方向，与门有输出，经 t_2 延时后 KT2 有输出，使本侧高频收、发信机停信，另一方面经禁止门 2 准备出口跳闸。但是，保护 2 的方向元件判断故障为反方向，与门无输出，高频收、发信机连续发出高频信号，闭锁本侧保护。同时，保护 1 的收信机连续收到保护 2 的高频信号，保护 1 的收信机有连续输出，“禁 2”关闭，保护 1 不能出口跳闸。对于线路 BC，保护 3、4 的功率方向元件判断故障为正方向。因此，两侧的收、发信机均停信，“禁 2”开放，两侧保护分别动作于出口跳闸。

记忆元件 KT1 的作用是防止外部故障切除后，近故障点侧的保护启动元件先返回停止发信，而远故障点侧的启动元件和功率方向元件后返回，造成保护误动作跳闸。KT1 时间应大于一侧的启动元件返回时间与另一侧启动元件与功率方向元件返回时间之差。

延时元件 KT2 的作用是等待对侧高频信号的到来，防止区外故障造成保护的误动作。在具有远方启动发信的高频闭锁保护中，延时时间就在于高频信号在线路上的往返传输时间及对侧发信机的发信时间之和，一般取 10 ms。

5.5.4　相差高频保护

相差高频保护的基本工作原理是比较被保护线路两侧电流的相位，即利用高频信号将电流的相位传送到对侧去进行比较，这种保护称为相差高频保护。

首先假设线路两侧的电势同相，系统中各元件的阻抗相同（实际上它们是有差别的，其详细情况在此不作分析）。在此仍规定电流的方向是从母线流向线路为正，从线路流向母线为负。因此，装于线路两侧的电流互感器的极性应如图 5-26（a）所示。这样，当被保护范围内部 K_1 点故障时，两侧电流皆从母线流向线路，其方向为正且相位相同，如图 5-26（b）所示。当被保护线路外部 K_2 点故障时，两侧电流相位差为 180°，如图 5-26（c）所示。

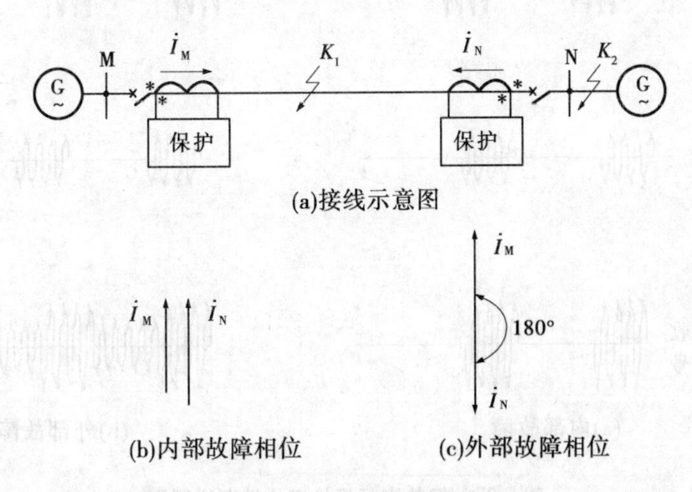

图 5-26　相差高频保护工作原理说明

为实现两侧电流的相位比较，必须把线路对端的电流用高频信号传送到本端且能代表原工频电流的相位，以此才能构成比相系统，由比相系统给出比较结果；若两侧电流相位差是 0°或近于 0°时，保护判断为被保护范围内部故障，应瞬时动作切除故障；若两侧电流相位差为 180°或接近于 180°时，保护判断为外部故障，应可靠将保护闭锁。

为了满足以上要求，采用高频通道经常无电流，而在外部故障时发出闭锁信号的方式来构成保护。实际上，可以做成当短路电流为正半周时，使它操作高频发信机发出高频信号，而在负半周时则不发出信号，如此不断地交替进行。

当被保护范围内部故障时，由于两侧发出高频信号，也同时停止发信。这样，在两侧收信机收到的高频信号是间断的，即正半周有高频信号，负半周无高频信号，如图5-27(a)所示。

当被保护范围外部故障时，由于两侧电流相位相差 180°，线路两侧的发信机交替工作，收信机收到的高频信号是连续的。由于信号在传输过程中幅值有损耗，因此送到对侧的信号幅值就要小一些，如图 5-27(b)所示。

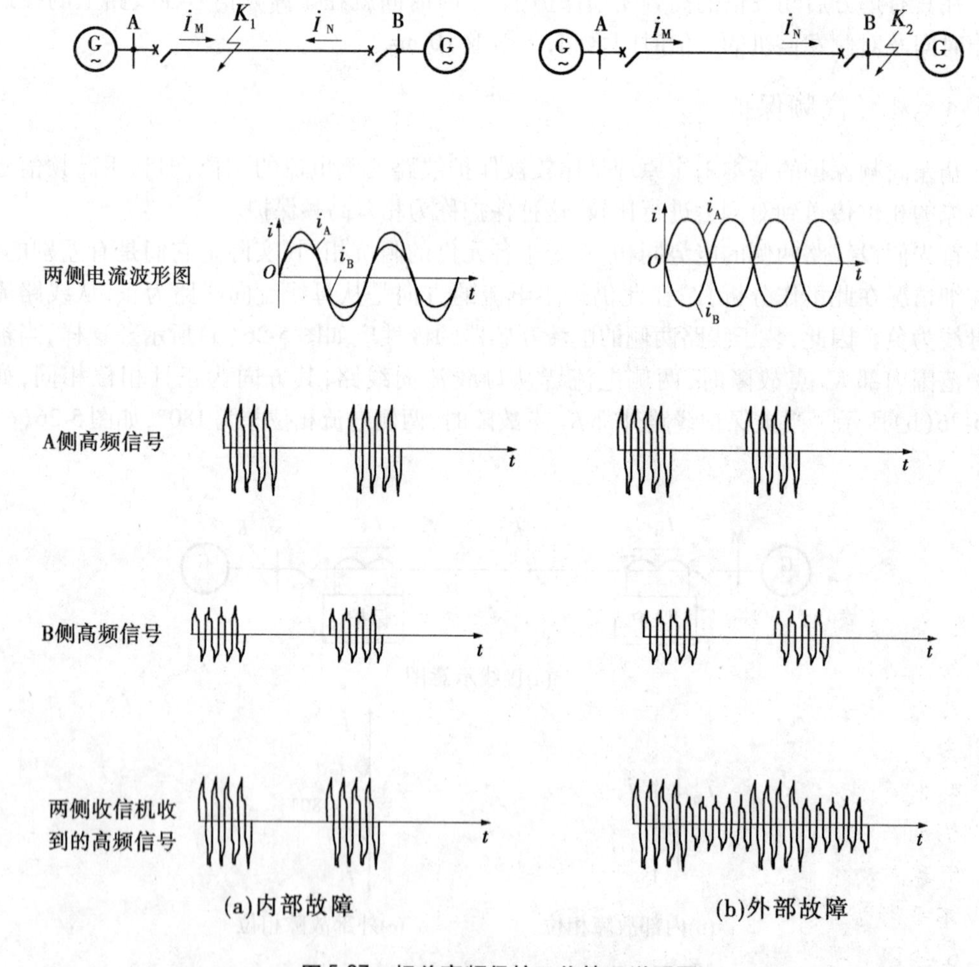

图 5-27　相差高频保护工作情况说明图

由以上分析可见，相位比较实际上是通过收信机所收到的高频信号来进行的。在被保护范围内部发生故障时，两侧收信机收到的高频信号重叠约 10 ms，于是保护瞬时动作，立即跳闸。即使内部故障时高频通道遭破坏，不能传送高频信号，但收信机仍能收到本侧发信机发出的间断高频信号，因而不会影响保护跳闸。在被保护范围外部故障时，两侧的收信机收到的高频信号是连续的,线路两侧的高频信号互为闭锁使两侧保护不能跳闸。

小 结

输电线路纵联差动保护是比较被保护线路两侧电流的大小和相位,保护范围为线路全长,且动作具有选择性。但是,这种保护在短线路上采用。显然,为了提高保护的灵敏度,两侧电流互感器必须采用同型号、同变比。

反映故障分量的电流相位差动保护不受负荷电流相位的影响,也可以消除故障点过渡电阻的影响。因此,反映故障分量的差动保护是一种性能优良的保护,在微机保护中得到广泛应用。

横联差动保护既可以用在电源侧,也可以用在负荷侧。其原理是比较同侧两回路电流的大小及相位而实现的一种保护。

基于故障分量的分相阻抗差动保护是利用两侧阻抗的差值进行故障判断的,其中每一侧的阻抗分别利用该侧的电流和电压进行,因此不需要进行两侧采样数据的同步处理,克服了传统电流差动保护在这方面的困难。保护原理不是利用每一侧的阻抗独立进行故障判断的,而是利用两侧阻抗差的幅值和相位进行故障判断。保护判据是基于故障分量的,具有明确的方向性和耐受电容电流、过渡电阻的能力。保护判据是基于数字通信的,不需要等待和确定对端传来的闭锁或允许信号,动作快速。

高频保护是利用输电线路本身作为高频信号的通道。高频闭锁方向保护是比较线路两侧功率方向,两侧均为正方向时保护动作;有一侧为反方向时,闭锁保护。

相差高频保护是比较线路两侧电流的相位,相位相近时保护动作;反相时保护闭锁。

习 题

1. 简述输电线路纵差保护的基本工作原理,输电线路纵差保护的特点是什么?

2. 试述线路纵差动保护不平衡电流产生的原因及消除其对保护影响的方法。

3. 简述横联方向差动保护的基本工作原理。保护装置的操作电源为何要由合闸位置继电器来闭锁?

4. 何谓横联方向差动保护的“相继动作”及“相继动作区”? 相继动作区的存在有何不利影响?

5. 纵差动保护中不平衡电流产生的原因是什么? 为什么纵差动保护需考虑暂态过程中的不平衡电流? 暂态过程中不平衡电流有哪些特点? 它对保护装置有什么影响?

6. 绘图说明横联方向差动保护的构成和工作原理。为什么要采用直流操作电源闭锁接线? 为什么采用了直流操作电源闭锁后,保护的动作电流还需考虑躲过单回线运行时的最大负荷电流?

7. 常用的高频保护有哪几种? 试述它们的工作原理。

8. 何谓闭锁信号、允许信号和跳闸信号? 采用闭锁信号有何优点和缺点?

第6章　电力变压器的继电保护

6.1　电力变压器的故障类型及其保护措施

电力变压器是电力系统中非常重要的电气设备之一，它的安全运行对于保证电力系统的正常运行和供电的可靠性起着决定性的作用，同时大容量电力变压器的造价也十分昂贵。因此，针对电力变压器可能发生的各种故障和不正常运行状态应装设相应的继电保护装置，并合理进行整定计算。

变压器的故障可分为油箱内故障和油箱外故障两类，油箱内故障主要包括绕组的相间短路、匝间短路、接地短路、铁芯烧毁等，油箱外故障主要是绕组引出线及出线套管上发生的相间短路和接地短路。变压器油箱内故障十分危险，由于油箱内充满了变压器油，故障点的电弧将使变压器油急剧分解汽化，产生大量的可燃性气体（瓦斯），很容易引起油箱爆炸。油箱外故障所产生的短路电流若不及时切除将导致设备烧毁。电力变压器不正常的运行状态主要有外部短路引起的过电流、负荷超过其额定容量引起的过负荷、油箱漏油引起的油面降低，以及过电压、过励磁等。

为了保证电力变压器的安全运行，根据《继电保护与安全自动装置的运行条例》，针对变压器的上述故障和不正常运行状态，电力变压器应装设以下保护。

（1）瓦斯保护。800 kVA 及以上的油浸式变压器和 400 kVA 以上的车间内油浸式变压器，均应装设瓦斯保护。瓦斯保护用来反映变压器油箱内部的短路故障及油面降低，其中重瓦斯保护动作于跳开变压器各侧断路器，轻瓦斯保护动作于发出信号。

（2）纵差保护或电流速断保护。6 300 kVA 及以上并列运行的变压器、10 000 kVA 及以上单独运行的变压器、发电厂厂用电变压器和工业企业中 6 300 kVA 及以上重要的变压器，应装设纵差保护。10 000 kVA 及以下的电力变压器，应装设电流速断保护，其过电流保护的动作时限应大于 0.5 s。对于 2 000 kVA 以上的变压器，当电流速断保护灵敏度不能满足要求时，也应装设纵差保护。纵差保护或电流速断保护用于反映电力变压器绕组、出线套管及引出线发生的相间短路故障，保护动作于跳开变压器各侧断路器。

（3）相间短路的后备保护。相间短路的后备保护用于反映外部相间短路引起的变压器过电流，同时作为瓦斯保护和纵差保护（或电流速断保护）的后备保护，其动作时限按电流保护的阶梯形原则来整定，延时动作于跳开变压器各侧断路器。相间短路的后备保护的形式较多，过电流保护和低电压启动的过电流保护，宜用于中小容量的降压变压器；复合电压启动的过电流保护，宜用于升压变压器和系统联络变压器，以及过电流保护灵敏度不能满足要求的降压变压器；6 300 kVA 及以上的升压变压器，应采用负序电流保护及单相式低电压启动的过电流保护；对大容量升压变压器或系统联络变压器，为了满足灵敏度要求，还可采用阻抗保护。

(4)接地短路的零序保护。对于中性点直接接地系统中的变压器,应装设零序电流保护,用于反映变压器高压侧(或中压侧),以及外部元件的接地短路;变压器中性点可能接地或不接地运行时,应装设零序电流、电压保护。零序电流保护延时跳开变压器各侧断路器;零序电压保护延时动作于发出信号。

(5)过负荷保护。对于400 kVA以上的变压器,当数台并列运行或单独运行并作为其他负荷的备用电源时,应装设过负荷保护。过负荷保护通常只装在一相,其动作时限较长,延时动作于发信号。

(6)其他保护。高压侧电压为500 kV及以上的变压器,对频率降低和电压升高而引起的变压器励磁电流升高,应装设变压器过励磁保护。对变压器温度和油箱内压力升高,以及冷却系统故障,按变压器现行标准要求,应装设相应的保护装置。

6.2 电力变压器的瓦斯保护

6.2.1 气体继电器的构成和动作原理

当变压器油箱内部发生故障时,故障点的电弧使变压器油和其他绝缘材料分解,从而产生大量的可燃性气体,人们将这种可燃性气体统称为瓦斯气体。故障程度越严重,产生的瓦斯气体越多,气体在油箱内的运动还会夹带变压器油形成油流。瓦斯保护就是利用变压器油受热分解所产生的热气流和热油流来动作的保护。

瓦斯保护的核心元件是气体继电器,它安装在油箱与油枕的连接管道中,如图6-1所示。根据物体的物理特性,热的气流和油流在密闭的油箱内向上运动,为了保证气流和油流能顺利通过气体继电器,安装时应注意,变压器顶盖与水平面应有1%~1.5%的坡度,连接管道应有2%~4%的坡度。

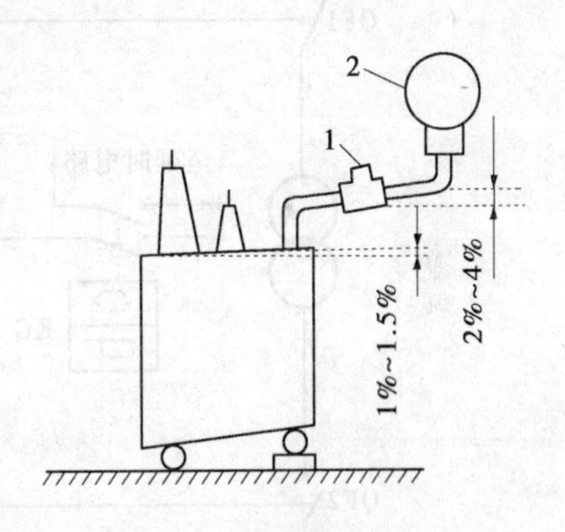

1—气体继电器;2—油枕

图6-1 气体继电器安装示意图

我国目前采用的气体继电器有三种形式,即浮筒式、挡板式和复合式,其中复合式气体继电器具有浮筒式和挡板式的优点,在工程实践中应用较多。现以QJ1-80型气体继电器为例,来说明气体继电器的动作原理。如图6-2为QJ1-80型复合式气体继电器结构图。

向上的开口杯5和重锤6固定在它们之间的一个转轴上。正常运行时,继电器及开口杯内都充满了油,开口杯因其自重抵消浮力后的力矩小于重锤自重抵消浮力后的力矩而处于上翘状态,固定在开口杯旁的磁铁4位于干簧触点15的上方,干簧触点可靠断开,轻瓦斯保护不动作;挡板10在弹簧9的作用下处于正常位置,磁铁11远离干簧触点13,干簧触点可靠断开,重瓦斯保护也不动作。由于采取了两个干簧触点13串联且用弹簧9拉住挡板10的措施,使重瓦斯保护具有良好的抗震性能。

当变压器内部发生轻微故障时,所产生的少量气体逐渐聚集在继电器顶盖下面,使继电器内油面缓慢下降,油面低于开口杯时,开口杯所受浮力减小,其自重加杯内油重抵消浮力后的力矩将大于重锤自重抵消浮力后的力矩,开口杯位置随油面的降低而下降,磁铁 4 逐渐靠近干簧触点 15,接近到一定程度时触点闭合,发出轻瓦斯动作信号。

当变压器内部发生严重故障时,所产生的大量气体形成从油箱内冲向油枕的强烈气流,带油的气体直接冲击着挡板 10,克服了弹簧 9 的拉力使挡板偏转,磁铁 11 迅速靠近干簧触点 13,触点闭合(即重瓦斯保护动作)启动保护出口继电器,使变压器各侧断路器跳闸。

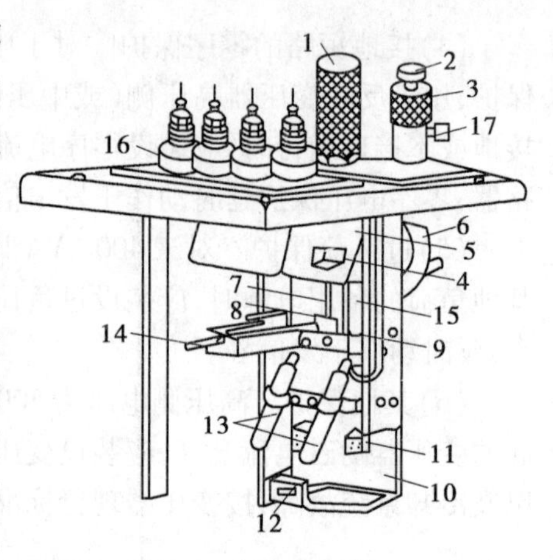

1—罩;2—顶针;3—气塞;4—磁铁;5—开口杯;6—重锤;7—探针;8—开口销;9—弹簧;10—挡板;11—磁铁;12—螺杆;13—干簧触点(重瓦斯);14—调节杆;15—干簧触点(轻瓦斯);16—套管;17—排气口

图 6-2　QJ1－80 型气体继电器结构图

6.2.2　瓦斯保护的接线

瓦斯保护的原理接线如图 6-3 所示。气体继电器 KG 的轻瓦斯触点由开口杯控制,闭合后延时发出动作信号。KG 的重瓦斯触点由挡板控制,动作后经信号继电器 KS 启动保护出口继电器 KCO,使变压器各侧断路器跳闸。

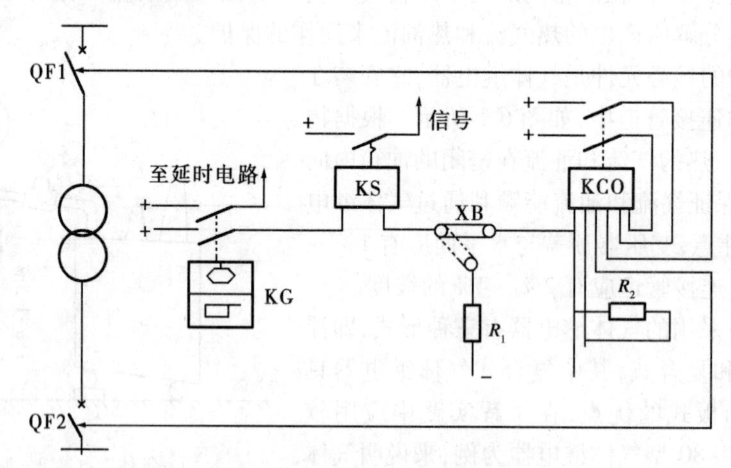

图 6-3　瓦斯保护原理接线图

为了防止变压器油箱内严重故障时油速不稳定,造成重瓦斯触点时通时断而不能可靠跳闸,KCO 采用带自保持电流线圈的中间继电器;为防止重瓦斯保护在变压器注油、滤油、换油或气体继电器试验时误动作,出口回路设有切换片 XB。将 XB 切换向电阻 R_1 侧,可使重瓦斯保护改为只发信号。

气体继电器动作后,在继电器上部的排气口收集气体。检查气体的化学成分和可燃性,从而判断出故障的性质。

瓦斯保护的主要优点是灵敏度高、动作迅速、简单经济。当变压器内部发生严重漏油或匝数很少的匝间短路时,往往纵差动保护与其他保护不能反应,而瓦斯保护却能反应

(这也正是纵联差动保护不能代替瓦斯保护的原因)。但是瓦斯保护只反映变压器油箱内的故障,不能反映油箱外套管与断路器间引出线上的故障,因此它也不能作为变压器唯一的主保护。通常瓦斯保护需和纵联差动保护配合共同作为变压器的主保护。

6.3 电力变压器的电流速断保护

对于容量较小的变压器,可在其电源侧装设电流速断保护,与瓦斯保护配合反映变压器绕组及引出线上的相间短路故障。变压器电流速断保护的单相原理接线如图6-4所示。

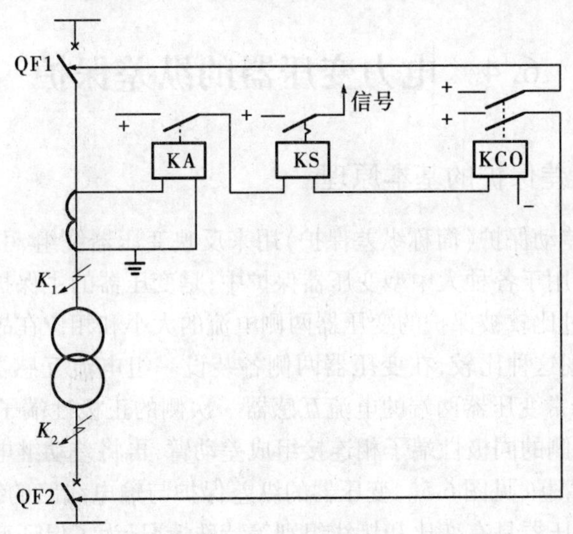

图6-4 变压器电流速断保护单相原理接线图

当变压器的电源侧为直接接地系统时,保护采用完全星形接线,若为非直接接地系统,可采用两相不完全星形接线。

保护的动作电流按下列条件选择:

(1)大于变压器负荷侧 K_2 点短路时流过保护的最大短路电流,即

$$I_{op} = K_{rel} I_{K.max} \tag{6-1}$$

式中 K_{rel}——可靠系数,一般取1.3~1.4;

$I_{K.max}$——最大运行方式下,变压器低压侧母线发生短路故障时,流过保护的最大短路电流。

(2)躲过变压器空载投入时的励磁涌流,通常取

$$I_{op} = (3 \sim 5) I_N \tag{6-2}$$

式中 I_N——保护安装侧变压器的额定电流。

取上述两条件的较大值为保护动作电流值。

保护的灵敏度要求

$$K_{sen} = \frac{I_{K.min}^{(2)}}{I_{op}} \geqslant 2 \tag{6-3}$$

式中 $I_{K.min}^{(2)}$——最小运行方式下,保护安装处两相短路时的最小短路电流。

保护动作后,瞬时跳开变压器各侧断路器并发出动作信号。电流速断保护具有接线简单、动作迅速等优点,能瞬时切除变压器电源侧引出线、出线套管及变压器内部部分线圈的故障。它的缺点是不能保护电力变压器的整个范围,当系统容量较小时,保护范围较小,灵敏度较难满足要求;在无电源的一侧,出线套管至断路器这一段发生的短路故障,要靠相间短路的后备保护才能反应,切除故障的时间较长,对系统安全运行不利;对于并列运行的变压器,负荷侧故障时将由相间短路的后备保护无选择性地切除所有变压器,扩大了停电范围。但该保护简单、经济并且与瓦斯保护、相间短路的后备保护配合较好,因此广泛应用于小容量变压器的保护中。

6.4 电力变压器的纵差保护

6.4.1 变压器纵差保护的基本原理

变压器的纵联差动保护(简称纵差保护)用来反映变压器绕组、引出线及套管上的各种短路故障,广泛运用于各种大中型变压器保护中,是变压器的主保护之一。

纵差保护是通过比较被保护的变压器两侧电流的大小和相位在故障前后的变化而实现保护的。为了实现这种比较,在变压器两侧各装设一组电流互感器 TA1、TA2,其二次侧按环流法连接(通常变压器两端的电流互感器一次侧的正极性端子均置于靠近母线的一侧,则将它们二次侧的同极性端子相连接组成差动臂,再将差动继电器的线圈跨接在差动臂上),构成纵差保护,见图 6-5。变压器的纵差保护与输电线路的纵差保护相似,工作原理相同,但由于变压器具有变比和接线组别等特殊情况,为了保证变压器纵差保护的正常运行,必须选择好变压器两侧电流互感器的变比和接线方式,保证变压器在正常运行和外部短路时两侧的二次电流大小相等、方向相同。其保护范围为两侧电流互感器 TA1、TA2 之间的全部区域,包括变压器的高、低压绕组,套管及引出线等。

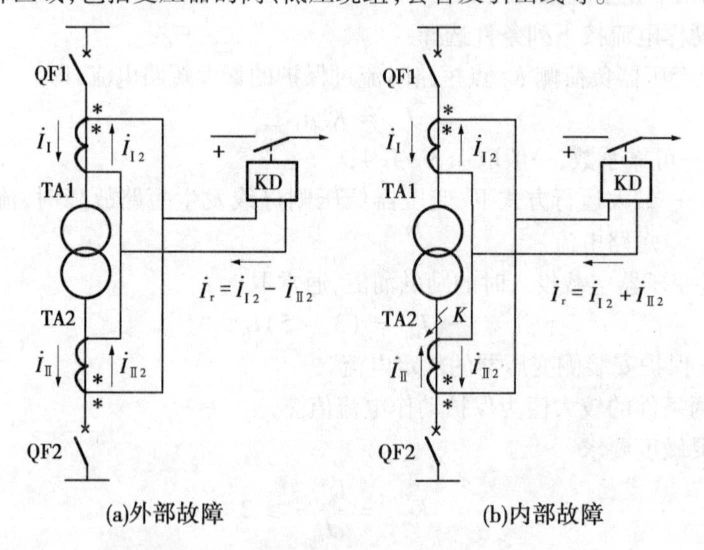

图 6-5 变压器纵差保护单相原理接线

从图6-5可见，正常运行和外部短路时，流过差动继电器的电流为$\dot{I}_{r}=\dot{I}_{\text{I}2}-\dot{I}_{\text{II}2}$，在理想的情况下，其值等于零。但实际上由于电流互感器特性、变比等因素，两侧二次电流大小并不完全相等，流过继电器的电流为不平衡电流$\dot{I}_{unb}$，当该电流小于KD的动作电流时，KD不动作。变压器内部故障时，流入差动继电器的电流为$\dot{I}_{r}=\dot{I}_{\text{I}2}+\dot{I}_{\text{II}2}$，即为短路点的短路电流。当该电流大于KD的动作电流时，KD动作。

由于变压器两侧额定电压和额定电流不同，为了保证纵差保护正确动作，必须适当选择两侧电流互感器的变比，使得正常运行和外部短路时，差动回路内没有电流。例如图6-5中，应使

$$I_{\text{I}2}=I_{\text{II}2}=\frac{I_{\text{I}}}{n_{TA1}}=\frac{I_{\text{II}}}{n_{TA2}} \tag{6-4}$$

式中　n_{TA1}——高压侧电流互感器的变比；

n_{TA2}——低压侧电流互感器的变比。

实际上，由于电流互感器的误差、变压器的接线方式及励磁涌流等因素的影响，即使满足式(6-4)，差动回路中仍会流过一定的不平衡电流$\dot{I}_{unb}$，该值越大，差动继电器的动作电流也越大，差动保护的灵敏度就越低。因此，要提高变压器纵差保护的灵敏度，关键问题是减小或消除不平衡电流的影响。

6.4.2　变压器纵差保护中的不平衡电流

变压器纵差保护最明显的特点是产生不平衡电流的因素很多。现对不平衡电流产生的原因及减小或消除其影响的措施分别讨论如下。

6.4.2.1　两侧电流互感器型号不同而产生的不平衡电流

由于变压器两侧的额定电压不同，所以其两侧电流互感器的型号也可能会不相同，因而它们的饱和特性和励磁电流(归算到同一侧)都是不相同的。即便型号相同，由于电流互感器的误差，也会产生不平衡电流。因此，在变压器的差动保护中始终存在不平衡电流。在外部短路时，这种不平衡电流可能会很大。为了解决这个问题，一方面，应按10%误差的要求选择两侧的电流互感器，以保证在外部短路的情况下，其二次电流的误差不超过10%。另一方面，在确定差动保护的动作电流时，引入一个同型系数K_{st}来反映互感器不同型的影响。当两侧电流互感器的型号相同时，取$K_{st}=0.5$；当两侧电流互感器的型号不同时，则取$K_{st}=1$。这样，两侧电流互感器的型号不同时，实际上是采用较大的K_{st}值来提高纵差保护的动作电流，以躲开不平衡电流的影响。

6.4.2.2　电流互感器实际变比与计算变比不同时产生的不平衡电流

在工程实践中，电流互感器选用的都是定型产品，而定型产品的变比都是标准化的。这就出现电流互感器的计算变比与实际变比不完全相符的问题，以致在差动回路中产生不平衡电流。现以一台Y,d11接线、容量为31.5 MVA、变比为115/10.5的变压器为例，计算数据如表6-1所示。

表 6-1 变压器两侧电流互感器实际变比与计算变比不同所产生的不平衡电流

电压侧	115 kV(Y)	10.5 kV(d)
额定电流(A)	158	1 730
电流互感器接线方式	d	Y
电流互感器计算变比	$\sqrt{3}\times\frac{158}{5}=\frac{273}{5}$	$\frac{1\ 730}{5}$
电流互感器实际变比	$\frac{300}{5}=60$	$\frac{2\ 000}{5}=400$
差动臂电流(A)	$\sqrt{3}\times\frac{158}{60}=4.56$	$\frac{1\ 730}{400}=4.33$
不平衡电流(A)	4.56 - 4.33 = 0.23	

为了减小不平衡电流对纵差保护的影响，一般采用自耦变流器予以补偿，自耦变流器通常是接在二次电流较小的一侧，如图 6-6 所示。改变自耦变流器 TBL 的变比，使得在正常运行状态下接入差动回路的二次电流相等，从而补偿了不平衡电流。

6.4.2.3 变压器调压分接头位置改变而产生的不平衡电流

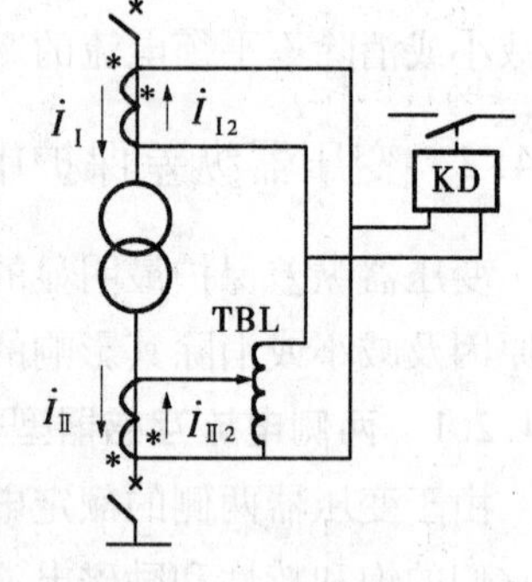

图 6-6 不平衡电流的补偿

电力系统中常用调整变压器调压分接头位置的方法来调整系统的电压。调整分接头位置实际上就是改变变压器的变比，其结果必然将破坏两侧电流互感器二次电流的平衡关系，产生了新的不平衡电流，需要重新改变平衡绕组匝数来予以平衡。但对于带负荷调整变压器分接头，由于是根据系统运行的要求随时都可能进行的，所以在纵差保护中不可能采用改变平衡绕组匝数的方法来及时加以平衡。因此，在带负荷调压的变压器纵差保护中，应在整定计算时加以考虑，即用提高保护动作电流的方法来躲过这种不平衡电流的影响。

6.4.2.4 变压器接线组别的影响及其补偿措施

三相变压器的接线组别决定了变压器两侧的电流相位关系，以常用的 Y，d11 接线的电力变压器为例，高、低压侧电流之间就存在着 30°的相位差。这时，即使变压器两侧电流互感器二次电流的大小相等，也会在差动回路中产生不平衡电流。为了消除这种不平衡电流的影响，就必须消除变压器两侧电流的相位差。

1. 常规保护的补偿方法

通常都是将两侧电流互感器按“相位补偿法”进行连接，即将变压器星形接线侧电流互感器的二次绕组接成三角形，而将变压器三角形接线侧电流互感器的二次绕组接成星形，以便将电流互感器二次电流的相位校正过来。采用了这样的相位补偿法后，Y，d11 接线变压器差动保护的接线方式及其有关电流的相量图，如图 6-7 所示。

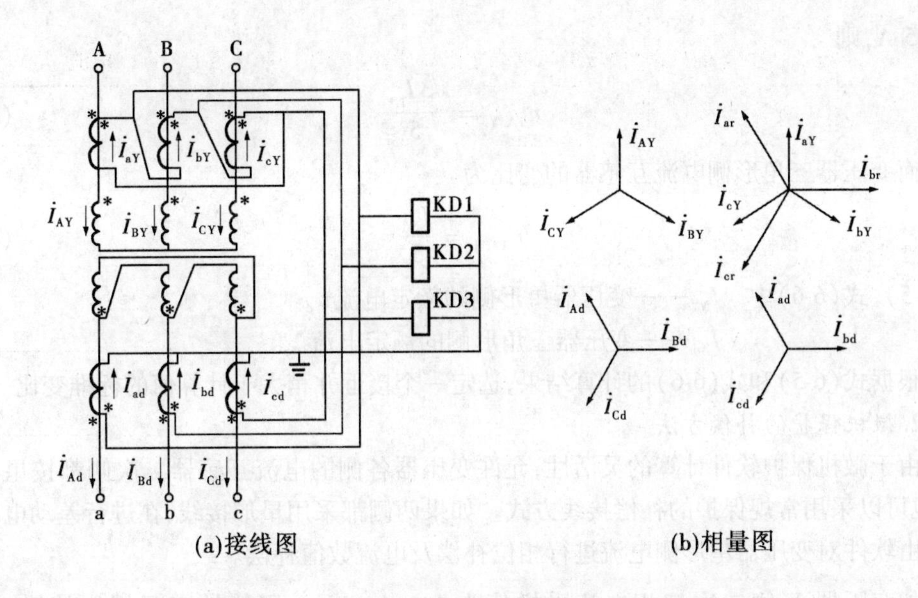

图6-7 Y,d11 接线变压器纵差保护接线及相量图

图6-7中,$\dot{I}_{AY}$、$\dot{I}_{BY}$ 和 $\dot{I}_{CY}$ 分别表示变压器星形接线侧的三个线电流,和它们对应的电流互感器二次侧电流为 $\dot{I}_{aY}$、$\dot{I}_{bY}$ 和 $\dot{I}_{cY}$。由于电流互感器的二次绕组为三角形接线,所以流入差动臂的电流为

$$\dot{I}_{ar} = \dot{I}_{aY} - \dot{I}_{bY}$$

$$\dot{I}_{br} = \dot{I}_{bY} - \dot{I}_{cY}$$

$$\dot{I}_{cr} = \dot{I}_{cY} - \dot{I}_{aY}$$

它们分别超前于 $\dot{I}_{AY}$、$\dot{I}_{BY}$ 和 $\dot{I}_{CY}$ 相角为30°,如图6-7(b)所示。在变压器的三角形接线侧,其三相电流分别为 $\dot{I}_{Ad}$、$\dot{I}_{Bd}$ 和 $\dot{I}_{Cd}$,相位分别超前 $\dot{I}_{AY}$、$\dot{I}_{BY}$ 和 $\dot{I}_{CY}$ 30°(变压器接线组别为Y,d11)。该侧电流互感器为星形连接,所以其输出电流 $\dot{I}_{ad}$、$\dot{I}_{bd}$ 和 $\dot{I}_{cd}$ 与 $\dot{I}_{Ad}$、$\dot{I}_{Bd}$ 和 $\dot{I}_{Cd}$ 同相位,流入差动臂的这三个电流 $\dot{I}_{ad}$、$\dot{I}_{bd}$ 和 $\dot{I}_{cd}$ 分别与变压器星形接线侧加入差动臂的电流 $\dot{I}_{ar}$、$\dot{I}_{br}$ 和 $\dot{I}_{cr}$ 同相,这就使Y,d11变压器两侧电流的相位差得到了校正,从而有效地消除了因两侧电流相位不同而引起的不平衡电流。若仅从相位补偿角度出发,也可以将变压器三角形侧电流互感器二次绕组连接成三角形。但是采取这种相位补偿措施,若变压器星形侧采用中性点接地工作方式,当差动回路外部发生单相接地短路故障时,变压器星形侧差动回路中将有零序电流,而变压器三角形侧差动回路中无零序分量,使不平衡电流加大。因此,对于常规变压器纵差保护是不允许采用在变压器三角形侧进行相位补偿的接线方式。

采用了相位补偿接线后,在电流互感器绕组接成三角形的一侧,流入差动臂中的电流要比电流互感器的二次电流大$\sqrt{3}$倍。为了使正常工作及外部故障时差动回路中两差动臂的电流大小相等,可通过适当选择电流互感器变比解决,考虑到电流互感器二次额定电

流为 5 A,则

$$n_{TA.Y} = \frac{\sqrt{3}I_{NY}}{5} \tag{6-5}$$

而变压器三角形侧电流互感器的变比为

$$n_{TA.d} = \frac{I_{Nd}}{5} \tag{6-6}$$

式(6-5)、式(6-6)中　I_{NY}——变压器星形侧的额定电流;

I_{Nd}——变压器三角形侧的额定电流。

根据式(6-5)和式(6-6)的计算结果,选定一个接近并稍大于计算值的标准变比。

2.微机保护的补偿方法

由于微机保护软件计算的灵活性,允许变压器各侧的电流互感器二次侧都按星形接线,也可以采用常规保护的补偿接线方式。如果两侧都采用星形接线,在进行差动电流计算时由软件对变压器星形侧电流进行相位补偿及电流数值补偿。

如变压器 Y 侧二次三相电流采样值为 $\dot{I}_{aY}$、$\dot{I}_{bY}$、$\dot{I}_{cY}$,用软件实现相位补偿时,则式(6-7)可求得用做差动计算的三相电流 $\dot{I}_{ar}$、$\dot{I}_{br}$和 $\dot{I}_{cr}$。

$$\begin{cases} \dot{I}_{ar} = \dfrac{\dot{I}_{aY} - \dot{I}_{bY}}{\sqrt{3}} \\ \dot{I}_{br} = \dfrac{\dot{I}_{bY} - \dot{I}_{cY}}{\sqrt{3}} \\ \dot{I}_{cr} = \dfrac{\dot{I}_{cY} - \dot{I}_{aY}}{\sqrt{3}} \end{cases} \tag{6-7}$$

经软件计算后的 $\dot{I}_{ar}$、$\dot{I}_{br}$、$\dot{I}_{cr}$就与低压侧的电流 $\dot{I}_{ad}$、$\dot{I}_{bd}$和 $\dot{I}_{cd}$同相位了,相位关系见图 6-7(b)。与常规保护补偿方法不同的是,微机保护软件在进行相位补偿的同时也进行了数值补偿。值得一提的是,采用在变压器 Y 侧进行补偿的方式,当变压器 Y 侧发生单相接地短路故障时,由于差动回路不反映零序分量电流,差动保护的灵敏度将受影响。微机型差动保护可以通过叠加变压器中性点零序电流分量补偿,从而实现在变压器 d 侧进行相位补偿,提高差动保护灵敏度的目的。

6.4.2.5　变压器励磁涌流的影响及防止措施

由于变压器的励磁电流只流经它的电源侧,故造成变压器两侧电流不平衡,从而在差动回路内产生不平衡电流。在正常运行时,此电流很小,一般不超过变压器额定电流的3% ~5%。外部故障时,由于电压降低,励磁电流也相应减小,其影响就更小。因此,由正常励磁电流引起的不平衡电流影响不大,可以忽略不计。但是,当变压器空载投入和外部故障切除后电压恢复时,可能出现很大的励磁涌流,其值可达变压器额定电流的 6 ~8 倍。因此,励磁涌流将在差动回路中引起很大的不平衡电流,可能导致保护的误动作。

励磁涌流,就是变压器空载合闸时的暂态励磁电流。由于在稳态工作时,变压器铁芯中的磁通滞后于外加电压 90°,如图 6-8(a)所示。所以,如果空载合闸正好在电压瞬时值

$u=0$ 的瞬间接通电路，则铁芯中就具有一个相应的磁通 $-\Phi_{max}$，而铁芯中的磁通又是不能突变的，所以在合闸时必将出现一个 $+\Phi_{max}$ 的磁通分量。该磁通将按指数规律自由衰减，故称之为非周期性磁通分量。如果这个非周期性磁通分量的衰减过程比较慢，那么在最严重的情况下，经过半个周期后，它与稳态磁通相叠加的结果，将使铁芯中的总磁通达到 $2\Phi_{max}$ 的数值，如果铁芯中还有方向相同的剩余磁通 Φ_{res}，则总磁通将为 $2\Phi_{max}+\Phi_{res}$，如图 6-8(b)所示。此时，由于铁芯处于高度饱和状态，励磁电流将剧烈增加，从而形成了励磁涌流，如图 6-8(c)所示，该图中与 Φ_{max} 对应的为变压器额定励磁电流的最大值 $I_{\mu.N}$，与 $2\Phi_{max}+\Phi_{res}$ 对应的则为励磁涌流的最大值 $I_{\mu.max}$。随着铁芯中非周期分量磁通的不断衰减，励磁电流也逐渐衰减至稳态值，如图 6-8(d)所示。以上分析是在电压瞬时值 $u=0$ 时合闸的情况。当然，如果变压器在电压瞬时值为最大的瞬间合闸时，因对应的稳态磁通等于零，故不会出现励磁涌流，合闸后变压器将立即进入稳态工作。但是，对于三相式电力变压器，因三相电压相位差为 120°，空载合闸时出现励磁涌流是无法避免的。根据以上分析可以看出，励磁涌流的大小与合闸瞬间电压的相位、变压器容量的大小、铁芯中剩磁的大小和方向以及铁芯的特性等因素有关。而励磁涌流的衰减速度则随铁芯的饱和程度及导磁性能的不同而变化。

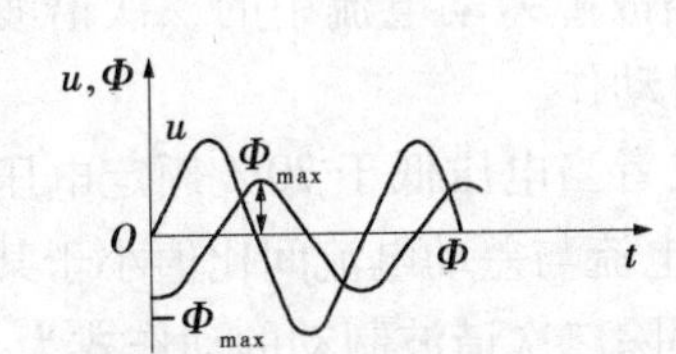

(a)稳态情况下，磁通与电压的关系

(b)在 $u=0$ 瞬间空载合闸时，磁通与电压的关系

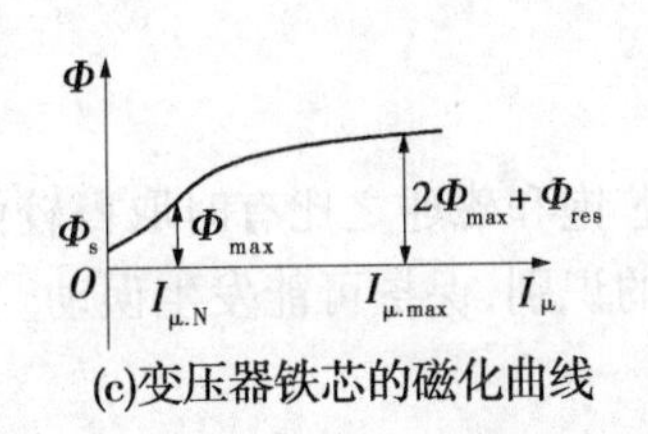

(c)变压器铁芯的磁化曲线

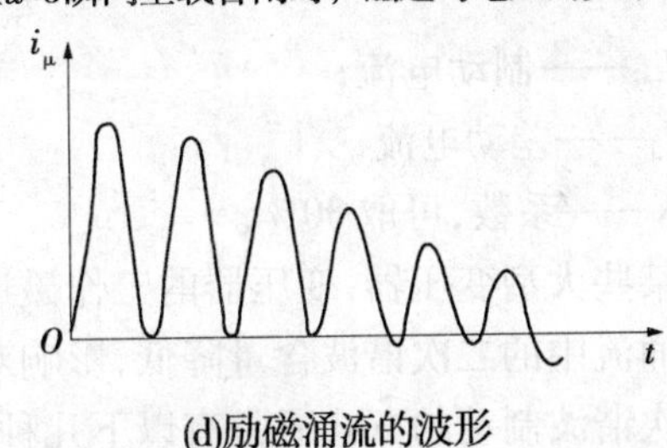

(d)励磁涌流的波形

图 6-8　变压器励磁涌流的产生及变化曲线

由图 6-8(d)可见，变压器的励磁涌流具有以下几个明显特点：

(1)含有很大成分的非周期分量，使曲线偏向时间轴的一侧。

(2)含有大量的高次谐波，其中二次谐波所占比重最大。

(3)励磁涌流的波形削去负波之后将出现间断，如图 6-9 所示，图中 α 称为间断角。

为了消除励磁涌流对变压器纵差保护的影响，通常采取的措施是：

(1)采用差动电流速断保护。利用励磁涌流随时间衰减的特点，借保护固有的动作时间，躲开最大的励磁涌流，从而取保护的动作电流 $I_{op}=(2.5\sim3)I_N$，即可躲过励磁涌流的影响。

(2)二次谐波电流制动。测量纵联差动保护的三相差动电流中的二次谐波含量识别励磁涌流,其判别式为

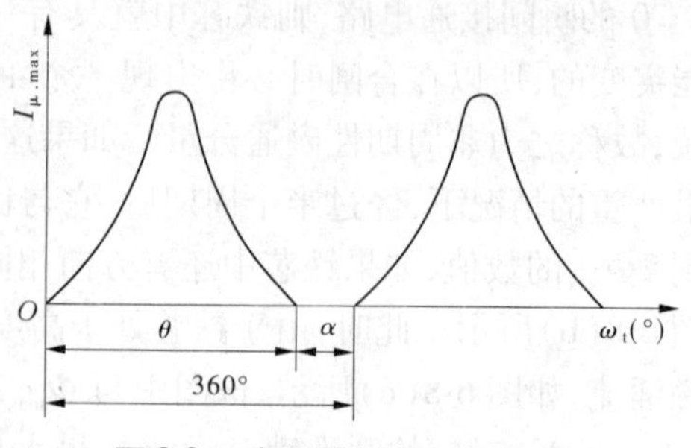

图6-9 励磁涌流波形的间断角

$$I_{d2\varphi} > K_{2\varphi} I_{d\varphi} \tag{6-8}$$

式中 $I_{d2\varphi}$——差动电流中的二次谐波电流;

$K_{2\varphi}$——二次谐波制动系数;

$I_{d\varphi}$——差动电流,$I_{d\varphi} = \frac{1}{N}\sum_{n=1}^{N} |i_{d\varphi}(n)|$,$i_{d\varphi}$为差动电流采样值,$N$为每周采样点数。

当式(6-8)满足时,判为励磁涌流,闭锁纵差保护;当式(6-8)不满足时,开放纵差保护。式(6-8)中的$I_{d\varphi}$也可用差动电流中的基波分量$I_{d\varphi 1}$代替,同样可识别励磁涌流和故障电流。

二次谐波电流制动原理因判据简单,在电力系统的变压器纵差保护中获得了普遍应用。但随着电力系统容量增大、电压等级提高、变压器容量增大,应注意如下问题:当系统带有长线路或用电缆连接变压器时,变压器内部短路故障差动电流中的二次谐波含量可能较大,将引起二次谐波制动的纵差保护拒动后延时动作。

采用差动电流速断保护可部分解决这一问题,或者当电压低于70%额定电压时解除二次谐波制动,也可改善这一问题,也可以采用制动电流与差动电流间比值小于某一值时解除二次谐波制动的措施,同样可改善这一问题。解除二次谐波制动的动作式为

$$I_{res} < KI_d \tag{6-9}$$

式中 I_{res}——制动电流;

I_d——差动电流;

K——系数,可取30%。

对某些大型变压器,变压器的工作磁通幅值与铁芯饱和磁通之比有时取得较低,这导致励磁涌流中的二次谐波含量降低,影响对励磁涌流的识别,保护可能发生误动。

二次谐波制动的方式通常有以下几种:

①谐波比最大相制动方式,其判别式为

$$\max\left\{\frac{I_{da2}}{I_{da1}},\frac{I_{db2}}{I_{db1}},\frac{I_{dc2}}{I_{dc1}}\right\} > K_2 \tag{6-10}$$

式中 I_{da2}、I_{db2}、I_{dc2}——三相电流中的二次谐波电流;

I_{da1}、I_{db1}、I_{dc1}——三相电流中的基波电流;

K_2——二次谐波制动系数。

式(6-10)制动方式是取出满足差动动作条件的$I_{d\varphi 2}/I_{d\varphi 1}$最大值,对三相差动实现制动。虽然这种制动方式不能克服二次谐波制动原理上的缺陷,但对励磁涌流的识别较可靠,因为三相的励磁涌流总有一相的$I_{d\varphi 2}/I_{d\varphi 1} > K_2$满足。不足之处是带有故障的变压器合闸时,非故障相的二次谐波对故障相也实现制动,导致纵差保护延迟动作,大型变压器因励磁涌流衰减慢,此缺陷尤为突出。

②按相制动方式，其判别式为

$$\frac{I_{d2}}{\max\{I_{da1},I_{db1},I_{dc1}\}} > K_2 \tag{6-11}$$

即利用差动电流最大相(基波)中的二次谐波与基波比值构成制动。由于考虑了三相差动电流基波大小对谐波比的影响，在很大程度上改善了带有故障的变压器合闸时保护动作延迟的不足；但在变压器三相励磁涌流中，可能出现两相励磁涌流中的二次谐波含量较低，并且基波电流最大相并不能完全代表该相的 $I_{d\varphi 2}/I_{d\varphi 1}$ 最大，因此有时不能正确识别励磁涌流。这种制动方式，制动比 K_2 的设定不宜偏大。

③综合相制动方式。综合相制动是采用三相差动电流中二次谐波的最大值与基波最大值之比构成，其判别式为

$$\frac{\max\{I_{da2},I_{db2},I_{dc2}\}}{\max\{I_{da1},I_{db1},I_{dc1}\}} > K_2 \tag{6-12}$$

式(6-12)中参数含义同式(6-10)。按此式识别励磁涌流时，不仅考虑了差动电流中基波大小对谐波比选取的影响，而且考虑了三相谐波比的大小，可较好地识别励磁涌流。在此前提下提高了保护的速动性，当带有故障的变压器合闸时，迅速使谐波比减小，开放保护，故障迅速地切除。

综合相制动方式较好地结合了最大相制动和按相制动的优点，同时又弥补了两者的缺陷。显然，最大相制动方式的 K_2 定值一般选取 15% ~20%；综合相制动方式的 K_2 定值一般选取 15% ~17%。

④分相制动方式，其判别式为

$$\frac{\max\{I_{da2},I_{db2},I_{dc2}\}}{I_{d\varphi 1}} > K_2 \tag{6-13}$$

即本相涌流判据只对本相保护实现制动，取三相差动电流中二次谐波的最大值与该相基波之比构成制动。

由于取出了三相差动电流中二次谐波的最大值，所以识别励磁涌流性能较好，当带有故障的变压器合闸时，故障相的 $I_{d\varphi 1}$ 增大，开放本相的保护将故障切除。但是，当故障并不严重时，非故障相差动电流中二次谐波含量较大时，故障相保护仍然不能开放。

虽然励磁涌流中的三次谐波含量仅次于二次谐波成分，但在其他工况下三次谐波经常出现，特别是内部短路故障电流很大时将有很显著的三次谐波成分，因此三次谐波不能作为涌流的特征量来组成差动保护的制动或闭锁部分。

同理，励次涌流中和内部故障时都含有很大的直流分量，若以直流分量作为主动保护的制动量，则内部短路故障时势必延缓动作速度，何况三相涌流中往往有一相为周期性电流，保护的动作值要大于此值，使保护的灵敏度降低。因此，直流分量不宜作为差动保护的制动量。

(3)判别电流间断角识别励磁涌流。

图 6-10 所示为短路电流与励磁涌流波形，由图可见，短路电流波形连续，正半周、负半周的波宽为 180°，波形间断角 θ_j 几乎为 0°，如图 6-10(a)所示波形。励磁涌流波形如图 6-10(b)、(c)所示，其中图 6-10(b)为对称性涌流，波形不连续出现间断，在最严重情

况下有：$\theta_{w.max}=120°$，$\theta_j=50.8°$。图6-10(c)所示为非对称性涌流，波形偏向时间轴一侧，波形同样不连续出现间断，最严重情况下有：$\theta_{w.max}=154.4°$，$\theta_j=80°$。显然，检测差动回路电流波形的 θ_j、θ_w 可判别出是短路电流还是励磁涌流。通常取 $\theta_{w.set}=140°$、$\theta_{j.set}=65°$，即 $\theta_j>65°$判为励磁涌流，$\theta_j\leqslant65°$且 $\theta_w\geqslant140°$，判为内部故障时的短路电流。

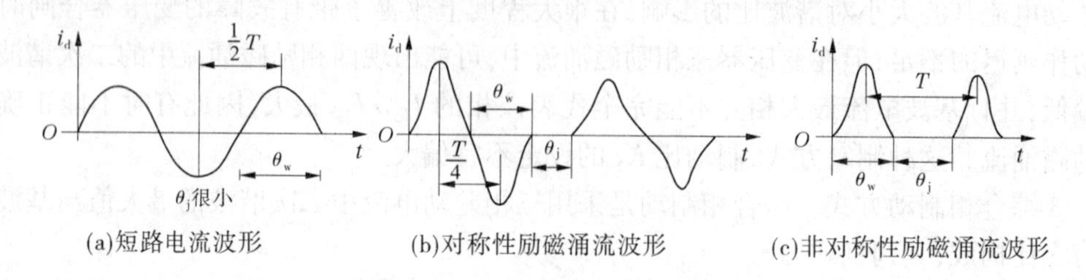

(a)短路电流波形 (b)对称性励磁涌流波形 (c)非对称性励磁涌流波形

图6-10 短路电流与励磁涌流波形

判别电流间断角识别励磁涌流的判据为

$$\begin{cases}\theta_j>65°\\ \theta_w>140°\end{cases} \tag{6-14}$$

式中 θ_j——波形间断角；

θ_w——半周的波宽。

只要 $\theta_j>65°$就判为励磁涌流，闭锁纵差保护；而当 $\theta_j\leqslant65°$且 $\theta_w\geqslant140°$时，则判为故障电流，开放纵差保护。可见，非对称性励磁涌流，能够可靠闭锁差动保护；对于对称性励磁涌流，虽 $\theta_{j.min}=50.8°<65°$，但 $\theta_{w.max}=120°<140°$，同样也能可靠地闭锁纵差保护。

励磁涌流的一次波形有明显的间断特性，但进入差动元件的励磁涌流的二次波形在很多情况下丧失了这种特性。纵差保护可利用间断角特性作为涌流制动量，但是纵差保护要利用间断角特性作为涌流制动量，在处理上要求较高且较为复杂。

虽然上述判据直接、简单，但它是建立在精确测量 θ_j、θ_w 基础上的。考虑电流互感器在饱和状态下会使传变后的二次电流间断角发生变化，甚至可能消失，测量 θ_j 和 θ_w 要求采样频率高。在目前实际应用的并不多。

6.5 变压器微机保护

6.5.1 常规比率制动

电流互感器的误差随着一次电流的增大而增加，为保证区外短路故障时纵差动保护不误动，差动继电器的动作电流为

$$I_{op.max}=K_{rel}I_{nub.max} \tag{6-15}$$

式中 K_{rel}——可靠系数，取1.3~1.5。

若继电器的动作电流 I_{op}、制动电流 I_{res}用式(6-16)表示

$$\begin{cases}I_{op}=\left|\dot{I}_h+\dot{I}_l\right|\\ I_{res}=\dfrac{I_h+I_l}{2}\end{cases} \tag{6-16}$$

差动电流(即动作电流),取各侧差动电流互感器二次电流相量和的绝对值。对于双绕组变压器有

$$I_{op} = |\dot{I}_h + \dot{I}_l|$$

对于三绕组变压器或引入三侧电流的变压器有

$$I_{op} = |\dot{I}_h + \dot{I}_m + \dot{I}_l|$$

在微机保护中,变压器制动电流的取得方法比较灵活。对于双绕组变压器,国内变压器微机保护有以下几种方式:

(1)制动电流为高、低压侧二次电流相量差的一半,即

$$I_{res} = \frac{1}{2}|\dot{I}_h - \dot{I}_l| \tag{6-17}$$

(2)制动电流为高、低压侧二次电流幅值和的一半,即

$$I_{res} = \frac{I_h + I_l}{2} \tag{6-18}$$

(3)制动电流为高、低压侧二次电流幅值的最大值,即

$$I_{res} = \max\{I_h, I_l\} \tag{6-19}$$

(4)制动电流为动作电流幅值与高、低压侧二次电流幅值差的一半,即

$$I_{res} = \frac{I_{op} - I_h - I_l}{2} \tag{6-20}$$

(5)制动电流为低压侧二次电流的幅值,即

$$I_{res} = I_l \tag{6-21}$$

对于三绕组变压器,国内微机变压器保护有以下取值方式:

(1)制动电流为高、中、低压侧二次电流幅值和的一半,即

$$I_{res} = \frac{I_h + I_m + I_l}{2} \tag{6-22}$$

(2)制动电流为高、中、低压侧二次电流幅值的最大值,即

$$I_{res} = \max\{I_h, I_m, I_l\} \tag{6-23}$$

(3)制动电流为动作电流幅值与高、中、低压侧二次电流幅值之差的一半,即

$$I_{res} = \frac{I_{op} - I_h - I_m - I_l}{2} \tag{6-24}$$

(4)制动电流为中、低压侧二次电流的幅值的最大值,即

$$I_{res} = \max\{I_m, I_l\} \tag{6-25}$$

6.5.2 两折线式比率制动特性

图6-11示出了两折线式比率制动特性,由线段 AB、BC 组成,特性的上方为动作区,下方为制动区。$I_{op.\,min}$ 称为最小动作电流,$I_{res.\,min}$ 称为最小制动电流,又称为拐点电流(一般取 $0.5 \sim 1.0\ \frac{I_N}{n_{TA}}$)。制动特性可表示为

$$I_{op} > I_{op.\,min} \qquad (I_{res} \leqslant I_{res.\,min})$$

$$I_{op} > I_{op.min} + S(I_{res} - I_{res.min}) \quad (I_{res} > I_{res.min}) \tag{6-26}$$

式中　S——BC 制动段的斜率，即 $S = \tan\alpha$。

有时也用制动系数表示 BC 制动段的斜率。若令制动系数 $K_{res} = \dfrac{I_{op}}{I_{res}}$，则由式(6-26)可得到制动系数 K_{res} 与斜率 S 关系式为

$$K_{res} = \frac{I_{op.min}}{I_{res}} + S\left(1 - \frac{I_{res.min}}{I_{res}}\right) \tag{6-27}$$

显然，K_{res} 与 I_{res} 大小有关，通常由 $I_{res.max}$ 来确定制动系数 K_{res}。

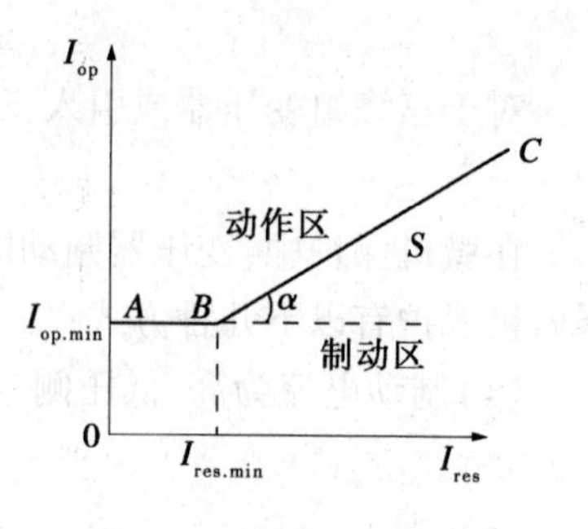

图 6-11　两折线比率制动特性

6.5.3　三折线比率制动特性

图 6-12 示出了三折线比率制动特性，有两个拐点电流 I_{res1} 和 I_{res2}，通常 I_{res1} 固定为 $\dfrac{0.5I_N}{n_{TA}}$，即 $0.5I_n$($I_n = \dfrac{I_N}{n_{TA}}$)。当比率制动特性由 AB、BC、CD 直线段组成时，制动特性可表示为

$$\begin{cases} I_{op} > I_{op.min} & (I_{res} \leqslant I_{res.1}) \\ I_{op} > I_{op.min} + S_1(I_{res} - I_{res.1}) & (I_{res.1} < I_{res} \leqslant I_{res.2}) \\ I_{op} > I_{op.min} + S_1(I_{res.2} - I_{res.1}) + S_2(I_{res} - I_{res.2}) & (I_{res.2} < I_{res}) \end{cases} \tag{6-28}$$

式中　S_1、S_2——制动段 BC、CD 的斜率。

此时 $I_{res.1}$ 固定为 $0.5I_n$，$S_1 = 0.3 \sim 0.75$ 可调，$I_{res.2}$ 固定为 $3I_n$ 或 $(0.5 \sim 3)I_n$ 可调，S_2 斜率固定为 1。这种比率特性对于降压变压器、升压变压器都适用，且容易满足灵敏度要求。

在大型变压器纵联差动保护中，为进一步提高匝间短路故障的灵敏度，比率制动特性由图 6-12 中的 $A'B$、BC、CD 直线段组成，其中 $A'B$ 段特性斜率 S_0 固定为 0.2，S_2 斜率固定为 0.75，$I_{res.1}$ 固定为 $0.5I_n$，$I_{res.2}$ 固定为 $6I_n$，于是制动特性表示为

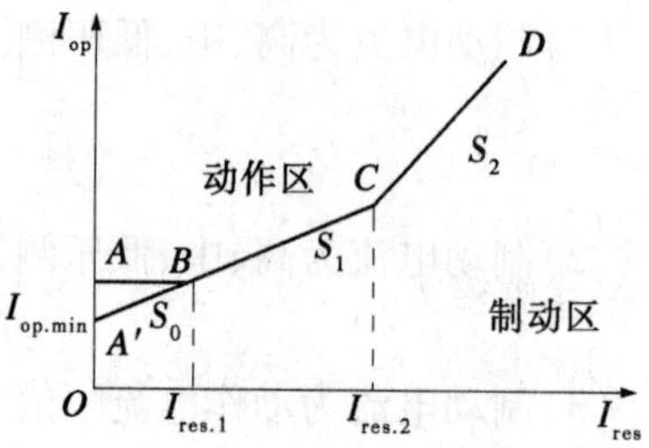

图 6-12　三折线比率制动特性

$$\begin{cases} I_{op} > I_{op.min} + 0.2I_{res} & (I_{res} \leqslant 0.5I_n) \\ I_{op} > I_{op.min} + 0.1I_n + S_1(I_{res} - 0.5I_n) & (0.5I_n < I_{res} \leqslant 6I_n) \\ I_{op} > I_{op.min} + 0.1I_n + 5.5S_1I_n + 0.75(I_{res} - 6I_n) & (I_{res} > 6I_n) \end{cases} \tag{6-29}$$

式中　S_1——制动段 BC 的斜率，$S_1 = 0.2 \sim 0.75$。

需要指出的是，由于负荷电流总是穿越性质的，变压器内部短路故障时负荷电流总是起制动作用。为提高灵敏度，特别是匝间短路故障时的灵敏度，纵差保护可采用故障分量比率制动特性。

6.5.4 微机变压器纵差保护整定计算

6.5.4.1 **变压器各侧电流相位校正和电流平衡调整**

变压器各侧电流互感器可以采用星形接线，二次电流直接接入变压器微机纵差保护装置，同时规定变压器星形侧和三角形侧电流互感器的中性点均在变压器侧。当然也可以采用传统的接线方式，将星形侧电流互感器接成三角形进行相位补偿。

1. 相位校正

由于微机保护软件计算的灵活性，允许变压器各侧的电流互感器二次侧都按 Y 形接线，也可以按常规保护的接线方式。当两侧都采用 Y 形接线时，在进行差动计算时由软件对变压器 Y 侧电流进行相位补偿及电流数值补偿。

2. 电流平衡调整

变压器微机纵差保护电流平衡是建立在差动各侧平衡系数 K_b 计算基础上的，由软件实现电流平衡的自动调整。求平衡系数 K_b 的步骤如下。

(1) 计算变压器各侧一次电流，计算式为

$$I_{1N} = \frac{S_N}{\sqrt{3}U_N} \tag{6-30}$$

式中 S_N——变压器的额定容量；

U_N——计算侧变压器额定相间电压（不能用电网额定电压）。

(2) 计算变压器各侧电流互感器二次额定电流，计算式为

$$I_{2N} = \frac{I_{1N}}{n_{TA}} \tag{6-31}$$

式中 I_{2N}——计算侧变压器二次额定电流；

n_{TA}——计算侧变压器电流互感器变比。

(3) 计算差动各侧平衡调整系数 K_b。在计算时应先确定基本侧。对于发变组纵差动保护、主变纵差保护，基本侧在主变低压侧，即发电机侧；对于其他变压器，基本侧为高压侧。若基本侧电流互感器二次额定电流用 $I_{2n.b}$ 表示，则其他侧电流平衡系数为

$$K_b = \frac{I_{2n.b}}{I_{2n}} \tag{6-32}$$

式中 I_{2n}——计算侧变压器电流互感器二次额定计算电流。

变压器纵差保护各侧电流平衡系数 K_b 求出后，此时只需将各侧电流与其对应的平衡系数相乘即可。应当注意，由于微机保护电流平衡系数取值是二进制方式，因此不可能使纵差保护达到完全平衡，但引起的不平衡电流很小，可忽略不计。

6.5.4.2 **比率制动特性参数整定**

1. 三折线比率制动特性参数整定

设比率制动特性如图 6-12 中的 $ABCD$ 折线，因 $I_{res.1} = 0.5I_n$、$I_{res.2} = 3I_n$、$S_2 = 1$ 为固定值，所以需要整定参数是 S_1 和 $I_{op.min}$。

(1) 计算区外短路故障时流过差动回路的最大不平衡电流 $I_{unb.max}$。

对于双绕组变压器，最大不平衡电流按下式计算。

$$I_{unb.max} = (K_{cc}K_{ap}f_{er} + \Delta U + \Delta m)\frac{I_{K.max}}{n_{TA}} \tag{6-33}$$

式中 Δm——由于微机保护电流平衡调整不连续引起的不平衡系数，为可靠起见，仍沿用常规值，$\Delta m = 0.05$；

ΔU——偏离额定电压最大调压百分值；

f_{er}——电流互感器误差引起的不平衡系数，当二次负载阻抗匹配较好时，$f_{er} = 10\%$；

K_{cc}——电流互感器同型系数；

n_{TA}——基本侧电流互感器变比；

K_{ap}——非周期分量系数，可取1.5～2。

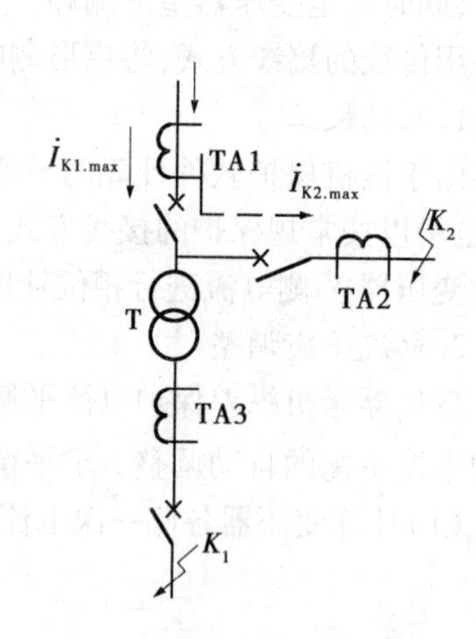

图6-13　带有内接线的双绕组变压器接线

如果双绕组变压器接线如图6-13所示，则$I_{unb.max}$的计算应考虑两种情况，即K_1点、K_2点故障时的$I_{unb1.max}$、$I_{unb2.max}$表示式为

$$I_{unb1.max} = (K_{cc}K_{ap}f_{er} + \Delta U + \Delta m)\frac{I_{K1.max}}{n_{TA}} \tag{6-34}$$

$$I_{unb2.max} = (K_{cc}K_{ap}f_{er} + \Delta m)\frac{I_{K2.max}}{n_{TA}} \tag{6-35}$$

式中 $I_{K1.max}$——穿越变压器的基本侧最大短路电流；

$I_{K2.max}$——穿越TA1、TA2的最大短路电流；

n_{TA}——基本侧电流互感器变比。

取式(6-34)与式(6-35)中的较大值为最大不平衡电流$I_{unb.max}$。

对于三绕组变压器，最大不平衡电流$I_{unb.max}$表示式为

$$I_{unb.max} = K_{cc}K_{ap}f_{er}\frac{I_{K.max}}{n_{TA}} + (\Delta U_h + \Delta m_h)\frac{I_{Kh.max}}{n_{TA}} + (\Delta U_m + \Delta m_m)\frac{I_{Km.max}}{n_{TA}} \tag{6-36}$$

式中 $I_{K.max}$——保护区外短路故障时，归算到基本侧的通过变压器最大短路电流；

$I_{Kh.max}$——保护区外短路故障时，归算到基本侧的通过高压侧的短路电流；

$I_{Km.max}$——保护区外短路故障时，归算到基本侧的通过中压侧的短路电流；

ΔU_h、ΔU_m——高压侧、中压侧偏离额定电压的最大调压百分数；

Δm_h、Δm_m——高压侧、中压侧电流平衡调节不连续引起的不平衡系数；

n_{TA}——基本侧电流互感器变比。

式(6-36)表示的$I_{unb.max}$是建立在低压侧外部短路时通过变压器低压侧的短路电流归算到基本侧具有最大值的基础上（即其他两侧保护区外短路故障通过变压器该侧的短路电流归算值比低压侧小）。如果其他两侧更大，$I_{unb.max}$可用类似方法求得。

(2)确定第二拐点电流$I_{res.2}$对应的动作电流I_{op2}。

根据制动电流的表示式可求得计算$I_{unb.max}$时的最大制动电流，当制动电流以各侧电流幅值和的一半，则制动电流为

$$I_{\text{res. max}} = \frac{I_{\text{K. max}}}{n_{\text{TA}}} \quad （双绕组变压器） \tag{6-37}$$

$$I_{\text{res. max}} = \frac{I_{\text{K. max}} + I_{\text{Kh. max}} + I_{\text{Km. max}}}{2n_{\text{TA}}} = \frac{I_{\text{K. max}}}{n_{\text{TA}}} \quad （三绕组变压器） \tag{6-38}$$

于是有关系式

$$S_2 = \frac{K_{\text{rel}} I_{\text{unb. max}} - I_{\text{op2}}}{I_{\text{res. max}} - I_{\text{res. 2}}}$$

即
$$I_{\text{op2}} = K_{\text{rel}} I_{\text{unb. max}} - S_2 (I_{\text{res. max}} - I_{\text{res. 2}}) \tag{6-39}$$

式中　K_{rel}——可靠系数，取1.3～1.5。

令 $S_2 = 1$、$I_{\text{res. 2}} = 3I_{\text{n}}$（$I_{\text{n}}$ 基本侧二次额定电流），就可求得 I_{op2} 值。

（3）确定斜率 S_1。

变压器外部短路故障切除后，差动回路的不平衡电流为

$$I_{\text{unb. 1}} = (K_{\text{cc}} K_{\text{ap}} f_{\text{er}} + \Delta U + \Delta m) \frac{I_1}{n_{\text{TA}}} \quad （双绕组变压器） \tag{6-40}$$

$$I_{\text{unb. 1}} = (K_{\text{cc}} K_{\text{ap}} f_{\text{er}} + \Delta U_{\text{h}} + \Delta U_{\text{m}} + \Delta m) \frac{I_1}{n_{\text{TA}}} \quad （三绕组变压器） \tag{6-41}$$

式中　I_1——变压器基本侧的负荷电流；

n_{TA}——基本侧电流互感器变比。

当变压器额定容量运行时，由式（6-40）、式（6-41）求得制动电流 $I_{\text{res. 1}} = I_{\text{n}}$，有

$$S_1 = \frac{I_{\text{op2}} - K_{\text{rel}} I_{\text{unb. 1}}}{I_{\text{res. 2}} - I_{\text{res. 1}}} \tag{6-42}$$

式中　K_{rel}——可靠系数，取1.2～1.4。

令 $I_{\text{res. 2}} = 3I_{\text{n}}$、$I_{\text{unb. 1}}$ 为额定负荷电流时的不平衡电流，就可得到 S_1 值。

（4）确定最小动作电流 $I_{\text{op. min}}$。

因 $S_1 = \dfrac{I_{\text{op2}} - I_{\text{op. min}}}{I_{\text{res. 2}} - I_{\text{res. 1}}}$，所以有

$$I_{\text{op. min}} = I_{\text{op2}} - S_1 (I_{\text{res. 2}} - I_{\text{res. 1}}) \tag{6-43}$$

令 $I_{\text{res. 2}} = 3I_{\text{n}}$、$I_{\text{res. 1}} = 0.5I_{\text{n}}$，就可求得 $I_{\text{op. min}}$ 值。

显然，式（6-39）保证了区外短路故障时差动回路不平衡电流最大时保护不误动作，式（6-42）保证了外部短路故障切除时保护不误动作。$I_{\text{op. min}}$ 值确定了变压器内部轻微故障时纵差保护的灵敏度。

2. 两折线比率制动特性参数整定

若比率制动特性如图6-11所示，需确定的参数为 $I_{\text{op. min}}$、I_{res}、S，但通常整定的参数是 $I_{\text{op. min}}$、K_{res}，应当注意 K_{res} 随 I_{res} 变化而变化。对于 $I_{\text{op. min}}$ 的值，装置内部大多固定，但可以进行调整。

（1）最小动作电流 $I_{\text{op. min}}$ 的确定。

$I_{\text{op. min}}$ 应躲过外部短路故障切除时差动回路的不平衡电流，即

$$I_{\text{op. min}} = K_{\text{rel}} I_{\text{unb. 1}} \tag{6-44}$$

式中　K_{rel}——可靠系数,取1.2~1.5,对于双绕组变压器取1.2~1.3,对于三绕组变压器取1.4~1.5,对谐波较为严重的场合应适当增大;

$I_{unb.1}$——变压器正常运行时差动回路的不平衡电流,可取变压器在额定运行状态,$I_{unb.1}$分别由式(6-40)和式(6-41)确定。

(2)拐点电流I_{res}的确定。

可暂取$I_{res}=0.8I_n$。

(3)斜率S的确定。

按躲过保护区外短路故障时差动回路最大不平衡电流整定,即

$$S=\frac{K_{rel}I_{unb.max}-I_{op.min}}{I_{res.max}-I_{res}} \tag{6-45}$$

式中　K_{rel}——可靠系数,取1.3~1.5;

$I_{unb.max}$——最大不平衡电流,按式(6-34)计算;

$I_{res.max}$——最大制动电流,按式(6-37)、式(6-38)计算。

(4)制动系数$K_{res.set}$整定值的确定。

制动系数整定式为

$$K_{res.set}=\frac{I_{op.min}}{I_{res.max}}+S\left(1-\frac{I_{op.min}}{I_{res.max}}\right) \tag{6-46}$$

从而可确定$K_{res.set}$,但$S\neq K_{res.set}$,除非图6-11中BC制动段通过原点。

(5)另一种整定方法。式(6-46)的最大制动系数$K_{res.set}$整定值是在最大制动电流$I_{res.max}$情况下求得的,定值确定后就不再发生变化,在图6-14中以直线OC的斜率表示$K_{res.max}$值。前面所述方法是先求出S值,再求得$K_{res.max}$值,此时的制动在图6-14中以虚折线ABC表示。另一种整定方法是取$S=K_{res.set}$,即认为制动系数与制动特性斜率相等。

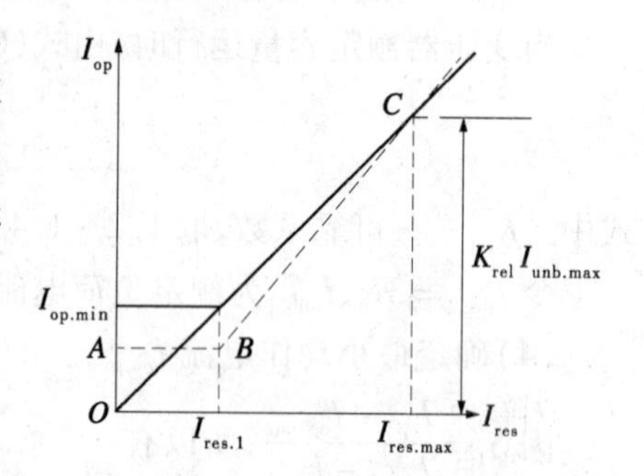

图6-14　两折线整定方法

首先计算制动系数$K_{res.set}$整定值,而$K_{res.set}$的表示式为

$$K_{res.set}=K_{rel}(K_{cc}K_{ap}f_{er}+\Delta U+\Delta m) \tag{6-47}$$

式中　K_{rel}——可靠系数,取1.3~1.5。

再确定最小动作电流$I_{op.min}$,由已知的$I_{res.1}$可求得$I_{op.min}$,表示式为

$$I_{op.min}=K_{res.set}I_{res.1} \tag{6-48}$$

此时的制动特性如图6-14中实线所示。这种整定方法计算简单,安全可靠,但偏于保守。

6.5.4.3　内部短路故障灵敏度计算

在最小运行方式下计算保护区(指变压器引出线上)两相金属性短路故障时最小短路电流$I_{K.min}$(折算至基本侧)和相应的制动电流I_{res}(折算至基本侧)。根据制动电流的大小在相应制动特性曲线上求得相应的动作电流I_{op}。于是灵敏系数K_{sen}为

$$K_{sen}=\frac{I_{K.min}}{I_{op}} \tag{6-49}$$

要求 $K_{sen} \geqslant 2$。

应当指出，对于单侧电源变压器，内部故障时的制动电流采用不同方式，保护的灵敏度不同。

6.5.4.4 谐波制动比整定

差动回路中二次谐波电流与基波电流的比值一般整定为15% ~20%。

6.5.4.5 差动电流速断保护定值

差动电流速断保护定值应躲过变压器初始励磁涌流和外部短路故障时的最大不平衡电流，表示式为

$$I_{op} > KI_n \tag{6-50}$$

$$I_{op} > K_{rel} I_{unb.max} \tag{6-51}$$

式中 K_{rel}——可靠系数，取1.3~1.5；

K——倍数，根据变压器容量和系统电抗大小而定，一般变压器容量在6.3 MVA及以下，$K=7\sim12$；6.3~31.5 MVA，$K=4.5\sim7$；40~120 MVA，$K=3\sim6$；120 MVA及以上，$K=2\sim5$。变压器容量越大、系统电抗越小时，K值应取低值。

动作电流取式(6-50)、式(6-51)中的较大值。

对于差动电流速断保护，正常运行方式下保护安装处区内两相短路故障时，要求 $K_{sen} \geqslant 1.2$。

6.6 电力变压器相间短路后备保护

变压器相间短路的后备保护既是变压器主保护的后备保护，又是相邻母线或线路的后备保护。根据变压器容量的大小和系统短路电流的大小，变压器相间短路的后备保护可采用过电流保护、复合电压启动的过电流保护等。

6.6.1 过电流保护

过电流保护宜用于降压变压器，其原理接线如图6-15所示。过电流保护采用三相式接线，且保护应装设在电源侧。保护的动作电流 I_{op} 按躲过变压器可能出现的最大负荷电流 $I_{L.max}$ 来整定，即

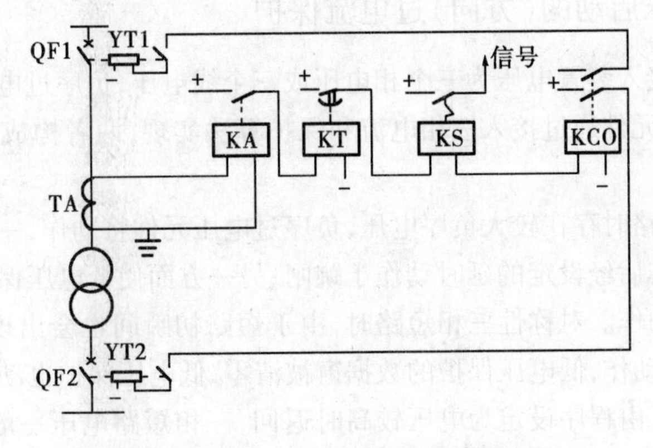

图6-15 单相式过电流保护原理接线图

$$I_{op} = \frac{K_{rel}}{K_{re}} I_{L.max} \tag{6-52}$$

式中 K_{rel}——可靠系数，一般取1.2~1.3；

K_{re}——返回系数。

确定$I_{L.max}$时，应考虑下述两种情况：

(1)对并列运行的变压器，应考虑一台变压器退出运行以后所产生的过负荷。若各变压器容量相等，可按下式计算

$$I_{L.max} = \frac{m}{m-1} I_N \tag{6-53}$$

式中 m——并列运行变压器的台数；

I_N——变压器电源侧的额定电流。

(2)对降压变压器，应考虑负荷中电动机自启动时的最大电流，则

$$I_{L.max} = K_{ss} I'_{L.max} \tag{6-54}$$

式中 K_{ss}——自启动系数，其值与负荷性质及用户与电源间的电气距离有关。对110 kV降压变电站，6~10 kV侧，$K_{ss}=1.5\sim2.5$；35 kV侧，$K_{ss}=1.5\sim2.0$；

$I'_{L.max}$——正常运行时最大负荷电流。

保护的动作时限应与下级保护时限配合，即比下级保护中最大动作时限大一个阶梯时限Δt。

保护的灵敏度为

$$K_{sen} = \frac{I_{K.min}}{I_{op}} \tag{6-55}$$

式中 $I_{K.min}$——最小运行方式下，在灵敏度校验点发生两相相间短路时，流过保护装置的最小短路电流。

在被保护变压器负荷侧母线上短路时(近后备)，要求$K_{sen}\geqslant1.5\sim2.0$；在后备保护范围末端短路时(远后备)，要求$K_{sen}\geqslant1.2$。若灵敏度不满足要求，则选用其他灵敏度较高的后备保护方式。

6.6.2 复合电压启动的(方向)过电流保护

微机保护中，接入装置电压为三个相电压或三个线电压，负序过电压与低电压功能由算法实现。过电流元件通过接入三相电流和保护算法实现，两者构成复合电压启动的过电流保护。

各种不对称短路时存在较大负序电压，负序过电压元件将动作，一方面开放过电流保护，过电流保护动作后经设定的延时动作于跳闸；另一方面使低电压保护的数据窗的数据清零，低电压保护动作。对称性三相短路时，由于短路初瞬间也会出现短时的负序电压，负序过电压元件将动作，低电压保护的数据窗被清零，低电压保护也动作。当负序电压消失后，低电压保护可由程序设定为电压较高时返回，三相短路电压一般都会降低，若它低于低电压元件返回电压，则低电压元件仍处于动作状态。

如图6-16所示为复合电压启动(方向)过电流保护逻辑框图(只画出Ⅰ段,最末段不设方向元件控制),图中或门H1输出"1"表示复合电压已动作,U_2为保护安装处母线负序电压,$U_{2.set}$为负序整定电压,$U_{\varphi\varphi.min}$为母线上最低相间电压;KW1、KW2、KW3为保护安装侧A相、B相、C相的功率方向元件,I_A、I_B、I_C为保护安装侧变压器三相电流,$I_{1.set}$为Ⅰ段电流定值。KG1为方向元件控制字,KG1为"1"时,方向元件投入,KG1为"0"时,方向元件退出,各相的电流元件和该相的方向元件构成"与"关系,符合按相启动原则;KG2为其他侧复合电压控制字,KG2为"1"时,其他侧复合电压起到该侧方向电流保护的闭锁作用,KG2为"0"时,其他侧复合电压不引入,引入其他侧复合电压可提高复合电压元件灵敏度;KG3为复合电压的控制字,KG3为"1"时,复合电压起闭锁作用,KG3为"0"时,复合电压不起闭锁作用;KG4为保护段投、退控制字,KG4为"1"时,该段投入,KG4为"0"时,该段保护退出。显然,KG1=1、KG3=1时为复合电压闭锁的方向过电流保护;KG1=1、KG3=0时为方向过电流保护;KG1=0、KG3=0时为过电流保护;KG1=0、KG3=1时为复合电压闭锁过电流保护。

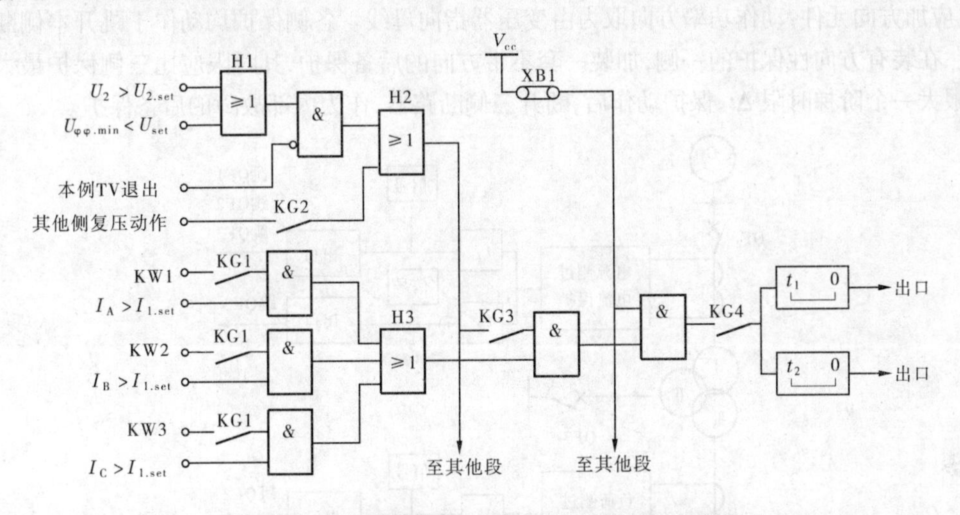

图6-16 复合电压启动(方向)过电流保护逻辑框图

对多侧电源的三绕组变压器,一般情况下三侧均要装设反映相间短路故障的后备保护,每侧设两段。高压侧的第Ⅰ段为复合电压闭锁的方向过电流保护,设有两个时限,短时限跳本侧母联断路器,长时限跳本侧或三侧断路器;第Ⅱ段为复合电压闭锁的过电流保护,设一个时限,可跳本侧或三侧断路器。中压侧、低压侧的第Ⅰ段、第Ⅱ段均为复合电压闭锁的方向过电流保护,同样设两个时限,短时限跳本侧母联断路器,长延时跳本侧、三侧断路器;第Ⅱ段也设两个时限,可跳本侧母联和本侧断路器或三侧断路器。根据具体情况由控制字确定需跳闸的断路器。

电压互感器二次断线时,应设断线闭锁。判出断线后,根据控制字可退出经方向或复合电压闭锁的各段过电流保护,也可取消方向或复合电压闭锁。

6.6.3 负序电流和单相低电压启动的过电流保护

对于大容量的发电机—变压器组,由于额定电流大,电流元件往往不能满足远后备灵敏度的要求，可采用负序电流和单相低电压启动的过电流保护。它是由反映不对称短路故障的负序电流元件和反映对称短路故障的单相式低电压过电流保护组成。

负序电流保护灵敏度较高，且在 Y，d 接线的变压器另一侧发生不对称短路故障时，灵敏度不受影响，接线也较简单，但整定计算较复杂。

6.6.4 三绕组变压器后备保护的配置原则

对于三绕组变压器的后备保护，当变压器油箱内部故障时，应断开各侧断路器；当油箱外部故障时，原则上只断开近故障点侧的断路器，使变压器的其余两侧能继续运行。

(1)对单侧电源的三绕组变压器，应设置两套后备保护，分别装于电源侧和负荷侧，如图 6-17 所示。负荷侧保护的动作时限 t_{II} 应比该侧母线所连接的全部元件中最大的保护动作时限高一个阶梯时限 Δt。电源侧保护带两级时限，以较小的时限 t_{III}（$t_{\text{III}}=t_{\text{II}}+\Delta t$）跳开变压器Ⅲ侧断路器 QF3，以较大的时限 t_{I}（$t_{\text{I}}=t_{\text{III}}+\Delta t$）跳开变压器各侧断路器。

(2)对于多侧电源的三绕组变压器，应在三侧都装设后备保护。对动作时限最小的保护，应加方向元件，动作功率方向取为由变压器指向母线。各侧保护均动作于跳开本侧断路器。在装有方向性保护的一侧，加装一套不带方向的后备保护，其时限应比三侧保护最大的时限大一个阶梯时限 Δt，保护动作后，断开三侧断路器，作为内部故障的后备保护。

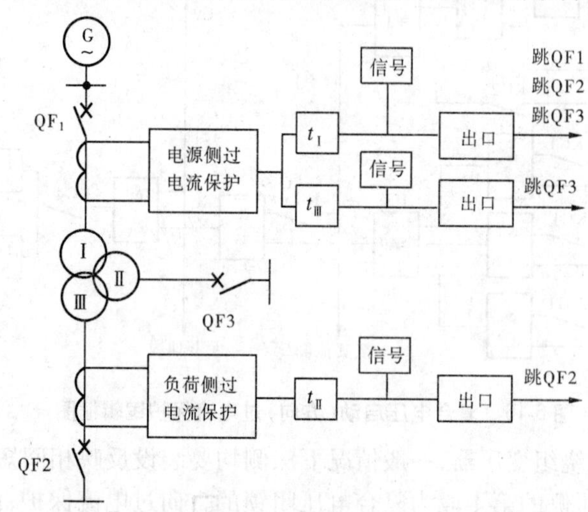

图 6-17 单侧电源三绕组变压器后备保护的配置图

6.6.5 变压器的过负荷保护

变压器的过负荷保护反映变压器对称过负荷引起的过电流。保护用一个电流继电器接于一相电流，经延时动作于信号。

过负荷保护的安装侧，应根据保护能反映变压器各侧绕组可能过负荷情况来选择：

(1)对双绕组升压变压器，装于发电机电压侧。

(2)对一侧无电源的三绕组升压变压器，装于发电机电压侧和无电源侧。

(3)对三侧有电源的三绕组升压变压器，三侧均应装设。

(4)对于双绕组降压变压器,装于高压侧。

(5)仅一侧电源的三绕组降压变压器,若三侧的容量相等,只装于电源侧;若三侧的容量不等,则装于电源侧及容量较小侧。

(6)对两侧有电源的三绕组降压变压器,三侧均应装设。

装于各侧的过负荷保护,均经过同一时间继电器作用于信号。

过负荷保护的动作电流,应按躲开变压器的额定电流整定,即

$$I_{op} = \frac{K_{rel}}{K_{re}} I_N \tag{6-56}$$

式中 K_{rel}——可靠系数,取1.05;

K_{re}——返回系数,取0.85。

为了防止过负荷保护在外部短路时误动作,其时限应比变压器的后备保护动作时限大一个 Δt。

6.7 电力变压器接地保护

电力系统中接地故障常常是故障的主要形式,因此大电流接地系统中的变压器,一般要求在变压器上装设接地保护,作为变压器本身主保护的后备保护和相邻元件或线路接地短路的后备保护。

6.7.1 中性点直接接地变压器的零序电流保护

图6-18示出了中性点直接接地双绕组变压器的零序电流保护原理接线。保护用电流互感器接于变压器中性点引出线上。其额定电压可降低一级选择,其变比根据接地短路电流的热稳定和动稳定条件来选择。

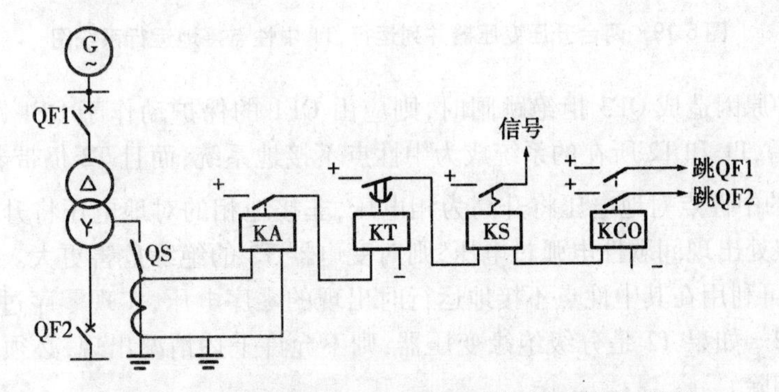

图6-18 中性点直接接地变压器零序电流保护原理接线

保护的动作电流按与被保护侧母线引出线零序电流保护后备段在灵敏度上相配合的条件来整定。即

$$I_{op0} = K_c K_b I_{op0.L} \tag{6-57}$$

式中 I_{op0}——变压器零序过电流保护的动作电流;

K_c——配合系数,取1.1~1.2;

K_b——零序电流分支系数；

$I_{op0.L}$——被保护侧母线引出线上零序电流保护后备段的动作电流。

保护的灵敏系数按后备保护范围末端接地短路校验，灵敏系数应不小于1.2。

保护的动作时限应比母线引出线上零序电流保护后备段的最大动作时限长一个时限级差 Δt。

为了缩小接地故障的影响范围及提高后备保护动作的快速性，通常配置为两段式零序电流保护，每段各带两级时限。零序Ⅰ段作为变压器及母线的接地故障后备保护，其动作电流与母线引出线零序电流保护Ⅰ段在灵敏系数上配合整定，以较短延时（通常取0.5 s）作用于跳开母联断路器或分段断路器；以较长延时（0.5 s + Δt）作用于跳开变压器各侧断路器。零序Ⅱ段作为引出线接地故障的后备保护，其动作电流按式（6-57）选择。第一级（短）延时与引出线零序后备段动作时间相配合，第二级（长）延时比第一级延时长一个阶梯时限 Δt。

6.7.2 中性点可能接地或不接地变压器的接地保护

当变电站部分变压器中性点接地运行时，如图6-19所示两台升压变压器并列运行，其中T1中性点接地运行，T2中性点不接地运行。当线路上发生单相接地时，有零序电流流过QF1、QF3、QF4和QF5的4套零序过电流保护。按选择性要求应满足 $t_1 > t_3$，即应由QF3和QF4的两套零序过电流保护动作于QF3和QF4跳闸。

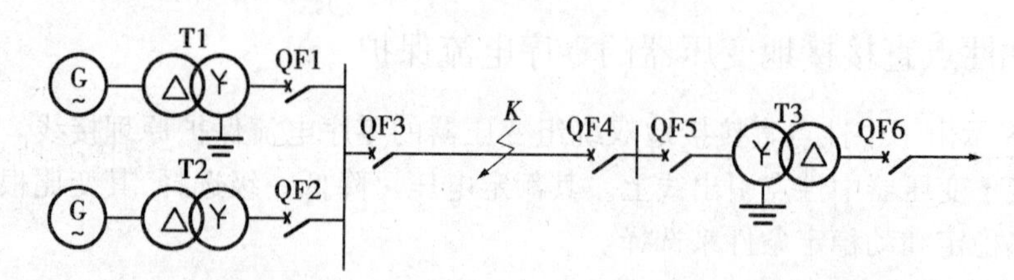

图6-19 两台升压变压器并列运行，T1中性点接地运行系统图

若因某种原因造成QF3拒绝跳闸时，则应由QF1的保护动作于QF1跳闸。当QF1和QF4跳闸后，T1和T2所在的系统成为中性点不接地系统，而且T2仍带着接地故障继续运行。T2的中性点对地电压将升高为相电压，非接地相的对地电压将升高$\sqrt{3}$倍，如果在接地故障点处出现间歇性电弧过电压，则对变电器T2的绝缘危害更大。如果T2为全绝缘变压器，可利用在其中性点不接地运行时出现的零序电压，实现零序过电压保护，作用于跳开QF2。如果T2是分级绝缘变压器，则不允许上述情况出现，必须在切除T1之前，先将T2切除。

因此，对于中性点有两种运行方式的变压器，需要装设两套相互配合的接地保护装置：零序过电流保护——用于中性点接地运行方式；零序过电压保护——用于中性点不接地运行方式。还要按下列原则来构成保护：对于分级绝缘变压器，应先切除中性点不接地运行的变压器，后切除中性点接地运行的变压器；对于全绝缘变压器，应先切除中性点接地运行的变压器，后切除中性点不接地运行的变压器。

6.7.2.1 分级绝缘变压器

对于分级绝缘的双绕组降压变压器，零序保护动作后先跳开高压分段断路器或桥断路器；若接地故障在中性点接地运行的一台变压器，则零序保护可使该变压器高压侧断路器跳闸；若接地故障在中性点不接地运行的一台变压器，则需靠对侧线路的接地保护切除故障。图 6-20 所示为中性点有放电间隙的分级绝缘变压器零序保护原理图。

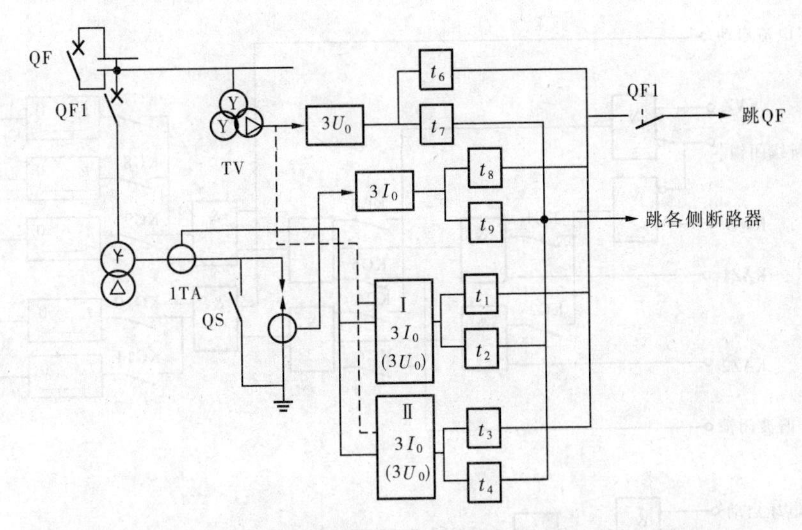

图 6-20　中性点有放电间隙的分级绝缘变压器零序保护原理图

6.7.2.2 全绝缘变压器

图 6-21 示出了全绝缘变压器的零序过电流和零序过电压保护原理接线。当系统发生接地故障时，中性点接地运行变压器的零序过电流保护和零序过电压保护都会启动。因 KT1 的整定时限较短，故在主保护拒绝动作的情况下先动作于中性点接地运行变压器的两侧断路器跳闸。与之并列运行的中性点不接地运行变压器，则只有零序过电压保护启动，其零序过电流保护并不启动。因 KT2 的整定时限较长，故后切除中性点不接地运行变压器的两侧断路器。

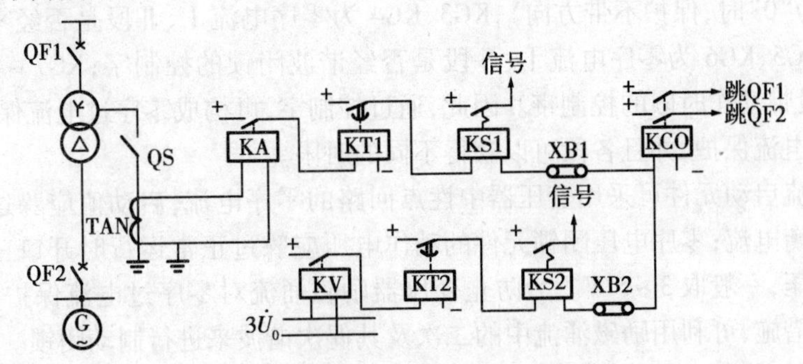

图 6-21　全绝缘变压器的接地保护装置原理接线

6.7.3 变压器零序接地保护逻辑框图

如图 6-22 所示的变压器接地保护逻辑框图，KAZ1、KAZ2 是Ⅰ段、Ⅱ段零序电流元件，作测量零序电流之用；KWZ 是零序方向元件，为避免 $3U_0$、$3I_0$ 引入时引起极性错误，采用自产的 $3U_0$，通过控制字也可采用零序自产的 $3I_0$ 作零序方向元件的输入量；KVZ 为零序电压闭锁元件，采用电压互感器开口三角形侧的零序电压作输入量。因此，由 KAZ1、KAZ2、KWZ、KVZ 等构成了变压器中性点接地运行时的零序（方向）过电流保护。作为零序电流的测量，输入零序电流可通过控制字采用自产 $3I_0$ 或采用外接的 $3I_0$。

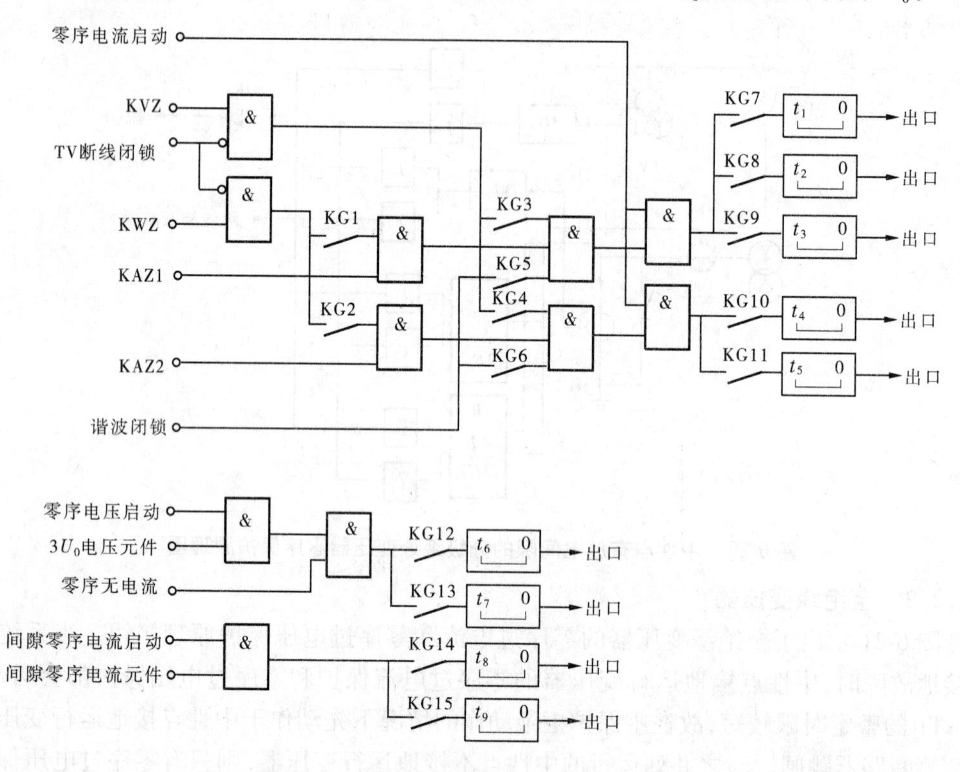

图 6-22　变压器的零序（接地）保护逻辑框图

KG1、KG2 为零序电流Ⅰ、Ⅱ段是否带方向的控制字（控制字为“1”时，方向元件投入；控制字为“0”时，保护不带方向）；KG3、KG4 为零序电流Ⅰ、Ⅱ段是否经零序电压闭锁的控制字；KG5、KG6 为零序电流Ⅰ、Ⅱ段是否经谐波闭锁的控制字；KG7 ~ KG11 是零序电流Ⅰ、Ⅱ段带动作时限的控制字。因此，通过控制字，可构成零序过电流保护，也可构成零序方向过电流保护，并且各段可以获得不同的时限。

零序电流启动元件可采用变压器中性点回路的零序电流，启动值应躲过正常运行时的最大不平衡电流；零序电压闭锁元件的动作电压应躲过正常运行时开口三角形侧的最大不平衡电压，一般取 3 ~ 5 V。为防止变压器励磁涌流对零序过电流保护的影响，采用了谐波闭锁措施，可利用励磁涌流中的二次及其偶次谐波来进行制动闭锁。

当变压器中性点不接地运行时，采用零序过电压元件和间隙零序电流元件来构成变压器零序保护。图 6-22 中 KG12 ~ KG15 是零序过电压、间隙零序电流带动作时限的控制字。考虑到接于变压器中性点的保护间隙击穿过程中，可能会交替出现间隙零序电流和零序过电压，带时间 t 延时返回就可保证间隙零序电流和零序过电压保护的可靠动作。

6.8 电力变压器微机保护举例

6.8.1 工程简介

某水电厂主变部分电气接线如图 6-23 所示，主变型号为 SFS_9 - 20000/110，变比为 (121 ±2) ×2.5%/(38.5 ±2) ×2.5%/6.3 kV，拟采用微机保护装置，并经 RS-485 通信口与全厂微机监控系统相连接。

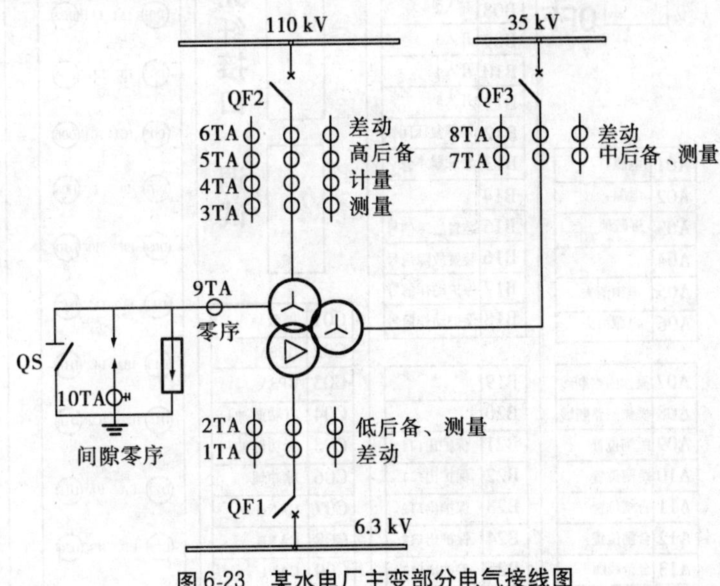

图 6-23 某水电厂主变部分电气接线图

6.8.2 主变保护解决方案

MTPR 系列变压器微机保护装置适用于电力系统 110 kV 及以下电压等级的电力变压器保护。完整的保护装置包括差动保护、后备保护及操作箱。差动保护作为电力变压器的主保护，采用二次谐波闭锁的复合比率制动原理，并配置差动速断保护、CT 断线检测和非电量保护等功能，还可通过通信模块实现综合自动化；后备保护采用带复合电压闭锁功能的两段式过流保护原理，并配置了间隙过流保护及过负荷报警等多种功能。两者构成了大中型电力变压器的完整保护，满足了市场对变电站无人值班的要求。

6.8.2.1 主保护配置

选用 MTPR－6110H 型装置，如图 6-24 所示。该装置允许变压器各侧 CT 均按 Y 形接线，且方向均指向变压器。允许变压器各侧 CT 变比为任意值，可自动调整相位、幅值。含以下保护：

(1)复式比率制动差动保护。主变容量不是很大，通常采用二次谐波闭锁的复式比率制动差动保护，在正常运行及外部故障 CT 严重饱和时，均有强烈的制动作用，保护不会误动；而在保护区内故障时制动作用非常小，具有很高的灵敏度。

(2)差动速断保护。当保护区内发生严重故障时，差动电流急剧增大，超过定值后，

电源插件　输入输出　保护插件　AC插件

ON
OFF

A01	电源+
A02	电源-
A03	屏蔽地
A04	
A05	电源消失
A06	电源消失

A07	操作回路断线
A08	操作回路断线
A09	跳闸位置
A10	跳闸位置
A11	合闸位置
A12	合闸位置
A13	合位线圈
A14	跳位线圈
A15	手合入
A16	合闸线圈
A17	手跳入
A18	跳闸线圈
A19	KM
A20	+KM
A21	遥控跳闸
A22	遥控跳闸
A23	遥控合闸
A24	遥控合闸

B01	开入公共端-
B02	断路器位置
B03	上隔离位置
B04	下隔离位置
B05	弹簧未储能
B06	接地刀状态
B07	开入1
B08	开入2
B09	开入3
B10	开入4
B11	开入5
B12	外部复压闭锁
B13	外变跳本变
B14	
B15	装置故障信号
B16	装置故障信号
B17	保护动作信号
B18	保护动作信号

B19	
B20	
B21	保护出口1
B22	保护出口1
B23	保护出口2
B24	保护出口2
B25	保护出口3
B26	保护出口3
B27	保护出口4
B28	保护出口4
B29	保护出口5
B30	保护出口5
B31	保护出口6
B32	保护出口6
B33	事故总信号
B34	事故总信号
B35	预告总信号
B36	预告总信号

○ CanH
○ CanL
○ R485A
○ R485B
○ RUN

光纤接口

调试

C01	屏蔽地
C02	GPSA
C03	GPSA
C04	有功脉冲+
C05	无功脉冲+
C06	脉冲地
C07	CANH
C08	CANH
C09	CANL
C10	CANL
C11	屏蔽地
C12	485A
C13	485A
C14	485B
C15	485B
C16	
C17	DCS1+
C18	DCS1-
C19	DCS2+
C20	DCS2-

端子	名称	名称	端子
D01	IA1	IA1'	D02
D03	IB1	IB1'	D04
D05	IC1	IC1'	D06
D07	I0	I0'	D08
D09	I0j	I0j'	D10
D11	IA2	IA2'	D12
D13	IB2	IB2'	D14
D15	IC2	IC2'	D16
D17	UA	UA'	D18
D19	UB	UB'	D20
D21	UC	UC'	D22
D23	U0	U0'	D24

注：
1.IA1、IB1、IC1为保护电流。
2.IA2、IB2、IC2为侧量电流。
3.I0为零序电流。
4.I0j为间隙零序电流。
5.UA、UB、UC、U0为电压。

图 6-24　MTRB－6110H 变压器差动保护装置端子图

保护立即动作，达到快速保护变压器的目的。

(3)非电量保护(本体保护)。本体瓦斯保护、有载调压重瓦斯保护及压力释放等。

(4)CT 断线判别。正常运行时，各侧三相电流之和为零。当一相 CT 断线时，三相电流之和不为零，为与接地故障相区别，还应符合以下条件：①三相电流中，电流最小的一相其值为零；②电流大的两相其电流值小于最大负荷电流。

当检测到 CT 断线时根据控制字软压板设定投/退来闭锁差动保护，并经延时发出报警信号。CT 断线判别功能也可以根据控制字软压板设定投入或退出。

6.8.2.2　高压侧后备保护配置

主变后备保护均按侧配置,各侧后备保护之间、各侧后备保护与主保护之间软件硬件均相互独立。高压侧后备保护选用 MTPR－6110H－B 型装置,如图 6-25 所示。它适用于变压器中性点直接接地侧,含以下保护:

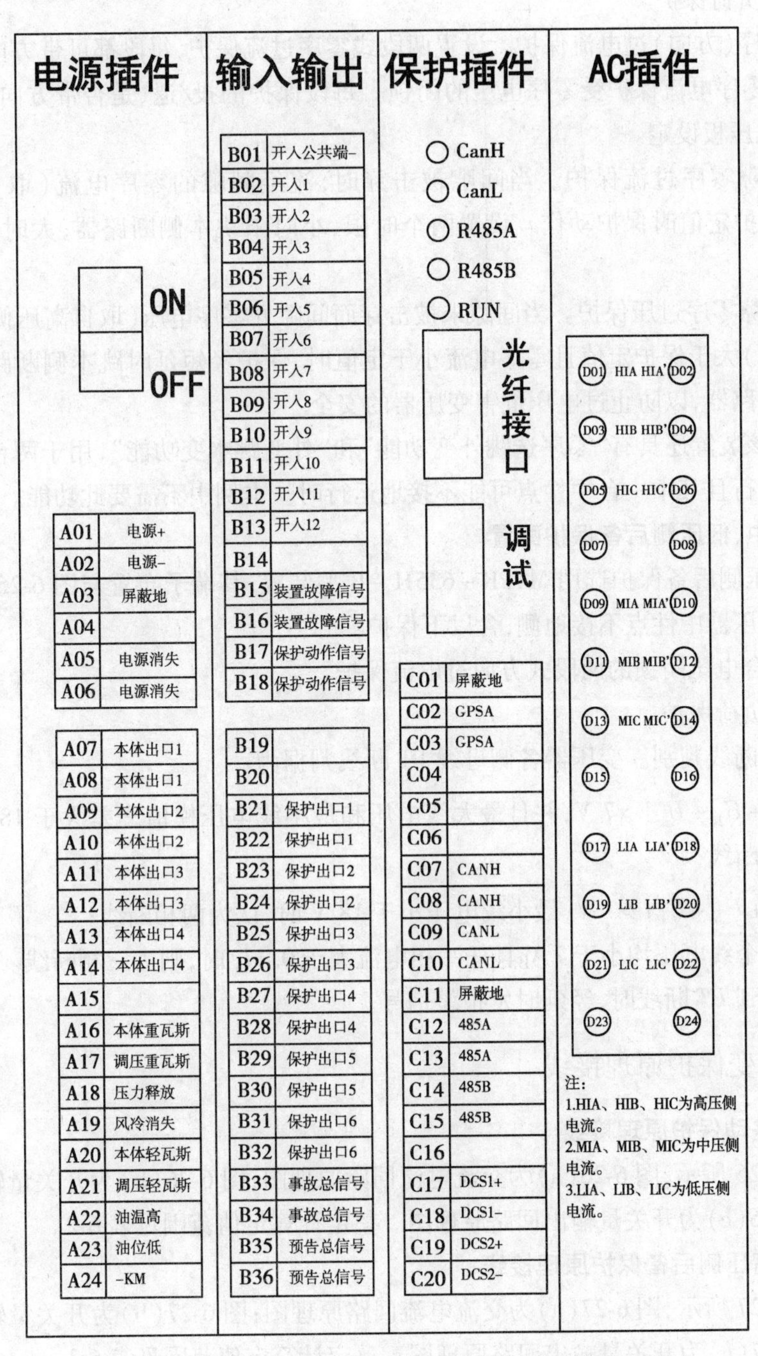

图 6-25　MTPR－6110H－B 型变压器差动保护装置端子图

(1)复合电压闭锁的两段式方向过电流保护。设置两段式过流保护,解决水电厂在丰水期和枯水期因出力差距过大造成过流保护灵敏度不足问题。每段都有两个时限,小时限动作于本侧断路器跳闸,较大时限动作于变压器各侧断路器跳闸。通过控制字软压板可以设定每段保护的投/退、是否带方向判别、是否经复合电压闭锁。

(2)过负荷保护。

(3)零序(方向)过电流保护。设置两段式零序过流保护,每段都可带方向,每段都有两个时限,零序电流保护受零序电压的闭锁。每段保护的投/退、是否带方向判别都可通过控制字软压板设定。

(4)间隙零序过流保护。当间隙被击穿时,流经间隙的零序电流(取自间隙零序CT)大于保护定值时保护动作。设置两个时限,小时限跳本侧断路器,大时限跳各侧断路器。

(5)间隙零序过压保护。当间隙未被击穿而间隙处零序电压(取自高压侧母线PT开口三角形侧)大于保护定值且零序电流小于定值时,保护经短延时跳本侧断路器,较长延时跳各侧断路器,以防止过电压危害变压器的安全。

此外,该装置还具有“零序选跳外变功能”和“外变跳本变功能”,用于两台110 kV变压器并列运行且其中一台中性点可能不接地运行时。本例中不需要此功能。

6.8.2.3 中、低压侧后备保护配置

中、低压侧后备保护选用MTPR－635H－B型装置,其端子布置与图6-25完全一致。它适用于变压器中性点不接地侧,含以下保护:

(1)复合电压闭锁的两段式方向过电流保护。

(2)过负荷保护。

(3)PT断线判别。变压器各侧母线PT断线判据为:

①$|\dot{U}_a+\dot{U}_b+\dot{U}_c|>7$ V,并且最大线电压和最小线电压模值之差大于18 V时,则为一相或两相断线;

②$|\dot{U}_a+\dot{U}_b+\dot{U}_c|>7$ V,最小线电压小于18 V时,认为两相断线;

③当三个线电压均小于7 V且任一相电流大于$0.1I_n$时,则为三相断线。

当检测到*PT*断线时,经延时发报警信号。

6.8.3 主变保护原理接线

6.8.3.1 差动保护原理接线

如图6-26所示,图6-26(a)为交流电流回路原理图;图6-26(b)为开关量输入回路原理图;图6-26(c)为开关量输出回路原理图。整定计算定值范围见表6-2。

6.8.3.2 高压侧后备保护原理接线

如图6-27所示,图6-27(a)为交流电流回路原理图;图6-27(b)为开关量输入回路原理图;图6-27(c)为开关量输出回路原理图。整定计算定值范围见表6-3。

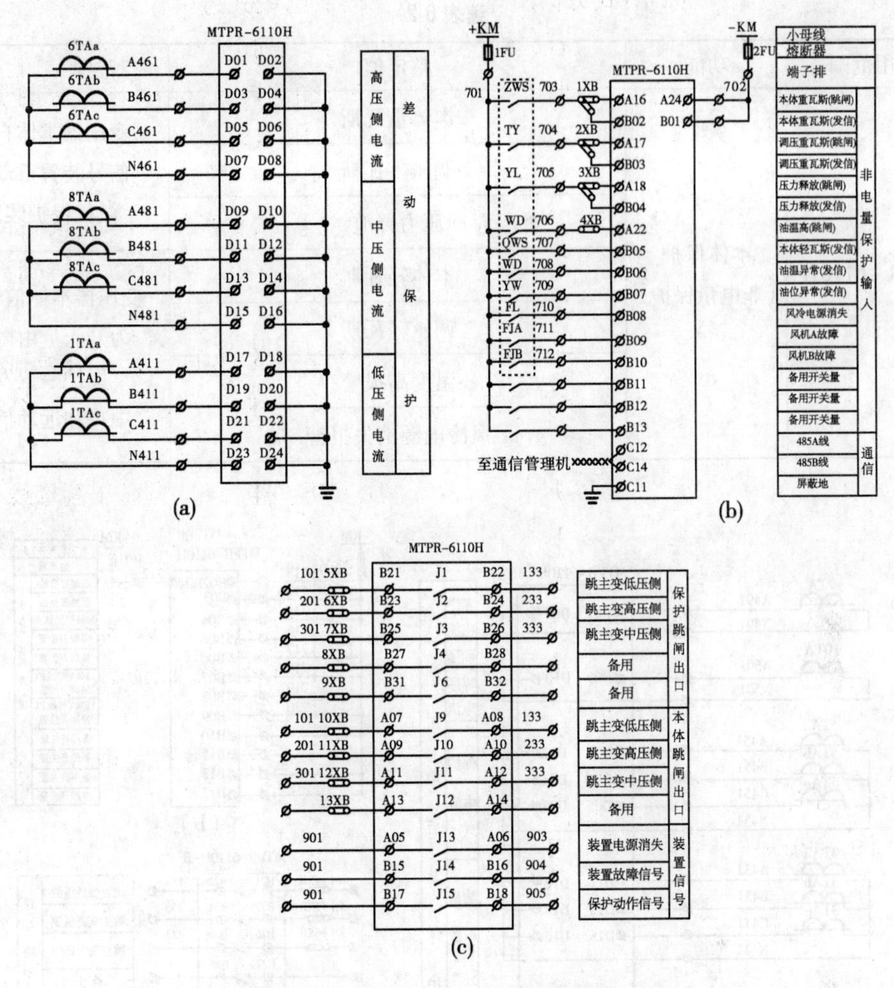

图 6-26　MTPR－6110H 型装置原理接线图

表 6-2　MTPR－6110H 型装置整定值范围

适用范围	功能	整定值	范围	级差
MTPR－6110H	差动速断保护	差动速断电流	0.3～20I_n	0.01 A
		差动速断动作时间(1.5 倍动作电流时)	不大于 20 ms	
	复式比率制动差动保护	差动电流动作门槛值	0.4～2.0I_n	0.01 A
		比率制动系数	0.2～0.6	0.01
		谐波制动系数	0.1～0.3	0.01
		差动动作时间(2 倍动作电流时)	不大于 30 ms	
	CT 断线判断	最大负荷电流	0.4～2.0I_n	0.01 A
	启动风冷装置	风冷启动电流	0.4～2.0I_n	0.01 A
		风冷启动延时	0.5～30 s	0.01 s

续表 6-2

适用范围	功能	整定值	范围	级差
MTPR－6110H	本体保护（非电量保护）	本体重瓦斯	变压器本体自带信号装置重动于微机保护装置	
		调压重瓦斯		
		压力释放		
		本体轻瓦斯	变压器本体信号作为开入量由微机保护装置发中央和远动信号	
		调压轻瓦斯		
		温度高报警		
		风冷电源消失报警		

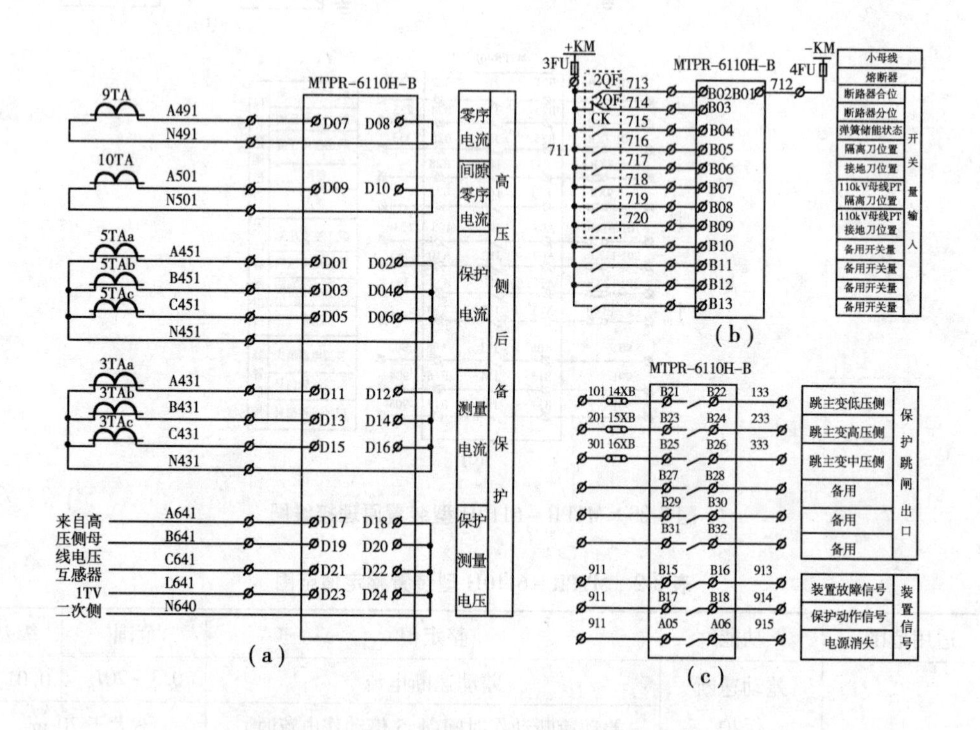

图 6-27　MTPR－6110H－B 型装置原理接线图

6.8.3.3　中、低压侧后备保护原理接线

中压侧后备保护如图 6-28 所示，图 6-28（a）为交流电流回路原理图；图 6-28（b）为开关量输入回路原理图；图 6-28（c）为开关量输出回路原理图。整定计算定值范围见表 6-4。

低压侧后备保护采用的装置仍然是 MTPR－635H－B，所以其原理接线及整定值范围与中压侧情况基本一致，仅需在原理接线图中将相关设备和回路编号作对应修改，此处不再赘述。

表 6-3　MTPR－6110H－B 型装置整定值范围

适用范围	功能	整定值	范围	级差
MTPR－6110H－B	复合电压闭锁（方向）过电流保护	低电压动作值	0～90 V	0.01 V
		负序电压动作值	0～30 V	0.01 V
		过电流Ⅰ段动作电流	0.4～20I_n	0.01 A
		过电流Ⅱ段动作电流	0.4～20I_n	0.01 A
		Ⅰ段动作延时 t_1、t_2	0.2～15 s	0.01 s
		Ⅱ段动作延时 t_1、t_2	0.2～15 s	0.01 s
	过负荷保护	动作电流	0.4～3.0I_n	0.01 A
		延时时间	0.2～15 s	0.01 s
	零序（方向）过流保护	零序闭锁电压	2～30 V	0.01 V
		零序Ⅰ段电流	0.2～20I_n	0.01 A
		零序Ⅱ段电流	0.2～20I_n	0.01 A
		Ⅰ段动作延时 t_1、t_2	0.2～15 s	0.01 s
		Ⅱ段动作延时 t_1、t_2	0.2～15 s	0.01 s
	间隙零序过流保护	间隙零序电流	0.4～20I_n	0.01 A
		延时 t_1、t_2	0.2～15 s	0.01 s
	间隙零序过压保护	间隙零序电压	10～150 V	0.01 V
		延时 t_1、t_2	0.2～15 s	0.01 s

表 6-4　MTPR－635H－B 型装置整定值范围

适用范围	功能	整定值	范围	级差
MTPR－635H－B	复合电压闭锁（方向）过电流保护	低电压动作值	0～90 V	0.01 V
		负序电压动作值	0～30 V	0.01 V
		过电流Ⅰ段动作电流	0.1～20I_n	0.01 A
		过电流Ⅱ段动作电流	0.1～20I_n	0.01 A
		Ⅰ段动作延时 t_1、t_2	0～10 s	0.01 s
		Ⅱ段动作延时 t_1、t_2	0～10 s	0.01 s
	过负荷保护	动作电流	0.1～20I_n	0.01 A
		延时时间	0～90 s	0.01 s
	零序（方向）过流保护	本例中不使用该功能		
	PT 断线判断	启用该功能		

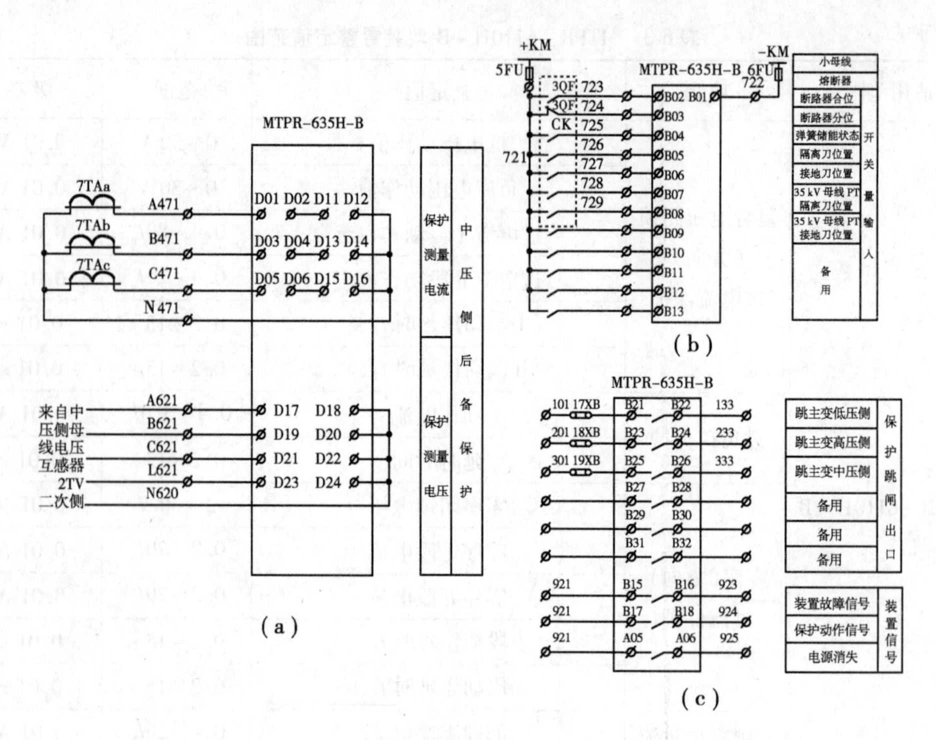

图6-28　MTPR-635H-B型装置原理接线图

小　结

电力变压器是电力系统中重要的设备,根据继电保护与安全自动装置的运行条例,分析了变压器保护的配置。

瓦斯保护是作为变压器本体内部匝间短路、相间短路以及油面降低的保护,是变压器内部短路故障的主保护;变压器差动保护是用来反映变压器绕组、引出线及套管上的各种相间短路,也是变压器的主保护。变压器的差动保护基本原理与输电线路相同,但是,由于变压器两侧电压等级不同、Y,d接线时相位不一致、励磁涌流、电流互感器的计算变比与标准变比不一致、带负荷调压等原因,将在差动回路中产生较大的不平衡电流。为了提高变压器差动保护的灵敏度,必须设法减小不平衡电流。

常规型变压器差动保护为了进行相位补偿,将星形侧的互感器接成三角形,其目的是减小不平衡电流。若变压器为中性点直接接地运行,当高压侧内部发生接地短路故障时,差动保护的灵敏度将降低。

分析了微机比率制定特性变压器差动保护整定计算。以折线比率制动式差动保护为例分析了微机型差动保护的基本原理。需要注意的是,在工程实践中,应结合厂家说明书及实际运行经验来修正整定值。

相间短路后备保护，应根据变压器容量及重要程度，确定采用的保护方案。同时，必须考虑保护的接线方式、安装地点问题。

反映变压器接地短路的保护，主要是利用零序分量这一特点来实现，同时与变压器接地方式有关。

以一实例分析了微机型变压器保护的配置、原理接线及整定计算要求。

习　题

1. 电力变压器可能发生的故障和不正常运行工作情况有哪些？应装设哪些保护？

2. 瓦斯保护的作用是什么？瓦斯保护的特点和组成如何？

3. 叙述变压器差动保护产生不平衡电流的原因及消除措施。

4. 如何对 Y，d11 变压器进行相位补偿？补偿方法和原理是什么？

5. 变压器相间短路后备保护有哪几种常用方式？试比较它们的优缺点。

6. 如图 6-29 所示，降压变压器采用三折线式比率制动微机型构成纵差保护，已知变压器容量为 20 MVA，电压为 $110(1 \pm 2 \times 2.5\%)/11$ kV，Y，d11 接线，系统最大电抗为 52.7 Ω，最小电抗为 26.4 Ω，变压器的电抗为 69.5 Ω，，以上电抗均为归算到高压侧的有名值。试对差动保护进行整定计算。

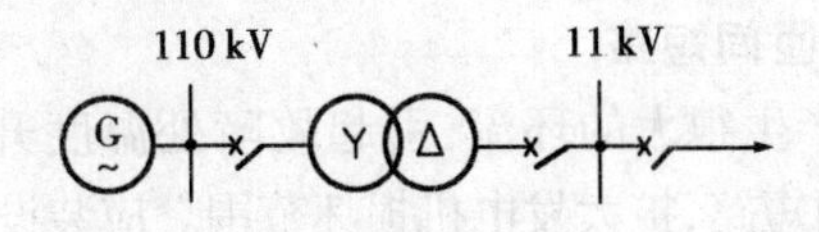

图 6-29

第7章　发电机的继电保护

7.1　发电机故障和不正常工作状态及其保护

发电机是电力系统中十分重要和贵重的设备,发电机的安全运行直接影响电力系统的安全。发电机由于结构复杂,在运行中可能发生故障和不正常工作状态,这会对发电机造成危害。同时,系统故障也可能损坏发电机,特别是现代的大中型发电机的单机容量大,对系统影响大,损坏后的修复工作复杂且工期长,所以对继电保护提出了更高的要求。针对发电机的故障和不正常工作状态,应装设性能完善的继电保护装置。

7.1.1　发电机可能发生的故障及其相应的保护

7.1.1.1　发电机定子绕组相间短路

定子绕组相间短路会产生很大的短路电流,严重损坏发电机,甚至引起火灾。应装设纵联差动保护。

7.1.1.2　发电机定子绕组匝间短路

定子绕组匝间短路会产生很大的环流,引起故障处温度升高,使绝缘老化,甚至击穿绝缘发展为单相接地或相间短路,扩大发电机损坏范围。应装设定子绕组的匝间短路保护。

7.1.1.3　发电机定子绕组单相接地

定子绕组单相接地是发电机易发生的一种故障。单相接地后,其电容电流流过故障点的定子铁芯,当此电流较大或持续时间较长时,会使铁芯局部熔化,给修复工作带来很大困难。因此,应装设灵敏反映全部绕组任一点接地故障的100%定子绕组单相接地保护。

7.1.1.4　发电机转子绕组一点接地和两点接地

转子绕组一点接地,由于没有构成通路,对发电机没有直接危害,但若再发生另一点接地,就造成两点接地,则转子绕组一部分被短接,不但会烧毁转子绕组,而且由于部分绕组短接会破坏磁路的对称性,造成磁势不平衡而引起机组剧烈振动,产生严重后果。因此,应装设转子绕组一点接地保护和两点接地保护。

7.1.1.5　发电机失磁

由于转子绕组断线、励磁回路故障或灭磁开关误动等原因,将造成转子失磁,失磁故障不仅对发电机造成危害,而且对电力系统安全也会造成严重影响,因此应装设失磁保护。

7.1.2　发电机的不正常工作状态及其相应的保护

(1)由于外部短路、非周期合闸以及系统振荡等原因引起的过电流,应装设过电流保护,作为外部短路和内部短路的后备保护。对于 50 MW 及以上的发电机,应装设负序过电流保护。

(2)由于负荷超过发电机额定值,或负序电流超过发电机长期允许值所造成的对称或不对称过负荷。针对对称过负荷,应装设只接于一相的过负荷信号保护;针对不对称过负荷,一般在 50 MW 及以上发电机应装设负序过负荷保护。

(3)发电机突然甩负荷引起过电压,特别是水轮发电机,因其调速系统惯性大和中间再热式大型汽轮发电机功频调节器的调节过程比较缓慢,在突然甩负荷时,转速急剧上升从而引起过电压。因此,在水轮发电机和大型汽轮发电机上应装设过电压保护。

(4)当汽轮发电机主汽门突然关闭而发电机断路器未断开时,发电机变为从系统吸收无功而过渡到同步发电机运行状态,对汽轮发电机叶片特别是尾叶,可能过热而损坏。因此,应装设逆功率保护。

为了消除发电机故障,其保护动作跳开发电机断路器的同时,还应作用于自动灭磁开关,断开发电机励磁电流。

7.2 发电机的纵差保护

发电机的纵差保护,反映发电机定子绕组及其引出线的相间短路,是发电机的主要保护。

7.2.1 用 DCD－2 型继电器构成的发电机纵差保护

7.2.1.1 差动保护的基本原理

发电机纵联差动保护的基本原理是比较发电机两侧电流的大小和相位,它能反映发电机及其引出线的相间故障。发电机纵联差动保护的构成如图 7-1 所示,差动继电器 KD 接于其差动回路中(两侧电流互感器同变比、同型号)。

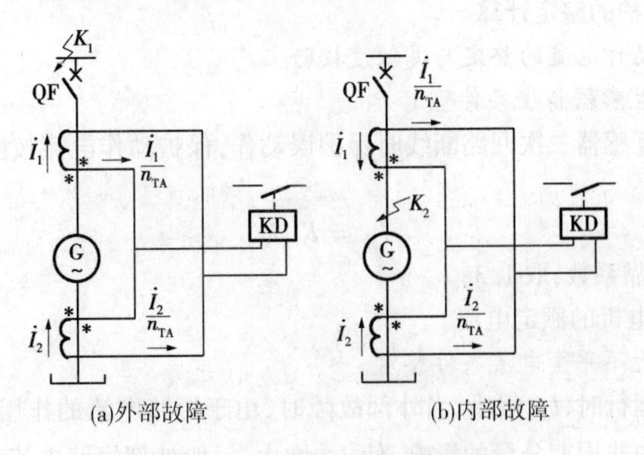

图 7-1 纵联差动保护原理示意图

当正常运行或外部 K_1 点发生短路故障时,流入 KD 的电流为

$$\frac{\dot{I}_1}{n_{TA}} - \frac{\dot{I}_2}{n_{TA}} = \dot{I}_1 - \dot{I}_2 \approx 0$$

故 KD 不动作。

当在保护区内 K_2 点发生故障时，流入 KD 的电流为

$$\frac{\dot{I}_1}{K_{TA1}} + \frac{\dot{I}_2}{K_{TA2}} = \dot{I}_1 + \dot{I}_2 = \frac{\dot{I}_{K2}}{n_{TA}}$$

当此值大于 KD 的整定值时，KD 动作。

7.2.1.2 原理接线

在中小型发电机中，常采用 DCD－2 型继电器构成的带断线监视的发电机纵差保护，如图 7-2 所示。

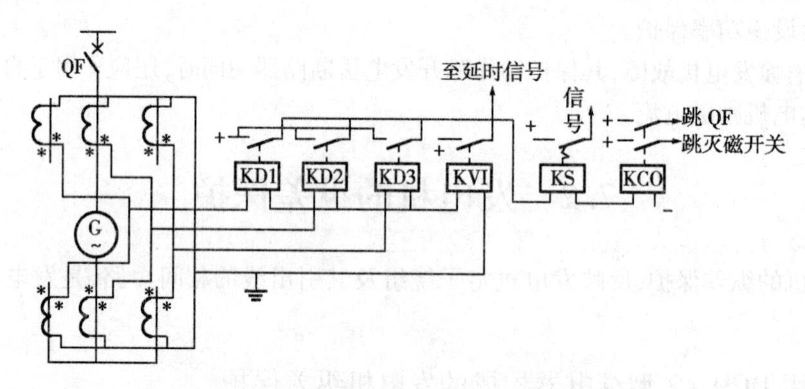

图 7-2 带断线监视的发电机纵差保护原理接线图

由于装在发电机中性点侧的电流互感器受发电机运转时的振动的影响，接线端子容易松动而造成二次回路断线，因此在差动回路中线上装设断线监视继电器 KVI，任何一相电流互感器的二次回路断线时，KVI 均能动作并经延时发信号。

7.2.1.3 差动保护的整定计算

1. 差动保护动作电流的整定与灵敏度校验

1）防止电流互感器断线条件整定

为防止电流互感器二次回路断线时保护误动作，保护动作电流按躲过发电机额定电流整定，即

$$I_{op} = K_{rel} I_{GN} \tag{7-1}$$

式中 K_{rel}——可靠系数，取 1.3；

I_{GN}——发电机的额定电流。

2）按躲过最大不平衡电流条件整定

发电机正常运行时，I_{unb} 很小，当外部故障时，由于短路电流的作用，TA 的误差增大，再加上短路电流中非周期分量的影响，使 I_{unb} 增大，一般外部短路电流越大，I_{unb} 就可能越大。为使保护在发电机正常运行或外部故障时不发生误动作，保护的动作电流按躲过外部短路时的最大不平衡电流整定。

$$I_{op} = K_{rel} I_{unb.\max} = K_{rel} K_{unp} K_{st} f_{er} I_{K.\max} \tag{7-2}$$

式中　K_{rel}——可靠系数,取1.3;

f_{er}——电流互感器最大相对误差,取0.1;

K_{unp}——非周期分量系数,当采用DCD-2型继电器时取1;

K_{st}——同型系数,取0.5;

$I_{K.max}$——发电机出口短路时的最大短路电流。

发电机纵差保护动作电流取式(7-1)及式(7-2)计算所得较大者作为整定值。

3)灵敏度校验

$$K_{sen} = \frac{I_{K.max}^{(2)}}{I_{op}} \geqslant 2 \tag{7-3}$$

式中　$I_{K.min}^{(2)}$——发电机出口短路时,流经保护最小的周期性短路电流。

2.断线监视继电器的整定

断线监视继电器的动作电流,应躲过正常运行时的不平衡电流来整定,根据运行经验,一般为$I_{op}=0.2I_{GN}$。为了防止断线监视装置误发信号,KVI动作后应延时发出信号,其动作时间应大于发电机后备保护最大延时。

现在以一台单独运行的发电机内部三相短路为例来讨论纵差保护性能。设α为中性点到故障点的匝数占总匝数的百分数。每相定子绕组短路线匝电势E_{α}与α成正比,即$E_{\alpha}=\alpha E$,若每相定子绕组有效电阻为R,则短路回路中电阻$R_{\alpha}=\alpha R$,而短路回路中电抗$X_{\alpha}=\alpha^{2}X$,设短路点的过渡电阻为R_{F},则在α处三相短路时的短路电流为

$$I_{K.(\alpha)}^{(3)} = \frac{\alpha E}{\sqrt{(R_{F}+\alpha R)^{2}+(\alpha^{2}X)^{2}}} \tag{7-4}$$

三相短路电流随α变化的曲线见图7-3。由图7-3可知:

(1)当过渡电阻为零时,三相短路电流$I_{K}^{(3)}$随α的减小而增大,如图7-3曲线1所示只要发电机出口短路时灵敏度满足要求,则内部金属性短路时保护灵敏度必然满足要求。

(2)当过渡电阻不为零时,在靠近中性点附近短路时,短路电流很小,如图7-3中曲线2。当短路电流小于动作电流I_{op}(图7-3中曲线3)时,保护不能动作,出现动作死区。死区的大小与保护的动作电流I_{op}大小有关。

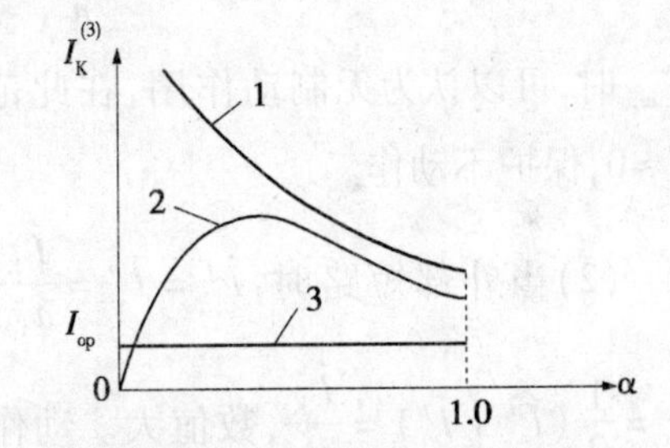

图7-3　发电机内部三相短路电流与短路位置α间的关系曲线图

7.2.2　比率制动式发电机纵差保护

对于大型机组,普遍采用比率制动式纵差保护。

保护的作用原理是基于保护的动作电流I_{op}随着外部故障的短路电流而产生的I_{unb}的增大而按比例的线性增大,且比I_{unb}增大的更快,使在任何情况下的外部故障时,保护不会误动作。将外部故障的短路电流作为制动电流I_{br},而把流入差动回路的电流作为动作电流I_{op}。比较这两个量的大小,只要$I_{op} \geqslant I_{br}$,保护动作;反之,保护不动作。其比率制动特性折线如图7-4所示。

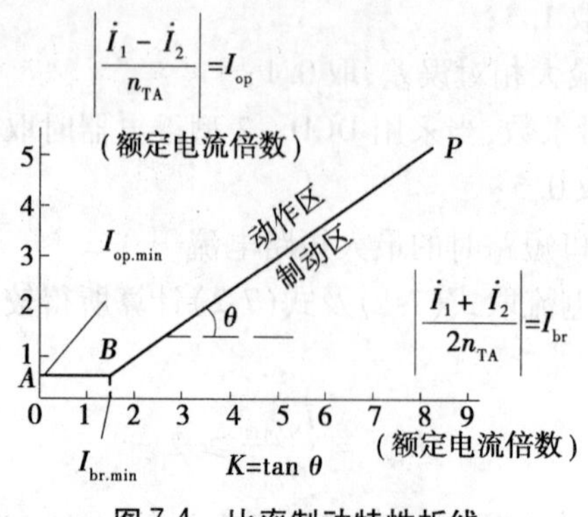

图 7-4　比率制动特性折线

动作条件：

$$\begin{cases} I_{op} > I_{op.\min} & (I_{br} \leqslant I_{br.\min}) \\ I_{op} \geqslant K(I_{br} - I_{br.\min}) + I_{op.\min} & (I_{br} > I_{br.\min}) \end{cases} \tag{7-5}$$

式中　K——制动特性曲线的斜率(也称制动系数)。

在图 7-5 所示的比率制动式纵差保护继电器原理图中，制动电流和动作电流用式(7-6)、式(7-7)表示：

制动电流　$$\dot I_{br} = \frac{1}{2}(\dot I' + \dot I'') \tag{7-6}$$

差动回路动作电流　$$\dot I_{op} = \dot I' - \dot I'' \tag{7-7}$$

(1)当正常运行时，$\dot I' = \dot I'' = \frac{\dot I}{n_{TA}}$，制动电流为 $\dot I_{br} = \frac{1}{2}(\dot I' + \dot I'') = \frac{\dot I}{n_{TA}} = I_{br.\min}$。当 $I_{br} \leqslant I_{br.\min}$时，可以认为无制动作用，在此范围内有最小动作电流为 $I_{op.\min}$，而此时 $\dot I_{op} = \dot I' - \dot I'' \approx 0$，保护不动作。

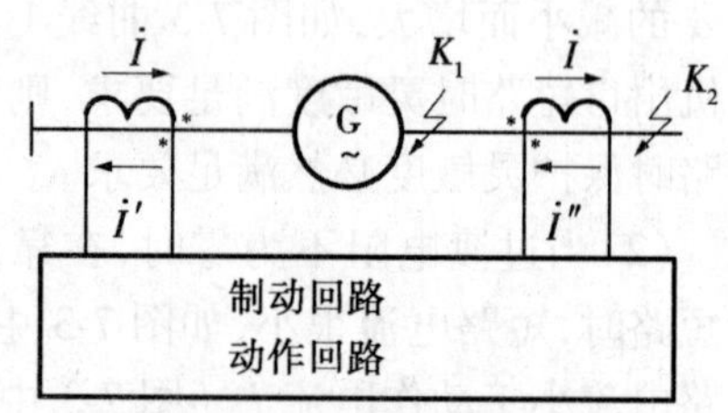

图 7-5　比率制动式纵差保护继电器原理图

(2)当外部短路时，$\dot I' = \dot I'' = \frac{\dot I_K}{n_{TA}}$，制动电流为 $\dot I_{br} = \frac{1}{2}(\dot I' + \dot I'') = \frac{\dot I_K}{n_{TA}}$，数值大。动作电流为 $\dot I_{op} = \dot I' - \dot I''$，数值小，保护不动作。

(3)当内部故障时，$\dot I$ 的方向与正常或外部短路故障时的电流相反，且 $\dot I' \neq \dot I''$；$\dot I_{br} = \frac{1}{2}(\dot I' + \dot I'')$，为两侧短路电流之差，数值小；$I_{op} = \dot I' - \dot I'' = \frac{\dot I_{K\Sigma}}{n_{TA}}$，数值大，保护能动作。特别是当 $\dot I' = \dot I''$时。$I_{br} = 0$，此时，只要动作电流达到最小值 $I_{op.\min}$($I_{op.\min}$ 取 0.2～0.3)，保护就能动作，保护灵敏度大大提高了。

当发电机未并列，且发生短路故障时，$\dot I' = 0$，$\dot I_{br} = \frac{1}{2}\dot I'$，$\dot I_{op} = \dot I'$，保护也能动作。

7.3 发电机的匝间短路保护

在容量较大的发电机中,每相绕组有两个并联支路,每个支路的匝间或支路之间的短路称为匝间短路故障。由于纵差保护不能反映发电机定子绕组同一相的匝间短路,当出现同一相匝间短路后,如不及时处理,有可能发展成相间故障,造成发电机严重损坏,因此在发电机上应该装设定子绕组的匝间短路保护。

7.3.1 横联差动保护

当发电机定子绕组为双星形接线,且中性点有 6 个引出端子时,匝间短路保护一般采用横联差动保护(简称横差保护),原理如图 7-6 所示。

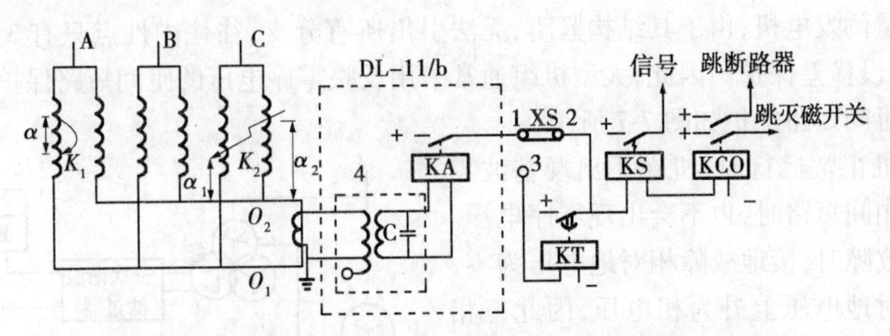

图 7-6 发电机定子绕组单继电器式横差保护原理接线图

发电机定子绕组每相两并联分支分别接成星形,在两星形中性点连接线上装一只电流互感器 TA,DL-11/b 型电流继电器接于 TA 的二次侧。DL-11/b 型电流继电器由高次谐波滤过器(主要是三次谐波)4 和执行元件 KA 组成。

在正常运行或外部短路时,每一分支绕组供出该相电流的一半,因此流过中性点连线的电流只是不平衡电流,故保护不动作。

若发生定子绕组匝间短路,则故障相绕组的两个分支的电势不相等,因而在定子绕组中出现环流,通过中性点连线,该电流大于保护的动作电流,则保护动作,跳开发电机断路器及灭磁开关。

由于发电机电流波形在正常运行时也不是纯粹的正弦波,尤其是当外部故障时,波形畸变较严重,从而在中性点连线上出现三次谐波为主的高次谐波分量,给保护的正常工作造成影响。为此,保护装设了三次谐波滤过器,降低动作电流,提高保护灵敏度。

转子绕组发生瞬时两点接地时,由于转子磁势对称性破坏,使同一相绕组的两并联分支的电势不等,在中性点连线上也将出现环流,致使保护误动作。因此,需增设 0.5 ~ 1 s 的动作延时,以躲过瞬时两点接地故障。切换片 XS 有两个位置,正常时投至 1 ~ 2 位置,保护不带延时。如发现转子绕组一点接地时,XS 切至 1 ~ 3 位置,使保护具有 0.5 ~ 1 s 的动作延时,为转子永久性两点接地故障做好准备。

横差保护的动作电流,根据运行经验一般取为发电机额定电流的 20% ~ 30%,即

$$I_{op} = (0.2 \sim 0.3) I_{GN} \tag{7-8}$$

保护用电流互感器按满足动稳定要求选择，其变比一般按发电机额定电流的25%选择，即

$$n_{TA} = 0.25 I_{GN}/5 \tag{7-9}$$

式中 I_{GN}——发电机额定电流。

这种保护的灵敏度是较高的，但是保护在切除故障时有一定的死区。

(1)单相分支匝间短路的 α 较小时，即短接的匝数较少时。

(2)同相两分支间匝间短路，且 $\alpha_1 = \alpha_2$，或 α_1 与 α_2 差别较小时。

横差电流保护接线简单，动作可靠，同时能反映定子绕组分支开焊故障，因而得到了广泛应用。

7.3.2 反映零序电压的匝间短路保护

大容量的发电机，由于其结构紧凑，无法引出所有分支，往往中性点只有3个引出端子，无法装设横差保护。因此，大型机组通常采用反映零序电压的匝间短路保护。反映零序电压的匝间短路保护如图7-7所示。

发电机正常运行时，机端不出现基波零序电压。相间短路时，也不会出现零序电压。单相接地故障时，接地故障相对地电压为零，而中性点对地电压上升为相电压，因此三相对中性点电压仍然对称，不出现零序电压。当发电机定子绕组发生匝间短路时，机端三相电压对发电机中性点不对称，出现零序电压。利用此零序电压可构成匝间短路保护。

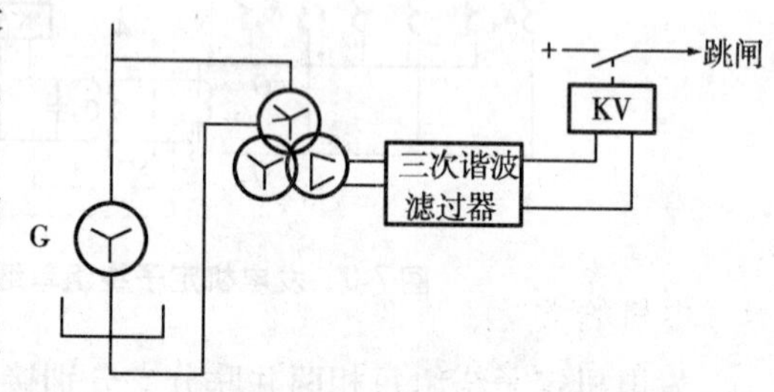

图7-7 反映零序电压的匝间短路保护原理图

为了在机端测量该零序电压，装设专用电压互感器TV，其原边线圈中性点与发电机中性点直接连接，开口三角形侧接入三次谐波器及零序过电压继电器KV。三次谐波滤波器用于减小发电机正常运行时固有三次谐波对保护的影响。

零序电压继电器的动作电压应躲过正常运行和外部故障时三次谐波滤波器输出的最大不平衡电压。为了提高保护灵敏度，采取外部故障时闭锁保护的措施。这样，零序电压继电器的动作电压只需按躲过正常运行时的不平衡电压整定。

为防止TV回路断线时造成保护误动作，需要装设电压回路断线闭锁装置。

反映零序电压的匝间短路保护，还能反映定子绕组开焊故障。该保护原理简单，灵敏度较高，适于中性点只有3个引出端的发电机匝间短路保护。

7.3.3 反映转子回路二次谐波电流的匝间短路保护

发电机定子绕组发生匝间短路时，在转子回路中将出现二次谐波电流，因此利用转子中的二次谐波电流，可以构成匝间短路保护，如图7-8所示。

在正常运行、三相对称短路及系统振荡时，发电机定子绕组三相电流对称，转子回路中没有二次谐波电流，因此保护不会动作。但是，在发电机不对称运行或发生不对称短路时，在转子回路中将出现二次谐波电流。为了避免这种情况下保护的误动，采用负序功率

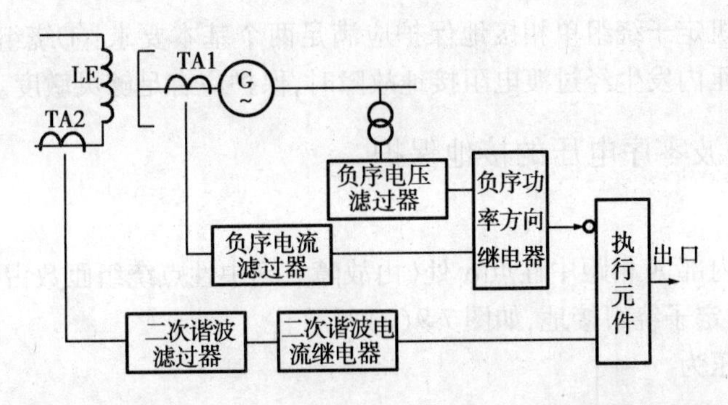

图7-8　反映转子回路二次谐波电流的匝间短路保护原理框图

方向继电器闭锁的措施。因为匝间短路时的负序功率方向与不对称运行时或发生不对称短路时的负序功率方向相反。所以,不对称状态下负序功率方向继电器将保护闭锁,匝间短路时则开放保护。保护的动作值只需按躲过发电机正常运行时允许最大的不对称度(一般为5%)相对应的转子回路中感应的二次谐波电流来整定,故保护具有较高灵敏度。

7.4　发电机定子绕组单相接地保护

为了安全起见,发电机的外壳、铁芯都要接地。所以,只要发电机定子绕组与铁芯间绝缘在某一点上遭到破坏,就可能发生单相接地故障。发电机的定子绕组单相接地故障是发电机的常见故障之一。

长期运行的实践表明,发生定子绕组单相接地故障的主要原因是高速旋转的发电机,特别是大型发电机的振动,造成机械损伤而接地;对于水内冷的发电机,由于漏水致使定子绕组接地。

发电机定子绕组单相接地故障时的主要危害有两点:①接地电流会产生电弧,烧伤铁芯,使定子绕组铁芯叠片烧结在一起,造成检修困难。②接地电流会破坏绕组绝缘,扩大事故,若一点接地而未及时发现,很有可能发展成绕组的匝间或相间短路故障,严重损伤发电机。

定子绕组单相接地时,对发电机的损坏程度与故障电流的大小及持续时间有关。当发电机单相接地故障电流(不考虑消弧线圈的补偿作用)大于允许值时,应装设有选择性的接地保护装置。发电机单相接地时,接地电流允许值如表7-1所示。

表7-1　发电机定子绕组单相接地时接地电流允许值

发电机额定电压(kV)	发电机额定容量(MW)	接地电流允许值(A)
6.3	≤50	4
10.5	50~100	3
13.8~15.75	125~200	2
18~20	300	1

大中型发电机定子绕组单相接地保护应满足两个基本要求：①绕组有100%的保护范围。②在绕组匝内发生经过渡电阻接地故障时，保护应有足够灵敏度。

7.4.1 反映基波零序电压的接地保护

7.4.1.1 原理

设在发电机内部A相距中性点α处（由故障点到中性点绕组匝数占全相绕组匝数的百分数）K点发生定子绕组接地，如图7-9(a)所示。

每相对地电压为

$$\begin{cases} \dot{U}_{AG\alpha} = (1-\alpha)\dot{E}_A \\ \dot{U}_{BG\alpha} = \dot{E}_B - \alpha\dot{E}_A \\ \dot{U}_{CG\alpha} = \dot{E}_C - \alpha\dot{E}_A \end{cases} \tag{7-10}$$

故障点零序电压为

$$\dot{U}_{K0\alpha} = \frac{1}{3}(\dot{U}_{AG\alpha} + \dot{U}_{BG\alpha} + \dot{U}_{CG\alpha}) = -\alpha\dot{E}_A \tag{7-11}$$

可见，故障点零序电压与α成正比，故障点离中性点越远，零序电压越高。当$\alpha=1$，即机端接地时，$\dot{U}_{K0\alpha} = -\dot{E}_A$。而当$\alpha=0$，即中性点处接地时，$\dot{U}_{K0\alpha}=0$。$U_{K0\alpha}$与$\alpha$的关系曲线如图7-9(b)所示。

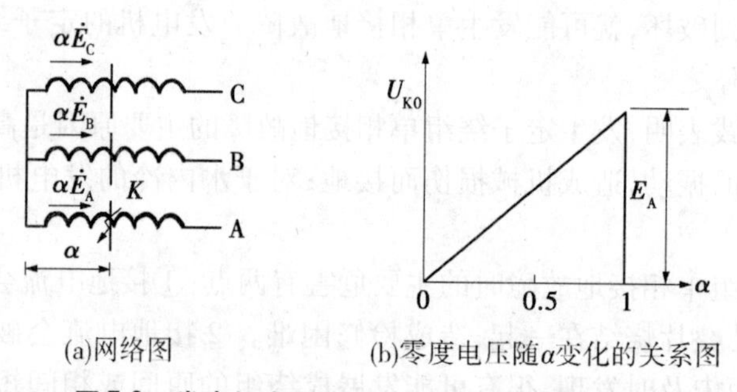

图7-9 发电机定子绕组单相接地时的零序电压

7.4.1.2 保护的构成

反映零序电压接地保护的原理接线如图7-10所示。过电压继电器通过三次谐波滤过器接于机端电压互感器TV开口三角形侧两端。

保护的动作电压应躲过正常运行时开口三角形侧的不平衡电压，另外还要躲过在变压器高压侧接地时，通过变压器高、低压绕组间电容耦合到机端的零序电压。

由图7-9(b)可知，故障点离中性点越近零序电压越低。当零序电压小于电压继电器的动作电压时，保护不动作，因此该保护存在死区。死区大小与保护定值的大小有关。为了减小死区，可采取下列措施降低保护定值，提高保护灵敏度：

(1)加装三次谐波滤过器。

(2)高压侧中性点直接接地电网中，利用保护延时躲过高压侧接地故障。

(3)高压侧中性点非直接接地电网中，利用高压侧接地出现的零序电压闭锁或者制

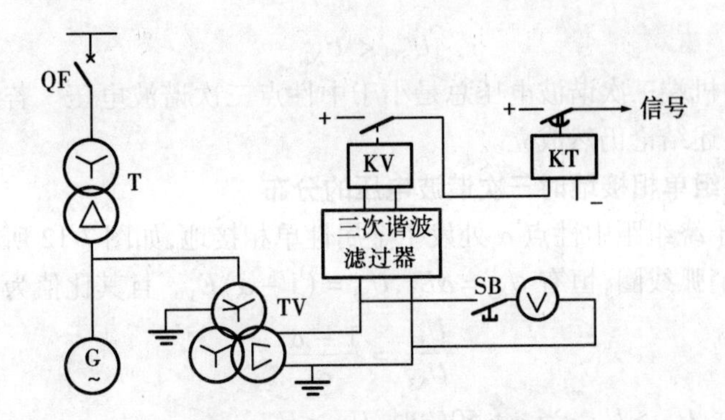

图 7-10　反映零序电压的发电机定子绕组接地保护原理图

动发电机接地保护。

采用上述措施后，接地保护只需按躲过不平衡电压整定，其保护范围可达到95%，但在中性点附近仍有5%的死区，保护动作于发信号。

7.4.2　反映基波零序电压和三次谐波电压构成的发电机定子100%接地保护

在发电机相电势中，除基波之外，还含有一定分量的谐波，其中主要是三次谐波，三次谐波值一般不超过基波的10%。

7.4.2.1　正常运行时定子绕组中三次谐波电压分布

正常运行时，中性点绝缘的发电机机端电压与中性点三次谐波电压分布如图 7-11 所示。

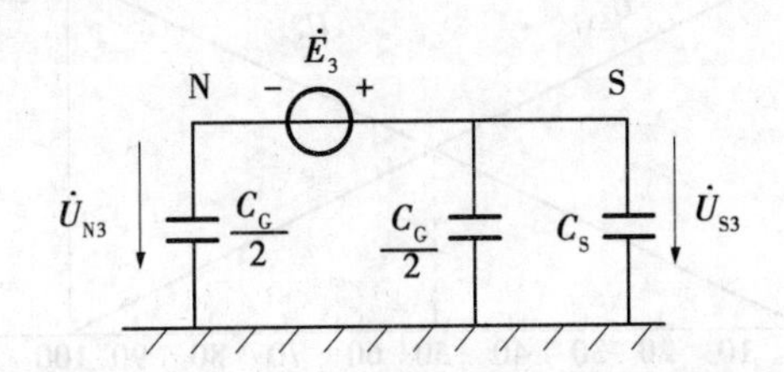

图 7-11　正常运行时定子绕组中三次谐波电压

图中 C_G 为发电机每相对地等效电容，且看做集中在发电机端 S 和中性点 N，并均为 $C_G/2$。C_S 为机端其他连接元件每相对地等效电容，且看做集中在发电机端。E_3 为每相三次谐波电压，机端三次谐波电压 U_{S3} 和中性点三次谐波电压 U_{N3} 分别为

$$U_{S3} = E_3 \frac{C_G}{2(C_G + C_S)}$$

$$U_{N3} = E_3 \frac{C_G + 2C_S}{2(C_G + C_S)}$$

U_{S3} 与 U_{N3} 比值为

$$\frac{U_{S3}}{U_{N3}} = \frac{C_G}{C_G + 2C_S} < 1$$

即
$$U_{S3} < U_{N3} \tag{7-12}$$

正常情况下,机端三次谐波电压总是小于中性点三次谐波电压。若发电机中性点经消弧线圈接地,上述结论仍然成立。

7.4.2.2 定子绕组单相接地时三次谐波电压的分布

设发电机定子绕组距中性点 α 处发生金属性单相接地,如图 7-12 所示。无论发电机中性点是否接有消弧线圈,恒有 $U_{N3}=\alpha E_3$,$U_{S3}=(1-\alpha)E_3$。且其比值为

$$\frac{U_{S3}}{U_{N3}}=\frac{1-\alpha}{\alpha} \tag{7-13}$$

当 $\alpha<50\%$ 时,$U_{S3}>U_{N3}$;当 $\alpha>50\%$ 时,$U_{S3}<U_{N3}$。

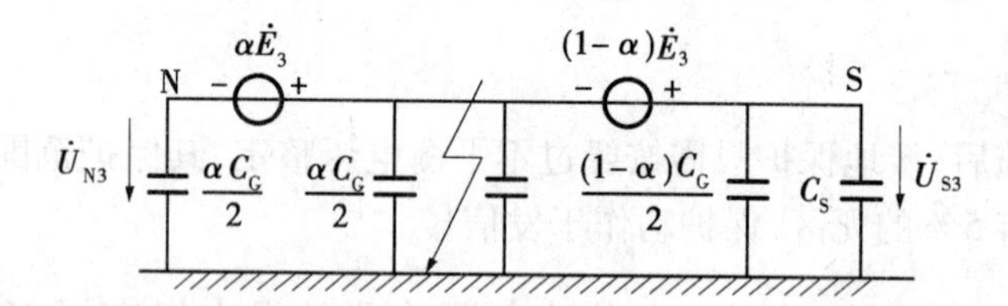

图 7-12 定子绕组单相接地时三次谐波电压分布

U_{S3} 与 U_{N3} 随 α 变化的关系如图 7-13 所示。

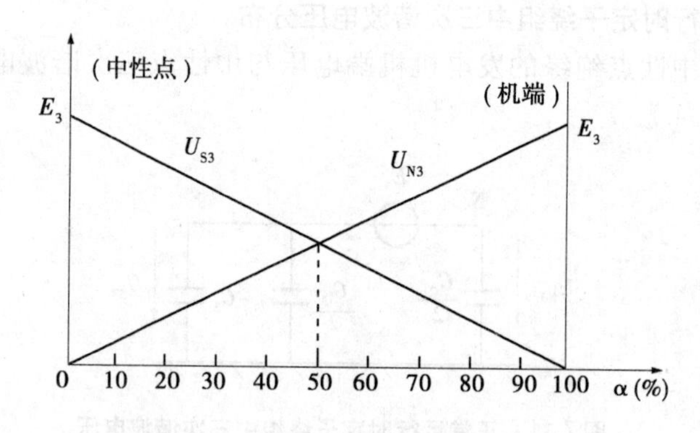

图 7-13 U_{S3} 与 U_{N3} 随 α 变化的曲线

综上所述,正常情况下,$U_{S3}<U_{N3}$;定子绕组单相接地时,$\alpha<50\%$ 的范围内,$U_{S3}>U_{N3}$。故可利用 U_{S3} 作为动作量,利用 U_{N3} 作为制动量,构成接地保护,其保护动作范围在 $\alpha=0\sim0.5$ 内,且越靠近中性点保护越灵敏,可与其他保护一起构成发电机定子 100% 接地保护。

7.5 发电机励磁回路接地保护

7.5.1 励磁回路一点接地保护

发电机正常运行时,励磁回路与地之间有一定的绝缘电阻和分布电容。当励磁绕组

绝缘严重下降或损坏时,会引起励磁回路的接地故障,最常见的是励磁回路一点接地故障。发生励磁回路一点接地故障时,由于没有形成接地电流通路,所以对发电机运行没有直接影响。但是发生一点接地故障后,励磁回路对地电压将升高,在某些条件下会诱发第二点接地,励磁回路发生两点接地故障将严重损坏发电机。因此,发电机必须装设灵敏的励磁回路一点接地保护,保护作用于信号,以便通知值班人员采取措施。

7.5.1.1 绝缘检查装置

励磁回路绝缘检查装置原理如图 7-14 所示。正常运行时,电压表 PV1、PV2 的读数相等。当励磁回路对地绝缘水平下降时,PV1 与 PV2 的读数不相等。

值得注意的是,在励磁绕组中点接地时,PV1 与 PV2 的读数也相等,因此该检测装置有死区。

7.5.1.2 直流电桥式一点接地保护

直流电桥式一点接地保护原理如图 7-15 所示。发电机励磁绕组 LE 对地绝缘电阻用接在 LE 中点 M 处的集中电阻 R 来表示。LE 的电阻以中点 M 为界分为两部分,和外接电阻 R_1、R_2 构成电桥的四个臂。励磁绕组正常运行时,电桥处于平衡状态,此时继电器不动作。当励磁绕组发生一点接地时,电桥失去平衡,流过继电器的电流大于其动作电流,继电器动作。显而易见,接地点靠近励磁回路两极时保护灵敏度高,而接地点靠近中点 M 时,电桥几乎处于平衡状态,继电器无法动作,因此在励磁绕组中点附近存在死区。

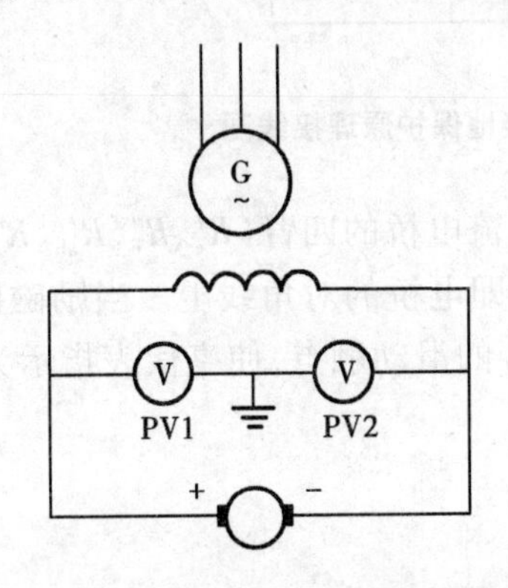

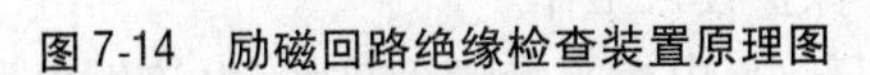

图 7-14 励磁回路绝缘检查装置原理图

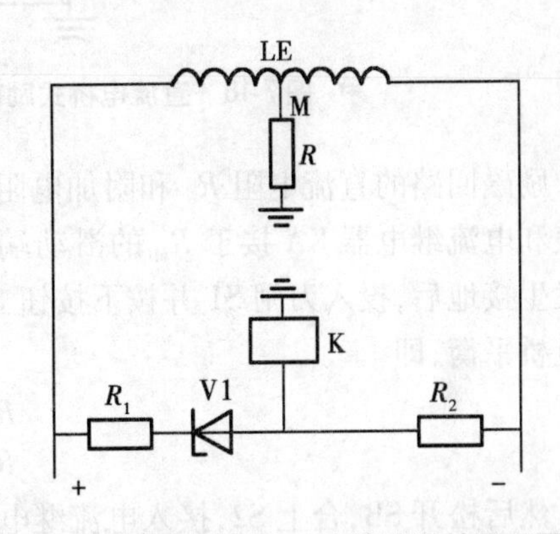

图 7-15 直流电桥式一点接地保护原理图

为了消除死区可采用下述两项措施:

(1)在电阻 R_1 的桥臂中串接非线性元件稳压管,其阻值随外加励磁电压的大小而变化,因此保护装置的死区随励磁电压改变而移动位置。这样在某一电压下的死区,在另一电压下则变为动作区,从而减小了保护拒动的概率。

(2)转子偏心和磁路不对称等原因产生的转子绕组的交流电压,使转子绕组中点对地电压不保持为零,而是在一定范围内波动。利用这个波动的电压来消除保护死区。

7.5.2 励磁回路两点接地保护

励磁回路发生两点接地故障,由于故障点流过相当大的短路电流,将产生电弧,因而会烧伤转子;部分励磁绕组被短接,造成转子磁场发生畸变,力矩不平衡,致使机组振动;

接地电流可能使汽轮机汽缸磁化。

因此,励磁回路发生两点接地会造成严重后果,必须装设励磁回路两点接地保护。

励磁回路两点接地保护可由电桥原理构成。直流电桥式励磁回路两点接地保护原理接线如图 7-16 所示。在发现发电机励磁回路一点接地后,将发电机励磁回路两点接地保护投入运行。当发电机励磁回路两点接地时,该保护经延时动作于停机。

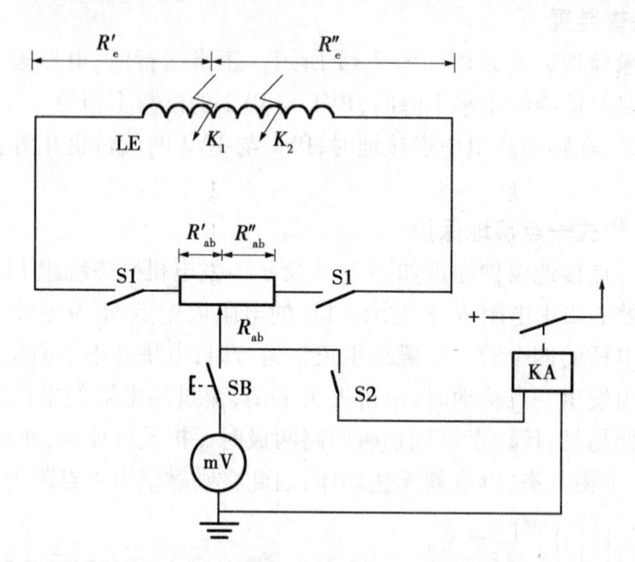

图 7-16　直流电桥式励磁回路两点接地保护原理接线图

励磁回路的直流电阻 R_e 和附加电阻 R_{ab} 构成直流电桥的四臂(R'_e、R''_e、R'_{ab}、R''_{ab})。毫伏表和电流继电器 KA 接于 R_{ab} 的滑动端与地之间,即电桥的对角线上。当励磁回路 K_1 点发生接地后,投入刀闸 S1 并按下按钮 SB,调节 R_{ab} 的滑动触点,使毫伏表指示为零,此时电桥平衡,即

$$\frac{R'_e}{R''_e} = \frac{R'_{ab}}{R''_{ab}} \tag{7-14}$$

然后松开 SB,合上 S2,接入电流继电器 KA,保护投入工作。

当励磁回路第二点发生接地时,R''_e 被短接一部分,电桥平衡遭到破坏,电流继电器中有电流通过,若电流大于继电器的动作电流,保护动作,断开发电机出口断路器。

由电桥原理构成的励磁回路两点接地保护有下列缺点:

(1)若第二个故障点 K_2 点离第一个故障点 K_1 点较远,则保护的灵敏度较好;反之,若 K_2 点离 K_1 点很近,通过继电器的电流小于继电器动作电流,保护将拒动,因此保护存在死区,死区范围在 10% 左右。

(2)若第一个接地点 K_1 点发生在转子绕组的正极或负极端,则因电桥失去作用,不论第二点接地发生在何处,保护装置将拒动,死区达 100%。

(3)由于两点接地保护只能在转子绕组一点接地后投入,所以对于发生两点同时接地,或者第一点接地后紧接着发生第二点接地的故障,保护均不能反应。

虽然两点接地保护装置有这些缺点,但是接线简单,价格便宜,因此在中、小型发电机

上仍然得到广泛应用。

目前,采用直流电桥原理构成的集成电路励磁回路两点接地保护,在大型发电机上得到广泛应用。

7.6 发电机的失磁保护

7.6.1 发电机失磁及原因

发电机失磁一般是指发电机的励磁电流异常下降超过了静态稳定极限所允许的程度或励磁电流完全消失的故障。前者称为部分失磁或低励故障,后者则称为完全失磁。造成低励故障的原因通常是主励磁机或副励磁机故障;励磁系统有些整流元件损坏或自动调节系统不正确动作及操作上的错误。完全失磁通常是由于自动灭磁开关误跳闸,励磁调节器整流装置中自动开关误跳闸,励磁绕组断线或端口短路以及副励磁机励磁电源消失等造成的。

为了保证发电机和电力系统的安全运行,在发电机特别是大型发电机上,应装设失磁保护。对于不允许失磁后继续运行的发电机,失磁保护应动作于跳闸。当发电机允许失磁运行时,保护可作用于信号,并要求失磁保护与切换励磁、自动减载等自动控制相结合,以取得发电机失磁后的最好处理效果。

7.6.2 发电机失磁后机端测量阻抗的变化规律

发电机失磁后或在失磁发展的过程中,机端测量阻抗要发生变化。测量阻抗为从发电机端向系统方向所看到的阻抗。

失磁后机端测量阻抗的变化是失磁保护的重要判据。以图 7-17 所示发电机与无穷大系统并列运行为例,讨论发电机失磁后机端测量阻抗的变化规律。发电机从失磁开始至进入稳态异步运行,一般可分为失磁后到失步前($\delta<90°$);静稳极限($\delta=90°$),即临界失步点;失步后三个阶段。

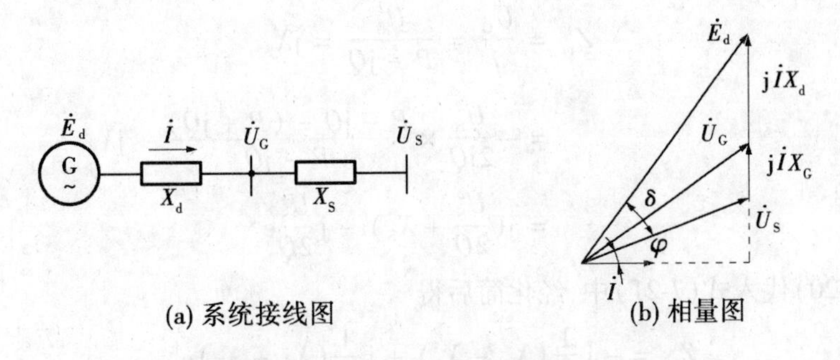

(a) 系统接线图　　(b) 相量图

图 7-17　发电机与无穷大系统并列运行

7.6.2.1 失磁后到失步前的阶段

失磁后到失步前,由于发电机转子存在惯性,转子的转速不能突变,因而原动机的调速器不能立即动作。另外，失步前的失磁发电机滑差很小，发电机输出的有功功率基本上保持失磁前输出的有功功率值，即可近似看做恒定，而无功功率则从正值变为负值。此时，从发电机端向系统看，机端的测量阻抗 Z_m 可根据图 7-17(b)计算。

$$\dot{U}_G = \dot{U}_S + j\dot{I}_S X_S \tag{7-15}$$

$$S = \dot{U}_S \dot{I} = P - jQ \tag{7-16}$$

$$P = \frac{E_d U_S}{X_\Sigma}\sin\delta \tag{7-17}$$

$$Q = \frac{E_d U_S}{X_\Sigma}\cos\delta - \frac{U_S^2}{X_\Sigma} \tag{7-18}$$

$$Z_m = \frac{\dot{U}_G}{\dot{I}} = \frac{\dot{U}_S + j\dot{I}X_S}{\dot{I}} = \frac{U_S^2}{P - jQ} + jX_S = \frac{U_S^2}{2P} + jX_S + \frac{U_S^2}{2P}e^{j\varphi} \tag{7-19}$$

$$\varphi = 2\arctan\frac{Q}{P}$$

式中　P——发电机送至系统的有功功率；

Q——发电机送至系统的无功功率；

S——发电机送至系统的视在功率；

X_Σ——由发电机同步电抗及系统电抗构成的综合电抗，$X_\Sigma = X_d + X_S$。

式(7-19)中，X_S 为常数，P 为恒定，U_S 恒定，只有角度 φ 为变数，因此式(7-18)在阻抗复平面上的轨迹是一个圆，其圆心坐标为$\left(\frac{U_S^2}{2P}, X_S\right)$，圆半径为$\frac{U_S^2}{2P}$，如图 7-18 所示。由于该圆是在有功功率不变条件下得出的，故称为等有功圆，圆的半径与 P 成反比。

7.6.2.2　临界失步点($\delta = 90°$)

$$Q = \frac{E_d U_S}{X_\Sigma}\cos\delta - \frac{U_S^2}{X_\Sigma} = -\frac{U_S^2}{X_\Sigma} \tag{7-20}$$

式(7-20)中的 Q 为负值，表示临界失步时发电机从系统中吸收无功，且为常数。机端测量阻抗为

$$\begin{aligned} Z_m &= \frac{\dot{U}_G}{\dot{I}} = \frac{U_S^2}{P - jQ} = jX_S \\ &= -\frac{U_S^2}{2jQ} \times \frac{P - jQ - (P + jQ)}{P - jQ} + jX_S \\ &= j\left(\frac{U_S^2}{2Q} + X_S\right) - j\frac{U_S^2}{2Q}e^{j\varphi} \end{aligned} \tag{7-21}$$

将式(7-20)代入式(7-21)中，经化简后得

$$Z_m = -j\frac{1}{2}(X_S - X_d) + j\frac{1}{2}(X_S + X_d)e^{j\varphi} \tag{7-22}$$

式(7-22)中，X_S、X_d 为常数。式(7-22)在阻抗复平面上的轨迹是一个圆，圆心坐标为$\left(0, -j\frac{X_d - X_S}{2}\right)$，半径为$\frac{X_d + X_S}{2}$，该圆是在 Q 不变的条件下得出来的，又称为等无功圆，如

图 7-19 所示。圆内为失步区,圆外为稳定工作区。

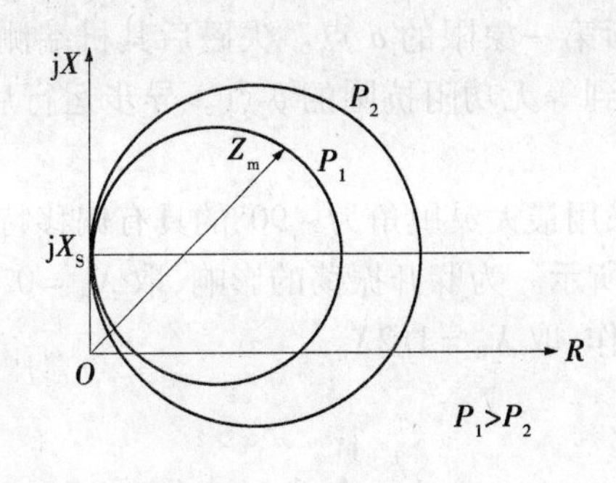

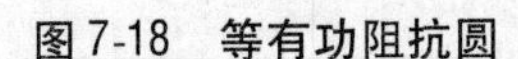
图 7-18 等有功阻抗圆

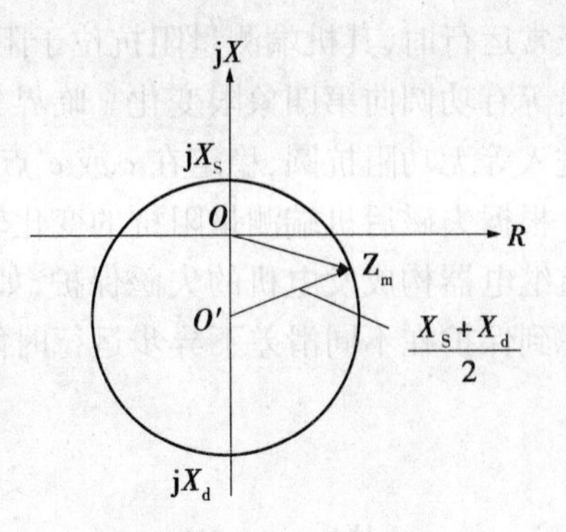

图 7-19 等无功阻抗圆

7.6.2.3 失步后异步运行阶段

发电机失步后异步运行时的等值电路如图 7-20 所示。按图示正方向,机端测量阻抗为

$$Z_{\mathrm{m}} = -\left[\mathrm{j}X_1 + \frac{\mathrm{j}X_{\mathrm{ad}}\left(\dfrac{R_2'}{s} + \mathrm{j}X_2'\right)}{\dfrac{R_2'}{s} + \mathrm{j}(X_{\mathrm{ad}} + X_2')}\right] \tag{7-23}$$

机端测量阻抗与转差率有关,当失磁前发电机在空载下失磁,即 $s=0$, $\frac{R_2'}{s}\to\infty$,机端测量阻抗为最大

$$Z_{\mathrm{m.max}} = -\mathrm{j}(X_1 + X_{\mathrm{ad}}) = -\mathrm{j}X_{\mathrm{d}} \tag{7-24}$$

若失磁前发电机的有功负荷很大,则失步后,从系统中吸收的无功功率 Q 很大,极限情况 $s\to\infty$, $\frac{R_2'}{s}\to 0$,则机端量阻抗为最小,其值为

$$Z_{\mathrm{m.min}} = -\mathrm{j}\left(X_1 + \frac{X_2' X_{\mathrm{ad}}}{X_2' + X_{\mathrm{ad}}}\right) = -\mathrm{j}X_{\mathrm{d}}' \tag{7-25}$$

一般情况下,发电机在稳定异步运行时,测量阻抗落在 $-\mathrm{j}X_{\mathrm{d}}'$ 到 $-\mathrm{j}X_{\mathrm{d}}$ 的范围内,如图 7-21所示。

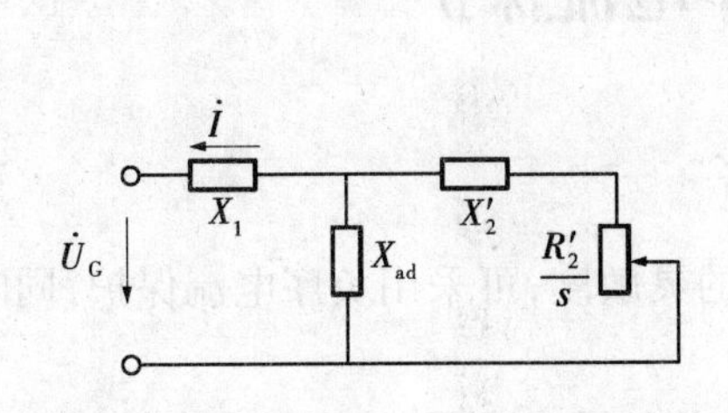

图 7-20 发电机异步运行时等值电路图

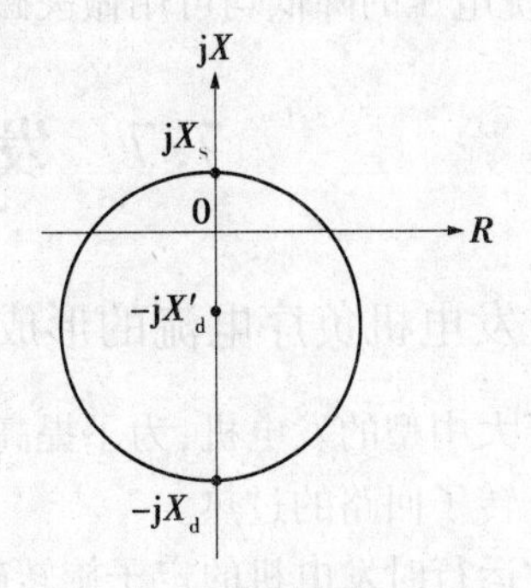

图 7-21 异步边界阻抗圆

由上述分析可知，发电机失磁后，其机端测量阻抗的变化情况如图7-22所示。发电机正常运行时，其机端测量阻抗位于阻抗复平面第一象限的 a 点。失磁后其机端测量阻抗沿等有功圆向第四象限变化。临界失步时达到等无功阻抗圆的 b 点。异步运行后，Z_m 便进入等无功阻抗圆，稳定在 c 或 c' 点附近。

根据失磁后机端测量阻抗的变化轨迹，可采用最大灵敏角为 $-90°$ 的具有偏移特性的阻抗继电器构成发电机的失磁保护，如图7-23所示。为躲开振荡的影响，取 $X_A = 0.5X'_d$。考虑到保护在不同滑差下异步运行时能可靠动作，取 $X_B = 1.2X_d$。

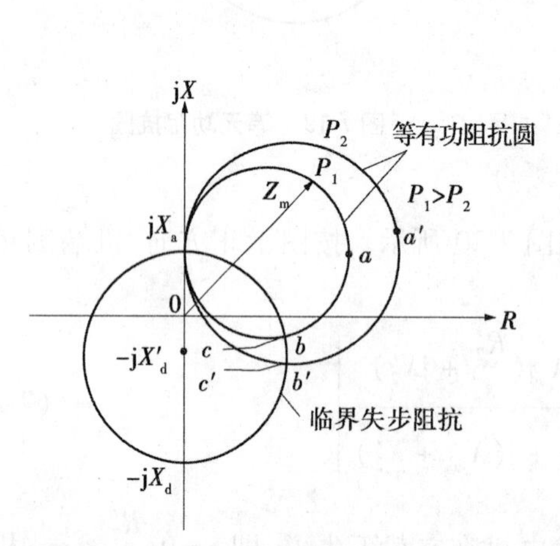

图7-22 失磁后的发电机机端测量阻抗的变化

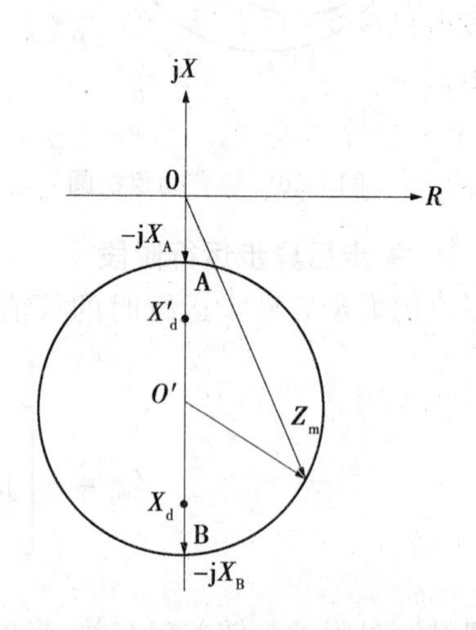

图7-23 失磁保护用阻抗元件特性曲线

7.6.3 失磁保护的构成

发电机的失磁故障可采用无功功率改变方向、机端测量阻抗超越静稳边界圆的边界、机端测量阻抗进入异步静稳边界阻抗圆为主要判据，来检测失磁故障。但是，仅用以上的主要判据来判断失磁故障是不全面的，而且可能判断错误。例如，有时发电机欠励磁运行或励磁调节器调差特性配合不妥，无功功率分配不合理，可能出现无功反向；系统振荡或某些短路故障时，机端测量阻抗也可能进入临界失步圆。因此，为了保证保护动作的选择性，还需要用非正常运行状态下的某些特征作为失磁保护和辅助判据。例如励磁电压的下降、系统电压的降低均可用做失磁保护辅助判据。

7.7 发电机负序电流保护

7.7.1 发电机负序电流的形成、特征、危害

对于大中型的发电机，为了提高不对称短路的灵敏度，可采用负序电流保护，同时还可以防止转子回路的过热。

正常运行时发电机的定子旋转磁场与转子同方向同速运转，因此不会在转子中感应电流；当电力系统中发生不对称短路，或三相负荷不对称时，将有负序电流流过发电机的

定子绕组,该电流在气隙中建立起负序旋转磁场,以同步速朝与转子转动方向相反的方向旋转,并在转子绕组及转子铁芯中产生 100 Hz 的电流。该电流使转子相应部分过热、灼伤,甚至可能使护环受热松脱,导致发电机严重事故。同时有 100 Hz 的交变电磁转矩,引起发电机振动。因此,为防止发电机的转子遭受负序电流的损伤,大型汽轮发电机都要装设比较完善的负序电流保护,它由定时限和反时限两部分组成。

7.7.2 发电机负序电流的承受能力

发电机承受负序电流的能力 I_2,是负序电流保护的整定依据之一。当出现超过 I_2 的负序电流时,保护装置要可靠动作,发出声光信号,以便及时处理。当其持续时间达到规定时间,而负序电流尚未消除时,则应动作于切除发电机,以防遭受负序电流造成的损害。

发电机能长期承受的负序电流值由转子各部件能承受的温度决定,通常为额定电流的4%到10%。

发电机承受负序电流的能力,与负序电流通过的时间有关,时间越短,允许的负序电流越大,时间越长,允许的负序电流越小。因此,负序电流在转子中所引起的发热量,正比于负序电流的平方与所持续的时间的乘积。发电机短时承受负序电流的能力可表达为

$$t = \frac{A}{I_{*2}^2} \tag{7-26}$$

式中,A 是与发电机形式及其冷却方式有关的常数,表示发电机承受负序电流的最大能力,对表面冷却的汽轮发电机可取为30,对直接冷却式 100 ~ 300 MW 的汽轮发电机可取为6 ~ 15。

发电机在任意时间内承受负序电流的能力表达式为

$$t = \frac{A}{I_{*2}^2 - \alpha} \tag{7-27}$$

式中,α 是与发电机允许长期运行的负序电流分量 I_{*2} 有关的系数,一般取 $\alpha = 0.6I_{*2}^2$。

7.7.3 发电机负序电流保护

7.7.3.1 定时限负序电流保护

对于中小型发电机,负序过电流保护大多采用两段式定时限负序电流保护。定时限负序电流保护由动作于信号的负序过负荷保护和动作于跳闸的负序过电流保护组成。

负序过负荷保护的动作电流按躲过发电机允许长期运行的负序电流整定。对汽轮发电机,长期允许负序电流为额定电流的6% ~8%,对水轮发电机长期允许负序电流为额定电流的12%。通常取为 $0.11I_N$。保护时限大于发电机的后备保护的动作时限,可取5 ~10 s。

负序过电流保护的动作电流,按发电机短时允许的负序电流整定。对于表面冷却的发电机其动作值常取为 $(0.5 \sim 0.6)I_N$。此外,保护的动作电流还应与相邻元件的后备保护在灵敏度上相配合。一般情况下可以只与升压变压器的负序电流保护在灵敏度上配合。保护的动作时限按阶梯原则整定,一般取 3 ~5 s。

保护动作时限特性与发电机允许的负序电流曲线的配合情况如图 7-24 所示。

在曲线 ab 段内,保护装置的动作时间大于发电机允许的时间,因此可能出现发电机

已损坏而保护未动作的情况；在曲线 bc 段内，保护装置的动作时间小于发电机允许的时间，没有充分利用发电机本身所具有的承受负序电流的能力；在曲线 cd 段内，保护动作于信号，由运行人员来处理，可能值班人员还未来得及处理时，发电机已超过了允许时间，所以此段只给信号也不安全；在曲线 de 段内，保护根本不反应。

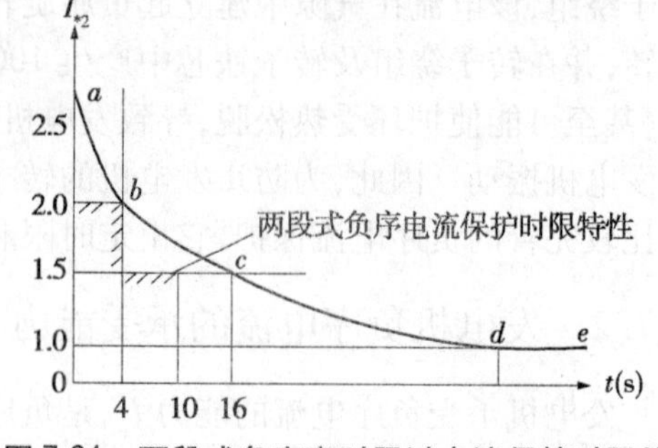

图 7-24　两段式负序定时限过电流保护时限特性与发电机允许的负序电流曲线的配合

两段式定时限负序电流保护接线简单，既能反映负序过负荷，又能反映负序过电流，对保护范围内故障有较高的灵敏度。在变压器后短路时，其灵敏度与变压器的接线方式无关。但是两段式定时限负序电流保护的动作特性与发电机发热允许的负序电流曲线不能很好的配合，存在着不利于发电机安全及不能充分利用发电机承受负序电流的能力等问题，因此在大型发电机上一般不采用。大型汽轮发电机应装设能与负序过热曲线配合较好的具有反时限特性的负序电流保护。

7.7.3.2　**反时限负序电流保护**

反时限特性是指电流大时动作时限短，而电流小时动作时限长的一种时限特性。通过适当调整，可使保护时限特性与发电机的负荷发热允许电流曲线相配合，以达到保护发电机免受负序电流过热而损坏的目的。

采用式 $t=\dfrac{A}{I_{*2}^{2}-\alpha}$ 构成负序电流保护的判据，其中 I_{*2} 为负序电流标幺值。

发电机负序电流保护时限特性与允许负序电流曲线 $\left(t=\dfrac{A}{I_{*2}^{2}}\right)$ 的配合如图 7-25 所示。图中，虚线为保护的时限特性，实线为允许负序电流曲线。由图可见，发电机负序电流保护的时限特性具有反时限特性，保护动作时间随负序电流的增大而减小，较好地与发电机承受负序电流的能力相匹配，这样既可以充分利用发电机承受负序电流的能力，避免在发电机还没有达到危险状态的情况下被切除，又能防止发电机损坏。

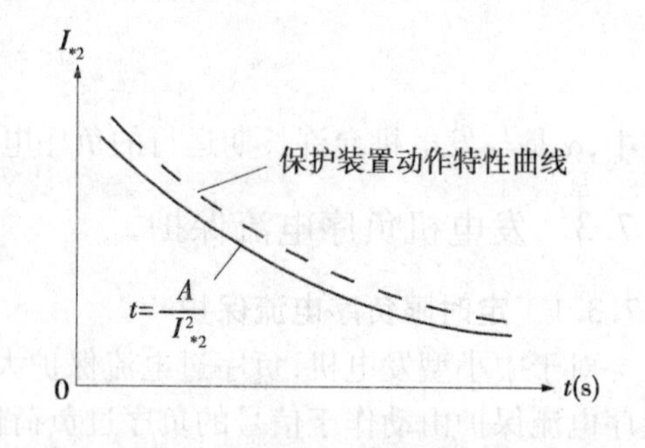

图 7-25　负序反时限过电流保护动作特性与发电机 $A=tI_{*2}^{2}$ 的配合情况

7.8　发电机微机保护

7.8.1　发电机微机保护

7.8.1.1　**采样值纵差保护**

假设中性点侧和机端相电流正方向均为从发电机中性指向系统，不考虑电流互感器

误差时，电流瞬时值采样值在每一个时刻都满足基尔霍夫定律。其绝对值比较的动作方程为

$$|i_d(k)| > K|i_r(k)| \tag{7-28}$$

式中　$i_d(k)$——差动电流采样值，$i_d(k)=i_N(k)-i_T(k)$，$i_N(k)$是中性点侧电流采样值、$i_T(k)$是机端电流采样值；

$i_r(k)$——制动电流采样值，$i_r(k)=i_N(k)+i_T(k)$。

为防止短时干扰的影响，应重复判断 M 次，再发出命令。当流过的电流很大且包含有很大的非周期分量时，电流互感器只在最初的 1/4 ~ 1/2 周期以前有良好的传变特性，因此要求采样值必须在半周期前作出判断，之后保护闭锁。但为了保证制动特性，要求有 1/4 周期以上的信息才能满足要求，即要求重复次数应能覆盖 1/4 周期以上。

在高速动作的前提下，因电流互感器误差很小，制动系数 K 可以取得较小。

7.8.1.2　基波相量纵差保护

基波相量纵差保护动作方程主要有以下两种

$$|\dot{I}_N - \dot{I}_T| > K|\dot{I}_N + \dot{I}_T| \tag{7-29}$$

$$|\dot{I}_N - \dot{I}_T|^2 > SI_N I_T\cos\theta \tag{7-30}$$

式中　$\dot{I}_N$——发电机中性点基波电流；

$\dot{I}_T$——发电机机端基波电流；

θ——$\dot{I}_N$ 与 $\dot{I}_T$ 的相位差，即 $\theta=\arg(\dot{I}_N/\dot{I}_T)$。

式(7-29)具有传统的比率制动特性。K 值要求小于 1，以保证单侧电源内部短路时不拒动。式(7-30)称为标积制动特性。根据式(7-29)和式(7-30)可以导出系数 K 和 S 之间的关系为

$$S = \frac{4K^2}{1-K^2} \tag{7-31}$$

基波相量纵差保护动作方程可以直接按绝对值计算，也可以用平方值处理。

为了提高差动保护的灵敏度，可以利用反映故障分量实现的纵差保护，其动作方程为

$$|\Delta\dot{I}_N - \Delta\dot{I}_T| > S\Delta I_N I_T\cos\theta \tag{7-32}$$

式中　$\Delta\dot{I}_N$——发电机中性点故障分量，$\Delta\dot{I}_N=\dot{I}_N-\dot{I}_L$（$\dot{I}_L$ 为负荷电流）；

$\Delta\dot{I}_T$——发电机机端故障分量，$\Delta\dot{I}_T=\dot{I}_T-\dot{I}_L$；

θ——两侧电流相位差，$\theta=\arg(\Delta\dot{I}_N/\Delta\dot{I}_T)$。

在式(7-32)中，$\cos\theta$ 的符号明确地表达了内、外部故障。当外部故障时不等式的右侧为正值，表现为一较大的制动量；当内部故障时，不等式右侧为负值，表现为较大的动作量。这样 S 可适当取大一些以确保外部故障时的制动量，不会对内部故障产生不利影响。

故障分量差动算法，只需将方程(7-29)用相应的故障分量电流即可，其动作方程为

$$|\Delta i_N(k) - \Delta i_T(k)| > K|\Delta i_N(k) + \Delta i_T(k)| \tag{7-33}$$

7.8.2　反映定子不对称故障的故障分量保护

由于内部故障与外部故障时机端负序电压与负序电流的故障分量的相位差接近 π。

因此,比较机端负序电压和电流故障分量的相位就能正确确定发电机内、外部故障。同时,流过发电机定子绕组的负序电流故障分量将在转子回路中产生二次谐波分量电流,它可以用来作为故障检测之用。

其判据可分为并列前和并列后两种情况:

(1)发电机与系统并列运行时的判据

$$(|\Delta\dot{I}_{f2}| > \varepsilon_{f2}) \cap (\Delta S_2 > \varepsilon_1) \tag{7-34}$$

式中 $\Delta\dot{I}_{f2}$——转子回路二次谐波电流;

ε_{f2}——保护的门槛值;

ΔS_2——故障分量负序正方向的量;

ε_1——保护的门槛值。

(2)发电机与系统解列运行时的判据

$$(|\Delta\dot{I}_{f2}| > \varepsilon_{f2}) \cap (|\Delta\dot{I}_2| \leqslant \varepsilon_1) \cap (|\Delta\dot{U}_2 > \varepsilon_{U2}|) \tag{7-35}$$

式中 $\Delta\dot{I}_2$——负序电流故障分量;

$\Delta\dot{U}_2$——负序电压故障分量;

ε_1、ε_{U2}——保护的门槛值。

当规定流过机端电流互感器的电流方向是自发电机流向系统,则发电机内部发生短路故障时,故障分量电流将比故障分量电压落后 70°~90°;外部短路故障时,变为超前 90°~110°。可以利用相位比较式进行比较,其动作方程为

$$360° \geqslant \arg\frac{\Delta\dot{I}_2}{\Delta\dot{U}_2} \geqslant 180° \tag{7-36}$$

或表示为

$$\sin(\arg\frac{\Delta\dot{I}_2}{\Delta\dot{U}_2}) \leqslant 0 \tag{7-37}$$

则 ΔS_2 可用虚部、实部表示为

$$\Delta S_2 = \Delta I_{2R}\Delta U_{2I} - \Delta I_{2I}\Delta U_{2R} \geqslant \varepsilon_2 \tag{7-38}$$

为了保证可靠地进行相位比较,还要增加一个辅助判据,即

$$\begin{cases}\Delta I_2 \geqslant \varepsilon_1 \\ \Delta U_2 \geqslant \varepsilon_U\end{cases} \tag{7-39}$$

7.8.3 定子绕组接地故障保护

我国微机式发电机定子绕组接地故障保护大都是基于三次谐波电压原理的保护。传统的100%定子接地故障保护方案之一就是利用基波零序电压和三次谐波电压构成100%接地保护。实践证明,由于三次谐波电压随负荷和励磁电流大小变化而变化,通常都利用机端和中性点三次谐波电压相对变化,比较典型的方案如

$$K_g|\dot{U}_{3N}| < |\dot{U}_{3N} + K_p\dot{U}_{3T}| \tag{7-40}$$

式中 K_g、K_p——事先整定的常数。

正常运行时，$\dot{U}_{3N}$和$\dot{U}_{3T}$的大小不相等，且相位也不相反，需按具体发电机调整复系数$\dot{K}_p$使正常运行时的动作量最小，从而使得制动系数量K_g尽量小，以保证发生接地故障时保护有较高的灵敏度。式(7-40)用微机实现十分方便。实践证明，$\dot{U}_{3N}$和$\dot{U}_{3T}$及比值均随运行工况不同而改变；不同的发电机变化范围不同，并无确定的规律，水轮发电机尤为突出。用固定的$\dot{K}_p$值很难满足不误动和高灵敏的要求。若能自动跟踪$\dot{U}_{3N}/\dot{U}_{3T}$的变化，就能提高保护的灵敏度。这就是自适应式定子接地保护原理的基本思想。

7.8.3.1 系数自调整式三次谐波电压接地保护

$$|\dot{U}_{3N}(t)-\dot{N}_c(t-t_{cc})\dot{U}_{3T}(t)|>K_g\dot{U}_{3N} \tag{7-41}$$

式中 $\dot{N}_c=\dot{U}_{3N}(t)/\dot{U}_{3T}(t)$；

t_{cc}——计算周期，可选择尽量短；

K_g——整定门槛值。

式(7-41)与式(7-40)类似，但是复比例系数$\dot{N}_c$是可实时调整的。这就保证了正常运行情况下式(7-41)的动作量很小，从而使整定值K_g可以选得很小。

7.8.3.2 三次谐波电压比突变量式接地保护

电压比突变量式保护有两种形式，包括幅值比突变量式和相量比突变量式。幅值比突变量式动作方程为

$$\frac{|\dot{U}_{3T}(t)|}{|\dot{U}_{3N}(t)|}-\frac{|\dot{U}_{3T}(t-t_{cc})|}{|\dot{U}_{3N}(t-t_{cc})|}>\Delta P_{set} \tag{7-42}$$

相量比突变量动作方程为

$$\left|\frac{\dot{U}_{3T}(t)}{\dot{U}_{3N}(t)}-\frac{\dot{U}_{3T}(t-t_{cc})}{\dot{U}_{3N}(t-t_{cc})}\right|>\Delta P_{set} \tag{7-43}$$

由于$\dot{U}_{3N}/\dot{U}_{3T}$的值在各种工况下变化较为稳定，所以上述方案在各种工况下灵敏度的稳定性较好。

7.9 WFBZ－01 型微机保护装置简介

7.9.1 WFBZ－01 型微机保护装置概述

WFBZ－01 型微机保护装置是由东南大学和南京电力自动化设备总厂联合研制的 600 MW 及以下容量发电机微机保护装置。它由标准 16 位总线主机构成，可提供十多种保护功能和非电量保护接口，分布于若干个相互完全独立的 CPU 系统，可满足各种容量的火电或水电发变组保护要求，也可单独作为发电机\主变压器\厂用变压器\高备变、励磁变以及大型同步调相机的保护。保护配置灵活，设计合理，并对主保护进行双重化配置，满足电力系统反事故措施要求，保证装置的使用安全性。

保护装置按屏柜设计，与外界的接口和传统设计完全兼容，如交流信号输入、直流信

号输入、开关量信号输入，装置直流电源\交流电源、保护信号接点输出、跳闸干簧接点输出，另外还少有串行通信接口\并行通信接121(连接打印机)。每个柜由2~4个独立的微机CPU系统和一套出口子系统构成，每个CPU系统可负担5个左右保护(不多于8个)。机组单元成套保护由1~3个柜组成，且由一台管理计算机进行一体化管理。一体化管理系统可与各CPU系统进行数据交换，从而对机组和保护运行状况进行监视和记录，也可进行时钟校对和定值管理。此管理机可作为一个子站与电厂计算机管理系统进行联网，实行保护设备自动化管理。

7.9.2　WFBZ-01型微机保护装置的特点

采用Intel 8086作为主机CPU，它可与外围电路严格匹配，运行可靠，抗干扰能力强。自检手段可及时发现和帮助查找装置各插件的故障。

每一CPU系统有可靠的键盘/数码显示系统，提供独立的本机监控手段，有友好的人机界面和丰富的操作指令。

保护设有软件投/退功能，另设有压板可以投退跳闸回路，投入的保护有明确指示。

有watchdog电路监视CPU工作。CPU故障时自动发出报警。

出口干簧线包正常时悬浮不带电，动作时自动提供电源，任何一点误碰线不会引起误出口。

十进制连续式整定，操作简单直观。定值分区放置于E^2PROM中，以便自动校核。定值一旦整定完毕可永久保存，直至下次被修改。

提供现场自动和半自动整定手段，简化调试方法，也解决特殊保护的调试困难。

提供在线监视功能，可随时观察定值、各输入电气量数值、保护计算结果、开关量状态，以及日期、时间、频率等。

打印机自动上电，并延时自动关电源。提供全表格化随机打印功能和故障自动打印功能。有直接试验功能供现场投运前试验。

7.9.3　WFBZ-01型微机保护装置各保护原理简介

下面将简介WFBZ-01型微机发电机保护装置的保护原理和实现方法以及各种保护原理的逻辑框图。

7.9.3.1　发电机纵差保护

提供变数据窗式标积制动原理和变数据窗式比率制动原理两种保护原理和循环闭锁逻辑方式和单差动逻辑方式两种动作逻辑方式供用户选择。

1. 变数据窗式标积制动原理

$$|\dot{I}_T - \dot{I}_N|^2 \geqslant K_b I_T I_N \cos\varphi$$

式中 I_T——发电机机端电流；

I_N——发电机中性点电流；

φ——$\dot{I}_N$与$\dot{I}_T$之间的相角差。

标积制动原理的动作量和比率差动保护一样。在区外发生故障时，该原理的表现行为和比率制动原理也完全一样。但在区内发生故障时，由于标积制动原理的制动量反映电流之间相位的余弦，当相位大于90°，制动量就变为负值，负值的制动量从概念上讲即为动作量，因此可极大地提高内部故障发生时保护反映的灵敏度。而比率制动原理的制动量总是大于0的。

2. 变数据窗式比率制动原理

$$|I_T - I_N| \geqslant K/2 |I_T + I_N|$$

比率制动原理与传统保护原理一样。

3. 变数据窗算法原理

变数据窗算法是指差动保护能够在故障刚开始发生且故障采样数据量较少时自适应地提高保护的制动曲线，随着故障的进一步发展，以及数据窗的增加，计算精度进一步提高，能自动降低制动特性曲线，以期与算法精度完全配套。这种自适应的制动曲线，最终与用户整定的特性精确吻合。采用这一算法可以大大提高内部严重故障时的动作速度，同时丝毫不会降低轻微故障时的灵敏度。

电流取自发电机机端侧和中性点侧的三相电流。

4. 保护动作逻辑

动作逻辑方式Ⅰ：循环闭锁方式

原理：当发电机内部发生相间短路时，二相或三相差动同时动作。根据这一特点，在保护跳闸逻辑上设计了循环闭锁方式。为了防止一点在区内另外一点在区外的两点接地故障的发生，当有一相差动动作且同时有负序电压时也出口跳闸。保护的逻辑图如图7-26所示。

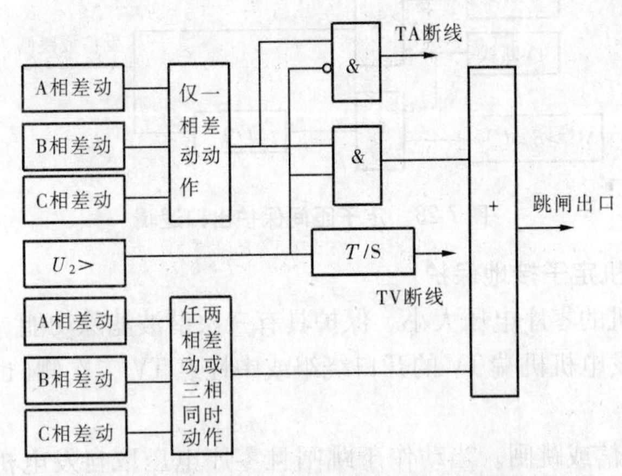

图7-26　发电机差动出口逻辑：循环闭锁方式

此时若仅一相差动动作而无负序电压时即认为TA断线。负序电压长时间存在而同时无差电流时，为TV断线。

动作逻辑方式Ⅱ：单相差动方式

原理：任一相差动保护动作即出口跳闸。这种方式另外配有TA断线检测功能。在TA断线时瞬时闭锁差动保护，且延时发TA断线信号。保护的逻辑图如图7-27所示。

7.9.3.2　发电机定子匝间保护

反映发电机纵向零序电压的基波分量。“零序”电压取自机端专用电压互感器的开口三角形绕组,此互感器必须是三相五柱式或三个单相式,其中性点与发电机中性点通过高压电缆相连。“零序”电压中三次谐波不平衡量由数字付氏滤波器滤除。

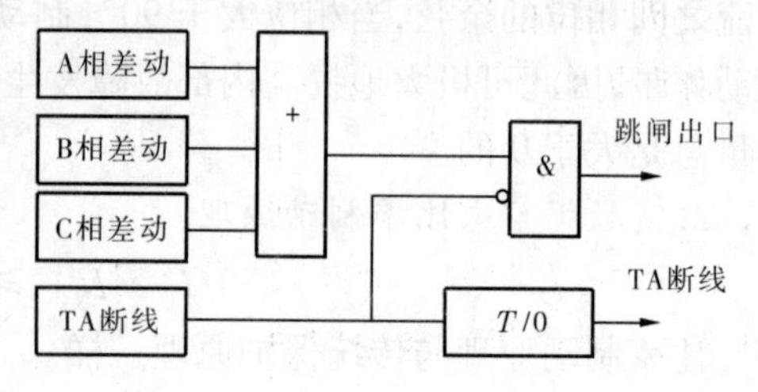

图 7-27　发电机差动单差动方式出口逻辑

为准确、灵敏反映内部匝间故障,同时防止外部短路时保护误动,保护以纵向“零序”电压中三次谐波特征量的变化来区分内部和外部故障。

为防止专用电压互感器断线时保护误动作,保护采用可靠的电压平衡继电器作为互感器断线闭锁环节。

保护分两段:

Ⅰ段为次灵敏段:动作值必须躲过任何外部故障时可能出现的基波不平衡量,保护瞬时出口。

Ⅱ段为灵敏段:动作值可靠躲过正常运行时出现的最大基波不平衡量,并利用“零序”电压中三次谐波不平衡量的变化来进行制动。保护可带 0.1 ~0.5 s 延时出口以保证可靠性。

保护引入专用电压互感器开口三角形绕组零序电压,及电压平衡继电器用 2 组 PT 电压量。保护动作逻辑框图如图 7-28 所示。

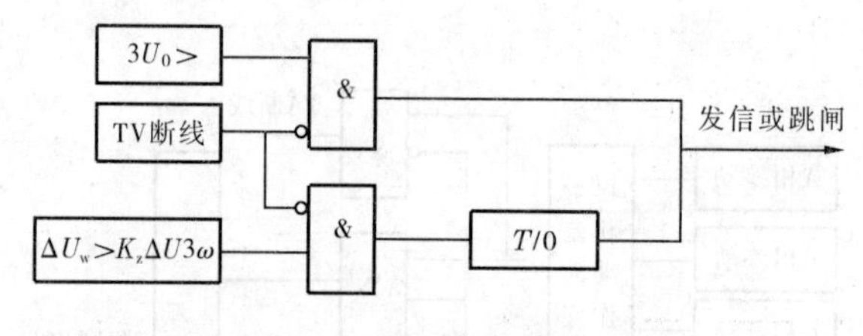

图 7-28　定子匝间保护出口逻辑

7.9.3.3　$3U_0$ 发电机定子接地保护

保护反映发电机的零序电压大小。保护具有三次谐波滤除功能。

零序电压取自发电机机端 TV 的开口绕组或中性点 TV 二次侧(也可从消弧线圈副方绕组取得)。

出口方式:可发信或跳闸。当动作于跳闸且零序电压取自发电机机端 TV 的开口三角形绕组时可设 TV 断线闭锁。保护的逻辑框图如图 7-29 所示。

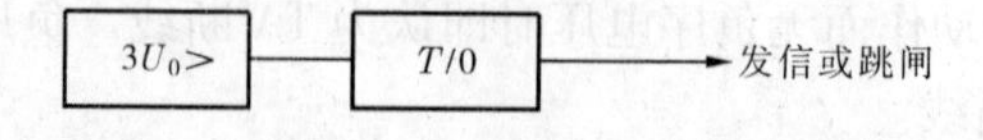

图 7-29　$3U_0$ 发电机定子接地保护出口逻辑

7.9.3.4　3ω 发电机定子接地保护

保护反映发电机机端和中性点侧三次谐波电压大小和相位。保护具有较高的基波分量滤除功能。该保护一般和 $3U_0$ 定子接地保护共同构成 100% 定子接地保护。

机端三次谐波电压取自发电机机端 TV 的开口三角形绕组,中性点三次谐波电压取自发电机中性点 PT 或消弧线圈。

该保护有虚拟电位法和动作判据两种,在使用时可自动检测发电机机端和中性点三次谐波电压的大小和相位,并且自动整定该保护的动作量,使保护处于最佳状态。

出口方式:可发信或跳闸。

保护的逻辑框图如图 7-30 所示。

7.9.3.5 发电机过激磁保护

1. 保护原理

发电机会由于电压升高或者频率降低而出现过励磁。

过激磁保护反映过激磁倍数而动作。过激磁倍数定义如下

$$N = \frac{B}{B_e} = \frac{U/f}{U_e/f_e} = \frac{U_*}{f_*}$$

式中 U、f——电压、频率;

U_e、f_e——额定电压、额定频率;

U_*、f_*——电压、频率标幺值;

B、B_e——磁通量和额定磁通量。

过激磁电压取自机端 TV 线电压(如 U_{AB})。

2. 保护出口方式

出口方式Ⅰ:定时限方式

定时限 T_1 发信或跳闸

定时限 T_2 发信或跳闸

保护的逻辑框图如图 7-31 所示。

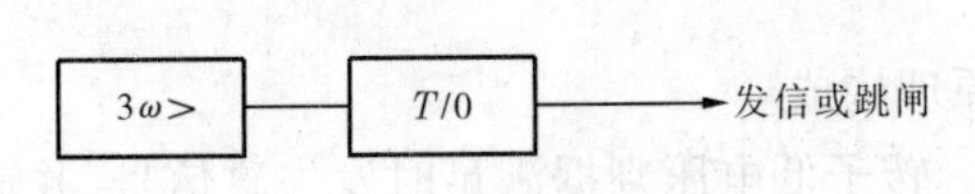

图 7-30 3ω 发电机定子接地保护出口逻辑

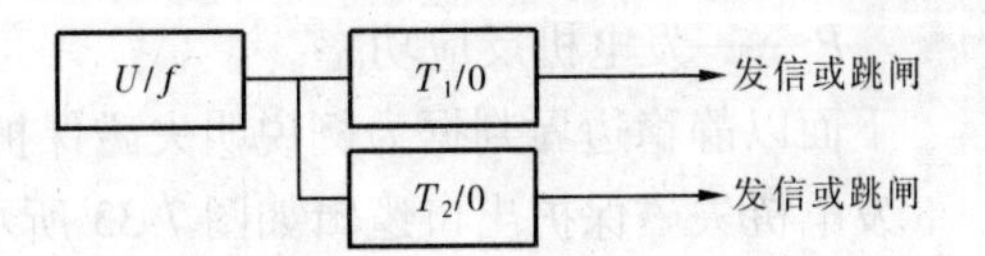

图 7-31 发电机定时限过激磁保护出口逻辑

出口方式¢ :反时限方式

定时限发信

反时限发信或跳闸

反时限曲线特性由三部分组成:¢ 上限定时限;¢ 反时限;¢ 下限定时限。

当发电机(变压器)过激磁倍数大于上限整定值时,则按上限定时限动作;如果倍数超过下限整定值,但不足以使反时限部分动作时,则按下限定时限动作;倍数在此之间则按反时限规律动作。

7.9.3.6 发电机过电压保护

保护反映发电机机端电压大小。电压取自发电机机端 TV 的线电压,如 U_{AC}。

出口方式:可发信或跳闸。

保护的逻辑框图如图 7-32 所示。

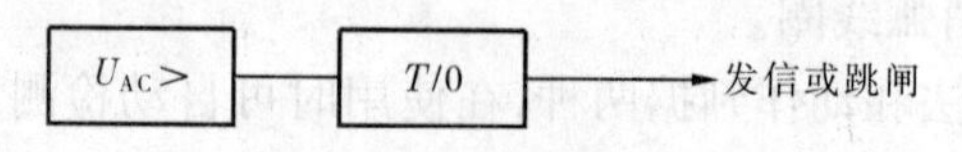

图 7-32 发电机过电压保护出口逻辑

7.9.3.7 发电机失磁保护

失磁保护由发电机机端测量阻抗判据、转子低电压判据、变压器高压侧低电压判据、定子过流判据构成。一般情况下阻抗整定边界为静稳边界圆，但也可以为其他形状。

当发电机须进相运行时。如按静稳边界整定圆整定不能满足要求时，一般可采用以下三种方式之一来躲开进相运行区。

(1)下移阻抗圆，按异步边界整定。

(2)采用过原点的两根直线，将进相区躲开。此时，进相深度可整定。

(3)采用包含可能的进相区(圆形特性)挖去，将进相区躲开。

转子低电压动作方程

当 $U_{fd} < U_{fl.dz}$ 时，$$U_{fd} < U_{fl.dz}$$

当 $U_{fd} > U_{fl.dz}$ 时，$$U_{fd} < \frac{U_{fdo}}{K_f S_N}(P - P_t)$$

式中 U_{fd}——转子电压；

$U_{fl.dz}$——转子低电压动作值；

U_{fdo}——发电机空载转子电压；

S_N——发电机额定功率；

K_f——转子低电压系数；

P——发电机出力；

P_t——发电机反应功率。

下面以静稳边界判据为例说明失磁保护原理构成。

发电机失磁保护出口逻辑如图 7-33 所示。转子低电压判据满足时发失磁信号，并输出切换励磁命令。此判据可以预测发电机是否因失磁而失去稳定，从而在发电机尚未失去稳定之前及早地采取措施(切换励磁等)，防止事故的扩大。

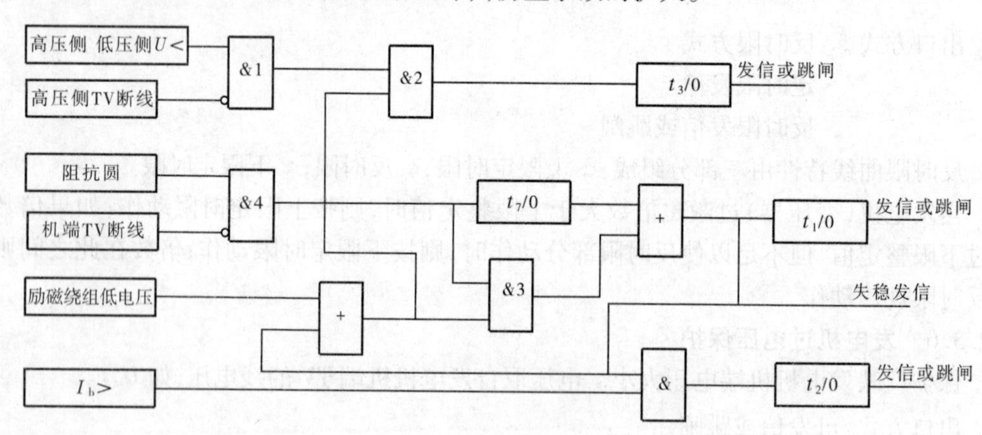

图 7-33 发电机失磁保护出口逻辑

对于无功储备不足的系统，当发电机失磁后，有可能在发电机失去静稳之前，高压侧电压就达到了系统崩溃值。所以，转子低电压判据满足并且高压侧低电压判据满足时，说明发电机的失磁已造成了对电力系统安全运行的威胁，经“与 2”电路发出跳闸命令，迅速切除发电机。

转子低电压判据满足并且静稳边界判据满足，经“与 3”电路发出失稳信号。此信号表明发电机由失磁导致失去了静稳。当转子低电压判据在失磁中拒动（如转子电压检测点到转子绕组之间发生开路时），失稳信号由静稳边界判据产生。

汽轮机在失磁时允许异步运行一段时间，此间过流判据监测汽轮机的有功功率。若定子电流大于 1.05 倍的额定电流，表明平均异步功率超过 0.5 倍的额定功率，发出压出力命令，压低发电机的出力，使汽轮机继续作稳定异步运行。稳定异步运行一般允许 2 ~ 15 min（t_1），所以经过 t_1 之后再发跳闸命令。在 t_1 期间运行人员可有足够的时间去排除故障，重新恢复励磁，这样就避免了跳闸，这对经济运行具有很大意义。如果出力在 t_2 内不能压下来，而过电流判据又一直满足，则发跳闸命令以保证发电机本身的安全。

对水轮机，因不允许异步运行，t_1 可整定很小。当失稳信号发出后立即经过一个短延时 t_1 跳闸命令。

保护方案体现了这样一个原则：发电机失磁后，电力系统或发电机本身的安全运行遭到威胁时，将故障的发电机切除，以防止故障的扩大。在发电机失磁而对电力系统或发电机的安全不构成威胁时（短期内），则尽可能推迟切机，运行人员可及时排除故障，避免切机。

阻抗元件电压取自发电机机端 TV；电流取自发电机机端或中性点 TA。

高压侧电压取自主变高压侧 TV。

励磁电压取自发电机转子。

出口方式：t_1——可发信或跳闸。

t_2——可发信或跳闸。

t_3——可发信或跳闸。

发电机失磁保护阻抗边界特性如图 7-34 所示，发电机失磁保护转子低压动作特性如图 7-35 所示。

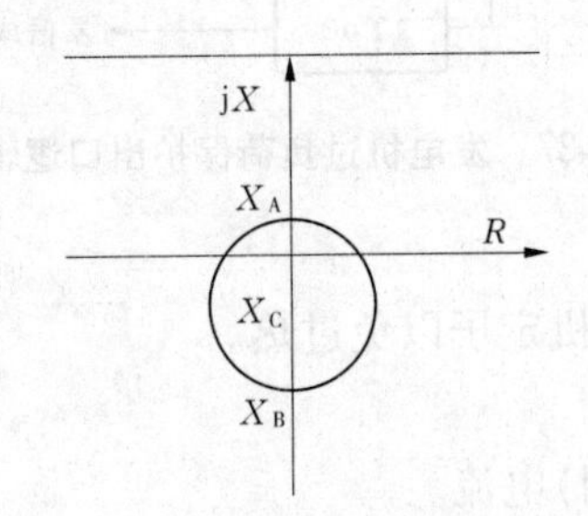

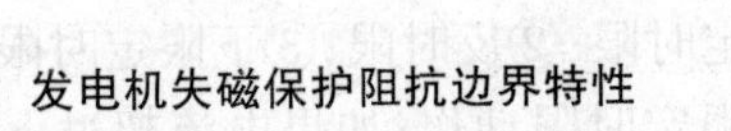

图 7-34　发电机失磁保护阻抗边界特性

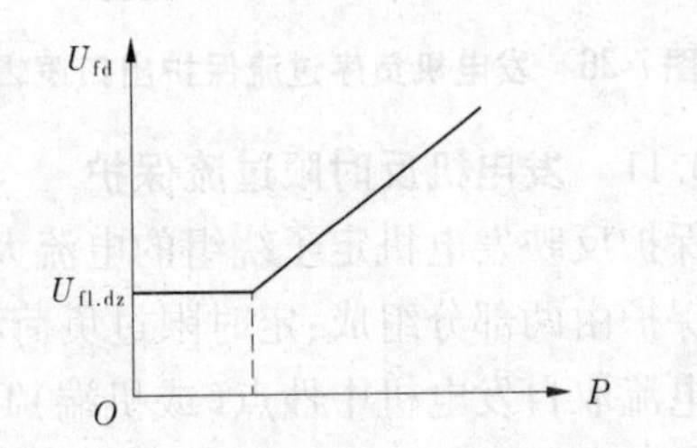

图 7-35　发电机失磁保护转子低电压动作特性

7.9.3.8　发电机定时限负序过流保护（或称转子表层过负荷保护）

保护反映发电机定子的负序电流大小，防止发电机转子表面的过热。

电流取自发电机中性点(或机端)TA。

出口方式:可发信或跳闸。

保护的逻辑框图如图 7-36 所示。

7.9.3.9 **发电机反时限负序过流保护**

保护反映发电机定子的负序电流大小,保护发电机转子以防表面过热。

保护由两部分组成:负序定时限过负荷和负序反时限过流。

电流取自发电机中性点(或机端)TA 三相电流。

反时限曲线特性由三部分组成:①上限定时限;②反时限;③下限定时限。

当发电机负序电流大于上限整定值时,则按上限定时限动作;如果负序电流超过下限整定值,但不足以使反时限部分动作时,则按下限定时限动作;负序电流在此之间则按反时限规律动作。

负序反时限特性能真实地模拟转子的热积累过程,并能模拟散热,即发电机发热后若负序电流消失,热积累并不立即消失,而是慢慢地散热消失,如此时负序电流再次增大,则上一次的热积累将成为该次的初值。

反时限动作方程

$$(I_{2*}^2 - K_{22})t \geqslant K_{21}$$

式中 I_{2*}——发电机负序电流标幺值;

K_{22}——发电机发热同时的散热效应;

K_{21}——发电机的 A 值。

出口方式:可发信或跳闸。

7.9.3.10 **发电机定时限过负荷保护**

保护反映发电机定子电流大小。

电流取自发电机中性点(或机端)TA 的某一相(如 B 相)电流。

出口方式:可发信或跳闸。

保护的逻辑框图如图 7-37 所示。

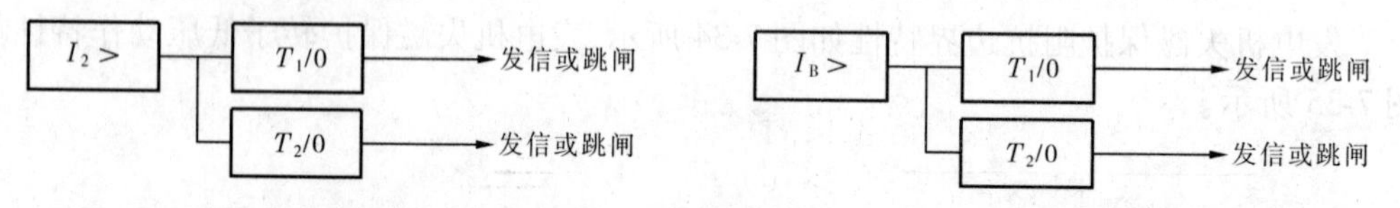

图 7-36 发电机负序过流保护出口逻辑　　**图 7-37 发电机过负荷保护出口逻辑**

7.9.3.11 **发电机反时限过流保护**

保护反映发电机定子绕组的电流大小。保护发电机定子以免过热。

保护由两部分组成:定时限过负荷和反时限过流。

电流取自发电机中性点(或机端)TA 某相(如 B 相)电流。

反时限曲线特性由三个部分组成:①上限定时限;②反时限;③下限定时限。

当发电机电流大于上限整定值时,则按上限定时限动作;如果电流超过下限整定值,但不足以使反时限部分动作时,则按下限定时限动作;电流在此之间则按反时限规律动作。

反时限特性能真实地模拟定子的热积累过程，并能模拟散热，即发电机发热后若电流恢复正常，热积累并不立即消失，而是慢慢地散热消失，如此时电流再次增大，则上一次的热积累将成为该次的初值。

出口方式：可发信或跳闸。

7.9.3.12　**发电机横差保护**

横差保护反映发电机定子匝间短路，同样也可反映定子某一并联绕组的开焊。

保护反映定子并联绕组之间的不平衡电流。具有较高的三次谐波滤除比。

电流取自发电机定子并联绕组中性点之间TA的电流。

出口方式：可发信或跳闸。

保护的逻辑框图如图7-38所示。

7.9.3.13　**发电机转子一点接地保护**

采用新型的叠加直流方法，叠加源直流电压为50 V，内阻大于50 kΩ。利用微机智能化测量克服了传统保护中绕组正负极灵敏度不均匀的缺点，能准确计算出转子对地的绝缘电阻值，范围可达200 kΩ。转子分布电容对测量无影响，电机启动过程中转子无电压时保护并不失去作用。

保护引入转子负极与大轴接地线。

保护动作逻辑框图如图7-39所示。

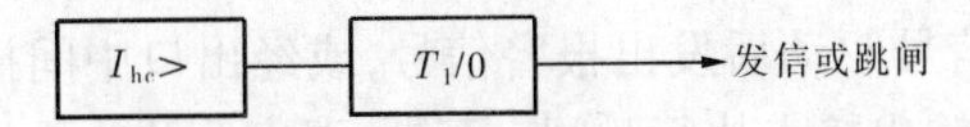

图7-38　发电机横差保护出口逻辑

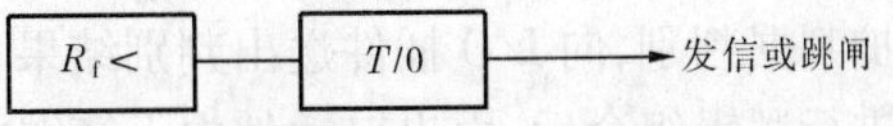

$R_f<$　$T/0$　发信或跳闸

图7-39　发电机转子一点接地保护出口逻辑

7.9.3.14　**发电机励磁回路过负荷保护**

保护由定时限部分和速断加反时限部分组成，定时限部分定值较低，用于延时发信。保护引入整流前三相交流量作为输入量，用于保护整个励磁回路。

保护动作逻辑框图如图7-40所示。

7.9.3.15　**低压侧断路器失灵保护**

当保护已发出跳闸命令且发电机出口断路器拒跳和有电流时启动失灵，跳开高压断路器和厂用低压断路器。

电流取自发电机出口TA电流。

出口方式：跳闸。

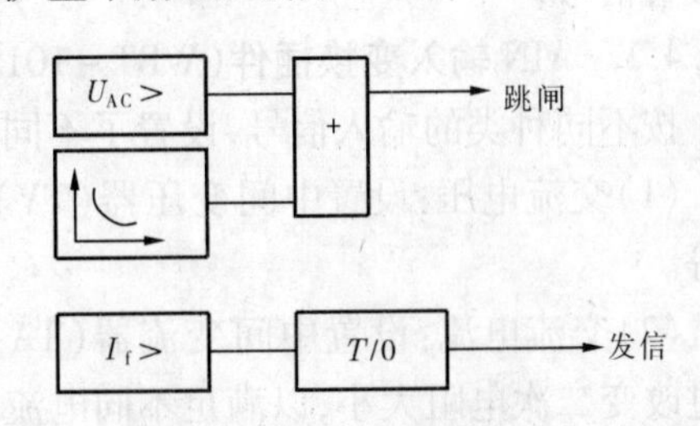

图7-40　发电机励磁回路过负荷保护出口逻辑

7.9.4　硬件装置介绍

保护装置一般由若干个分别独立的CPU微机系统组成，每个CPU系统分别承担数种保护，包含1～2种主保护，3～6种后备保护。

虽然各CPU系统实现的保护不同，原理各异，功能主要由软件程序决定，但为软件提供服务的基础——硬件系统却完全相同。图7-41所示为CPU系统的基本硬件框图，主要包括输入信号隔离和电压形成变换、模拟滤波、模/数转换、CPU 中央处理器、I/O 接口、信号和出口驱动及逻辑、信号和出口继电器及电源。装置中采用分板插件形式，把上述电路分散在 14 类插件中。

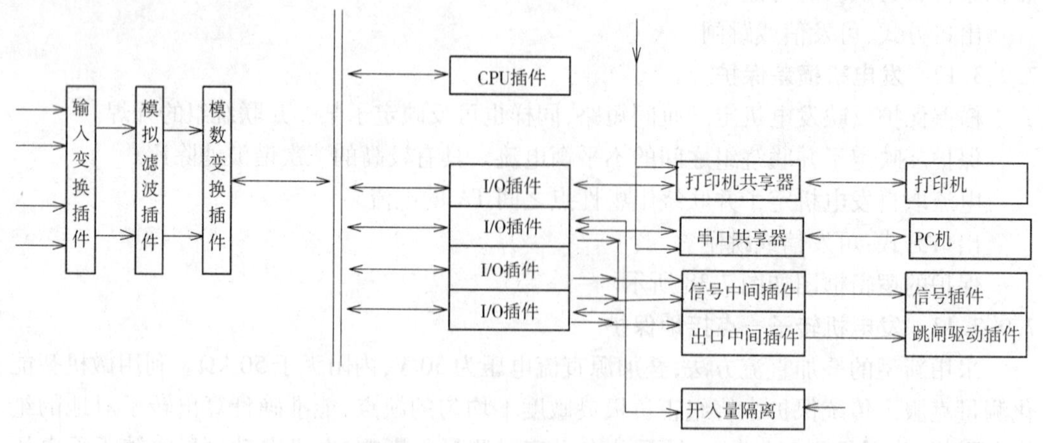

图 7-41　CPU 微机系统组成

图 7-41 中，各交流电压电流量分别经输入变换插件（WBT－101E），转换成 CPU 系统所能接收的电压信号（10 V 以下），再经模拟滤波插件滤波处理后，送到模/数变换插件进行模/数转换，CPU 插件中 CPU 按照 EPROM 中既定的软件程序进行数字滤波、数据计算、保护判据判别，向 I/O 插件送出判别结果，经信号驱动后发出报警信号，或经出口中间插件进行逻辑组合后，由出口插件中干簧继电器输出接点执行跳闸。瓦斯、温度等开关量的输入经开关量输入插件隔离后进入 CPU 系统，键盘、显示器、打印机、拨轮开关等用于人机界面，实现对本 CPU 系统的检查、整定、监视等。电源插件提供本 CPU 系统的三组工作电源。另外，在 I/O－1 插件上还设计了硬件监视电路，用于监视 CPU 系统的工作正常与否，一旦 CPU 工作不正常，即让 CPU 系统重新进入初始化状态工作，若仍不正常，即发出报警信号。

7.9.4.1　AIN 输入变换插件（WBT－101E）

按不同种类的输入信号，设置了不同的变换回路，可分为三大类。

（1）交流电压：设置中间变压器（TV）隔离变换。如发电机机端电压、主变高压侧电压等。

（2）交流电流：设置中间变流器（TA）隔离变换，并在二次侧并联电阻获取电压量。通过改变二次电阻大小，以满足不同电流测量范围的要求。如发电机机端电流、中性点电流等。

（3）直流电压电流：设置先进的霍尔传感器隔离变换。如发电机转子电压，转子分流器电压等。

7.9.4.2　AFL 模拟滤波插件（WBT－102A）

输入变换插件上的各路输出信号，需经模拟滤波处理后方可进行模/数转换，以防止频率混叠。由于采样频率为 600 Hz，所有模拟低通滤波器应滤除 300 Hz 以上的频率分量，并保证通带内信号的顺利通过。

7.9.4.3　ADC 模数变换插件(WBT－103A)

电路主要包括16片采样保持器LF398、一片重6路模拟多路转换开关AD7506、一片十二位A/D变换器AD574及一些辅助电路。

7.9.4.4　CPU 插件(WBT－104A)

插件由以下几部分构成：

(1)时钟发生器8284A电路；

(2)等待状态发生器；

(3)中央处理器8086CPU；

(4)地址锁存器；

(5)地址译码器；

(6)电可擦可写存储器 E^2PROM；

(7)随机存储器RAM；

(8)只读存储器EPROM；

(9)CPU插件面板上装设的器件。

7.9.4.5　I/O－1 插件(WBT－111A)

(1)采样频率发生器；

(2)硬件自检电路；

(3)DE、CPR输出信号；

(4)ROS0,ROS1输入量；

(5)打印机连线；

(6)I/O－1插件面板上装设的器件,主要有如下元件:复位按钮、工作方式开关(调试/运行)、正常运行闪光灯(绿色)、待打印灯(绿色)、装置故障灯(红色)。

7.9.4.6　I/O－2 插件(WBT－111C)

(1)中断控制器8259A；

(2)串行通信管理8251A；

(3)实时钟MM58167；

(4)出口输出(11～18)；

(5)WBT－111C插件面板上装设的器件为随机打印按钮。

7.9.4.7　I/O－3 插件(WBT－111D)

(1)键盘显示器电路；

(2)输出出口位(L9～L16)；

(3)出口使能(ETR)及出口闭锁(LTR)；

(4)四路开关量输入；

(5)WBT－111D插件面板上装设的器件:20键薄膜键盘、8个八段码显示器(上排4个,下排4个)

7.9.4.8　I/O－4 插件(WBT－111E)

(1)保护投运选择及指示；

(2)拨轮开关；

(3)输出出口位(L17～L24);

(4)八路开关量输入(RSI4～RSI11);

(5)WBT－111E 插件面板上装设的器件:八个保护投运选择开关、八个保护投运指示灯(绿色)、两个十进制拨轮开关(00～99)。

7.9.4.9　OSG－1 **信号中间插件**(WBT－108A)

内有 16 路信号隔离回路,并且光耦隔离器的 24 V 电源正端受 L24 的控制。光耦隔离后的输出供出口信号插件(WBT－108C)使用。

7.9.4.10　OSG－2 **信号插件**(WBT－108C)

设有 6 路信号驱动回路,每路输出三对信号接点,另一对作为自保持接点,面板上分别装有指示灯指示。

WBT－108C 插件面板上装设的器件:6 个动作信号发光二极管、信号复归按钮。

7.9.4.11　OTR－1 **出口中间插件**(WBT－107A)

含有八路独立的跳闸驱动回路。每个跳闸驱动回路有独立的光耦隔离及出口驱动回路,并共用一个闭锁电路、一个使能电路和一个同步监视电路。

7.9.4.12　CD－7 **出口跳闸插件**(WBT－107P)

设有三只快速干簧继电器,每只干簧继电器带有 2 对接点。干簧继电器由出口中间插件(WBT－107A)驱动,或直接由经过隔离的非电量保护接点驱动,完成保护要求的各种跳闸操作,具体接线应视工程设计需要。

一个保护柜的各 CPU 系统共用一套出口跳闸电路。

面板上装设的器件:3 个动作信号发光二极管(红色)。

7.9.4.13　**开关量输入插件**(WBT－106A)

开关量输入(开关量)指的是发电机和变压器的一些非电量保护输出接点信号,如瓦斯、温度、油位等,它们可有不同的电压等级。

7.9.4.14　**电源插件**(WBT－130A)

本插件采用现成的逆变电源,有三组稳压后的电源输出,分别为 +24 V,±15 V 及 +5 V,供本 CPU 系统使用。接地方式用浮空法,同外壳绝缘。

电源插件具有失电报警继电器,输出 2 对接点。

面板上装设的器件:一个电源开关、4 个电源指示灯(5 V、+15 V、－15 V、24 V)。

7.9.5　保护现场调试

7.9.5.1　调试前接线检查

1. 电流回路检查

校验设计图纸中 CT 极性、变比、接线方式是否符合保护实际需要。

检查现场电流互感器的铭牌是否完整,接线端子上的标示是否清楚。

检查现场电流互感器的一次侧方向是否与设计图纸相符,二次侧的接线是否正确。

检验电流互感器的变比、等级是否符合标准。

电流互感器到保护装置的接线正确,无开路,中间无接头,导线的线径、端子、绝缘等级达到标准。按设计要求正确接地。

2. 电压回路检查

校验设计图纸中 PT 极性、变比、接线方式是否符合保护实际需要。

检查现场电压互感器的铭牌是否完整,接线端子上的标示是否清楚。

检查现场电压互感器的,二次侧的接线是否与设计图纸相符。

检验电压互感器的变比、等级是否符合标准。

电压互感器到保护装置的接线正确,中间无接头,导线的线径、端子、绝缘等级达到标准。按设计要求正确接地。

3. 辅助电源回路检查

检查辅助电源回路的绝缘大于 20 MΩ,电源开关接触良好。

电厂一般采用蓄电池作直流供电电源,因此只需检查直流电源的极性。

4. 开关量输入/输出回路检查

检查接线无误,绝缘良好,且核对图纸是否与现场实际相符。

5. 试验装置的准备

主要调试仪器是一台西门子的 U50,可以同时加入电压电流,模拟各种故障。

其他还有万用表、兆欧表、电源板、对线灯。

7.9.5.2 机柜本体调试

1. 交流模拟输入量测试

连接试验装置、测量仪器与保护装置之间的连线,检查无误。合上保护装置的直流电源,试验装置的交流电源。

通过试验装置按相分多点加入电流,检查保护面板显示的电流是否与实际一致,一般误差不超过规定,如果超过误差范围,可调节输入插件中的电位器,直到符合要求。

按相分多点加入电压,检查保护面板显示的电压是否与实际一致,一般误差不超过规定,如果超过误差范围,可调节输入插件中的电位器,直到符合要求。

2. 开关量输入测试

用导线短接保护的输入端子,观察保护的响应。

3. 保护定值输入

按照联调所定值单将定值通过面板上的小键盘输入,完成后可以打印核对。

4. 保护定值检查

通过试验装置加入电流、电压直到保护动作,此时即为动作值;减小电压电流量,保护返回,此值为返回值。比较测量值与整定值误差小于规定值。

5. 保护动作逻辑检查

通过试验装置模拟各种故障,检查保护的动作逻辑以及内部程序。

6. 保护输出接点检查

通过试验装置加入电流电压量,使保护动作,检查保护的输出端子。

7.9.5.3 本保护和其他装置的联调

1. 准备工作

连接试验装置、测量仪器与各保护装置之间的连线,检查无误。

2. 联动断路器

模拟各种故障,检查各保护之间的配合情况,检查断路器的分合闸。

3. 发信到其他设备

模拟各种故障,检查到监控装置的信号指示。

测量各组 CT 的 A、B、C 三相电流的相位,大小。

小 结

发电机是电力系统中最重要的设备,本章分析了发电机可能发生的故障及应装设的保护。

反映发电机相间短路故障的主保护采用纵差保护,纵差保护应用的十分广泛,其原理与输电线路基本相同,但实现起来要比输电线路容易的多。应注意的是,保护存在动作死区。在微机保护中,广泛采用比率制动式纵差保护。

反映发电机匝间短路故障,根据发电机的结构,可采用横联差动保护、零序电压保护、转子二次谐波电流保护等。

反映发电机定子绕组单相接地,可采用反映基波零序电压保护、反映基波和三次谐波电压构成的100%接地保护等。保护根据零序电流的大小分别作用于跳闸或发信号。

转子一点接地保护只作用于信号,转子两点接地保护作用于跳闸。

对于小型发电机,失磁保护通常采用失磁联动,中大型发电机要装设专用的失磁保护。失磁保护是利用失磁后机端测量阻抗的变化反映发电机是否失磁。

对于中大型发电机,为了提高相间不对称短路故障的灵敏度,应采用负序电流保护。为了充分利用发电机热容量,负序电流保护可根据发电机型式采用定时限或反时限特性。

发电机—变压器组单元接线,在电力系统中获得广泛应用,由于发电机、变压器相当于一个元件。因此,可根据其接线的特点配置保护方式。

发电机相间短路后备保护的其他形式可参见变压器保护。

在发电机微机保护中分析了采样值纵差保护原理、基波相量纵差保护原理,为了提高纵差保护的灵敏度,分析了反映故障分量标积制动式纵差保护原理,反映故障分量原理差动保护克服了负荷电流分量对保护的影响。

反映故障分量原理实现的定子绕组不对称短路故障的保护,故障分量原理的保护能有效克服不平衡负荷电流的影响,改善保护性能。

为了提高接地保护的灵敏度,分析了系数自调整式三次谐波电压接地保护和三次谐波电压比突变量式接地保护,克服了由于 $\dot{U}_{3N}/\dot{U}_{3T}$ 随励磁电流和输出功率发生较大变化的影响。显然,其性能要比传统式保护优越。

习 题

1. 发电机可能发生哪些故障和不正常工作方式? 应配置哪些保护?

2. 发电机的纵差保护的方式有哪些? 各有何特点?

3. 发电机纵差保护有无死区？为什么？

4. 试简述发电机的匝间短路保护几个方案的基本原理、保护的特点及适用范围。

5. 发电机匝间短路保护中，其电流互感器为什么要装在中性点侧？

6. 大容量发电机为什么要采用100%定子接地保护？

7. 如何构成100%发电机定子绕组接地保护？利用发电机定子绕组三次谐波电压和零序电压构成的100%定子接地保护的原理是什么？

8. 转子一点接地、两点接地有何危害？

9. 试述直流电桥式励磁回路一点接地保护基本原理及励磁回路两点接地保护基本原理。

10. 发电机失磁后的机端测量阻抗的变化规律如何？

11. 如何构成失磁保护？

12. 发电机定子绕组中流过负序电流有什么危害？如何减小或避免这种危害？

13. 发电机的负序电流保护为何要采用反时限特性？

第8章 母线的继电保护

8.1 装设母线保护基本原则

8.1.1 母线的短路故障

母线是电能集中和分配的重要场所,是电力系统的重要组成元件之一。母线发生故障,将使接于母线的所有元件被迫切除,造成大面积用户停电,电气设备遭到严重破坏,甚至使电力系统稳定运行破坏,导致电力系统瓦解,后果是十分严重的。

母线上可能发生单相接地或者相间短路故障。运行经验表明,单相接地故障占母线故障的绝大多数,而相间短路则较少。发生母线故障的原因很多,其中主要有:因空气污染损坏绝缘,从而导致母线绝缘子、断路器、隔离开关套管闪络,装于母线上的电压互感器和装在母线上和断路器之间的电流互感器的故障,倒闸操作时引起母线隔离开关和断路器的支持绝缘子损坏,运行人员的误操作,例如带负荷拉隔离开关与带地线合闸等。由于母线故障后果特别严重,对重要母线应装设专门的母线保护,有选择地迅速切除母线故障。按照差动原理构成的母线保护,能够保证有较好的选择性和快速性,因此得到广泛的应用。

对母线保护的基本要求是:

(1)保护装置在动作原理和接线上必须十分可靠,母线故障时应有足够的灵敏度,区外故障时及保护装置本身故障时保证不误动。

(2)保护装置应能快速、有选择地切除故障母线。

(3)大接地电流系统的母线保护,应采用三相式接线,以便反映相间和接地故障;小接地电流系统的母线保护,应采用两相式接线,只要求反映相间故障。

8.1.2 母线故障的保护方式

母线故障,如果保护动作迟缓,将会导致电力系统的稳定性遭到破坏,从而使事故扩大。因此,母线必须选择合适的保护方式。母线故障的保护方式有两种:一种是利用供电元件的保护兼母线故障的保护;另一种是采用专用母线保护。

8.1.2.1 利用其他供电元件的保护装置来切除母线故障

(1)如图8-1所示,对于降压变电所低压侧采用分段单母线的系统,正常运行时QF5断开,则*K*点故障就可以由变压器T1的过电流保护使QF1及QF2跳闸切除母线故障。

(2)如图8-2所示,对于采用单母线接线的发电厂,其母线故障可由发电机过电流保护分别使QF1及QF2跳闸切除母线故障。

(3)如图8-3所示,双电源辐射形网络,在B母线上发生故障时,可以利用线路保护1和保护4的第Ⅱ段将故障切除。

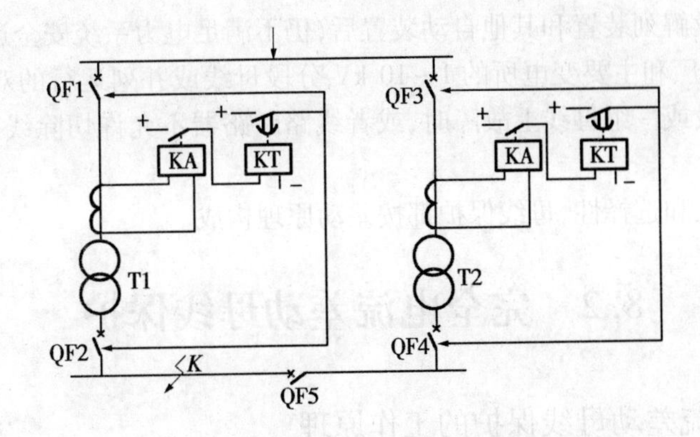

图 8-1　利用变压器的过电流保护切除低压母线故障

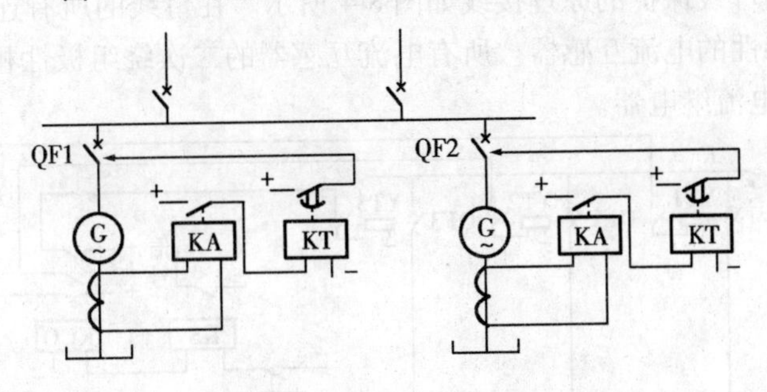

图 8-2　利用发电机的过电流保护切除母线故障

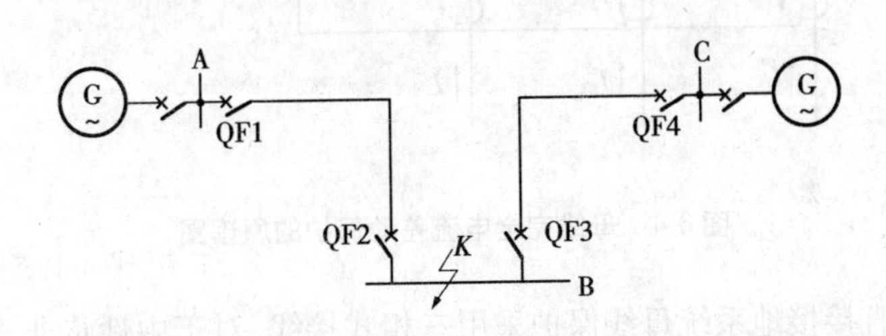

图 8-3　在双电源辐射形利用线路保护切除母线故障

利用供电元件的保护来切除母线故障,不需另外装设保护,简单、经济,但故障切除的时间一般较长,并且当双母线同时运行或母线为分段单母线时,上述保护不能选择故障母线。因此,必须装专用母线保护。

8.1.2.2　专用母线保护

根据《继电保护和安全自动装置技术规程》的规定,在下列情况下应装设专用母线保护。

(1)110 kV 及以上双母线和分段母线,为了保证有选择地切除任一母线故障。

(2)110 kV 单母线,重要发电厂或 110 kV 以上重要变电所的 35 ~66 kV 母线,按电力系统稳定和保证母线电压等要求,需要快速切除母线上的故障时。

(3)35 ~66 kV 电力网中主要变电所的 35 ~66 kV 双母线或分段单母线,当在母联或分段断路器上装设解列装置和其他自动装置后,仍不满足电力系统安全运行的要求时。

(4)对于发电厂和主要变电所的1~10 kV分段母线或并列运行的双母线,须快速而有选择地切除一段或一组母线上故障时,或者线路断路器不允许切除线路电抗器前的短路时。

为保证快速性和选择性,母线保护都按差动原理构成。

8.2 完全电流差动母线保护

8.2.1 完全电流差动母线保护的工作原理

完全电流差动母线保护的原理接线如图8-4所示。在母线的所有连接元件上装设具有相同的变比和特性的电流互感器。所有电流互感器的二次绕组极性相同的端子相互连接,然后接入差动电流继电器。

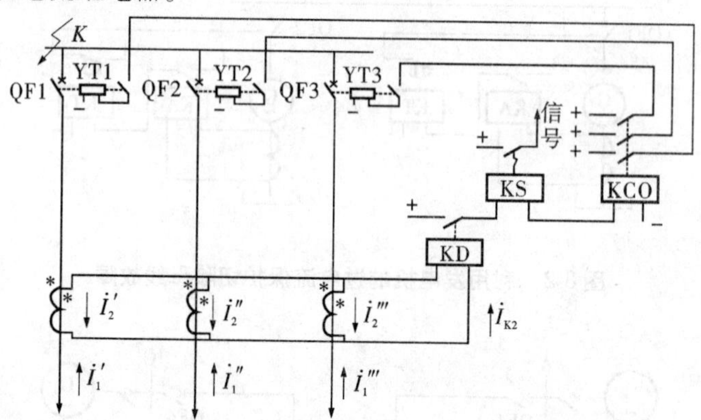

图8-4 母线完全电流差动保护的原理图

对于中性点直接接地系统母线保护采用三相式接线,对于中性点非直接接地系统母线保护一般采用两相式接线。

下面分别讨论在各种运行条件下母线保护的工作情况。

8.2.1.1 正常运行情况或外部故障时

由基尔霍夫电流定律可知,流入母线的电流和流出母线的电流之和等于零。即 $\dot{I}_1' + \dot{I}_1'' + \dot{I}_1''' = 0$。流入差动继电器的电流 $\dot{I}_{K2}$ 为各连接元件电流互感器的二次电流之和,即

$$\dot{I}_{K2} = \dot{I}_2' + \dot{I}_2'' + \dot{I}_2''' = \frac{1}{n_{TA}}[(\dot{I}_1' - \dot{I}_e') + (\dot{I}_1'' - \dot{I}_e'') + (\dot{I}_1''' - \dot{I}_e''')] = \dot{I}_{unb} \tag{8-1}$$

式中 $\dot{I}_e'$、$\dot{I}_e''$、$\dot{I}_e'''$——各电流互感器励磁电流;

n_{TA}——各电流互感器变比;

$\dot{I}_{unb}$——不平衡电流,为各电流互感器励磁电流之和的二次值。

因此,在正常运行或外部故障时,流入差动继电器的电流为不平衡电流。

8.2.1.2　母线故障时

当母线发生故障时，可得

$$\dot{I}_K = \dot{I}'_1 + \dot{I}''_1 + \dot{I}'''_1 \tag{8-2}$$

式中　$\dot{I}_K$——流入母线故障点的短路电流。

流入差动继电器的电流 $\dot{I}_{K2}$ 为

$$\dot{I}_{K2} = \frac{1}{n_{TA}}(\dot{I}'_1 + \dot{I}''_1 + \dot{I}'''_1) = \frac{1}{n_{TA}}\dot{I}_K \tag{8-3}$$

因此，在母线故障时，流入差动继电器的电流为故障点短路电流的二次值，该电流足够使差动继电器动作而启动出口继电器，使断路器 QF1、QF2 和 QF3 跳闸。

8.2.2　差动继电器动作电流的整定

差动继电器的动作电流按以下条件计算，并选择其中较大的一个为整定值。

(1)躲过外部短路时的最大不平衡电流。当所有电流互感器均按 10% 误差曲线选择，且差动继电器采用具有速饱和铁芯的继电器时，其动作电流 I_{op} 按下式计算

$$I_{op} = K_{rel}I_{unb.max} = K_{rel} \times 0.1I_{K.max}/n_{TA} \tag{8-4}$$

式中　K_{rel}——可靠系数，取 1.3；

$I_{K.max}$——保护范围外短路时，流过差动保护电流互感器的最大短路电流；

n_{TA}——母线保护用电流互感器变比。

(2)按躲过最大负荷电流计算。

$$I_{op} = K_{rel}I_{L.max}/n_{TA} \tag{8-5}$$

在保护范围内部故障时，应按下式校验灵敏系数

$$K_{sen} = \frac{I_{K.min}}{I_{Kop}} \tag{8-6}$$

式中　$I_{K.min}$——母线故障时最小短路电流。

其灵敏系数应不小于 2。

8.3　电流比相式母线保护

电流比相式母线保护是近年来采用的各种新原理的母线保护的一种，它的工作原理是根据母线外部故障或内部故障时连接在该母线上各元件电流相位的变化来实现的，如图 8-5所示。假设母线上只有两个元件，当线路正常运行或外部(K_1 点)故障时如图 8-5(a)所示，电流 $\dot{I}_{\text{I}}$ 流入母线，电流 $\dot{I}_{\text{II}}$ 由母线流出，两者大小相等、相位相反。当母线上 K_2 点故障时，电流 $\dot{I}_{\text{I}}$ 或 $\dot{I}_{\text{II}}$ 都流向母线，在理想情况下两者相位相同，如图 8-5(b)所示，显然，利用比

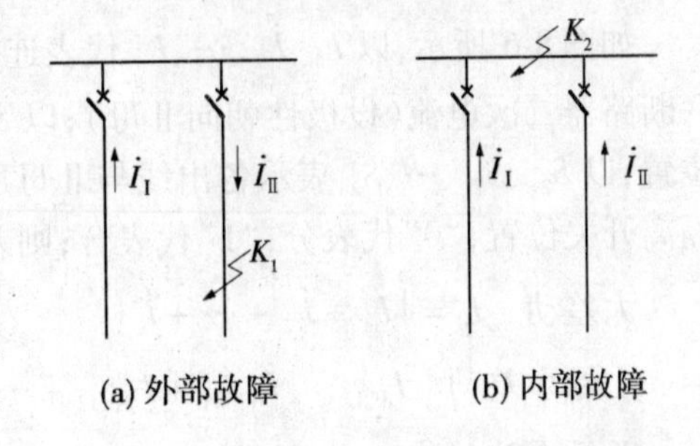

图 8-5 母线内、外部发生短路故障时的电流分布

相元件比较各元件电流的相位，便可判断内部或外部故障，从而确定保护的动作情况。

8.4 微机母线保护

8.4.1 比率制动母线差动保护基本原理

比率制动原理的母线差动保护，由于制动电流的存在，可以克服区外故障时由于电流互感器误差而产生的不平衡电流，在高压电网中得到广泛的应用。

国内微机母线保护差动保护一般采用完全电流差动保护原理。完全电流差动，指的是将母线上的全部连接元件的电流按相接入差动回路。决定母线差动保护是否动作的电流量分别为动作电流和制动电流。制动电流取母线上所有连接元件电流的绝对值之和，动作电流取母线上所有连接元件电流的相量和的绝对值，即

$$I_{d} = \left| \sum_{i=1}^{n} \dot{I}_{i} \right| \tag{8-7}$$

$$I_{res} = \sum_{i=1}^{n} \left| \dot{I}_{i} \right| \tag{8-8}$$

式中 $\dot{I}_i$——各元件电流二次值（相量）；

I_d——动作电流幅值；

n——出线回路数；

I_{res}——制动电流幅值。

对于单母线接线的母线差动保护动作电流取得方式简单，考虑范围是连接于母线上的所有元件电流。双母线接线方式比较复杂，以下重点讨论双母线接线差动保护的电流量取得方式。

对于双母线的差动保护，采用总差动作为差动保护总的启动元件，反映流入Ⅰ、Ⅱ母线所有连接元件电流之和，能够区分母线短路故障和外部短路故障。在此基础上，采用Ⅰ母分差动和Ⅱ母分差动作为故障母线的选择元件，分别反映各连接元件流入Ⅰ母线、Ⅱ母线电流之和，从而区分出Ⅰ母线故障还是Ⅱ母线故障。因总差动的保护范围涵盖了各段母线，因此总差动也常被称为大差（或总差）；分差动保护范围只是相应的一段母线，常称为小差（或分差）。下面以动作电流为例说明大差动与小差动的电流取得方法。

8.4.1.1 双母线接线

如图8-6所示，以$\dot{I}_1$、$\dot{I}_2$、…、$\dot{I}_n$代表连接于母线的各出线二次电流，以$\dot{I}_c$代表流过母联断路器二次电流（设极性朝向Ⅱ母）；以S_{11}、S_{12}、…、S_{1n}表示各出线与Ⅰ母所连隔离开关位置，以S_{21}、S_{22}、…、S_{2n}表示各出线与Ⅱ母所连隔离开关位置，以S_c代表母联断路器两侧隔离开关位置，“0”代表分，“1”代表合；则差动电流可表示为

大差动 $I_d = \left| \dot{I}_1 + \dot{I}_2 + \cdots + \dot{I}_n \right|$ (8-9)

Ⅰ母小差动 $I_{d.Ⅰ} = \left| \dot{I}_1 S_{11} + \dot{I}_2 S_{12} + \cdots + \dot{I}_n S_{1n} - \dot{I}_c S_c \right|$ (8-10)

Ⅱ母小差动 $I_{d.Ⅱ} = \left| \dot{I}_1 S_{21} + \dot{I}_2 S_{22} + \cdots + \dot{I}_n S_{2n} + \dot{I}_c S_c \right|$ (8-11)

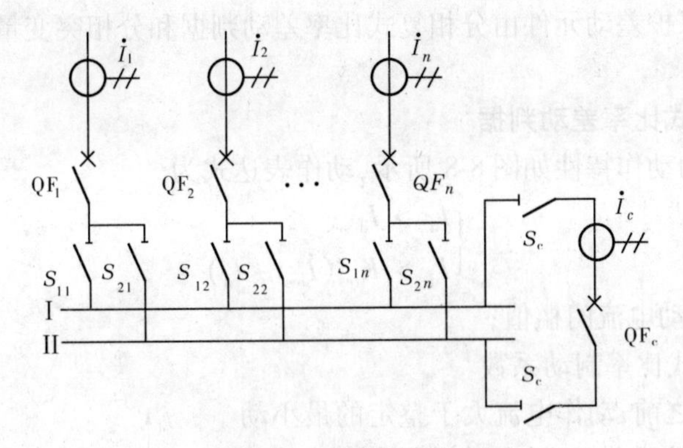

图 8-6　双母线接线

8.4.1.2　母联兼旁路形式的双母线接线

如图 8-7 所示，与图 8-6 所不同的是 S_4 闭合，S_3 打开时，母联由双母线形式中母线联络作用改作旁路断路器。以Ⅱ母带旁路运行为例，假设 S_{1c} 打开，S_{2c} 闭合，则差动电流可表示为

大差动　$I_d = |\dot{I}_1 + \dot{I}_2 + \cdots + \dot{I}_n + \dot{I}_c|$　(8-12)

Ⅰ母小差动　$I_{d.\,Ⅰ} = |\dot{I}_1 S_{11} + \dot{I}_2 S_{12} + \cdots + \dot{I}_n S_{1n}|$　(8-13)

Ⅱ母小差动　$I_{d.\,Ⅱ} = |\dot{I}_1 S_{21} + \dot{I}_2 S_{22} + \cdots + \dot{I}_n S_{2n} + \dot{I}_c|$　(8-14)

当 S_4 打开，S_{2c}、S_3 闭合时，成为双母线接线。

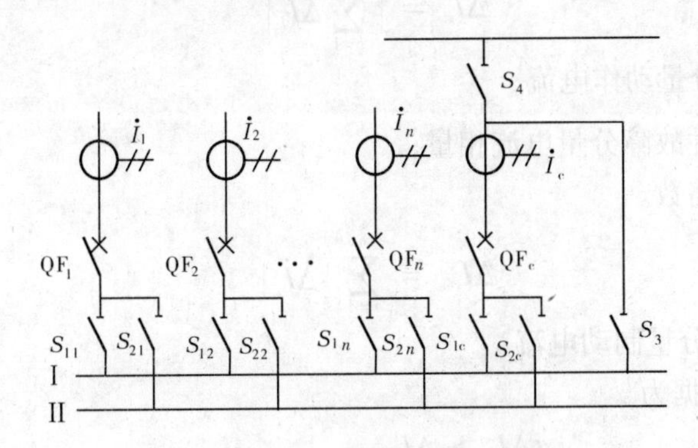

图 8-7　母联兼旁路接线

8.4.2　复式比率制动差动母线保护的动作判据

在复式比率制动的差动保护中，差动电流的表达式仍为式(8-7)，而制动电流采用复合制动电流

$$I_d - I_{res} = \left|\sum_{i=1}^{n} \dot{I}_i\right| - K\sum_{i=1}^{n} |\dot{I}_i| \tag{8-15}$$

由于在复式制动电流中引入了差动电流，使得该元件在发生区内故障时因 $I_{res} \approx I_d$，复式制动电流近似为零，保护系统无制动量；在发生区外故障时 $I_{res} \gg I_d$ 保护系统有极强的制动特性。所以，复式比率制动差动保护能十分明确地区分内部故障和外部故障。复

式比率差动母线保护差动元件由分相复式比率差动判据和分相突变量复式比率差动判据构成。

8.4.2.1　**分相复式比率差动判据**

复式比率差动动作特性如图 8-8 所示，动作表达式为

$$\begin{cases} I_{d} > I_{d.set} \\ I_{d} > K_{res}(I_{res} - I_{d}) \end{cases} \tag{8-16}$$

式中　$I_{d.set}$——差动电流门槛值；

K_{res}——复式比率制动系数。

可见，在拐点之前，动作电流大于整定的最小动作电流时，差动保护动作，而在拐点之后，差动元件的实际动作电流是按($I_{res}-I_{d}$)成比例增加。

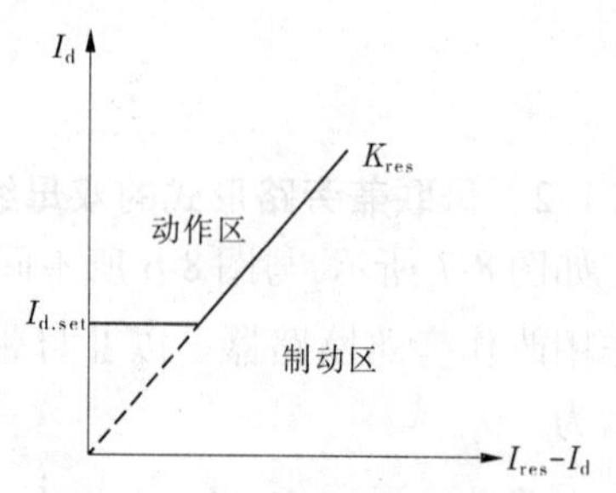

图 8-8　复式比率差动动作特性

8.4.2.2　**分相突变量复式比率差动判据**

根据叠加原理，将母线短路电流分解为故障分量和负荷电流分量，其中故障分量电流有以下特点：①母线内部故障时，母线各支路同名相故障分量电流在相位上接近相等；②理论上，只要故障点过渡电阻不是无穷大，母线内部故障时故障分量电流的相位关系不会改变。利用此特点构成的母线差动保护原理能迅速对母线内部故障作出正确反应。相应动作电流及制动电流为

$$\Delta I_{d} = \left| \sum_{i=1}^{n} \Delta \dot{I}_{i} \right| \tag{8-17}$$

式中　ΔI_{d}——故障分量动作电流；

$\Delta \dot{I}_{i}$——各元件故障分量电流相量；

n——出线回路数。

$$\Delta I_{res} = \sum_{i=1}^{n} \left| \Delta \dot{I}_{i} \right| \tag{8-18}$$

式中　ΔI_{res}——故障分量制动电流。

差动保护动作判据为

$$\begin{cases} \Delta I_{d} > \Delta I_{d.set} \\ \Delta I_{d} > K_{res}(\Delta I_{res} - \Delta I_{d}) \\ I_{d} > I_{d.set} \\ I_{d} > 0.5(I_{res} - I_{d}) \end{cases} \tag{8-19}$$

式中　$\Delta I_{d.set}$——故障分量差动的最小动作电流值；

K_{res}——故障分量比率制动系数；

I_{d}——由式(8-7)决定的差动电流；

I_{res}——由式(8-8)决定的制动电流；

$I_{d.set}$——最小动作电流。

由于电流故障分量的暂态特性，突变量复式制动判据只在差动保护启动后的第一个

周期内投入,并使用比率制动系数为0.5的比率制动判据加以闭锁。

8.4.2.3 母线差动保护动作逻辑关系

母线差动保护动作逻辑关系如图8-9所示。

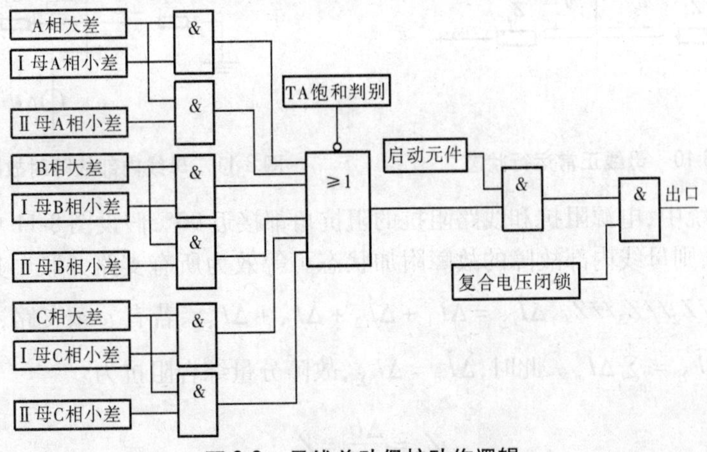

图8-9 母线差动保护动作逻辑

大差动元件与母线小差动元件各有特点。大差的差动保护范围涵盖了各段母线,大多数情况下不受运行方式控制;小差动保护受运行方式控制,其差动保护范围只是相应的一段母线,具有选择性。

对于固定连接式分段母线,由于各个元件固定连接在一段母线上,不在母线之间切换,因此大差电流只作为启动条件之一,各段母线的小差动保护既是区内故障判别元件,也是故障母线选择元件。

对于双母线、双母线分段等主接线,差动保护使用大差作为区内故障判别元件;使用小差作为故障母线选择元件,即大差元件是否动作来区分区内外故障;小差元件是否动作判断故障发生在哪一段母线上。考虑到分段母线的联络开关断开的情况下发生区内故障,非故障母线电流流出母线,影响大差元件的灵敏度,因此大差比率元件的比率制动系数可以自动调整。

母联开关处于合闸位时,大差比率制动系数与小差比率制动系数相同;当联络开关处于分位时,大差比率差动元件自动转用制动系数低值。

8.4.3 基于故障分量综合阻抗的母线保护原理

8.4.3.1 工作原理

图8-10所示单母线模型为例,说明基于故障分量综合阻抗的母线保护原理。

对于母线M,假设有2条进线,正常运行时如图8-10所示。若母线上F点发生故障,则其故障附加状态如图8-11所示。定义故障分量综合阻抗为

$$Z_{\mathrm{d}} = \frac{\Delta\dot{U}}{\Delta\dot{I}_{\mathrm{d}}} \tag{8-20}$$

式中,$\Delta\dot{U}$ 为母线电压的变化量;$\Delta\dot{I}_{\mathrm{d}} = \Delta\dot{I}_1 + \Delta\dot{I}_2 + \Delta\dot{I}_3 + \Delta\dot{I}_4$,为母线差动电流。

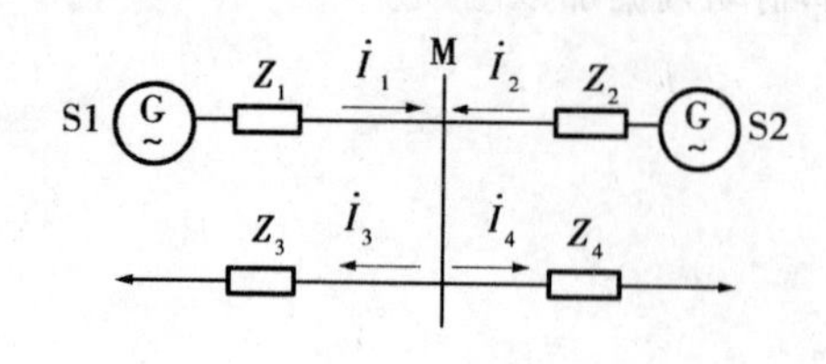

图 8-10　母线正常运行状态

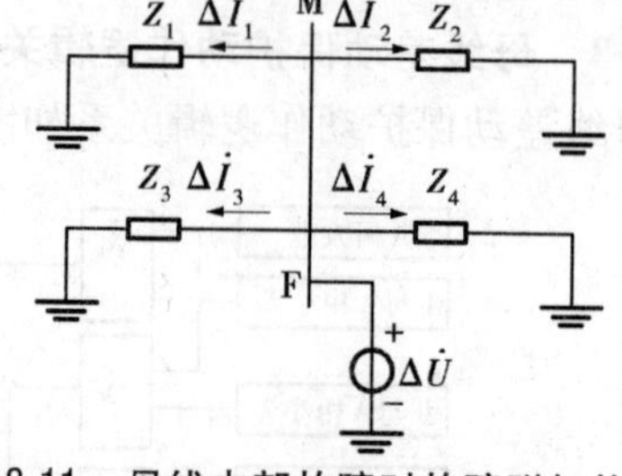

图 8-11　母线内部故障时故障附加状态

在高压系统中,电源阻抗和线路阻抗的阻抗角都接近 90°,假设图 8-11 中各支路阻抗的阻抗角相等,则母线内部故障的故障附加状态可等效为所有支路并联。其中等效后的阻抗 $Z_\Sigma = Z_1//Z_2//Z_3//Z_4$,$\Delta\dot{I}_\Sigma = \Delta\dot{I}_1 + \Delta\dot{I}_2 + \Delta\dot{I}_3 + \Delta\dot{I}_4$。若有 n 条支路,则 $Z_\Sigma = Z_1//Z_2//\cdots//Z_n$,$\Delta\dot{I}_\Sigma = \sum_{n=1}^{n}\Delta\dot{I}_n$。此时,$\Delta\dot{I}_d = \Delta\dot{I}_\Sigma$,故障分量综合阻抗为

$$Z_d = \frac{\Delta\dot{U}}{\Delta\dot{I}_d} = Z_\Sigma \tag{8-21}$$

可见,母线内部发生故障时,Z_d 为各系统阻抗和线路阻抗的并联,$Z_d < \min\{Z_1, Z_2, Z_3, Z_4\}$。当母线外部发生故障时,流过母线的差流 $\Delta\dot{I}_d$ 全部反映为母线的对地电容电流,如图 8-12 所示。

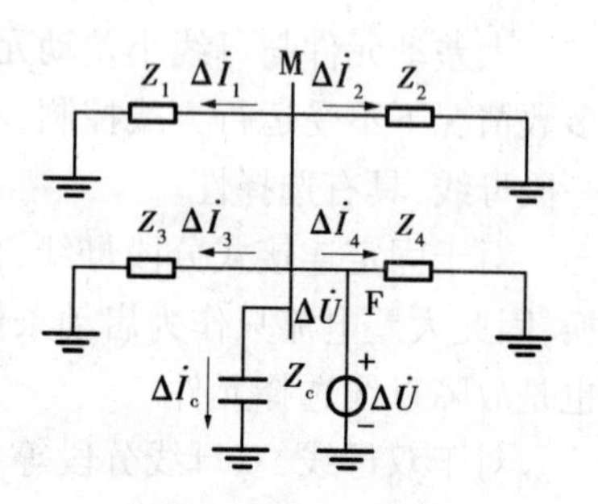

图 8-12　母线外部故障附加状态网络

此时,$\Delta\dot{I}_d = \Delta\dot{I}_\Sigma = -\Delta\dot{I}_c$,由于外部故障引起的母线电压变化量为 $\Delta\dot{U}$。可见,母线外部故障时故障分量综合阻抗为

$$Z_d = \frac{\Delta\dot{U}}{\Delta\dot{I}_d} = \frac{\Delta\dot{U}}{-\Delta\dot{I}_c} = -Z_c \tag{8-22}$$

即母线外部发生故障时,Z_d 的特性与母线内部故障时故障分量综合阻抗的特性一致,其阻抗角基本上都为 90°,但其模值与母线的容抗 Z_c 模值相等,与各支路阻抗相比,它是一个很大的数值。

8.4.3.2　基于故障分量综合阻抗母线保护判据

由上面的分析可知,当母线外部发生故障时,$|Z_d|$ 在理论上等于 $|Z_c|$。发生内部故障时,故障相对应的 $|Z_d|$ 反映各支路阻抗的并联,远小于 $|Z_c|$。因此,可以根据 $|Z_d|$ 的大小来区分母线内部、外部故障。其判据为

启动条件
$$|\Delta\dot{I}_d| > I_{set} \tag{8-23}$$

判据
$$|Z_d| < Z_{set} \tag{8-24}$$

因为 $\Delta\dot{I}_d$ 是故障分量,在母线正常运行及外部故障时,$|\Delta\dot{I}_d|$ 理论上为 0,一般取 I_{set} 大于 0.2 A(二次值),已能保证足够的可靠性。整定阻抗 Z_{set} 取 500 Ω,足以保证母线外部故障时不动作,而母线内部故障时,仍会有较高的灵敏度。

8.4.3.3 性能分析

对于一般的采用差流构成的常规比率差动判据的母线保护,其抗过渡电阻能力有限,保护性能容易受故障前系统功角关系的影响。而对于基于故障分量综合阻抗的母线保护新原理,当母线外部故障时,由式(8-22)可知,其动作量 Z_d 就等于母线的对地容抗,与过渡电阻无关。若母线内部经过渡电阻 R_F 接地故障,由式(8-21)可知,$Z_d = \Delta\dot{U}/\Delta\dot{I}_d = Z_\Sigma//R_F$,由于 $Z_\Sigma = Z_1//Z_2//\cdots//Z_n$,因此仍有 $Z_d < \min\{Z_1, Z_2, Z_3, Z_4\}$。可见,内部故障时故障分量综合阻抗也几乎不受过渡电阻影响,因此抗过渡电阻能力较强。

若母线外部故障 TA 饱和,由式(8-22)可知,其动作量 Z_d 会随着差流的逐渐增大而逐步减小,即随着 TA 饱和程度的加深,Z_d 才逐渐向动作区靠拢。只要在整定时使式(8-24)的定值满足 $Z_{set} \geqslant \min\{Z_1, Z_2, Z_3, Z_4\}$,即保证内部故障时可靠动作,因此 Z_{set} 可取值很低,从而使 Z_d 具有一定的抗 TA 饱和能力。

8.5 典型微机母线保护

目前电力系统母线主保护一般采用比率制动式差动保护,它的优点是可有效防止外部故障时保护误动。在区内故障时,若有电流流出母线,保护灵敏度会下降。

微机母线保护在硬件上采用多 CPU 技术,使保护各主要功能分别由不同的 CPU 独立完成,软件通过功能相互制约,提高保护的可靠性。微机母线保护通过对复杂的输入各路电流、电压模拟量、开关量及差动电流和负序、零序量的监测和显示,不仅提高了装置的可靠性,也提高了保护可信度并改善了保护人机对话的工作环境,减小了装置的调试和维护工作量。而软件算法的深入开发则使母线保护的灵敏度和选择性得到不断的提高。

8.5.1 BP-2A 微机母线保护配置

8.5.1.1 主保护配置

母线主保护为复式比率差动保护,采用复合电压及 TA 断线闭锁方式闭锁差动保护。大差动瞬时动作于母联断路器,小差动选择元件动作跳被选择母线的各支路断路器。母线大差动是指除母联断路器和分段断路器外,各母线上所有支路电流所构成的差动回路;某一段母线的小差动是指与该母线相连接的各支路电流构成的差动回路,其中包括了与该母线关联的母线断路器或分段断路器。

8.5.1.2 其他保护配置

断路器失灵保护,由连接在母线上各支路断路器的失灵启动触点来启动失灵保护,最终连接该母线的所有支路断路器。此外,还设有母联单元故障保护和母线充电保护。

8.5.1.3 保护启动元件配置

母线保护启动元件有三种:①母线电压突变元件;②母线各支路的相电流突变量元件;③双母线的大差动过电流元件。只要有一个启动元件动作,母线差动保护即启动工作。

8.5.2 微机母线差动保护的 TA 变比设置

常规的母线差动保护为了减小不平衡电流,要求连接在母线上的各个支路 TA 变比必须完全一致,否则应安装中间变流器。微机母线保护的 TA 变比可由菜单输入到微机保护装置,由软件不平衡补偿,从而允许母线各支路差动 TA 不一致,也不需要装设中间变流器。

运行前,将母线上连接的各支路变比键入 CPU 插件后,保护软件以其中最大变比为基准,进行电流折算,使得保护在计算差动电流时各 TA 变比均为一致,并在母线保护计算判据及显示差电流时也以最大变比为基准。

8.5.3 BP-2A 微机母线保护程序逻辑

8.5.3.1 启动元件程序逻辑

启动元件由大差动电流越限 Y1 启动(大差动受复合电压 H1 闭锁)、母线电压突变量启动、各支路电流突变启动三个部分组成,它们组成或门逻辑 H2。母线差动保护启动元件程序逻辑框图如图 8-13 所示。

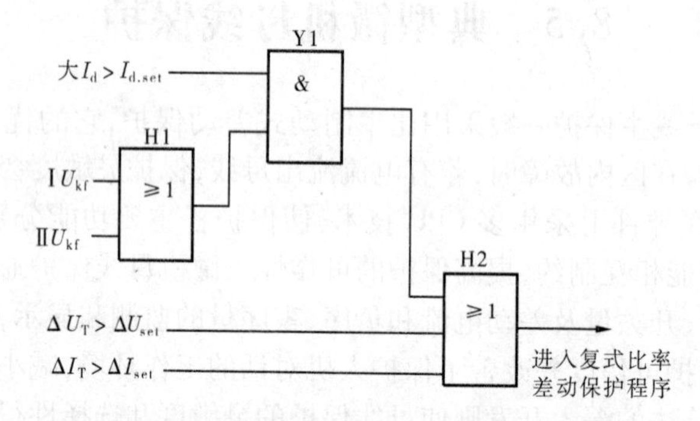

图 8-13 母线差动保护启动元件程序逻辑框图

启动元件动作后,程序才进入复式比率差动保护的算法判据,可见启动元件必须在差动保护计算判据之前正确启动,所以应当采用反映故障分量的突变量启动方式,启动元件的一个启动方式是母线电压突变启动,母线电压突变是相电压在故障时瞬时采样值 $u(t)$ 和前一周波的采样值 $u(t-N)$ 的差值。$u(t-N)$ 是对每周 N 个采样点而言,所以 $\Delta U_T = |u(t)-u(t-N)|$,当 $\Delta U_T > \Delta U_{set}$ 时,母线电压突变启动。由于 ΔU_T 是反映故障分量,所以其灵敏度较高。各支路电流突变量类似于母线突变启动。$\Delta I_{T.n} = |i(t)-i(t-N)| > \Delta I_{set}$ 时启动保护,$\Delta I_{T.n}$ 是指第 n 支路的相电流突变量。

为了防止有时电压和电流突变启动元件不动作,将大差动电流越限作为另一个启动元件动作的后备条件,其判据为:大 $I_d > I_{d.set}$,及Ⅰ段的复合电压ⅠU_{kf} 和Ⅱ段的复合电压ⅡU_{kf} 动作,它们组成与门再与母线电压、电流突变量启动元件构成或门的逻辑关系,启动保护装置。

8.5.3.2 母线复式比率差动保护程序逻辑

(1)大、小差动元件逻辑关系:大、小差动元件都是以复式比率差动保护的两个判据为核心,所不同的是它们的保护范围和差动电流 I_d、制动电流 I_{res} 取值不同。因为一个母线段的小差动保护范围在大差动保护范围之内,小差动元件动作时,大差动元件必然动作,因此为提高保护可靠性,采用大差动与两个小差动元件分别构成与门 Y1 和 Y2。如

图 8-14所示。

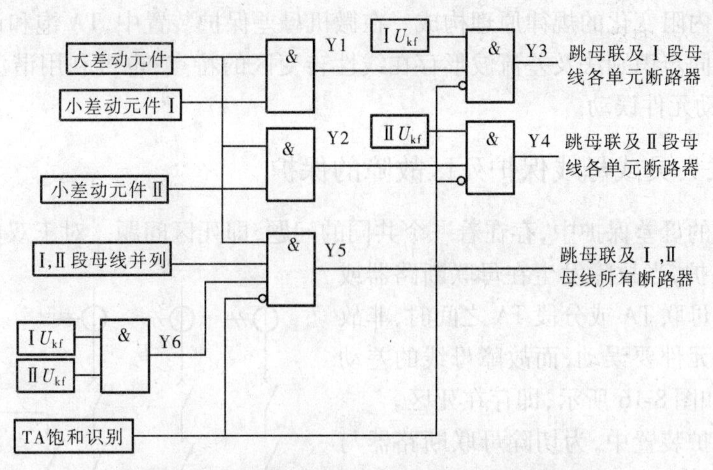

图 8-14　母线复式比率差动保护程序逻辑框图

(2)复合电压元件作用及其逻辑关系：图 8-15 中表示的复合电压元件,在逻辑上起到闭锁作用,防止 TV 二次回路断线引起的误动,它是由正序低电压、零序和负序过电压组成的“或”元件。每一段母线都设有一个复合电压闭锁元件：$\text{Ⅰ}\,U_{kf}$或$\text{Ⅱ}\,U_{kf}$,只有当差动保护判出某段母线故障,同时该段母线的复合电压动作,Y3 或 Y4 才允许去跳该母线上各支路断路器。

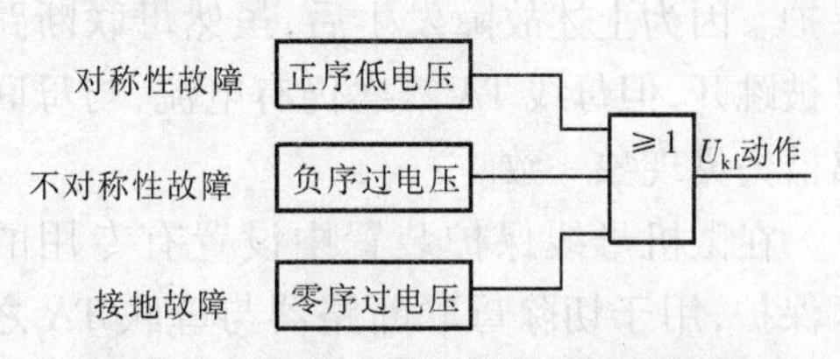

图 8-15　复合电压闭锁元件逻辑框图

(3)母线并列运行及在倒闸操作过程中:某支路的两副隔离开关同时合位,不需要选择元件判断故障母线时,在大差动元件动作时的同时复合电压也动作,三个条件构成的 Y5 动作才允许跳Ⅰ、Ⅱ段母线上所有连接支路的断路器。

(4)TA 饱和识别元件原理以及逻辑关系:母线出线故障时,TA 可能饱和。虽然母线复式比率差动保护在发生区外故障时,允许 TA 有较大的误差,但是当 TA 饱和严重超过允许误差时,差动保护还是可能误动作。某一出线元件 TA 饱和,其二次电流大大减小(严重饱和时 TA 二次电流近似等于零)。为防止区外故障时由于 TA 饱和母差保护误动,在保护中设置 TA 饱和识别元件。

母差保护通过同步识别程序,识别 TA 饱和时,闭锁保护一周,然后再开放保护,如图 8-14所示。在饱和识别元件输出“1”时,与门 3、4、5 被闭锁。TA 饱和时其二次电流及其内阻的变化有如下几个特点:

①在故障发生瞬间,由于铁芯中的磁通不能突变,TA 不会立即进入饱和区,而是存在一个时域为 3 ~5 ms 的线性传递区。在线性传递区内,TA 二次电流与一次电流成正比。

②TA 饱和之后,在每个周期内过零点附近存在不饱和时段,在此时段内,TA 二次电流又与一次电流成正比。

③TA 饱和后,二次电流中含有很大的二次和三次谐波电流分量。

目前,在国内广泛采用的母差保护装置中,TA 饱和识别元件均根据饱和后 TA 二次电流特点及其内阻变化的规律原理构成。在微机母差保护装置中,TA 饱和识别元件的识别方法主要是同步识别法及差流波形存在线性转变区的特点;也可利用谐波制动原理防止 TA 饱和差动元件误动。

8.5.4 母联失灵或母线保护死区故障的保护

各种类型的母差保护中,存在着一个共同的问题,即死区问题。对于双母线或单母线分段的母差保护,当故障发生在母联断路器或分段断路器与母联 TA 或分段 TA 之间时,非故障母线的差动元件要误动,而故障母线的差动元件要拒动,如图 8-16 所示,即存在死区。

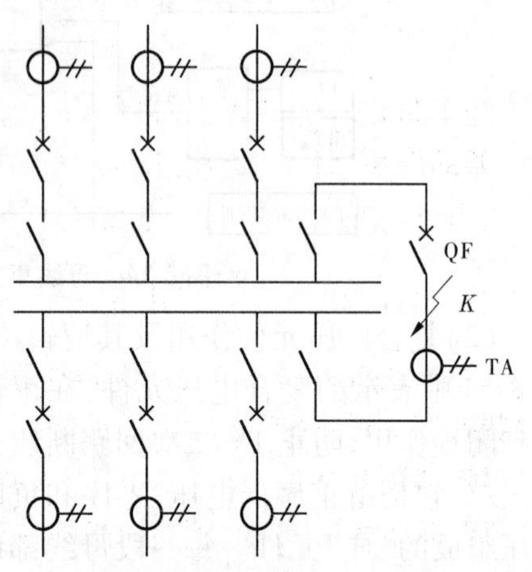

图 8-16 母线保护死区说明

在母线保护装置中,为切除母联断路器与母联 TA 之间故障,通常设置母联断路器失灵保护。因为上述故障发生后,虽然母联断路器已被跳开,但母线 TA 二次仍有电流,与母联断路器失灵现象一致。

在微机母线保护装置中设置有专用的死区保护,用于切除母联断路器与母联 TA 之间故障。即在上述情况下,需要切除母线上其余单元。因此,在保护动作发出跳开母联断路器的命令后,经延时后判别母联电流是否越限,如经延时后母联电流满足越限条件,且母线复合电压动作,则跳开母线上所有断路器。母联失灵保护逻辑框图如图 8-17 所示。

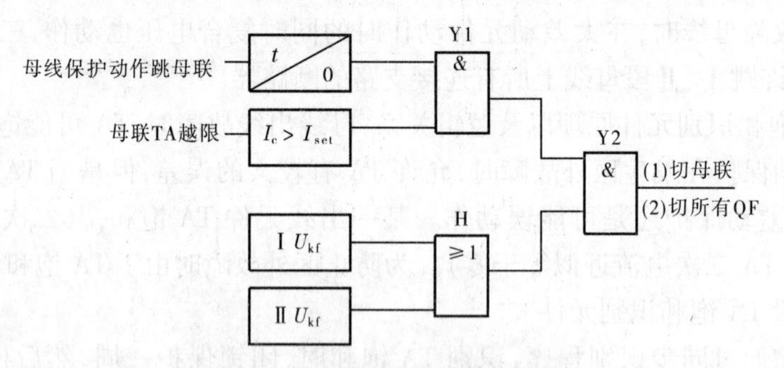

图 8-17 母联失灵保护逻辑框图

8.5.5 母线充电保护逻辑

母线充电保护是临时性保护。在变电站母线安装后投运之前或母线检修后再投入之前,利用母联断路器对母线充电时投入保护。

当一段母线经母联断路器对另一段母线充电时,若被充电母线存在故障,当母联电流的任一相大于充电保护的动作电流整定值时,充电保护动作于将母联断路器跳开。母线充电保护逻辑框图如图 8-18 所示。

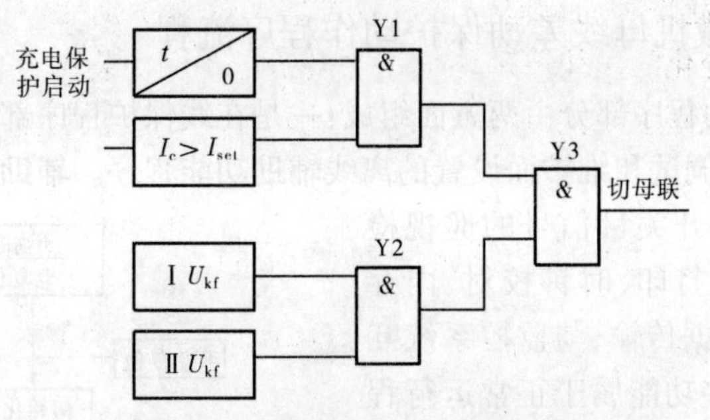

图 8-18　母联充电保护逻辑框图

为了防止由于母联 TA 极性错误造成的母差保护误动，在接到充电保护投入信号后先将差动保护闭锁。此时若母联电流越限且母线复合序电压动作，经延时将母联断路器跳开，当母线充电保护投入的触点延时返回时，将母差保护正常投入。

8.5.6　TA 和 TV 断线闭锁与报警

TV 断线将引起复合电压保护误动，从而误开放保护。TV 断线可以通过复合序电压来判断，当Ⅰ母 U_{kf}或Ⅱ母 U_{kf}动作后经延时，如差动保护并未动作，说明 TV 断线，发出断线信号，如图 8-19(a)所示。

TA 断线将引起复式比率差动保护误动，判断 TA 断线的方法有两种：一种是根据差电流越限而母线电压正常（H1 输出“1”）；另一种是依次检测各单元的三相电流，若某一相或两相电流为零（H3 输出“1”），而另两相或一相有负载电流（H2 输出“1”），则认为是 TA 断线。其判断逻辑如图 8-19(b)所示。

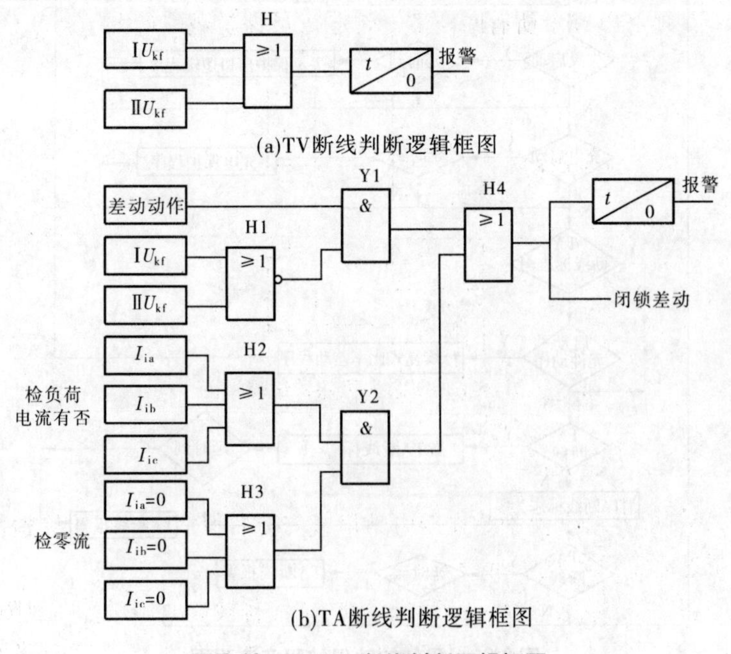

(a)TV断线判断逻辑框图

(b)TA断线判断逻辑框图

图 8-19　TV、TA 断线判断逻辑框图

8.5.7 BP－2A 微机母线差动保护动作程序流程

母线差动保护的程序部分由两方面组成:一是在线保护程序部分,由其实现保护的功能;二是为方便运行调试和维护而设置的离线辅助功能程序。辅助功能包括定值整定、装置自检、各交流量和开关量信号的巡视检测、故障录波及信号打印、时钟校对、内存清理、串行通信和数据传输、与监控系统互联等功能模块。这些功能属于正常运行程序,它与在线保护程序及主程序之间的关系如图 8-20 所示。

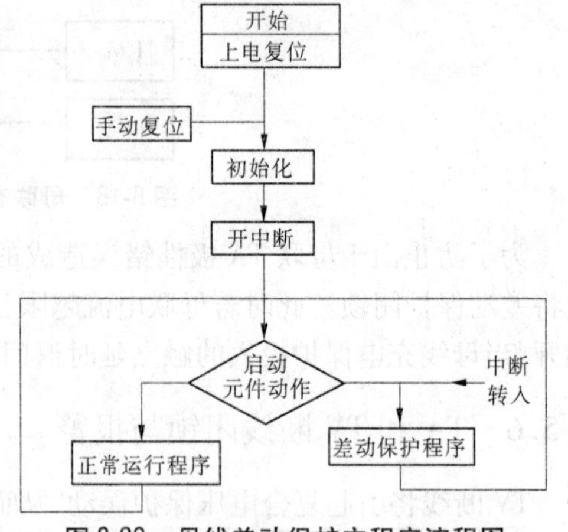

图 8-20 母线差动保护主程序流程图

主程序在开中断后,定时进入采样中断服务程序。在采样中断服务程序完成模拟量及开关量的采样和计算,根据计算结果判断是否启动,若启动标志为 1,即转入差动保护程序。母线差动保护程序逻辑图如图 8-21 所示。

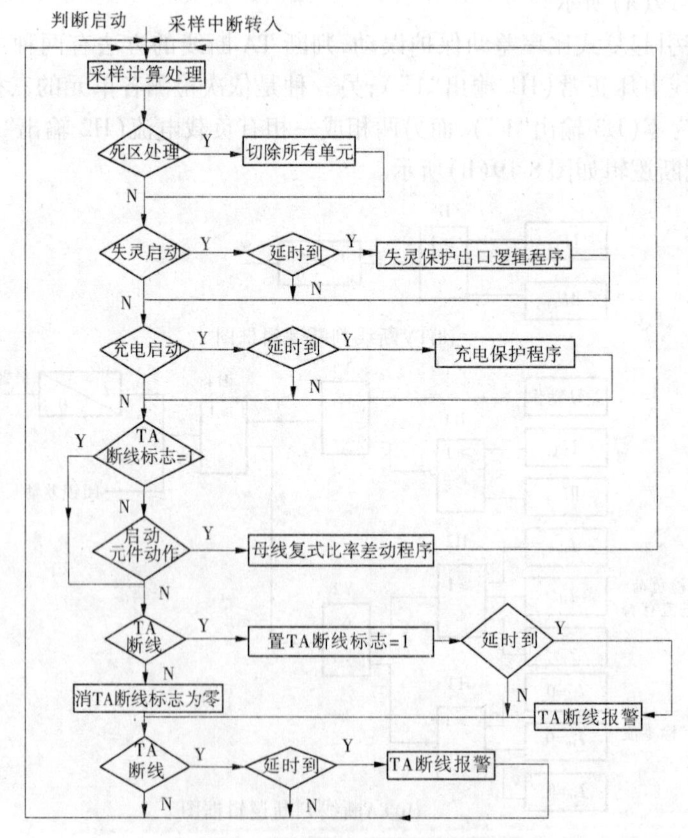

图 8-21 母线差动保护程序流程图

进入母线差动程序,“采样计算”首先对采样中断送来的数据及各开关量进行处理,随后对采样结果进行分类检查,根据母联断路器失灵保护逻辑判断是否死区故障。若为死区故障,即切除所有支路;若不是死区故障,再检查是否线路断路器失灵启动。检查失灵保护开关量,若有开关量输入,经延时失灵保护出口跳开故障支路及接在母线上的所有支路;若不是线路断路器失灵,检查母线充电投入开关量是否有输入,若有开关量输入,随即转入母线充电保护逻辑。如果 TA 断线标志位为 1,则不能进入母线复式比率差动程序,随即转入 TA 断线处理程序。

以上所述“死区处理”、“失灵启动”、“充电启动”等程序逻辑中有延时部分,在延时时间未到的时候都必须进入保护循环,反复检查判断及采样数据更新,凡是保护启动元件标志位已为“1”时,均要进入母线复式比率差动保护程序逻辑,反复判断是否已有故障或故障有发展等,如失灵启动保护是线路断路器失灵,在启动后延时时间内有否发展为母线故障,必须在延时时间内进入母线复式差动保护程序检查。

小　结

母线是电力系统中非常重要的元件之一,母线发生短路故障,将造成非常严重的后果。母线保护方式有两种,即利用供电元件的保护作为母线保护和设专用母线保护。

完全电流差动保护其工作原理是基于基尔霍夫定律,即 $\sum \dot{I}=0$;若成立,则母线处于正常运行状况。若 $\sum \dot{I}=\dot{I}_K$,则母线发生短路故障。

比相式母线保护是通过比较接在母线上所有线路的电流相位,正常运行时,至少有一回路线路的电流方向与其他回路方向不同。

微机母线差动保护实现的基本原理也是基尔霍夫电流定律。复式比率制动母线差动分别采用复式比率差动判据和分相突变量复式比率差动判据,母线内部故障,母线各支路故障相电流在相位上接近相等,利用相位关系母线差动保护能迅速对内部故障作出正确反应。

大、小差动元件都是以复式比率差动保护的两个判据为核心,所不同的是它们的保护范围及差动电流、制动电流取值不同。

对于双母线或单母线分段的母差保护,当故障发生在母联断路器或分段断路器与母联电流互感器之间时,非故障母线的差动元件将发生误动,而故障母线的差动元件要拒动。

基于故障分量综合阻抗的母线保护新原理,其保护性能不受过渡电阻的影响。

习　题

1. 母线保护的方式有哪些?

2. 简述母线保护的装设原则。

3. 简述单母线完全电流差动保护的工作原理。

4. 复式比率差动保护的原理及特点是什么?

5. 双母线差动保护如何选择故障母线?

第 9 章　继电保护整定计算实例

继电保护整定计算是继电保护工作的一项重要工作，它的基本任务，就是要对各种继电保护确定整定值。

9.1　电流电压保护计算实例

1. 如图 9-1 所示，求保护 1 的无时限速断保护整定值及保护区，已知线路阻抗 $Z_1 = 0.4\ \Omega/\text{km}$。

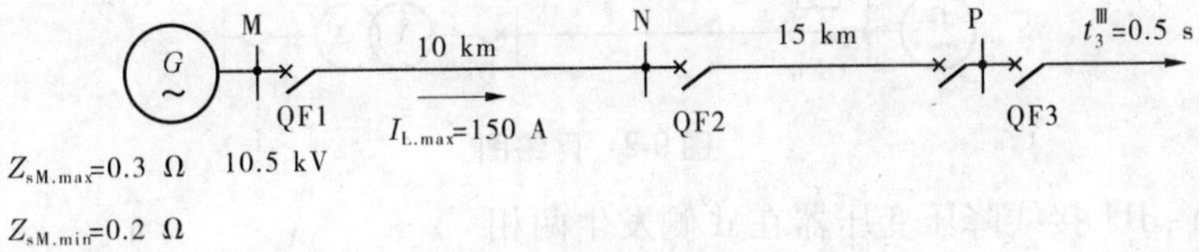

G　M　QF1　10 km　$I_{\text{L.max}}=150$ A　N　QF2　15 km　P　QF3　$t_3^{\text{III}}=0.5$ s

$Z_{\text{sM.max}}=0.3\ \Omega$　10.5 kV

$Z_{\text{sM.min}}=0.2\ \Omega$

图 9-1　系统接线图

解：(1) 选用无时限电流速断保护。

MN 线路末端三相短路最大短路电流为 $I_{\text{K.max}} = \dfrac{10\ 500}{\sqrt{3}\times(0.2+4)} = 1\ 443.4(\text{A})$

保护 1 的动作电流 $I_{\text{op1}}^{1} = 1.25\times 1\ 443.4 = 1\ 804.3(\text{A})$

最大保护区为 $l_{\max} = \dfrac{1}{0.4}\times\left(\dfrac{10\ 500}{\sqrt{3}\times 1\ 804.3} - 0.2\right) = 7.89(\text{km})$

$$l_{\max}\% = \frac{7.89}{10}\times 100\% = 78.9\%$$

最小保护区为 $l_{\max} = \dfrac{1}{0.4}\times\left(\dfrac{10\ 500}{2\times 1\ 804.3} - 0.3\right) = 6.52(\text{km})$

$$l_{\min}\% = \frac{6.52}{10}\times 100\% = 65.2\%$$，保护区满足要求。

(2) 选用电流电压联锁速断保护。

按线路最小运行方式下保护线路全长 80% 整定，则动作电流为

$$I_{\text{op1}}^{\text{I}} = \frac{10\ 500}{\sqrt{3}\times(0.3+0.8\times 4)} = 1\ 732.1(\text{A})$$

动作电压为 $U_{\text{op1}}^{1} = \sqrt{3}\times 1\ 732.1\times 3.2 = 9\ 600(\text{kV})$

①电流元件最小保护区计算：

设在 x 处发生二相短路故障，短路电流为整定值相等，则

$\dfrac{\sqrt{3}}{2}\times\dfrac{10\ 500}{\sqrt{3}\times(0.3+x)} = 1\ 732.1$，解之 $x = \dfrac{10\ 500}{2\times 1\ 732.1 - 0.3} = 2.73(\Omega)$，保护区为

$$l_{\min}\% = \frac{2.73}{4} \times 100\% = 68.25\%$$

②电压元件最小保护计算：

设系统处最大运行方式下，在 x 处发生三相短路故障，保护安装处最大残压与整定值相等，则

$$\sqrt{3} \times \frac{10\ 500}{\sqrt{3} \times (0.2 + x)} \times x = 9\ 600\text{，解之 } x = 2.13\ \Omega$$

$$l_{\min}\% = \frac{2.13}{4} \times 100\% = 53.25\%$$

2. 如图 9-2 所示，保护的过电流保护采用不完全星形接线，当作为后备保护时，灵敏度为多少？若灵敏度不满足要求，提出合理的措施。已知过电流保护一次整定值为 350 A，$I_{\text{KB.min}}^{(3)} = 1\ 757$ A，$I_{\text{KC.min}}^{(3)} = 700$ A，三相短路电流均已归算至 35 kV 侧。

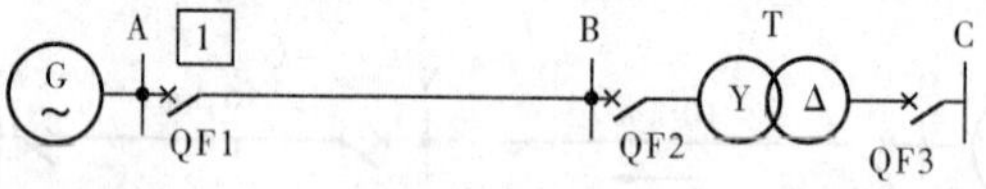

图 9-2　网络图

分析：Y，d11 接线降压变压器在 d 侧发生两相短路时 Y 侧的各相电流的关系推导如下。假设变压器线电压比为 1，即 $\frac{|\dot{I}_{\text{dA}}|}{|\dot{I}_{\text{YA}}|} = 1$。由图 9-3 可得

$$\begin{bmatrix} 1 & -1 & 0 \\ 0 & 1 & -1 \\ -1 & 0 & 1 \end{bmatrix} \begin{bmatrix} \dot{I}_{\text{a}} \\ \dot{I}_{\text{b}} \\ \dot{I}_{\text{c}} \end{bmatrix} = \begin{bmatrix} \dot{I}_{\text{dA}} \\ \dot{I}_{\text{dB}} \\ \dot{I}_{\text{dC}} \end{bmatrix} \qquad (1)$$

$$|\dot{I}_{\text{YA}}| = |\dot{I}_{\text{dA}}| = \sqrt{3}\,|\dot{I}_{\text{a}}|$$

当 d 侧发生 ab 两相短路时，根据故障分析的知识，得 $\dot{I}_{\text{dA}} = -\dot{I}_{\text{dB}}$，$\dot{I}_{\text{dC}} = 0$。利用式(1)推导得 $\dot{I}_{\text{a}} = \dot{I}_{\text{c}} = \frac{1}{3}\dot{I}_{\text{dA}}$、$\dot{I}_{\text{b}} = -\frac{2}{3}\dot{I}_{\text{dA}}$。

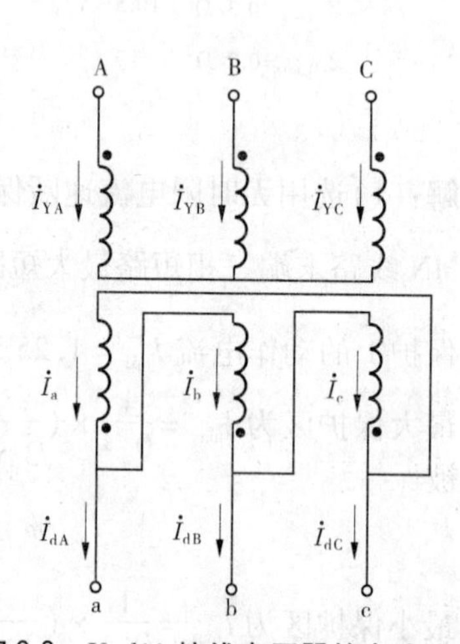

图 9-3　Y，d11 接线变压器的电流分布

再根据变化关系得 $\dot{I}_{\text{YA}} = \dot{I}_{\text{YC}} = \frac{1}{\sqrt{3}}\dot{I}_{\text{dA}}$、$\dot{I}_{\text{YB}} = -\frac{2}{\sqrt{3}}\dot{I}_{\text{dA}}$。其他两种两相不对称短路推导过程同上。结果见表 9-1 所示。

表 9-1　Y，d11 降压变压器在 d 侧发生两相短路时 Y 侧与 d 侧的电流关系

短路类型	$\dot{I}_{\text{YA}}$	$\dot{I}_{\text{YB}}$	$\dot{I}_{\text{YC}}$
AB	$\dot{I}_{\text{dA}}/\sqrt{3}$	$-2\dot{I}_{\text{dA}}/\sqrt{3}$	$\dot{I}_{\text{dA}}/\sqrt{3}$
BC	$\dot{I}_{\text{dB}}/\sqrt{3}$	$\dot{I}_{\text{dB}}/\sqrt{3}$	$-2\dot{I}_{\text{dB}}/\sqrt{3}$
CA	$-2\dot{I}_{\text{dC}}/\sqrt{3}$	$\dot{I}_{\text{dC}}/\sqrt{3}$	$\dot{I}_{\text{dC}}/\sqrt{3}$

灵敏度校验是根据最不利的运行条件和故障类型进行校验。从表9-1可以看出，保护1采用不完全星形接线方式，保护1作为下一元件后备保护的灵敏度应选择d侧的ab两相短路进行校验。

解：近后备保护 $K_{sen}=\dfrac{\sqrt{3}\times 1\,757}{2\times 350}=4.35$，满足要求。

远后备 $K_{sen}=\dfrac{700}{2\times 350}=1$，不满足要求。

措施：

(1)对于模拟式保护采用两相三继电器接线方式。

(2)对于微机保护，除计算 $|\dot{I}_{YA}|$、$|\dot{I}_{YB}|$ 外，还需计算 $|\dot{I}_{YA}+\dot{I}_{YC}|$，并且分别与整定值进行比较。

经过采取措施后，保护1远后备保护的灵敏度为2，满足要求。

3. 如图9-4所示，已知线路正序阻抗为0.4 Ω/km。求MN线路电流速断保护的动作电流并进行灵敏度校验。在微机保护中为提高灵敏度，根据选相结果自动调整电流定值，计算式为 $I_{op1}^{I}=\dfrac{K_{rel}K_{K}E_{s}}{Z_{s.\min}+Z_{L1}}$，其中 K_K 为短路类型系数，三相短路为1，两相短路故障为 $\sqrt{3}/2$。求电流速断保护两相短路故障时的动作电流及灵敏度。为进一步提高灵敏度，微机保护还可以采用自适应电流速断保护，其整定计算式为 $I_{op1}^{I}=\dfrac{K_{rel}K_{K}E_{s}}{Z_{s}+Z_{L1}}$，其中 Z_s 为保护安装处系统的等值正序阻抗，随系统运行方式的改变而改变。当 $Z_s=16\ \Omega$ 且两相短路故障时电流速断保护动作电流。

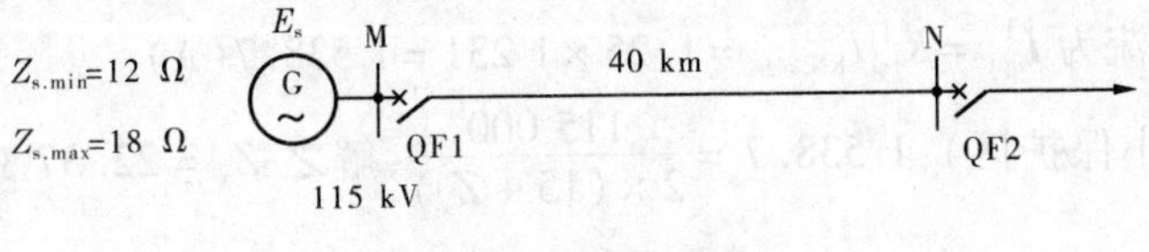

图9-4　网络接线图

解：(1)模拟式电流速断保护动作电流

$$I_{op1}^{I}=\frac{1.25\times 115\,000}{\sqrt{3}\times(16+12)}=2\,967(\mathrm{A})$$

保护区 $L_{\min}=\dfrac{1}{Z_1}\left(\dfrac{\sqrt{3}E_s}{2I_{op1}^{I}}-Z_{s.\max}\right)=\dfrac{1}{0.4}\times\left(\dfrac{115\,000}{2\times 2\,967}-18\right)=3.45(\mathrm{km})$

$\dfrac{L_{\min}}{L}=\dfrac{3.45}{40}\times 100\%=8.6\%$，不满足要求。

(2)微机式电流速断保护动作电流

$$I_{op1}^{I}=\frac{K_{rel}K_{K}E_{s}}{Z_{s.\min}+Z_{L1}}=\frac{1.25\times 0.866\times 115\,000/\sqrt{3}}{12+16}=2\,570(\mathrm{A})$$

保护区 $L_{\min}=\dfrac{1}{Z_1}\left(\dfrac{\sqrt{3}E_s}{2I_{op1}^{I}}-Z_{s.\max}\right)=\dfrac{1}{0.4}\times\left(\dfrac{115\,000}{2\times 2\,570}-18\right)=10.9(\mathrm{km})$

$$\frac{L_{min}}{L}=\frac{10.9}{40}\times 100\%=27.3\%$$，满足要求。

(3)自适应式微机电流速断保护动作电流

$$I_{op1}^{I}=\frac{K_{rel}K_{K}E_{s}}{Z_{s}+Z_{L1}}=\frac{1.25\times 0.866\times 115\ 000/\sqrt{3}}{16+16}=2\ 249(A)$$

保护区 $L_{min}=\frac{1}{Z_1}(\frac{\sqrt{3}E_s}{2I_{op1}^{I}}-Z_{s.max})=\frac{1}{0.4}\times(\frac{115\ 000}{2\times 2\ 249}-18)=18.9(km)$

$\frac{L_{min}}{L}=\frac{18.9}{40}\times 100\%=47.3\%$，满足要求，且保护区最长。

4. 如图 9-5 所示网络，线路正序阻抗为 $Z_1=0.4\ \Omega/km$，可靠系数为 $K_{rel}^{I}=1.25$，$K_{rel}^{II}=1.1$，$K_{rel}^{III}=1.15$，线路 MN 最大负荷电流为 200 A，自启动系数 $K_{ss}=1.3$，时限级差 $\Delta t=0.5$ s。对线路 MN 进行三段式电流、电压保护整定计算。

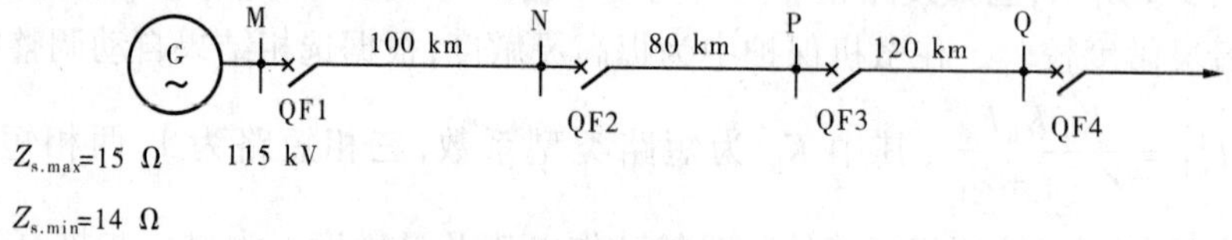

图 9-5 网络接线图

解：(1)保护 1 的第Ⅰ段选用电流速断保护。

N 母线短路流过保护 1 的最大短路电流为

$$I_{KN.max}^{(3)}=\frac{115\ 000/\sqrt{3}}{14+100\times 0.4}=1\ 231(A)$$

一次动作电流为 $I_{op1}^{I}=K_{rel}^{I}I_{KN.max}^{(3)}=1.25\times 1\ 231=1\ 538.7(A)$

灵敏度(最小保护区)：$1\ 538.7=\frac{115\ 000}{2\times(15+Z_x)}$，解之 $Z_x=22.37\ \Omega$，最小保护区为 $L_{min}\%=\frac{22.37}{40}\times 100\%=55.9\%$；最大保护区 $1\ 538.7=\frac{115\ 000/\sqrt{3}}{14+Z_x}$，解之 $Z_x=22.37\ \Omega$，最小保护区为 $L_{min}\%=\frac{22.37}{40}\times 100\%=55.9\%$。

(2)保护 1 的第Ⅱ段：

①选用限时电流速断保护。

P 母线短路最大短路电流为 $I_{KP.max}^{(3)}=\frac{115\ 000/\sqrt{3}}{14+0.4\times 180}=773(A)$

保护 2 速断动作电流 $I_{op2}^{I}=1.25\times 773=966.3(A)$

保护 1 动作电流 $I_{op1}^{II}=1.1\times 966.3=1\ 063(A)$

N 母线短路流过保护 1 的最小短路电流为

$$I_{K.min}^{(2)}=\frac{115\ 000}{2\times(15+40)}=1\ 045(A)$$

灵敏度 $K_{sen}=\frac{1\,045}{1\,063}=0.98$,不满足要求。

②采用电流电压保护。

NP 线路保护 2 第Ⅰ段选用电流电压速断保护

动作电流 $I_{op2}^{I}=\frac{115\,000/\sqrt{3}}{15+40+0.85\times 32}=819(A)$

动作电压 $U_{op2}^{I}=\sqrt{3}\times 819\times 0.85\times 32=38.54(kV)$

保护 1 第Ⅱ段动作电流 $I_{op1}^{II}=1.1\times 819=901(A)$

电流元件灵敏度 $K_{sen}=\frac{1\,045}{901}=1.16$,不满足要求。

③选用电流元件为闭锁元件,电压元件为测量元件。

保护 1 动作电流 $I_{op1}^{II}=\frac{1\,045}{1.5}=697(A)$

与相邻线路电流元件配合的动作电压

$$U_{op1}^{II}=\frac{\sqrt{3}E_{sp}-2K_{b.max}I_{op2}^{I}Z_{s.max}}{K_{rel}}=\frac{115\,000-2\times 819\times 15}{1.3}=69.56(kV)$$

与相邻线路电压元件配合的动作电压

$$U_{op1}^{II}=\frac{\frac{\sqrt{3}E_{sp}-U_{op2}^{I}}{Z_{s.max}+Z_{L}}\times Z_{L}+U_{op1}^{I}}{K_{rel}}=\frac{\frac{115-38.54}{15+40}\times 40+38.54}{1.3}=72.21(kV)$$

保护 1 动作电压整定值为 $U_{op1.set}^{I}=72.3(kV)$

保护区末端短路保护安装处最大残余电压为

$$U_{res.max}=\sqrt{3}\times 1\,231\times 40=85.18(kV)$$

电压元件灵敏度 $K_{sen}=\frac{72.21}{85.18}=0.85$

④选用与相邻线路Ⅱ段配合。

$$I_{KQ.max}^{(3)}=\frac{115\,000/\sqrt{3}}{14+0.4\times 300}=496(A)$$

保护 3 的Ⅰ段动作电流 $I_{op3}^{I}=1.25\times 496=620(A)$

保护 2 的Ⅱ段动作电流 $I_{op2}^{II}=1.1\times 620=682(A)$

保护 1 的Ⅱ段动作电流 $I_{op1}^{II}=1.1\times 682=750(A)$

灵敏度 $K_{sen}=\frac{1\,045}{750}=1.39$,满足要求。

(3)保护 1 的第Ⅲ段采用定时限过电流保护。

$$I_{op1}^{III}=\frac{1.15\times 1.3}{0.85}\times 200=352(A)$$

近后备灵敏度 $K_{sen}=\frac{1\,045}{352}=2.97$

远后备灵敏度 $I_{KP.min}^{(2)}=\dfrac{115\ 000}{2\times(15+72)}=798.6(\text{A})$，$K_{sen}=\dfrac{798.6}{352}=2.27$

5. 如图 9-6 所示，已知流过 MN 线路最大负荷电流为 170 A，线路阻抗为 0.4 Ω/km，自启动系数 $K_{ss}=1.5$，可靠系数 $K_{rel}^{\text{I}}=1.3$、$K_{rel}^{\text{II}}=1.1$、$K_{rel}^{\text{III}}=1.2$，返回系数 $K_{re}=0.8$。(要求Ⅱ段保护灵敏度不小于 1.2；Ⅲ段近后备不小于 1.5，远后备不小于 1.2)。对线路 MN 的 M 侧保护 1 进行三段式电流保护的整定计算。

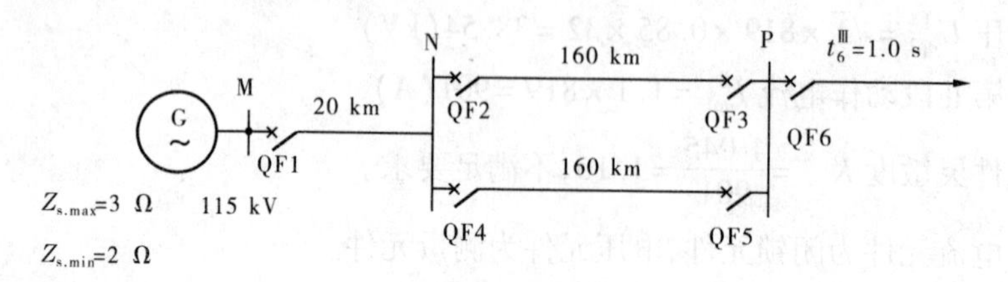

图 9-6　网络接线图

解：(1)保护 1 第Ⅰ段

$$I_{K.max}^{(3)}=\frac{115\ 000/\sqrt{3}}{2+8}=6\ 647(\text{A})$$

动作电流 $I_{op1}^{\text{I}}=1.3\times6\ 647=8\ 641(\text{A})$

最小保护区 $Z_x=\dfrac{115\ 000}{2\times8\ 641}-3=3.65(\Omega)$，$L_{min}\%=\dfrac{3.65}{8}\times100\%=45.68\%$

(2)保护 1 第Ⅱ段

相邻线路第Ⅰ段动作电流 $I_{op2}^{\text{I}}=1.3\times\dfrac{115\ 000/\sqrt{3}}{2+8+64}=1\ 167.8(\text{A})$

动作电流 $I_{op1}^{\text{II}}=1.1\times1\ 167.8=1\ 284.6(\text{A})$

取相邻线路并列运行时 $I_{KP.max}^{(3)}=\dfrac{115\ 000/\sqrt{3}}{10+32}=1\ 582.7(\text{A})$，分支系数 $K_b=0.5$。

动作电流 $I_{op1}^{\text{II}}=K_{rel}^{\text{II}}K_{rel}^{\text{I}}K_{b.min}\times1\ 582.7=1\ 132(\text{A})$

由上述计算可知，相邻线路应取单回线路运行方式，动作电流为 $I_{op1}^{\text{II}}=1\ 284.6(\text{A})$。

灵敏度 $I_{K.min}^{(2)}=\dfrac{115\ 000}{2\times11}=5\ 227(\text{A})$，$K_{sen}=\dfrac{5\ 227}{1\ 284.6}=4.1$

(3)保护 1 第Ⅲ段

动作电流 $I_{op1}^{\text{III}}=\dfrac{1.2\times1.5}{0.85}\times170=360(\text{A})$

动作时间 $t_{op1}^{\text{III}}=2.0$ s

近后备灵敏度 $K_{sen}=\dfrac{5\ 227}{360}=14.5$

远后备灵敏度 $I_{KP.min}^{(2)}=\dfrac{115\ 000}{2\times(11+64)}=766.7(\text{A})$(单回线路)，$K_{sen}=\dfrac{766.7}{360}=2.13$。

6. 如图 9-7 所示 110 kV 单侧电源网络中，线路 MN 和 NP 采用三段式电流保护，变压器采用差动保护；发电机装有自动调节励磁装置。已知 MN 和 NP 的最大负荷电流为 90

A 和 40 A；线路正序阻抗为 0.4 Ω/km；$K_{rel}^{I}=1.25$，$K_{rel}^{II}=1.15$，$K_{rel}^{III}=1.15$，自启动系数 $K_{ss}=2.2$，$K_{re}=0.85$，$\Delta t=0.5$ s。计算 MN 线路三段式电流保护整定值及灵敏度。

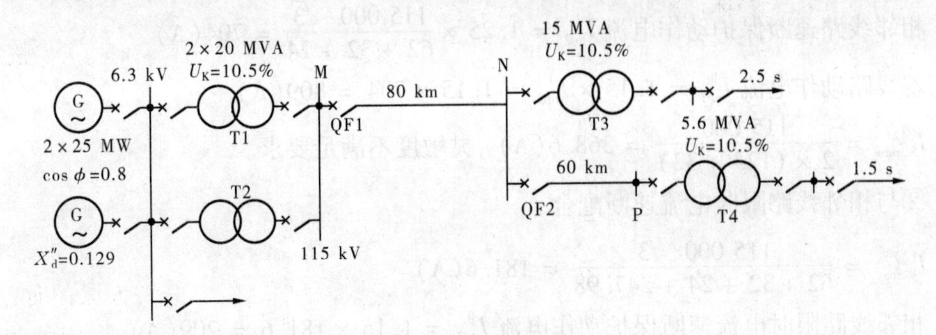

图 9-7　系统接线图

解：参数计算：①发电机 $X_G=0.129\times\dfrac{115^2}{25/0.8}=54.6(\Omega)$

②变压器 $X_{T1}=X_{T2}=0.105\times\dfrac{115^2}{20}=69.4(\Omega)$，$X_{T3}=0.105\times\dfrac{115^2}{15}=92.58(\Omega)$

$X_{T4}=0.105\times\dfrac{115^2}{5.6}=247.98(\Omega)$

③80 km 线路，$X_L=0.4\times80=32(\Omega)$；60 km 线路，$X_L=0.4\times60=24(\Omega)$

(1)保护 1 第Ⅰ段电流速断保护

①按躲过被线路末端最大短路电流整定

被线路末端最大短路电流为 $I_{K.\max}^{(3)}=\dfrac{115\ 000/\sqrt{3}}{62+32}=707(\text{A})$

动作电流 $I_{op1}^{I}=1.25\times707=883.8(\text{A})$

被保护线路首端两相短路电流 $I_{K.\min}^{(2)}=\dfrac{115\ 000/2}{124}=463.7(\text{A})<I_{op1}^{I}$，灵敏度不满足要求。

②采用自适应电流保护，其在最小运行方式下两相短路的动作电流为

$$I_{op1}^{I}=\frac{1.25\times\dfrac{\sqrt{3}}{2}\times115\ 000}{\sqrt{3}\times(124+32)}=460(\text{A})$$，最小保护区不满足要求。

③采用电流电压联锁速断保护

动作电流 $I_{op1}^{I}=\dfrac{115\ 000/\sqrt{3}}{124+0.8\times32}=444(\text{A})$

动作电压 $U_{op1}^{I}=\sqrt{3}\times444\times0.8\times32=19.66(\text{kV})$

电流元件最小 15% 保护区计算 $I_{K.\min}^{(2)}=\dfrac{115\ 000/2}{124+0.15\times32}=446.4(\text{A})>I_{op1}^{I}$，满足要求。

电压元件最小保护区计算 $U_{res.\max}=\dfrac{115\ 000}{62+0.15\times32}\times0.15\times32=8\ 263(\text{V})<U_{op1}^{I}$，满足要求。

(2)第Ⅱ段限时电流速断保护

①与相邻线路速断配合

相邻线路速断保护动作电流 $I_{op2}^{I} = 1.25 \times \frac{115\ 000/\sqrt{3}}{62 + 32 + 24} = 704(A)$

本线路动作电流 $I_{op1}^{II} = 1.15 \times I_{op2}^{I} = 1.15 \times 704 = 809(A)$

$I_{K.min}^{(2)} = \frac{115\ 000}{2 \times (124 + 32)} = 368.6(A)$，灵敏度不满足要求。

②与相邻线路限时电流速断配合

$I_{K.max}^{(3)} = \frac{115\ 000/\sqrt{3}}{62 + 32 + 24 + 247.98} = 181.6(A)$

相邻线路限时电流速断保护动作电流 $I_{op2}^{II} = 1.15 \times 181.6 = 209(A)$

本线路限时电流速断保护动作电流 $I_{op1}^{II} = 1.15 \times I_{op2}^{II} = 1.15 \times 209 = 240(A)$

灵敏度 $K_{sen} = \frac{368.6}{240} = 1.53 > 1.25$，满足要求。

(3)保护1的第Ⅲ段保护

①采用定时限过电流保护

$I_{op1}^{III} = \frac{K_{rel}^{III}K_{ss}}{K_{re}}I_{L.max} = \frac{1.15 \times 2.2}{0.85} \times 90 = 268(A)$

近后备灵敏度 $K_{sen} = \frac{368.6}{268} = 1.38$

相邻线路远后备 $I_{K.max}^{(2)} = \frac{115\ 000/2}{124 + 32 + 24} = 319.4(A)$，$K_{sen} = \frac{319.4}{268} = 1.19$

相邻变压器远后备 $I_{K.max}^{(3)} = \frac{115\ 000/\sqrt{3}}{124 + 32 + 92.58} = 267.4(A)$，不满足要求。

②采用低电压过电流保护

动作电流 $I_{op1}^{III} = \frac{K_{rel}^{III}}{K_{re}}I_{L.max} = \frac{1.15}{0.85} \times 90 = 121.8(A)$，显然电流元件满足灵敏度要求。

动作电压 $U_{op1}^{III} = 0.7U_N = 0.7 \times 110 = 77(kV)$

近后备灵敏度 $U_{res.max} = \sqrt{3} \times 707 \times 32 = 39.14(kV)$，$K_{sen} = \frac{77}{39.14} = 1.96$

相邻线路末端最大短路电流 $I_{K.max}^{(3)} = \frac{115\ 000/\sqrt{3}}{62 + 32 + 24} = 563.3(A)$

保护安装处残压 $U_{res.max} = \sqrt{3} \times 563.3 \times (32 + 24) = 54.57(kV)$

远后备灵敏度 $K_{sen} = \frac{77}{54.57} = 1.41$

相邻变压器末端最大短路电流为 $I_{K.max}^{(3)} = \frac{115\ 000/\sqrt{3}}{62 + 32 + 92.58} = 356.3(A)$

保护安装处残压 $U_{res.max} = \sqrt{3} \times 356.3 \times (32 + 92.58) = 76.79(kV)$

灵敏度 $K_{sen} = \frac{77}{76.79} = 1.023$

③改用复合电压启动过电流保护

相邻变压器远后备低压元件灵敏度 $K_{\text{sen}}=\dfrac{1.15\times77}{76.79}=1.15$

9.2 距离保护计算实例

1. 在图 9-8 所示的双端电源系统中，母线 M 侧装有方向阻抗继电器，其整定阻抗 $Z_{\text{set}}=6\angle70°$，且 $|\dot{E}_{\text{M}}|=|\dot{E}_{\text{N}}|$。其参数如图 9-8 所示。求

(1) 振荡中心位置，并在复平面上画出振荡时测量阻抗末端的变化轨迹；

(2) 方向阻抗继电器误动的角度范围；

(3) 当系统振荡周期 $T=1.5$ s 时，方向阻抗继电器误动的时间。

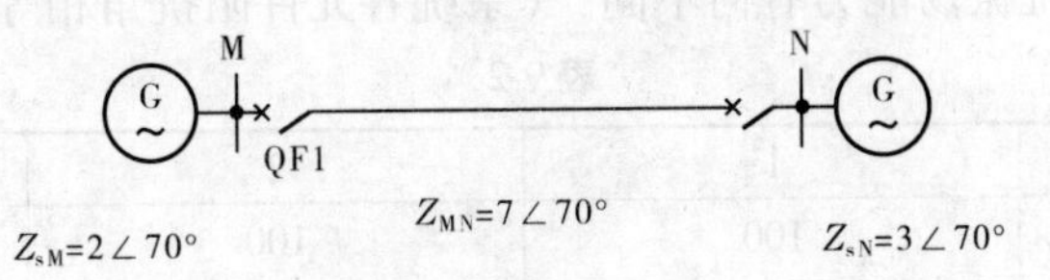

图 9-8　系统接线图

解：当 $|\dot{E}_{\text{M}}|=|\dot{E}_{\text{N}}|$ 且两侧系统的阻抗角和线路阻抗角相等时，系统振荡时测量阻抗的变化轨迹为一条直线。

系统振荡时，安装在 M 侧的测量元件的测量阻抗为

$$Z_{\text{m}}=\frac{\dot{U}_{\text{m}}}{\dot{I}_{\text{m}}}=\frac{\dot{E}_{\text{M}}-\dot{I}_{\text{m}}Z_{\text{sM}}}{\dot{I}_{\text{m}}}=\frac{\dot{E}_{\text{M}}}{\dot{I}_{\text{m}}}-Z_{\text{sM}}$$

$$\dot{I}_{\text{m}}=\frac{\dot{E}_{\text{M}}-\dot{E}_{\text{N}}}{Z_{\Sigma}}=\frac{\dot{E}_{\text{M}}(1-\text{e}^{-\text{j}\delta})}{Z_{\Sigma}}$$

两式求解得 $Z_{\text{m}}=\dfrac{Z_{\Sigma}}{1-\text{e}^{-\text{j}\delta}}-Z_{\text{sM}}$

$$Z_{\text{m}}=0.5Z_{\Sigma}-m-\text{j}0.5Z_{\Sigma}\cot\frac{\delta}{2}$$

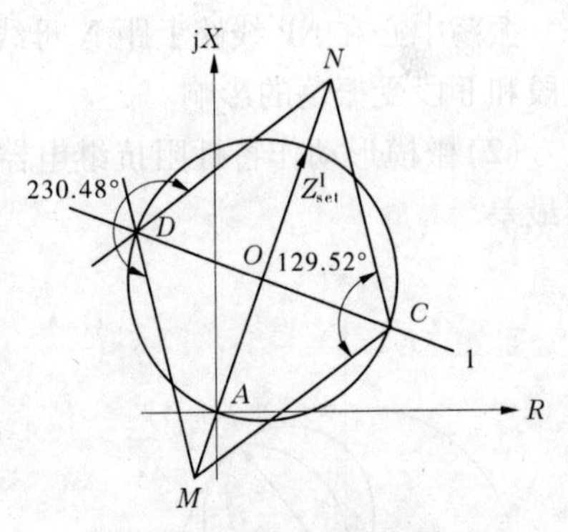

图 9-9　测量阻抗变化轨迹

其中，$m=\dfrac{Z_{\text{sM}}}{Z_{\Sigma}}$。振荡中心在 O 点，线段 AO 所对应的阻抗为 $4\angle70°$。直线 1 为测量阻抗末端的变化轨迹。测量阻抗末端在 CD 之间移动时安装在 M 侧的方向阻抗继电器会误动作。由几何知识可得 $OD/4=2/OD$，得 $OD=2\sqrt{2}$。图 9-9 中线段 OD 和 DM 之间夹角为 $\arctan\dfrac{6}{2\sqrt{2}}=64.76°$。所以误动的角度范围为 $129.52°\sim230.48°$。

方向元件误动时间 $t=1.5\times\dfrac{(180°-129.52°)\times2}{360°}=0.42(\text{s})$

2.(1)如图 9-10 所示网络，在保护 1～4 处安装有三段式距离保护，其测量元件采用方向阻抗继电器。$|\dot{E}_M| = |\dot{E}_N|$且全系统阻抗角均为 60°，线路电抗 $X = 0.4\ \Omega/\text{km}$，线路长度 L_1 和 L_2 按 3 种方案列于表 9-2 中。分析各种方案中保护 1、保护 4 的Ⅰ段和Ⅱ段以及保护 2、保护 3 的Ⅰ段中哪些保护受系统振荡的影响？（可靠系数取 0.8）。

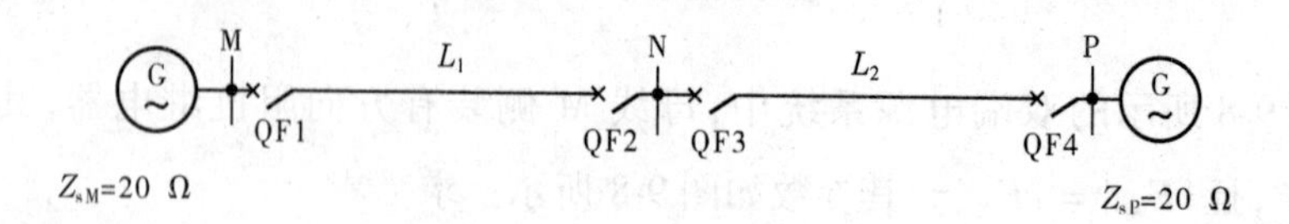

图 9-10 系统接线

(2)试比较图 9-11 所示全阻抗、方向阻抗、橄榄形阻抗继电器动作特性，在整定阻抗相同的情况下，躲系统振荡能力有何不同？（系统各元件阻抗角相等）

表 9-2

方案	1	2	3
L_1(km)	100	100	50
L_2(km)	100	50	200

解：电力系统振荡时，阻抗是否会误动、误动的时间长短与保护安装位置、保护动作范围、动作特性的形状和振荡周期有关。安装位置离振荡中心越近、整定值越大、动作特性与整定阻抗垂直方向的动作区越大，越容易受振荡的影响，振荡周期越长误动的时间越长。

(1)方案 1：振荡中心在母线 N 上。曲线 OO' 为保护 1 测量阻抗末端的移动轨迹。如图 9-12 所示。从图中可看出，保护 1 和保护 4 的Ⅰ段不受振荡的影响，保护 1 和保护 4 的Ⅱ段、保护 2 和保护 3 的Ⅰ段都受振荡的影响。

方案 2：振荡中心在 MN 线路上距 N 母线 25 km 处。保护 1 的Ⅰ段和Ⅱ段、保护 2 的Ⅰ段、保护 4 的Ⅱ段受系统振荡影响。

振荡中心在 NP 线路上距 N 母线 75 km 处。保护 1 的Ⅱ段、保护 3 的Ⅰ段、保护 4 的Ⅰ段和Ⅱ段受振荡的影响。

(2)橄榄形动作特性阻抗继电器躲振荡能力最强，方向阻抗继电器其次，全阻抗继电器最差。

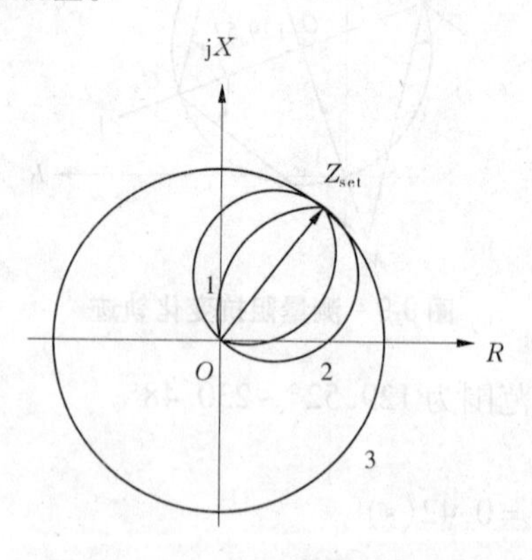

图 9-11 阻抗特性

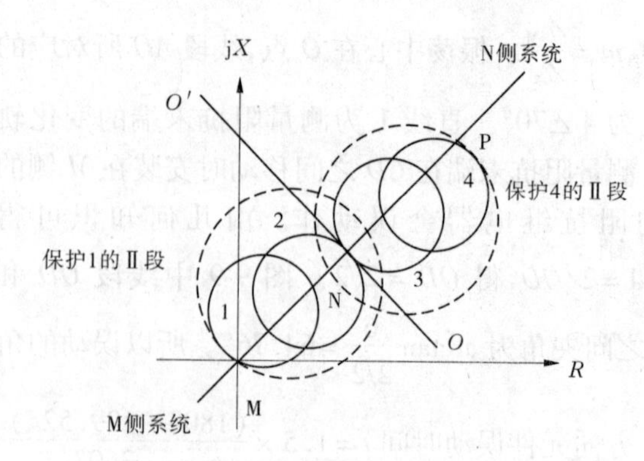

图 9-12 测量阻抗变化轨迹

3. (1)求图 9-13(a)所示单侧 110 kV 线路上保护 1 中阻抗元件的测量阻抗 Z_m,并画到复平面图上。已知短路类型为两相短路,故障点过渡电阻 $R=4\ \Omega$,线路阻抗为$(0.17+j0.41)\ \Omega/km$。短路点到保护 1 距离为 10 km。

(2)求图 9-13(b)双侧电源 110 kV 线路上保护 1 中阻抗元件的测量阻抗 Z_m,并画到复平面图上。短路点到保护 1 的距离 L、电流 $\dot{I}_M$、电流 $\dot{I}_N$ 之值分 3 种方案列于表 9-3 中。其他条件同上。

表 9-3　部分数据

方案	1	2	3
距离 L(km)	10	10	10
电流 $\dot{I}_M$(A)	1 000	500	500
电流 $\dot{I}_N$(A)	1 000	1 000∠30°	1 000∠ -30°

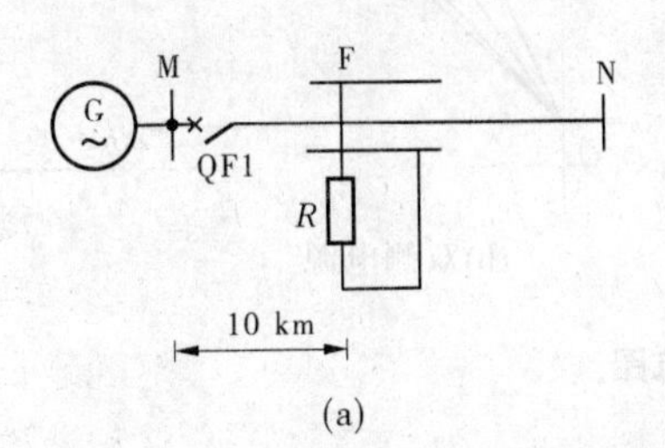

(a)

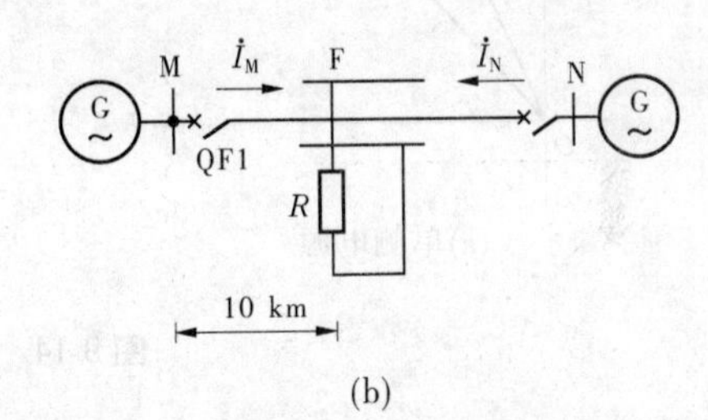

(b)

图 9-13　示意图

解:根据故障分析理论,两相经过渡电阻 R 短路,可看作在故障点接入各相具有 $R/2$ 电阻的分支线上发生的金属性短路(以 BC 为例)。M 侧保护 1 测量阻抗为

$$Z_m=\frac{\dot{U}_M}{\dot{I}_M}=\frac{Z_K\dot{I}_M+R(\dot{I}_M+\dot{I}_N)}{2\dot{I}_M}=Z_K+\dot{K}\frac{R}{2}$$

式中,$\dot{K}=\frac{\dot{I}_M+\dot{I}_N}{\dot{I}_M}$。$\dot{K}$ 为复数,因此 $\dot{K}\frac{R}{2}$可能呈感性,也可能呈容性。由线路两侧电流相位关系确定 $\dot{K}\frac{R}{2}$呈容性还是感性。对于单侧电源线路,因 $\dot{I}_N=0$,则

$$Z_m=\frac{\dot{U}_M}{\dot{I}_M}=Z_K+\frac{R}{2}$$

由上式可看出单侧电源线路,过渡电阻的存在必然使测量阻抗增大,保护范围缩小。在双侧电源线路上,过渡电阻存在可能使保护范围缩小,也可能使保护范围增大。

(1)单侧电源保护 1 测量阻抗为

$$Z_m=\frac{\dot{U}_M}{\dot{I}_M}=Z_K+\frac{R}{2}=4.7+j4.1$$

(2)双侧电源

方案1：$Z_{m1}=\dfrac{\dot U_M}{\dot I_M}=Z_K+R=6.7+j4.1$

方案2：$Z_{m2}=\dfrac{\dot U_M}{\dot I_M}=Z_K+\dot K\dfrac{R}{2}=2.7+j4.1+(1+2\angle 30°)\times 2=8.16+j6.1$

方案3：$Z_{m3}=\dfrac{\dot U_M}{\dot I_M}=Z_K+\dot K\dfrac{R}{2}=2.7+j4.1+(1+2\angle -30°)\times 2=8.16+j2.1$

计算结果如图9-14所示。

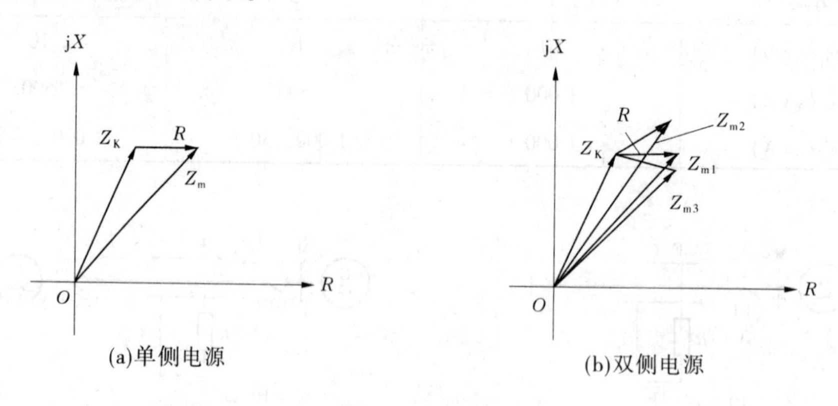

图9-14　测量阻抗图

4. 图9-15所示双侧电源网络，参数如图所示，已知 $\dot E_M=\dot E_N=1\angle 0°$。求线路MN两侧距离保护第Ⅰ段整定值，并指出如图示F点经过渡电阻三相短路时，线路MN两侧距离保护Ⅰ段能否正确动作（测量元件采用方向阻抗元件，$K_{rel}^{I}=0.8$）？

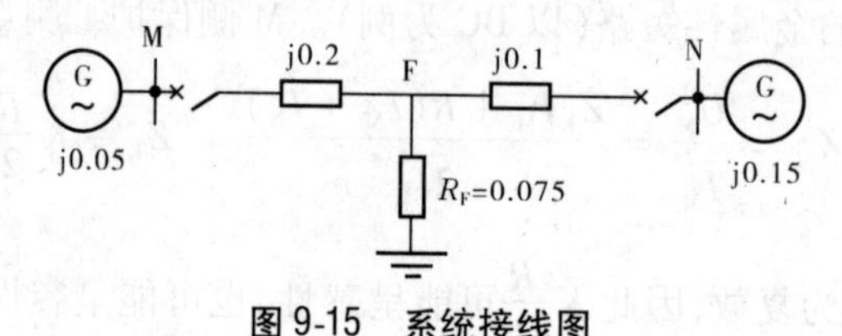

图9-15　系统接线图

解：MN两侧距离保护Ⅰ段整定值为 $Z_{setM}^{I}=Z_{setN}^{I}=j0.24$；短路点短路电流为 $I_K^{(3)}=\dfrac{1}{j0.25/2+0.075}=6.86\angle 59.04°$、短路点电压为 $U_K=I_K^{(3)}R_F=0.515\angle 59.04°$。MN两侧的测量电流均为 $3.43\angle 59.04°$。

M侧距离保护的测量阻抗 $Z_{mM}=j0.2+\dfrac{0.515\angle 59.04°}{3.43\angle 59.04°}=0.15+j0.2$。N侧距离保护的测量阻抗 $Z_{mN}=j0.1+\dfrac{0.515\angle 59.04°}{3.43\angle 59.04°}=0.15+j0.1$。在复平面上画出线路MN两侧方向元件的动作特性及测量阻抗见图9-16，由图9-16可知，两侧距离保护Ⅰ段均拒动。

5. 双侧电源115 kV电压等级的网络如图9-17所示。已知：线路正序阻抗 $Z_1=0.4$ Ω/km，阻抗角 $\varphi_{L1}=75°$；在保护1～4均装设距离保护，其Ⅰ、Ⅱ段阻抗测量元件采用方向阻抗元件，启动元件采用电流元件（$I_{set}=4$ A，$n_{TA}=200$）；$K_{rel}^{\mathrm{I}}=K_{rel}^{\mathrm{II}}=0.85$。当系统发生振荡时，分析保护 1 阻抗测量元件和启动元件误动的可能性。

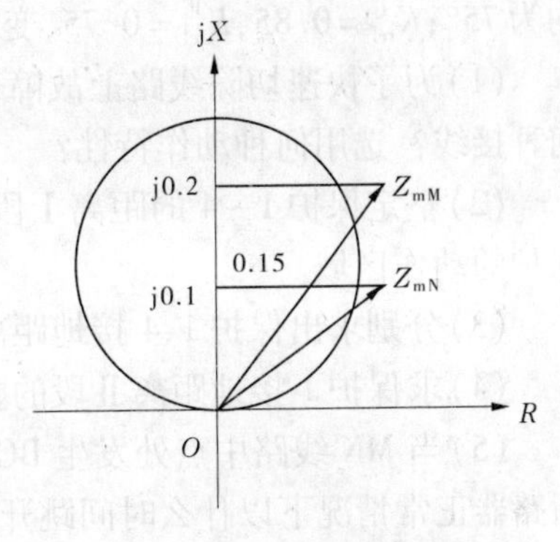

图 9-16　两侧测量阻抗

解：保护 1 的整定值为：$Z_{set1}^{\mathrm{I}}=0.85\times0.4\times100=34(\Omega)$，$Z_{set3}^{\mathrm{I}}=0.85\times0.4\times150=51(\Omega)$，$Z_{set1}^{\mathrm{II}}=0.85Z_{set3}^{\mathrm{I}}=77.35(\Omega)$，振荡中心在 NP 线路，距 N 侧 12.5 km 处，显然处于保护 1 的Ⅰ段保护区外，不会误动，而Ⅱ段可能误动。

系统振荡时流过保护 1 的电流为 $I_{swi}=\dfrac{2E_M}{Z_\Sigma}\sin\dfrac{\delta}{2}$，

当 $\delta=180°$ 时，$I_{swi.max}=\dfrac{115\times2}{\sqrt{3}\times130}=1\ 022(\mathrm{A})$，二次值为 $I_{swi.max.2}=\dfrac{1\ 022}{200}=5.11(\mathrm{A})>4$ A，启动元件可能误动。

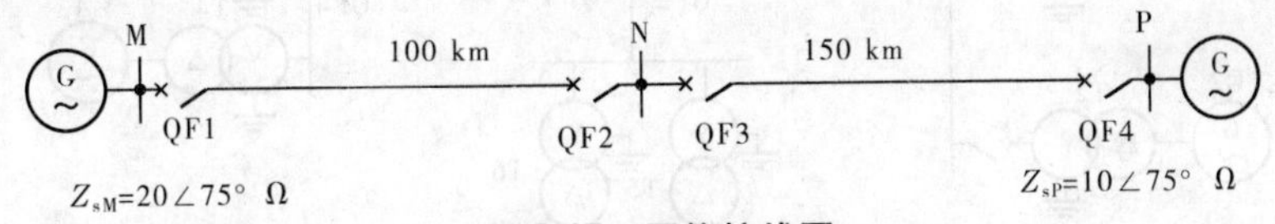

图 9-17　网络接线图

6. 如图 9-18 所示双侧电源线路 MN，设 $\dot{E}_M=\dot{E}_N$，且全系统阻抗角相等，求下列情况下，安装于 M 侧、N 侧的距离保护 1 和保护 2 的测量阻抗。

(1) 系统正常运行时；

(2) 线路 MN 的 N 侧正方向出口三相短路时；

(3) 系统发生振荡时且振荡角 $\delta=180°$ 时。

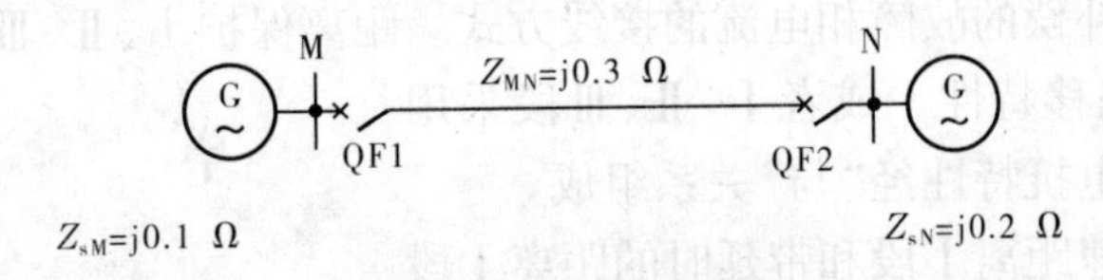

图 9-18　网络接线图

解：(1) 因 $\dot{E}_M=\dot{E}_N$，距离保护 1、保护 2 测量阻抗为 $Z_{m1}=Z_{m2}=\infty$。

(2) 保护 1 测量阻抗为 $Z_{m1}=\mathrm{j}0.3\ \Omega$、保护 2 测量阻抗为 $Z_{m2}=0\ \Omega$。

(3) 系统振荡且振荡角 $\delta=180°$ 时，相当于在振荡中心发生三相短路，振荡中心处于离 M 侧 j0.2 Ω，因此保护 1 测量阻抗为 $Z_{m1}=\mathrm{j}0.2\ \Omega$、保护 2 测量阻抗为 $Z_{m2}=0.1\ \Omega$。

7. 系统接线如图 9-19 所示，发电机以发电机—变压器组方式接入，最大开机方式为 4 台机全开，最小开机方式为两侧各开一台，变压器 T_5 和 T_6 可能 2 台也可能 1 台运行。其参数为：$E_p=115/\sqrt{3}$ kV，发电机 G1、G2 容量相等，$X_{1.G1}=X_{1.G2}=X_{2.G1}=X_{2.G2}=15\ \Omega$、发电机 G3、G4 容量相等，$X_{1.G3}=X_{2.G3}=X_{4.G1}=X_{4.G2}=10\ \Omega$；1～4 号变压器的正序阻抗为 $X_{1T}=10\ \Omega$，变压器零序阻抗为 $X_{0T}=30\ \Omega$；5～6 号变压器正序阻抗为 $X_{1T}=20\ \Omega$，变压器零序阻抗为 $X_{0T}=40\ \Omega$；线路阻抗为 $Z_1=0.4\ \Omega/\mathrm{km}$，零序阻抗为 $Z_0=1.2\ \Omega/\mathrm{km}$；全系统阻抗角

均为 75°；$K_{rel}^{I}=0.85$，$K_{rel}^{II}=0.75$，变压器均装有快速差动保护。求：

(1)为了快速切除线路上故障，线路 MN、NP 应在何处配置三段式距离保护，各选用何种接线？选用何种动作特性？

(2)整定保护 1 ~4 的距离 I 段，并按照选定的动作特性，在一个阻抗平面上画出各保护的动作区域。

(3)分别求出保护 1、4 接地距离 II 段的最大、最小分支系数。

(4)求保护 1 接地距离 II 段的整定值及灵敏度。

(5)当 MN 线路中点处发生 BC 两相接地短路时，哪些保护的测量元件动作。保护和断路器正常情况下以什么时间跳开哪些断路器？

(6)短路条件同(5)，若保护 1 的接地距离拒动、保护 2 处断路器拒动，哪些保护以什么时间断开哪些断路器？

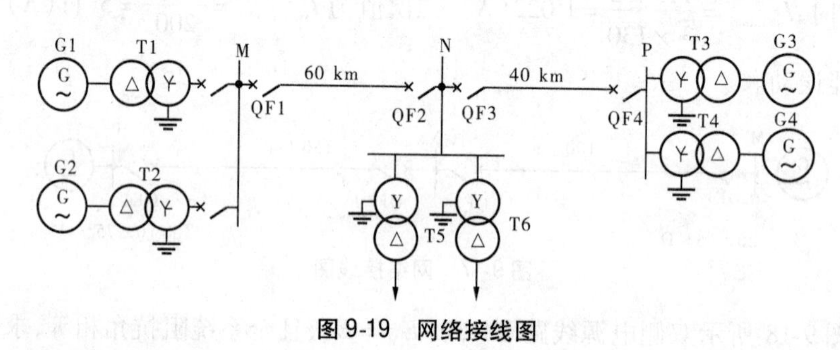

图 9-19 网络接线图

解：计及双侧电源时

(1)为了快速切除线路上各种短路故障，线路 MN、NP 应在断路器 1 ~4 处分别配置三段式相间距离和接地距离保护。相间距离保护用于切除相间故障，采用接入故障相线电压和故障相两相电流差的接线方式。接地距离保护用于切除接地故障，采用接入故障相电压和零序电流补偿的故障相电流的接线方式。距离保护 I、II、III 段可采用多边形特性，其中 III 段带有偏移特性。或者 I、II、III 段采用由方向阻抗特性和电抗特性经"与"关系组成。

通常还配有快速距离 I 段和带延时的距离 I 段和 II 段(反映振荡过程的故障)。距离 I 段动作特性如图 9-20 所示。

(2)保护 1、2 的距离 I 段整定值

$$Z_{set1}^{I}=Z_{set2}^{I}=0.85\times0.4\times60=20.4\angle75°(\Omega)$$

保护 3、4 的距离 I 段整定值

$$Z_{set3}^{I}=Z_{set4}^{I}=0.85\times0.4\times40=13.6\angle75°(\Omega)$$

保护 1 的距离 I 段动作区域特性如图 9-20 所示，保护 2 和保护 4 与保护 1、保护 3 相同。

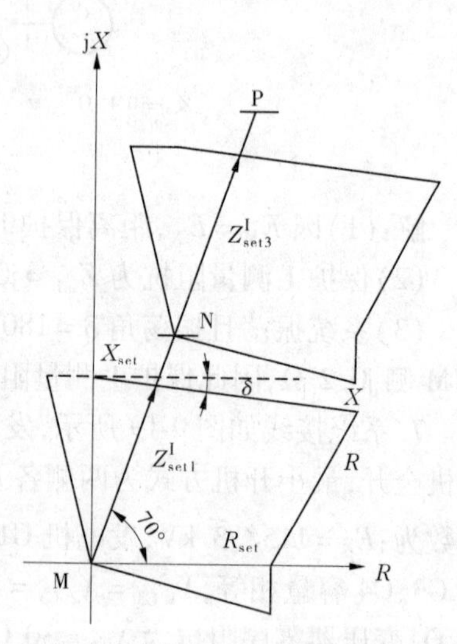

图 9-20 距离 I 段动作特性

(3)接地距离保护 1 和保护 4 的正序电流分支系数 $K_{b1}=K_{b4}=1$，即正序不存在助增或汲出。

当 M 侧开一台机，变压器 T5 和 T6 均投入运

行，保护 1 零序电流分支系数最大；当 M 侧机组全开，变压器 T5 和 T6 只有一台投入运行，保护 1 的零序电流分支系数最小。

保护 1 的最大分支系数为 $K_{b0.\max}=\dfrac{30+72+40/2}{40/2}=6.1$

保护 1 的最小分支系数为 $K_{b0.\min}=\dfrac{30/2+72+40}{40}=3.175$

保护 4 的最大分支系数为 $K_{b0.\max}=\dfrac{30+48+40/2}{40/2}=4.9$

保护 4 的最小分支系数为 $K_{b0.\min}=\dfrac{30/2+48+40}{40}=2.575$

(4) 利用故障分析理论，如图 9-21 所示，可计算在保护 3 的 Ⅰ 段保护范围末端发生单相接地故障时，流过保护 1 的零序电流为

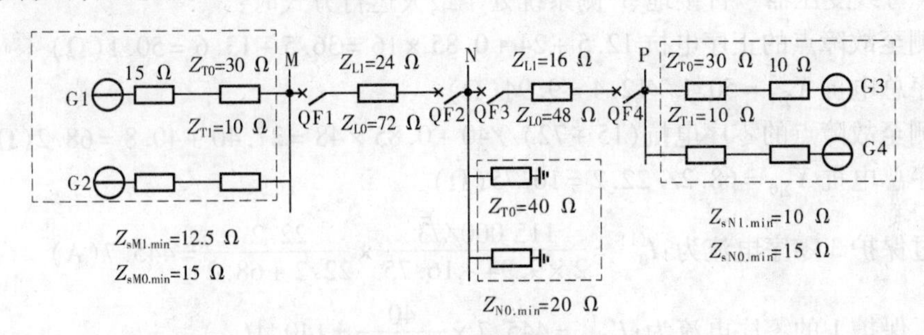

图 9-21　系统阻抗图

①两侧系统最大运行方式下保护 3 的 Ⅰ 段保护范围末端发生单相接地故障，系统总正序、零序等效正序电抗为

M 侧至故障点的正序电抗 $12.5+24+0.85\times16=36.5+13.6=50.1(\Omega)$

正序总电抗 $X_{\Sigma1}=50.1//12.4=9.94\ \Omega$

M 侧至故障点的零序电抗为 $(15+72)//20+0.85\times48=16.26+40.8=57.06(\Omega)$

零序总电抗 $X_{\Sigma0}=57.06//22.2=15.98(\Omega)$

流过保护 3 零序电流为：$I_0^{(1)}=\dfrac{115\ 000/\sqrt{3}}{2\times9.94+15.98}\times\dfrac{22.2}{22.2+57.06}=519(\text{A})$

流过保护 1 的零序电流为：$I'^{(1)}_0=519\times\dfrac{20}{20+87}=97(\text{A})$

②P 侧系统处于最小运行方式时，在保护 3 的 Ⅰ 段保护范围末端发生单相接地故障时

M 侧至故障点的正序电抗 $12.5+24+0.85\times16=36.5+13.6=50.1(\Omega)$

正序总电抗 $X_{\Sigma1}=50.1//22.4=15.48(\Omega)$

M 侧至故障点的零序电抗 $(15+72)//20+0.85\times48=16.26+40.8=57.06(\Omega)$

零序总电抗 $X_{\Sigma0}=57.06//37.2=22.52(\Omega)$

流过保护 3 零序电流为：$I_0^{(1)}=\dfrac{115\ 000/\sqrt{3}}{2\times15.48+22.52}\times\dfrac{37.2}{37.2+57.06}=490.6(\text{A})$

流过保护 1 的零序电流为：$I'^{(1)}_0 = 490.6 \times \dfrac{20}{20+87} = 91.7(\text{A})$

③N 母线变压器一台接地、P 侧系统处于最小运行方式时：

M 侧至故障点的正序电抗：$12.5 + 24 + 0.85 \times 16 = 36.5 + 13.6 = 50.1(\Omega)$

正序总电抗 $X_{\Sigma 1} = 50.1//22.4 = 15.48(\Omega)$

M 侧至故障点的零序电抗 $(15+72)//40 + 0.85 \times 48 = 27.40 + 40.8 = 68.20(\Omega)$

零序总电抗 $X_{\Sigma 0} = 68.2//37.2 = 24.07(\Omega)$

流过保护 3 零序电流为：$I^{(1)}_0 = \dfrac{115\ 000/\sqrt{3}}{2 \times 15.48 + 24.07} \times \dfrac{37.2}{37.2 + 68.2} = 426.4(\text{A})$

流过保护 1 的零序电流为：$I'^{(1)}_0 = 426.4 \times \dfrac{40}{40+87} = 134.3(\text{A})$

④N 母线变压器一台接地、P 侧系统处于最大运行方式时：

M 侧至故障点的正序电抗 $12.5 + 24 + 0.85 \times 16 = 36.5 + 13.6 = 50.1(\Omega)$

正序总电抗 $X_{\Sigma 1} = 50.1//12.4 = 9.94(\Omega)$

M 侧至故障点的零序电抗 $(15+72)//40 + 0.85 \times 48 = 27.40 + 40.8 = 68.2(\Omega)$

零序总电抗 $X_{\Sigma 0} = 68.2//22.2 = 16.75(\Omega)$

流过保护 3 零序电流为：$I^{(1)}_0 = \dfrac{115\ 000/\sqrt{3}}{2 \times 9.94 + 16.75} \times \dfrac{22.2}{22.2 + 68.2} = 445.7(\text{A})$

流过保护 1 的零序电流为：$I'^{(1)}_0 = 445.7 \times \dfrac{40}{40+87} = 140.4(\text{A})$

从计算可知，M 侧系统应取最大运行方式，P 侧系统应取最大运行方式，N 母线变压器一台接地时流过保护 1 零序电流最大。

在此运行状态下，流过保护 1 正序、负序电流为

$$I^{(1)}_1 = \frac{115\ 000/\sqrt{3}}{2 \times 9.94 + 16.75} \times \frac{12.4}{12.4 + 50.1} = 360(\text{A})$$

故障相电流（考虑三序相位相同）为

$$I_{\text{p}} = 2 \times 360 + 140.4 = 860.4(\text{A})$$

零序补偿系数为 $K_{\text{MN}} = K_{\text{NP}} = \dfrac{Z_0 - Z_1}{3Z_1} = 0.667$

$$Z^{\text{II}}_{\text{set1}} = K^{\text{II}}_{\text{rel}}\left[Z_{\text{MN1}} + K_{\text{b1}} Z^{\text{I}}_{\text{set3}} + \frac{(K_{\text{B0}} - K_{\text{b1}})(1+3\dot{K})3\dot{I}_0}{\dot{I}_{\varphi} + 3K\dot{I}_0} Z^{\text{I}}_{\text{set3}} + \frac{(\dot{K}' - \dot{K})3K_{\text{b0}}\dot{I}_0}{\dot{I}_{\varphi} + 3K\dot{I}_0} Z^{\text{I}}_{\text{set3}}\right]$$

$$= 0.75\left[24 + 13.6 + \frac{(3.125 - 1)(1 + 3 \times 0.667) \times 3 \times 140.4}{860.4 + 0.667 \times 3 \times 140.4} \times 13.6\right] = 52.2(\Omega)$$

仅计及 M 侧电源时计算阻抗图如图 9-22 所示。

①N 母线变压器两台同时接地时

正序总电抗为 $12.5 + 24 + 13.6 = 50.1(\Omega)$

零序总电抗为 $(15+72)//20 + 40.8 = 16.26 + 40.8 = 57.06(\Omega)$

流过保护 3 零序电流为：$I^{(1)}_0 = \dfrac{115\ 000/\sqrt{3}}{2 \times 50.1 + 57.06} = 655(\text{A})$

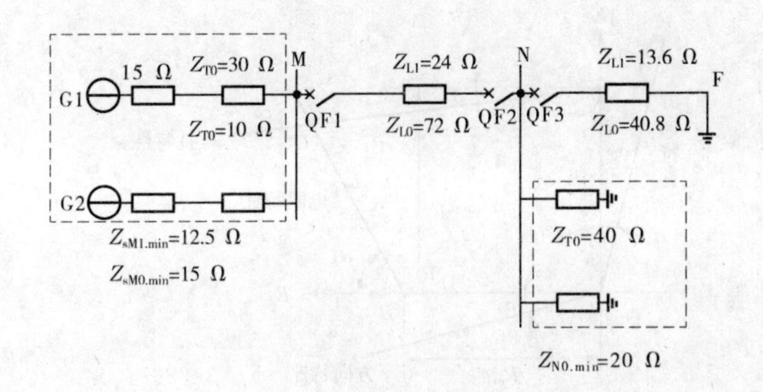

图 9-22　仅 M 侧电源阻抗图

流过保护 1 的零序电流为：$I'^{(1)}_0=655\times\dfrac{20}{20+87}=121.3(\text{A})$

②N 母线变压器单台接地时

正序总电抗为 $12.5+24+0.85\times16=50.1(\Omega)$

零序总电抗为 $(15+72)//40+0.85\times48=27.4+40.8=68.20(\Omega)$

流过保护 3 零序电流为：$I^{(1)}_0=\dfrac{115\ 000/\sqrt{3}}{2\times50.1+68.2}=394.7(\text{A})$

流过保护 1 的零序电流为：$I'^{(1)}_0=394.7\times\dfrac{40}{40+87}=124.3(\text{A})$

流过保护 1 的相电流为：$I_{\text{p}}=2I_1+I_0=913.7(\text{A})$

$$Z^{\text{II}}_{\text{set1}}=0.75\times\left[24+13.6+\frac{(3.125-1)(1+3\times0.667)\times3\times124.3}{913.7+0.667\times3\times124.3}\times13.6\right]=48.5(\Omega)$$

由上面计算过程可知，仅计单侧电源时与双侧电源同时作用时，计算结果相近，但仅计算单侧电源存在误差。

灵敏度校验 $K_{\text{sen}}=\dfrac{48.5}{24}=2$

(5) 当线路 MN 中点处发生 BC 两相接地短路时，测量元件动作的有：保护 1 和保护 2 的相间距离保护和接地距离保护的Ⅰ、Ⅱ、Ⅲ段，保护 4 的相间距离Ⅲ段和接地距离保护的Ⅱ、Ⅲ段。保护、断路器正常工作情况下，保护 1 和保护 2 的Ⅰ段经固有动作时间断开断路器 QF1 和 QF2 切除故障。

(6) 保护 1 相间距离Ⅰ段断开 QF1，保护 4 的接地距离保护Ⅲ段断开 QF4 切除故障。

8. 如图 9-23 所示，某多边形元件由三部分组成：电抗元件、电阻元件和方向元件，试说明各边倾斜的目的是什么？

解：OA 左倾 α_2 是为了在保护区发生金属性短路故障时保护能够可靠动作。当保护范围内发生金属性短路故障时，测量阻抗应为线路阻抗角，但实际上由于互感器和保护装置都有误差，使测量阻抗偏离线路阻抗角。

直线 DC 下倾 δ 角是为了在双电源线路上，防止相邻线路出口经过电阻接地时的超越。

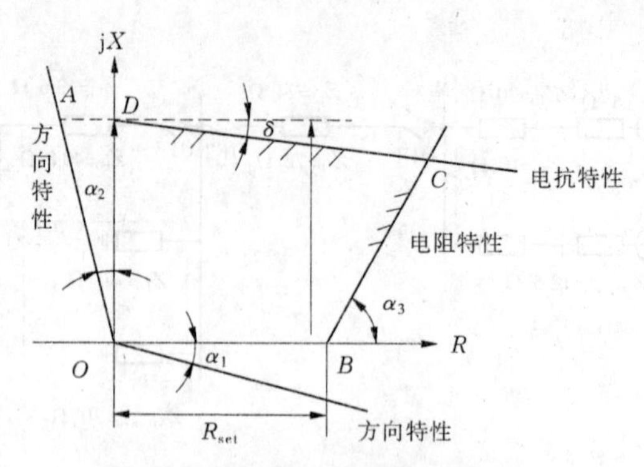

图 9-23　多边阻抗继电器动作特性

直线下倾 α_1 是为了在本线路出口经过渡电阻接地时，保护可靠动作。

要求 α_3 小于线路阻抗角是为了提高长线路避越重负荷阻抗的能力。

9. 已知多边形阻抗元件的动作特性如图 9-24 所示，其中 $\alpha_1=\alpha_2=14°$，$\alpha_3=60°$，$\delta=7.1°$，$X_{set}=30\ \Omega$，$R_{set}=120\ \Omega$。试分析当测量阻抗为以下数值时阻抗元件是否动作？

(1) $Z_m=30\angle 60°\ \Omega$；(2) $Z_m=180\angle 30°\ \Omega$；(3) $Z_m=36\angle 45°\ \Omega$。

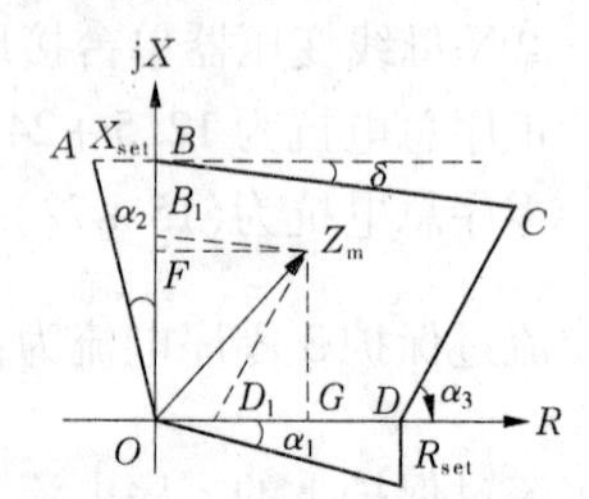

图 9-24　多边形阻抗特性图

解：将测量阻抗 Z_m 画在复平面上如图 9-24 所示，过 Z_m 点作 BC 和 CD 的平行线，分别与 R 轴、jX 轴交于 D_1 点和 B_1 点。

$$OD_1=OG-D_1G=R_m-\frac{X_m}{\tan\alpha_3}$$

$$OB_1=OF+B_1F=X_m+R_m\tan\delta$$

由图 9-24 可见，测量阻抗 $Z_m=R_m+jX_m$ 落入动作区内的判据为同时满足

$$\begin{cases}OD_1\leqslant OD\\ OB_1\leqslant OB\end{cases}$$

(1) $Z_m=30\angle 60°=15+j25.98$，$R_m=15\ \Omega$，$X_m=25.98\ \Omega$

$$OD_1=R_m-\frac{X_m}{\tan\alpha_3}=15-\frac{25.98}{\tan 60°}=0<R_m=120\ \Omega$$

$$OB_1=X_m+R_m\tan\alpha_3=25.98+15\tan 7.1°=27.85<X_m=30\ \Omega$$

因此，当 $Z_m=30\angle 60°\ \Omega$ 时该阻抗元件动作。

(2) 当 $Z_m=180\angle 30°=155.88+j90$，$OD_1=155.88-\dfrac{90}{\tan 60°}=103.9<R_m=120\ \Omega$

$$OB_1=90+155.88\tan 7.1°=109.4>X_m=30\ \Omega$$

所以，当 $Z_m=180\angle 30°\ \Omega$ 该阻抗元件不动作。

(3) 当 $Z_m=36\angle 45°=25.46+j25.46$，$OD_1=25.46-\dfrac{25.46}{\tan 60°}=10.76<R_m=120\ \Omega$

$$OB_1=25.46+25.46\tan 7.1°=28.63<X_m=30\ \Omega$$

所以，当 $Z_m = 36\angle 45°\ \Omega$ 该阻抗元件不动作。

10. 某线路的相间距离保护Ⅰ段采用如图 9-25 多边形特性的阻抗元件作为测量元件，图中 $\alpha_1 = \alpha_2 = 14°$，$\alpha_3 = 60°$，$\tan\delta = 1/8$。线路额定电压为 110 kV，保护范围 100 km，线路阻抗为 $(0.27 + j0.41)\ \Omega/\text{km}$。线路最大负荷电流为 $I_{L.max} = 250$ A，最大负荷阻抗角为 $\varphi_{L.max} = 30°$。已知 $K_{rel} = 1.2$，$K_{ss} = 1.3$。试求该阻抗元件的整定值 R_{set} 和 X_{set}。

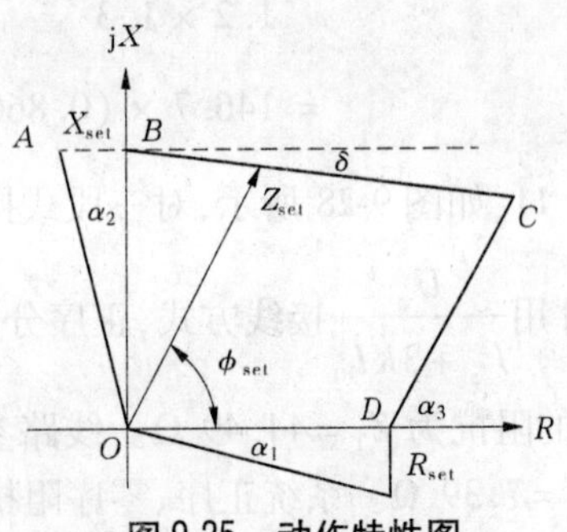

图 9-25　动作特性图

解：多边形特性阻抗元件的整定和圆特性阻抗元件的整定有所不同。图 9-25 准四边形特性阻抗元件可以独立整定 R_{set} 和 X_{set}。R_{set} 和 X_{set} 和阻抗元件整定值 Z_{set}、最小负荷阻抗 $Z_{L.min}$ 之间的关系可从图 9-26 几何方法得到。

X_{set} 与圆特性元件整定值之间 Z_{set} 的关系见图 9-27，关系式为

$$X_{set} = |Z_{set}|(\sin\varphi_{set} + \tan\delta\cos\varphi_{set}) \tag{1}$$

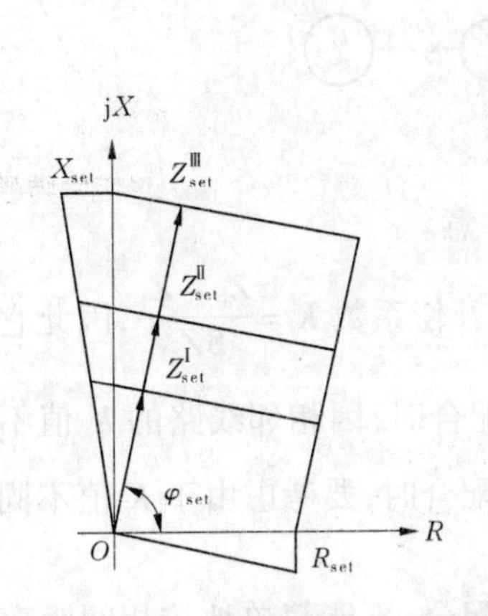

图 9-26　三段式多边形阻抗元件特性

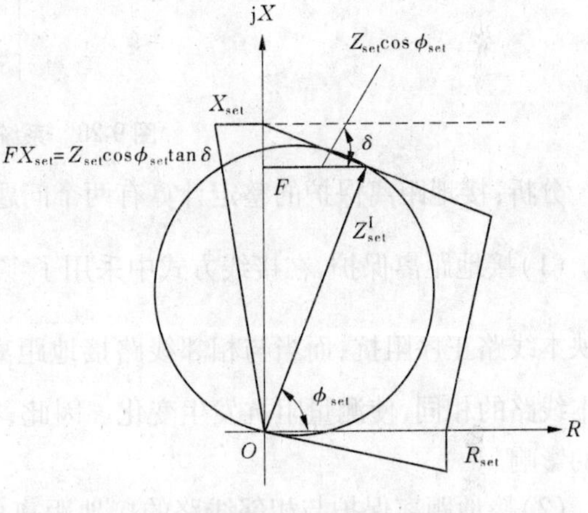

图 9-27　X_{set} 与圆特性元件整定值之间 Z_{set} 关系

R_{set} 按最小负荷阻抗整定。对于三段式距离保护，三段共用一个 R_{set} 整定值如式(2)，如图 9-26 所示。

$$R_{set} \leqslant \frac{1}{K_{rel}K_{ss}} \times \frac{0.9U_N}{I_{L.max}}\left(\cos\varphi_{L.max} - \frac{\sin\varphi_{L.max}}{\tan\alpha_3}\right) \tag{2}$$

先计算 Z_{set}：$Z_{set} = 100 \times (0.27 + j0.41) = 27 + j41$

利用式(1)计算 X_{set}：

$X_{set} = |Z_{set}|(\sin\varphi_{set} + \tan\delta\cos\varphi_{set}) = 49.09 \times (\sin 56.63° + 0.125 \times \cos 56.63°) = 44.37(\Omega)$ 其中：$\arctan\dfrac{41}{27} = 56.63°$

利用式(2)计算 R_{set}：

$$R_{set} \leqslant \frac{1}{K_{rel}K_{ss}} \times \frac{0.9U_N}{I_{L.max}} \times \left(\cos\varphi_{L.max} - \frac{\sin\varphi_{L.max}}{\tan\alpha_3}\right)$$

$$= \frac{1}{1.2 \times 1.3} \times \frac{0.9 \times 110\ 000/\sqrt{3}}{250} \times \left(\cos 30° - \frac{\sin 30°}{\tan 60°}\right)$$

$$= 146.7 \times \left(0.866 - \frac{0.5}{1.73}\right) = 84.64(\Omega)$$

11. 如图 9-28 所示，对三段式接地距离保护 1 的Ⅰ段、Ⅱ段进行整定计算。阻抗测量元件用$\frac{\dot{U}_{\varphi}}{\dot{I}_{\varphi}+3\dot{K}\dot{I}_0}$接线方式，正序分支系数 $K_{b1}=1.29$，$K_{rel}^{Ⅰ}=K_{rel}^{Ⅱ}=0.7$。变压器归算至 230 kV 的阻抗为 $Z_T=44.49\ \Omega$。线路参数：$Z_{MN0}=28.44\ \Omega$、$Z_{MN1}=11.45\ \Omega$；$Z_{NP0}=20.15\ \Omega$、$Z_{NP1}=7.39\ \Omega$。系统正序、零序阻抗角相等，系统 M 侧零序阻抗 $Z_{Ms0}=7.125\ \Omega$。在保护 3 的Ⅰ段范围末端发生单相接地短路时保护 1 处测量到的故障相电流 $\dot{I}_{\varphi}=4.364$ kA、$\dot{I}_0=1.17$ kA。

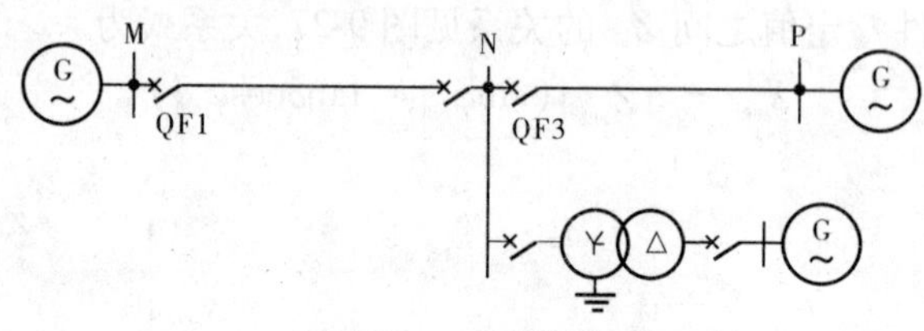

图 9-28　系统接线图

分析：接地距离保护的整定计算有两个问题需要注意。

（1）接地距离保护，在接线方式中采用了零序电流补偿系数 $\dot{K}=\frac{Z_0-Z_1}{3Z_1}$，因此它只能反映本线路正序阻抗，而当与相邻线路接地距离保护配合时，因相邻线路的 $\dot{K}$ 值不一定与本线路的相同，使测量阻抗发生变化。因此，在整定配合时，要考虑由于 $\dot{K}$ 值不同而产生的影响。

（2）接地距离保护与相邻线路的接地距离保护相配合，不能简单地按相间距离保护的整定原则进行计算。接地距离保护的第Ⅱ、Ⅲ段整定中的正序分支系数和零序分支系数不仅大小不同，而且各自随运行方式的变化而变化并没有固定的比例关系，使得整定变得复杂。如图 9-29 所示，已知线路正序阻抗等于负序阻抗，接地距离保护 3 的第Ⅰ段的整定阻抗为 $Z_{set3}^{Ⅰ}$。在保护 3 第Ⅰ段保护范围末端 F 点发生单相接地故障，保护 1 测量阻抗为

$$Z_m = \frac{\dot{U}_{\varphi}}{\dot{I}_{\varphi}+3\dot{K}\dot{I}_0}$$

式中　$\dot{U}_{\varphi}$、$\dot{I}_{\varphi}$——保护 1 安装处的故障相电压和相电流。

为了使保护 1 和保护 3 配合，则保护 1 第Ⅱ段的整定阻抗为

$$Z_{set1}^{Ⅱ} = K_{set}^{Ⅱ} Z_m = K_{rel}^{Ⅱ} \times \frac{\dot{U}_{\varphi}}{\dot{I}_{\varphi}+3\dot{K}\dot{I}_0} \tag{1}$$

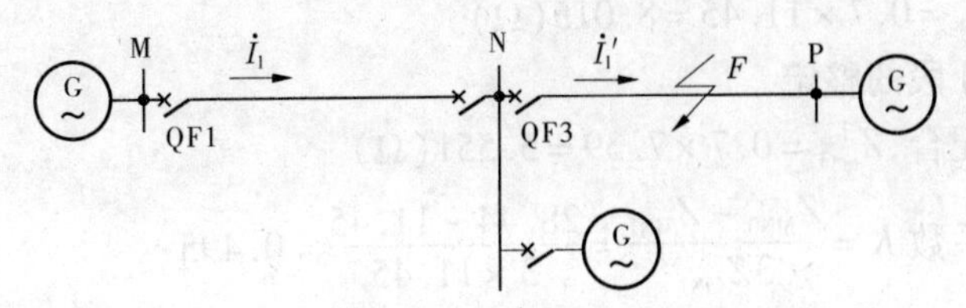

图 9-29　接地距离保护整定配合说明图

式中，$\dot{I}_{\varphi}=\dot{I}_1+\dot{I}_2+\dot{I}_0$，$\dot{U}_{\varphi}=\dot{U}_1+\dot{U}_2+\dot{U}_0$。

各序电压为

$$\begin{cases}\dot{U}_1=\dot{U}_{F1}+\dot{I}_1Z_{MN1}+\dot{I}'_1Z^{I}_{set3}\\ \dot{U}_2=\dot{U}_{F2}+\dot{I}_2Z_{MN1}+\dot{I}'_2Z^{I}_{set3}\\ \dot{U}_0=\dot{U}_{F0}+\dot{I}_0Z_{MN0}+\dot{I}'_0Z^{I}_{0set3}\end{cases}\tag{2}$$

其中，$\dot{I}_1$、$\dot{I}_2$、$\dot{I}_0$ 和 $\dot{I}'_1$、$\dot{I}'_2$、$\dot{I}'_0$ 分别为流过保护 1 和保护 3 的各序电流；$\dot{U}_{F1}$、$\dot{U}_{F2}$、$\dot{U}_{F0}$ 为故障点各序电压；Z_{MN1}、Z_{MN0} 为线路 MN 的正、零序阻抗；Z^{I}_{0set3} 为与距离保护 3 第Ⅰ段保护范围相对应的零序阻抗。

根据故障分析知识，有 $\dot{U}_{F1}+\dot{U}_{F2}+\dot{U}_{F0}=0$，当各序分配系数相同时，$\dot{I}_1=\dot{I}_2=\dot{I}_0$，$\dot{I}'_1=\dot{I}'_2=\dot{I}'_0$。

将式(2)代入式(1)式，整理后得

$$Z^{II}_{set1}=K^{II}_{set}Z_m=K^{II}_{rel}\left[\frac{\dot{I}_{\varphi}Z_{MN1}+\dfrac{3\dot{I}_0(Z_{MN0}-Z_{MN1})}{3Z_{MN1}}+\dot{I}'_{\varphi}Z^{I}_{set3}+\dfrac{3\dot{I}'_0Z^{I}_{0set3}(Z^{I}_{0set3}-Z^{I}_{set3})}{3Z^{I}_{set3}}}{\dot{I}_{\varphi}+3\dot{K}\dot{I}_0}\right]$$

式中，$\dot{I}_{\varphi}=\dot{I}_1+\dot{I}_2+\dot{I}_0$，$\dot{I}'_{\varphi}=\dot{I}'_1+\dot{I}'_2+\dot{I}'_0$，$\dot{K}=\dfrac{Z_{MN0}-Z_{MN1}}{3Z_{MN1}}$为线路 MN 的零序电流补偿系数；$\dot{K}'=\dfrac{Z^{I}_{0set3}-Z^{I}_{set3}}{3Z^{I}_{set3}}$为相邻线路的零序电流补偿系数。则上式可简化为

$$Z^{II}_{set1}=K^{II}_{set}Z_m=K^{II}_{rel}\left[Z_{MN1}+\frac{\dot{I}'_{\varphi}+3K'\dot{I}'_0}{\dot{I}_{\varphi}+3\dot{K}\dot{I}_0}Z^{I}_{set3}\right]\tag{3}$$

令正、负序分支系数 $K_{b1}=K_{b2}=\dfrac{\dot{I}'_1}{\dot{I}_1}$，零序分支系数为 $K_{b0}=\dfrac{\dot{I}'_0}{\dot{I}_0}$，则式(3)可写为

$$Z^{II}_{set1}=K^{II}_{rel}\left[Z_{MN1}+K_{b1}Z^{I}_{set3}+\frac{(K_{B0}-K_{b1})(1+3\dot{K})3\dot{I}_0}{\dot{I}_{\varphi}+3\dot{K}\dot{I}_0}Z^{I}_{set3}+\frac{(\dot{K}'-\dot{K})3K_{b0}\dot{I}_0}{\dot{I}_{\varphi}+3\dot{K}\dot{I}_0}Z^{I}_{set3}\right]\tag{4}$$

在实际整定计算中，若采用式(4)整定接地距离保护，将使计算十分复杂。根据 DL/T 559—1994“220～500 kV 电网继电保护装置运行整定规程”规定，接地距离保护与相邻线路接地距离Ⅰ段配合时 $Z^{II}_{set1}=K^{II}_{rel}(Z_{MN}+K_bZ^{I}_{set3})$，其中 K_b 选用正序分支系数和零序分支系数中的较小值。

保护 1 第Ⅰ段的整定：

动作阻抗 $Z_{\text{set1}}^{\text{I}}=0.7\times11.45=8.015(\Omega)$

保护 1 的第Ⅱ段的整定

与相邻线路配合，$Z_{\text{set3}}^{\text{I}}=0.7\times7.39=5.551(\Omega)$

本线路补偿系数 $\dot{K}=\dfrac{Z_{\text{MN0}}-Z_{\text{MN1}}}{3Z_{\text{MN1}}}=\dfrac{28.44-11.45}{3\times11.45}=0.495$

相邻线路补偿系数 $\dot{K}'=\dfrac{20.15-7.93}{3\times7.93}=5.14$

零序分支系数 $K_{\text{b0}}=\dfrac{\dot{I}_0'}{\dot{I}_0}=\dfrac{Z_{\text{Ms0}}+Z_{\text{MN0}}+Z_{\text{T0}}}{Z_{\text{T}}}=\dfrac{7.125+28.44+44.49}{44.49}=1.8$

$Z_{\text{set1}}^{\text{II}}=K_{\text{rel}}^{\text{II}}(Z_{\text{MN1}}+K_{\text{b}}Z_{\text{set3}}^{\text{I}})=0.7\times(11.45+1.8\times5.551)=15(\Omega)$

9.3　变压器保护计算实例

1. Yyn 接线的变压器在低压侧单相接地故障时，星形侧电流互感器采用三角形接线、星形接线时的电流分布。

解：由图 9-30 可见，Yyn 接线的变压器在低压侧单相接地故障时，星形侧电流互感器采用不同接线方式时，加入继电器电流不相等，高压侧不存在零序电流。

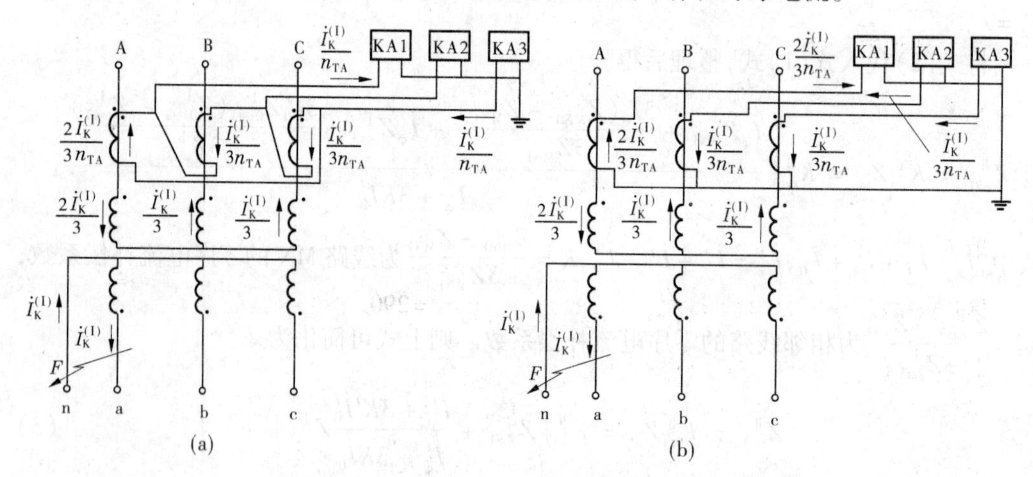

图 9-30　电流分布图

2. 已知变压器参数 20 MVA，变比 110(1 ±2 ×2.5%)/11，归算至变压器高压侧系统最小等值阻抗为 100 Ω，最大阻抗为 128.8 Ω，归算至高压侧变压器等值阻抗 69 Ω。求两折线式比率制动变压器差动保护整定值。

解：(1) 计算变比高压侧 $I_{\text{1N}}=\dfrac{S_{\text{N}}}{\sqrt{3}U_{\text{N}}}=\dfrac{20\ 000}{\sqrt{3}\times110}=105(\text{A})$

低压侧 $I_{\text{1N}}=\dfrac{S_{\text{N}}}{\sqrt{3}U_{\text{N}}}=\dfrac{20\ 000}{\sqrt{3}\times11}=1\ 050(\text{A})$

(2) 相位补偿采用软件补偿。

(3)计算电流互感器变比。

高压侧 $n_{TAh}=200/5$　低压侧 $n_{TAl}=1\ 500/5$

(4)二次电流

高压侧 $I_{2n}=\frac{I_{1N}}{n_{TA}}=\frac{105}{40}=2.63(A)$

低压侧 $I_{2n}=\frac{I_{1N}}{n_{TA}}=\frac{1\ 050}{300}=3.5(A)$

(5)制动电流选择 $I_{res}=\frac{I_h+I_l}{2}$

(6)计算平衡系数 $K_b=\frac{I_{2n.b}}{I_{2n}}=\frac{2.63}{3.5}=0.75$(此数值为保护整定值)

(7)确定最小动作电流

$I_{op.min}=K_{rel}I_{unb.loa}=1.3\times(1\times1.5\times0.1+0.05+0.05)\times105/40=0.85(A)$

(8)拐点电流 $I_{res.1}=0.8I_n=0.8\times2.63=2.1(A)$

(9)计算最大不平衡电流 $I_{unb.max}$

$I_{K.max}=\frac{115\times10^3/\sqrt{3}}{100+69}=393(A)$

$I_{unb.max}=(1.5\times1\times0.1+0.05+005)\times393/40=2.45(A)$

最大制动电流为 $I_{res.max}=393/40=9.8(A)$

斜率 $S=\frac{K_{rel}I_{unb.max}-I_{op.min}}{I_{res.max}-I_{res.1}}=\frac{1.5\times2.45-0.85}{9.8-2.1}=0.37$

制动系数 $K_{res.set}$：$K_{res}=\frac{I_{op.min}}{I_{res.max}}+S(1-\frac{I_{op.min}}{I_{res.max}})=\frac{0.85}{9.8}+0.37\times(1-\frac{0.85}{9.8})=0.42$

取 $K_{res.set}=0.45$。

区内短路最小短路电流 $I_{K.min}^{(2)}=\frac{115\times10^3}{2\times(128.8+69)}=290.7(A)$

制动电流 $I_{res}=297.7/2\times40=3.6(A)$

动作电流为 $I_{op}=0.85+0.37\times(3.6-2.1)=1.41(A)$

灵敏度 $K_{sen}=I_{K.min}/I_{op}=\frac{290.7}{40\times1.41}=5.15$(虽然最大两相电流差为$\sqrt{3}I_K^{(2)}$,但软件补偿计算式分母有$\sqrt{3}$,相互抵消;若采用接线方式进行相位补偿,灵敏系数用$\sqrt{3}I_K^{(2)}$ 计算,因电流互感器变比需选大$\sqrt{3}$,实质上灵敏系数相同)。

第2种方法:

$K_{res.cal}=K_{rel}(K_{cc}K_{ap}K_{er}+\Delta U+\Delta m)=1.5\times(1.5\times0.1\times1+0.05+0.05)=0.375$

取 $K_{res.set}=0.4$

$$I_{op.min}=K_{res.set}I_{res.1}=0.4\times2.1=0.84(A)$$

内部短路时制动电流 $I_{res}=\frac{290.7}{2\times40}=3.6(A)$

动作电流为 $I_{op}=0.84+0.4\times(3.6-2.1)=1.44(A)$

灵敏度 $K_{sen}=I_{K.min}/I_{op}=\frac{290.7}{40\times1.44}=5$

3. 已知 110 kV 降压变压器容量为 20 MVA，归算至变压器高压侧系统最小等值阻抗为 20 Ω，最大阻抗为 24 Ω，归算至高压侧变压器等值阻抗 66 Ω；线路单位千米阻抗为 0.4 Ω/km。求变压器复合电压启动过电流保护整定值。接线如图 9-31 所示。

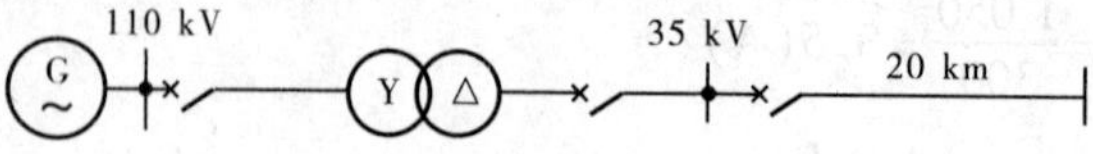

图 9-31　系统接线图

解：(1) 电流、电压元件保护均安装在高压侧。

(2) 动作值计算：高压侧额定电流 $I_{1N}=\frac{S_N}{\sqrt{3}U_N}=\frac{20\ 000}{\sqrt{3}\times110}=105(A)$

动作电流 $I_{op}=\frac{1.15}{0.85}\times105=142(A)$

低压元件动作值 $U_{op1}=0.7\times110=77(kV)$

负序电压元件动作值 $U_{op2}=0.06\times110=6.6(kV)$

(3) 线路阻抗 $Z_L=0.4\times20\times\frac{115^2}{37^2}=77.3(\Omega)$

最大阻抗为 $X_{1\Sigma}=24+66+77.3=167.3(\Omega)$

最小阻抗为 $X_{1\Sigma}=20+66+77.3=163.3(\Omega)$

远后备保护灵敏系数分别为：

①保护区末端最小三相短路电流 $I^{(3)}_{K.min}=\frac{11\ 500/\sqrt{3}}{167.3}=397(A)$

②电流元件灵敏度 $K_{sen}=\frac{397}{142}=2.8>1.2$

③负序电压灵敏度 $U_{2.min}=\frac{115\times24}{2\times167.3}=8.25(V)$

$K_{sen}=\frac{8.25}{6.6}=1.25$

④低压元件灵敏度

$$U^{(3)}_{K.max}=115\times\frac{66+77.3}{163.3}=100.9(kV)$$

$$K_{sen}=\frac{1.15\times77}{100.9}=0.87<1.2$$

⑤在变压器低压侧加装电压元件

动作电压 $U_{op2}=0.06\times35=2.1(kV)$

负序电压灵敏度 $U_{2.min}=\frac{115\times(24+66)}{2\times167.3}\times\frac{37}{115}=9.95(V)$　　$K_{sen}=\frac{9.95}{2.1}=4.7$

方法 2：阻抗折算 $167.3\times\frac{37^2}{115^2}=17.3$　　$90\times\frac{37^2}{115^2}=9.3$

$$U_{2.\min} = \frac{37 \times 9.3}{2 \times 17.3} = 9.95(\mathrm{V})$$

低压元件灵敏度 $U_{\mathrm{op1}} = 0.7 \times 35 = 24.5(\mathrm{kV})$ $\quad 86 \times \frac{37^2}{115^2} = 8.9(\Omega)$

$$U_{\mathrm{K.max}}^{(3)} = 37 \times \frac{8}{8.9 + 8} = 17.5(\mathrm{kV}) \qquad K_{\mathrm{sen}} = \frac{1.15 \times 24.5}{17.5} = 1.6 > 1.2$$

9.4 发电机保护计算实例

1. 发电机额定容量 $P_{\mathrm{N}} = 300$ MW、$S_{\mathrm{N}} = 353$ MVA；额定功率因数 $\cos\varphi_{\mathrm{N}} = 0.85$；额定电压 $U_{\mathrm{N}} = 20$ kV；次暂态电抗 $X''_{\mathrm{d}} = 0.16$；定子额定电流 $I_{\mathrm{N}} = 10\ 189$ A，电流互感器变比为 15 000/5；负序电抗 $X_2 = 0.159$；变压器 $U_{\mathrm{K}}\% = 14\%$；系统接线图如图 9-32 所示。试对发电机进行比率制动差动保护进行整定计算。

(1) 发电机 WFB－800 型比率制动差动保护整定计算。

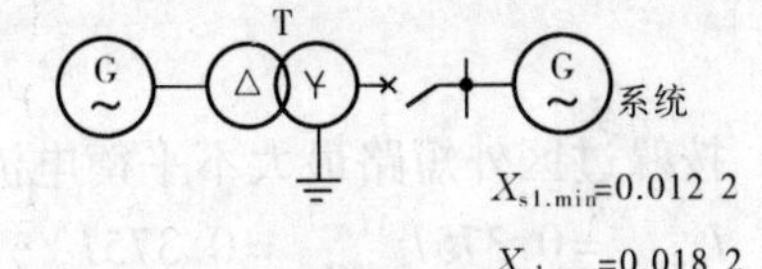

图 9-32 系统接线图

①最小动作电流 $I_{\mathrm{op.min}}$ 的计算。

a. 按躲正常最大负荷时的不平衡电流计算

$$I_{\mathrm{gn}} = \frac{10\ 189}{3\ 000} = 3.4(\mathrm{A})$$

$$I_{\mathrm{op.min}} \geqslant K_{\mathrm{rel}} I_{\mathrm{unb.loa}} = K_{\mathrm{rel}} K_{\mathrm{er}} I_{\mathrm{gn}} = 1.5 \times 0.06 \times 3.4 = 0.306(\mathrm{A})$$

b. 按躲过区外远处短路电流 I_{K} 接近 I_{gn} 时的不平衡电流计算。即 $I_{\mathrm{K}} \approx I_{\mathrm{gn}}$ 时暂态不平衡电流为 $I_{\mathrm{op.min}} \geqslant K_{\mathrm{rel}} K_{\mathrm{ap}} K_{\mathrm{cc}} K_{\mathrm{er}} I_{\mathrm{gn}} = 1.5 \times 1.5 \times 1 \times 0.06 \times 3.4 = 0.46(\mathrm{A})$。

c. 按经验公式计算。$I_{\mathrm{op.min}} = (0.2 \sim 0.4) I_{\mathrm{gn}} = (0.2 \sim 0.4) \times 3.4 = 0.68 \sim 1.36(\mathrm{A})$，取 $I_{\mathrm{op.min}} = 1.0$ A，则 $I_{\mathrm{op.min}*} = \frac{1}{3.4} = 0.30$。

②最小制动电流或拐点电流计算，$I_{\mathrm{res.min}} = (0.8 \sim 1) I_{\mathrm{gn}}$，取 $I_{\mathrm{res.min}} = 0.8 I_{\mathrm{gn}} = 0.8 \times 3.4 = 2.7(\mathrm{A})$。

③最大动作电流 $I_{\mathrm{d.in}}$ 计算，按躲过区外短路最大不平衡电流计算得

$$I_{\mathrm{d.in}} \geqslant 1.5 \times 2 \times 0.5 \times 0.1 I_{\mathrm{K.max}} = 0.15 \times \frac{1.05 I_{\mathrm{gn}}}{X''_{\mathrm{d}}} = 0.15 \times \frac{1.05 \times 3.4}{0.16} = 3.35(\mathrm{A})$$

④比率制动特性斜率 S 计算，区外最大短路电流的相对值为

$I_{\mathrm{K.max}*}^{(3)} = \frac{1.05}{0.16} = 6.6$，则 $S = \frac{I_{\mathrm{d.in}} - I_{\mathrm{op.min}}}{I_{\mathrm{res.max}} - I_{\mathrm{res.min}}} = \frac{3.35 - 0.30}{6.6 - 0.8} = \frac{0.64}{5.8} = 0.11$。

⑤制动系数 S 理论值计算，区外最大短路电流的相对值为 $I_{\mathrm{K.max}*}^{(3)} = 6.6$，计算得 $S = 0.3 \sim 0.5$，取 $S = 0.4$。

⑥差动保护灵敏系数 K_{sen} 计算，发电机未并列时出口两相短路时的二次电流为 $I_{\mathrm{K.min}*}^{(2)} = \frac{\sqrt{3}}{2} \times \frac{1}{X''_{\mathrm{d}}} \times 3.4 = 18.4(\mathrm{A})$，此时区内短路时差动保护动作电流

$$I_{\text{d.op}} = I_{\text{op.min}} + S(I_{\text{res}} - I_{\text{res.min}}) = I_{\text{op.min}} + S(0.5I_{\text{K.min}}^{(2)} - I_{\text{res.max}})$$
$$= 1.0 + 0.4 \times (0.5 \times 18.4 - 2.7) = 3.6(\text{A})$$

差动保护灵敏度 $K_{\text{sen}} = \dfrac{I_{\text{K.min}}^{(2)}}{I_{\text{d.op}}} = \dfrac{18.4}{3.6} = 5.1 \geqslant 2$

发电机出口区外三相短路时差动保护动作电流为

$$I_{\text{d.op}} = I_{\text{op.min}} + S(I_{\text{K.max}}^{(3)} - I_{\text{res.min}}) = 1 + 0.4 \times (\frac{3.4}{0.16} - 2.7) = 8.42(\text{A})$$

说明:发电机出口三相短路最大短路电流 $I_{\text{K.max}}^{(3)}$ 等于最大制动电流 I_{res}。

$$I_{\text{d.op}*} = \frac{I_{\text{d.op}}}{I_{\text{gn}}} = \frac{8.42}{3.4} = 2.48$$

主变压器高压出口区外三相短路时差动保护动作电流为

$$I_{\text{d.op}} = I_{\text{op.min}} + S(I_{\text{K.max}}^{(3)} - I_{\text{res.min}}) = 1 + 0.4 \times (\frac{3.4}{0.16 + 0.14} - 2.7) = 4.45(\text{A})$$

说明:变压器阻抗相对值为0.14。

$$I_{\text{d.op}*} = \frac{I_{\text{d.op}}}{I_{\text{gn}}} = \frac{4.45}{3.4} = 1.30$$

按躲过区外短路最大不平衡电流计算,动作电流相对值为

$I_{\text{d.op}*} = 0.375I_{\text{K.max}*}^{(3)} = 0.375I_{\text{res}*} = 0.375 \times 3.33 = 1.25 < 1.30$,满足要求。

其中:$I_{\text{res}*} = \dfrac{1}{X''_{\text{d}} + X_{\text{T}*}} = \dfrac{1}{0.16 + 0.14} = 3.33$

$S = K_{\text{rel}}K_{\text{ap}}K_{\text{cc}}K_{\text{er}} = 1.5 \times 2.5 \times 1 \times 0.1 = 0.375$

⑦差动速断动作电流计算

$$I_{\text{d.in}} = (3 \sim 4)I_{\text{gn}} = 10.2 \sim 13.6(\text{A})$$

取 $I_{\text{d.in}} = 13.6(\text{A})$,差动速断灵敏系数 $K_{\text{sen}} = \dfrac{18.4}{13.6} = 1.35 > 1.2$

⑧动作时间为0 s。

(2)RCS-985 型变制动系数比率制动差动保护整定计算(第二类)。

①最小动作电流,$I_{\text{op.min}} = (0.2 \sim 0.3)I_{\text{gn}}$,取

$I_{\text{op.min}} = 0.25I_{\text{gn}} = 0.85(\text{A})$,则 $I_{\text{op.min}*} = 0.25$。

②最小制动系数 K_{res1} 和最大制动系数 K_{res2} 的整定计算

初选取 $K_{\text{res1}} = 0.1$、$K_{\text{res2}} = 0.5$

③最大制动系数对应的最小制动电流倍数 n 计算

厂家设定发电机差动保护的 $n = 4$。

④制动系数斜率增量 ΔK_{res} 计算,$\Delta K_{\text{res}} = \dfrac{K_{\text{res.2}} - K_{\text{res.1}}}{2n}$ 由装置自动计算。

⑤灵敏度计算

a. 未并列时,出口两相短路时二次电流为

$$I_{\text{K.min}*}^{(2)} = \frac{\sqrt{3}}{2} \times \frac{1}{X''_{\text{d}}} \times 3.4 = 18.4(\text{A})$$

$$I_{res*} = \frac{I_{K.min}^{(2)}}{2} = \frac{18.4}{2 \times 3.4} = 2.706$$

b. 区内短路时差动保护动作电流计算，由

$I_{op*} = (K_{res.1} + \Delta K_{res} I_{res*}) I_{res*} + I_{op.min*}$ 计算得

$$I_{op*} = (0.1 + \frac{0.5 - 0.1}{2 \times 4} \times 2.706) \times 2.706 + 0.25 = 0.88$$

c. 灵敏度 $K_{sen} = \frac{5.41}{0.88} = 6.1$

d. 区外短路时差动保护动作电流计算

发电机出口区外三相短路时，差动保护动作电流躲过出口短路时最大不平衡电流为

$$I_{op*} = K_{res2}(I_{res*} - n) + n(K_{res1} + n\Delta K_{res}) + I_{op.min*}$$
$$= 0.5 \times (6.25 - 4) + 4 \times (0.1 + 4 \times \frac{0.5 - 0.1}{2 \times 4}) + 0.25 = 2.57 > 2.3$$

躲过出口短路时最大不平衡电流计算，$I_{d.op*} = 0.375 I_{K.max*}^{(3)} = 0.375 \times 6.25 = 2.34$

$$I_{res*} = I_{K*} = \frac{1}{0.16} = 6.25 > 4$$

$$I_{d.op} = 2.57 \times 3.4 = 8.74(A)$$

变压器高压侧出口三相短路时，差动保护动作电流为

$$I_{op*} = (K_{res.1} + \Delta K_{res} I_{res*}) I_{res*} + I_{op.min*}$$
$$= (0.1 + \frac{0.5 - 0.1}{2 \times 4} \times 3.33) \times 3.33 + 0.25 = 1.13$$

$$I_{res*} = I_{K*} = \frac{1}{0.16 + 0.14} = 3.33 < 4$$

由此可知，变压器高压侧出口区外三相短路性能不理想，可改取最小制动系数 $K_{res.1}$ 和最大制动系数 $K_{res.2}$ 的整定值为

$$K_{res.1} = 0.15, K_{res.2} = 0.5$$

此时变压器高压侧区外三相短路时，差动保护动作电流为

$$I_{op*} = (K_{res.1} + \Delta K_{res} I_{res*}) I_{res*} + I_{op.min*}$$
$$= (0.15 + \frac{0.5 - 0.15}{2 \times 4} \times 3.33) \times 3.33 + 0.25 = 1.235 > 1.23$$

整定值最终取 $I_{op.min*} = 0.25, K_{res.1} = 0.15, K_{res.2} = 0.5$，满足要求。

⑥差动速断动作电流计算。

a. 动作电流取 $I_{d.in} = 4I_{gn} = 13.6$ A，则 $I_{d.in*} = 4$。

b. 差动速断保护灵敏系数为 $K_{sen} = \frac{18.4}{13.6} = 1.35 > 1.2$

2. 图 9-33 所示网络中，已知发电机次暂态电抗为 $X''_d = 0.129$、负序电抗为 $X_2 = 0.156$，以发电机容量和电压为基准的变压器电抗标幺值为 $X_1 = 0.164$，变压器为 Y，d 接线。试确定发电机复合电压启动过电流保护的动作值及灵敏度。其中正序电压可靠系数取 0.7、负序电压可靠系数取 0.06、低压元件返回系数取 1.15。

解:发电机额定电流 $I_{NG}=\dfrac{25\ 000}{\sqrt{3}\times6.3\times0.8}=2\ 864(A)$

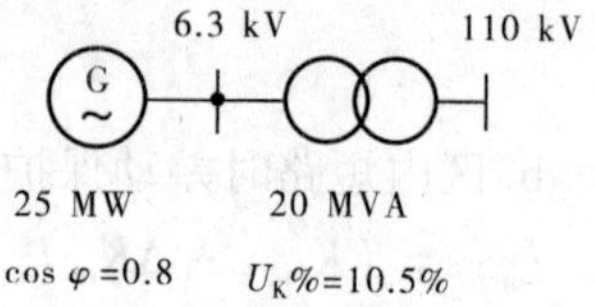

动作电流 $I_{op}=\dfrac{1.15}{0.85}\times2\ 864=3\ 866(A)$

低压元件动作值 $U_{op1}=0.7\times6.3=4.41(kV)$

负序电压元件动作值 $U_{op}=0.06\times6.3=0.378(kV)$

6.3 kV　110 kV

25 MW　20 MVA

$\cos\varphi=0.8$　$U_K\%=10.5\%$

图 9-33　系统接线

正、负序总阻抗分别为:$X_{1\Sigma}=0.129+0.164=0.293$、$X_{2\Sigma}=0.156+0.164=0.32$

远后备保护灵敏系数分别为:

(1)保护区末端最小二相短路电流 $I_{K.min}^{(2)}=\dfrac{\sqrt{3}\times1}{0.293+0.32}\times2\ 864=9\ 092(A)$

(2)保护最大相电流为 $I_{K.max}^{(2)}=\dfrac{2\times1}{0.293+0.32}\times2\ 864=9\ 344(A)$

(3)电流元件灵敏度 $K_{sen}=\dfrac{9\ 344}{3\ 866}=2.4>1.2$

(4)负序电压灵敏度 $U_{2.min}=\dfrac{0.156\times6.3}{0.129+0.156+2\times0.164}=1.6(kV)$

$$K_{sen}=\frac{1.6}{0.378}=4.24>1.2$$

(5)低压元件灵敏度

$$U_{K.max}^{(3)}=6.3\times\frac{0.164}{0.129+0.164}=3.52(kV)$$

$$K_{sen}=\frac{1.15\times4.41}{3.52}=1.44>1.2$$

3. 发电机容量 20 MW,$\cos\varphi=0.9$、$U_N=10.5$ kV、次暂态电抗 $X''_d=0.2$,负序阻抗 $X_2=0.24$;水电站的最大发电容量为 2×20 MW,最小发电容量为 20 MW,正常运行方式发电容量为 2×20 MW。试对发电机比率动式差动保护进行整定计算。

解:(1)最小动作电流 $I_{GN}=\dfrac{20\times10^3}{\sqrt{3}\times10.5\times0.9}=1\ 223.4(A)$　$n_{TA}=1\ 500/5$　$I_n=4.1$ A

$I_{op.min}=K_{rel}K_{cc}K_{ap}f_{er}I_n=1.5\times0.5\times1.5\times0.1\times1\ 223.4/300=0.11\times4.1=0.45(A)$

取 $I_{op.min.set}=0.2I_n=0.82$ A

(2)拐点制动电流取 $I_{res.1}=0.8I_n=3.3$ A

(3)最大不平衡电流

外部短路最大短路电流 $I_{K.max}^{(3)}=\dfrac{1}{0.2\times300}\times1\ 223.4=20.39(A)$

最大制动电流为 $I_{res.max}=20.39$ A

$$K_{rel}I_{unb.max}=1.5\times0.5\times1.5\times0.1\times20.39=2.24(A)$$

$$S=\frac{K_{rel}I_{unb.max}-I_{op.min}}{I_{res.max}-I_{res.1}}=\frac{2.24-0.82}{20.39-3.3}=0.08$$

取 $S=0.3$,计算制动系数取

$$K_{res} = \frac{I_{op.min}}{I_{res.max}} + S(1 - \frac{I_{op.min}}{I_{res.max}}) = \frac{0.82}{20.39} + 0.3 \times (1 - \frac{0.82}{20.39}) = 0.33$$

取 $K_{res.set} = 0.35$（取值范围 0.3 ~0.5）

内部两相短路电流为 $I_{K.min}^{(2)} = \sqrt{3} \times \frac{4.1}{0.2 + 0.24} = 16.1(A)$

内部短路时制动电流 $I_{res} = 16.1/2 = 8.05(A)$

动作电流 $I_{op} = S(I_{res.max} - I_{res.1}) + I_{op.min} = 0.3 \times (8.05 - 3.3) + 0.82 = 2.3(A)$

灵敏度 $K_{sen} = \frac{I_d}{I_{op}} = \frac{16.1}{2.3} = 7$

按 $I_{op} = K_{res.set}(I_{res.max} - I_{res.1}) + I_{op.min} = 0.35 \times (8.05 - 3.3) + 0.82 = 2.5(A)$

灵敏度 $K_{sen} = \frac{I_d}{I_{op}} = \frac{16.1}{2.5} = 6.4$

参考文献

[1] 葛耀中. 新型继电保护与故障测距原理和技术[M]. 西安:西安交通大学出版社,2007.
[2] 许正亚. 输电线路新型距离保护[M]. 北京:中国水利水电出版社,2002.
[3] 许建安. 电力系统微机继电保护[M]. 北京:中国水利水电出版社,2008.
[4] 许建安. 电力系统继电保护整定计算[M]. 北京:中国水利水电出版社,2007.
[5] 陈德树,等. 微机继电保护[M]. 北京:中国电力出版社,2000.
[6] 刘为. 配电网输电线路反时限过流保护探讨[J]. 继电器,2003(3):23-25.
[7] 索南加乐,等. 输电线路综合阻抗纵联保护新原理[J]. 电力系统自动化,2008,32(3).
[8] 索南加乐,等. 基于故障分量的分相阻抗差动保护新原理[J]. 电力系统自动化,2008,32(4).
[9] 许建安. 继电保护技术[M]. 北京:中国水利水电出版社,2004.